中华人民共和国国家标准

# 混凝土外加剂应用技术规范

Code for utility technical of concrete admixture

**GB 50119—2003**

**主编部门：中华人民共和国建设部**
**批准部门：中华人民共和国建设部**
**施行日期：2003年9月1日**

## 中华人民共和国建设部
## 公　告

第146号

---

### 建设部关于发布国家标准《混凝土外加剂应用技术规范》的公告

现批准《混凝土外加剂应用技术规范》为国家标准，编号为GB 50119—2003，自2003年9月1日起实施。其中，第2.1.2、6.2.3、6.2.4、7.2.2条为强制性条文，必须严格执行。原《混凝土外加剂应用技术规范》GBJ 119—88同时废止。

本规范由建设部定额研究所组织中国建筑工业出版社出版发行。

**中华人民共和国建设部**
2003年4月25日

# 前言

根据建设部建标［1998］94号文《1998年工程建设国家标准制订、修订计划的通知》的要求，规范编制组在广泛调查研究、认真总结实践经验、参考国外有关先进标准、广泛征求意见的基础上，对原国家标准《混凝土外加剂应用技术规范》（GBJ 119—88）进行了修订。

本规范的主要技术内容是：1. 总则；2. 基本规定；3. 普通减水剂及高效减水剂；4. 引气剂及引气减水剂；5. 缓凝剂、缓凝减水剂及缓凝高效减水剂；6. 早强剂及早强减水剂；7. 防冻剂；8. 膨胀剂；9. 泵送剂；10. 防水剂；11. 速凝剂；附录A，混凝土外加剂对水泥的适应性检测方法；附录B，补偿收缩混凝土的膨胀率及干缩率的测定方法；附录C，灌浆用膨胀砂浆竖向膨胀率的测定方法；本规范用词用语说明。

修订的主要内容是：1. 本规范对原规范中的10种外加剂的应用技术进行了修订，增加制订了缓凝高效减水剂、泵送剂、防水剂、速凝剂4种外加剂的应用技术；2. 取消了原规范附录一"外加剂的名词解释"；3. 取消了原规范附录二"混凝土配合比设计"；4. 取消原规范附录四"早强剂、早强减水剂的组成与剂量"；5. 本规范增加了附录A"混凝土外加剂对水泥的适应性检测方法"；6. 本规范各章施工一节中均增加规定了进人工地外加剂的检测项目；7. 本规范对危害人体健康和污染环境问题给予了极大的重视，在第二、六、七章均有明文规定。

本规范将来可能需要进行局部修订，有关局部修订的信息和条文内容将刊登在《工程建设标准化》杂志上。

本规范以黑体字标识的条文为强制性条文，必须严格执行。

本规范由建设部负责管理和对强制性条文的解释，中国建筑科学研究院负责具体技术内容的解释（北京市北三环东路30号中国建筑科学研究院国家标准《混凝土外加剂应用技术规范》管理组，邮编：100013）。

本规范编制单位和主要起草人名单

主编单位：中国建筑科学研究院

参编单位：中国混凝土外加剂专业委员会、中国建筑材料科学研究院、上海市建筑科学研究院、冶金建筑科学研究院、南京水利水电科学研究院、北京市建筑工程研究院、哈尔滨工业大学、北京城建集团总公司构件厂、北京市辛庄汇强外加剂有限公司、北京市高星混凝土外加剂厂、北京市混凝土外加剂协会、江苏镇江特密斯混凝土外加剂总厂、上海市新浦化工厂、上海市住总建科化学建材有限公司。

主要起草人：田桂茹　郭京育　田培　陈嫣兮　游宝坤　吴菊珍　顾德珍　胡玉初　冯浩　巴恒静　张耀凯　段雄辉

# 目　次

# 1 总 则

**1.0.1** 为了正确选择和合理使用各类外加剂，使之掺入混凝土中能改善性能，达到预期的效果，制定本规范。

**1.0.2** 本规范适用于普通减水剂、高效减水剂、引气剂、引气减水剂、缓凝剂、缓凝减水剂、缓凝高效减水剂、早强剂、早强减水剂、防冻剂、膨胀剂、泵送剂、防水剂及速凝剂等十四种外加剂在混凝土工程中的应用。

**1.0.3** 外加剂混凝土的制作与应用，除应符合本规范外，尚应符合国家现行的有关强制性标准的规定。

# 2 基本规定

## 2.1 外加剂的选择

**2.1.1** 外加剂的品种应根据工程设计和施工要求选择，通过试验及技术经济比较确定。

**2.1.2** **严禁使用对人体产生危害、对环境产生污染的外加剂。**

**2.1.3** 掺外加剂混凝土所用水泥，宜采用硅酸盐水泥、普通硅酸盐水泥、矿渣硅酸盐水泥、火山灰质硅酸盐水泥、粉煤灰硅酸盐水泥和复合硅酸盐水泥，并应检验外加剂与水泥的适应性，符合要求方可使用。

**2.1.4** 掺外加剂混凝土所用材料如水泥、砂、石、掺合料、外加剂均应符合国家现行的有关标准的规定。试配掺外加剂的混凝土时，应采用工程使用的原材料，检测项目应根据设计及施工要求确定，检测条件应与施工条件相同，当工程所用原材料或混凝土性能要求发生变化时，应再进行试配试验。

**2.1.5** 不同品种外加剂复合使用时，应注意其相容性及对混凝土性能的影响，使用前应进行试验，满足要求方可使用。

## 2.2 外加剂掺量

**2.2.1** 外加剂掺量应以胶凝材料总量的百分比表示，或以 mL/kg 胶凝材料表示。

**2.2.2** 外加剂的掺量应按供货单位推荐掺量、使用要求、施工条件、混凝土原材料等因素通过试验确定。

**2.2.3** 对含有氯离子、硫酸根等离子的外加剂应符合本规范及有关标准的规定。

**2.2.4** 处于与水相接触或潮湿环境中的混凝土，当使用碱活性骨料时，由外加剂带入的碱含量（以当量氧化钠计）不宜超过

1kg/$m^3$ 混凝土，混凝土总碱含量尚应符合有关标准的规定。

### 2.3 外加剂的质量控制

**2.3.1** 选用的外加剂应有供货单位提供的下列技术文件：

1 产品说明书，并应标明产品主要成分；

2 出厂检验报告及合格证；

3 掺外加剂混凝土性能检验报告。

**2.3.2** 外加剂运到工地（或混凝土搅拌站）应立即取代表性样品进行检验，进货与工程试配时一致，方可入库、使用。若发现不一致时，应停止使用。

**2.3.3** 外加剂应按不同供货单位、不同品种、不同牌号分别存放，标识应清楚。

**2.3.4** 粉状外加剂应防止受潮结块，如有结块，经性能检验合格后应粉碎至全部通过0.63mm筛后方可使用。液体外加剂应放置阴凉干燥处，防止日晒、受冻、污染、进水或蒸发，如有沉淀等现象，经性能检验合格后方可使用。

**2.3.5** 外加剂配料控制系统标识应清楚、计量应准确，计量误差不应大于外加剂用量的2%。

# 3 普通减水剂及高效减水剂

### 3.1 品　　种

**3.1.1** 混凝土工程中可采用下列普通减水剂：

木质素磺酸盐类：木质素磺酸钙、木质素磺酸钠、木质素磺酸镁及丹宁等。

**3.1.2** 混凝土工程中可采用下列高效减水剂：

1 多环芳香族磺酸盐类：萘和萘的同系磺化物与甲醛缩合的盐类、胺基磺酸盐等；

2 水溶性树脂磺酸盐类：磺化三聚氰胺树脂、磺化古码隆树脂等；

3 脂肪族类：聚羧酸盐类、聚丙烯酸盐类、脂肪族羟甲基磺酸盐高缩聚物等；

4 其他：改性木质素磺酸钙、改性丹宁等。

### 3.2 适用范围

**3.2.1** 普通减水剂及高效减水剂可用于素混凝土、钢筋混凝土、预应力混凝土，并可制备高强高性能混凝土。

**3.2.2** 普通减水剂宜用于日最低气温5℃以上施工的混凝土，不宜单独用于蒸养混凝土；高效减水剂宜用于日最低气温0℃以上施工的混凝土。

**3.2.3** 当掺用含有木质素磺酸盐类物质的外加剂时应先做水泥适应性试验，合格后方可使用。

### 3.3 施　　工

**3.3.1** 普通减水剂、高效减水剂进入工地（或混凝土搅拌站）的检验项目应包括pH值、密度（或细度）、混凝土减水率，符

合要求方可入库、使用。

**3.3.2** 减水剂掺量应根据供货单位的推荐掺量、气温高低、施工要求，通过试验确定。

**3.3.3** 减水剂以溶液掺加时，溶液中的水量应从拌合水中扣除。

**3.3.4** 液体减水剂宜与拌合水同时加入搅拌机内，粉剂减水剂宜与胶凝材料同时加入搅拌机内，需二次添加外加剂时，应通过试验确定，混凝土搅拌均匀方可出料。

**3.3.5** 根据工程需要，减水剂可与其他外加剂复合使用。其掺量应根据试验确定。配制溶液时，如产生絮凝或沉淀等现象，应分别配制溶液并分别加入搅拌机内。

**3.3.6** 掺普通减水剂、高效减水剂的混凝土采用自然养护时，应加强初期养护；采用蒸养时，混凝土应具有必要的结构强度才能升温，蒸养制度应通过试验确定。

# 4 引气剂及引气减水剂

## 4.1 品 种

**4.1.1** 混凝土工程中可采用下列引气剂：

1 松香树脂类：松香热聚物、松香皂类等；

2 烷基和烷基芳烃磺酸盐类：十二烷基磺酸盐、烷基苯磺酸盐、烷基苯酚聚氧乙烯醚等；

3 脂肪醇磺酸盐类：脂肪醇聚氧乙烯醚、脂肪醇聚氧乙烯磺酸钠、脂肪醇硫酸钠等；

4 皂甙类：三萜皂甙等；

5 其他：蛋白质盐、石油磺酸盐等。

**4.1.2** 混凝土工程中可采用由引气剂与减水剂复合而成的引气减水剂

## 4.2 适用范围

**4.2.1** 引气剂及引气减水剂，可用于抗冻混凝土、抗渗混凝土、抗硫酸盐混凝土、泌水严重的混凝土、贫混凝土、轻骨料混凝土、人工骨料配制的普通混凝土、高性能混凝土以及有饰面要求的混凝土。

**4.2.2** 引气剂、引气减水剂不宜用于蒸养混凝土及预应力混凝土，必要时，应经试验确定。

## 4.3 施 工

**4.3.1** 引气剂及引气减水剂进入工地（或混凝土搅拌站）的检验项目应包括 pH 值、密度（或细度）、含气量、引气减水剂应增测减水率，符合要求方可入库、使用。

**4.3.2** 抗冻性要求高的混凝土，必须掺引气剂或引气减水剂，

其掺量应根据混凝土的含气量要求，通过试验确定。

掺引气剂及引气减水剂混凝土的含气量，不宜超过表4.3.2规定的含气量；对抗冻性要求高的混凝土，宜采用表4.3.2规定的含气量数值。

**表 4.3.2 掺引气剂及引气减水剂混凝土的含气量**

| 粗骨料最大粒径（mm） | 20（19） | 25（22.4） | 40（37.5） | 50（45） | 80（75） |
|---|---|---|---|---|---|
| 混凝土含气量（%） | 5.5 | 5.0 | 4.5 | 4.0 | 3.5 |
| 注：括号内数值为《建筑用卵石、碎石》GB/T 14685 中标准筛的尺寸。 | | | | | |

**4.3.3** 引气剂及引气减水剂，宜以溶液掺加，使用时加入拌合水中，溶液中的水量应从拌合水中扣除。

**4.3.4** 引气剂及引气减水剂配制溶液时，必须充分溶解后方可使用。

**4.3.5** 引气剂可与减水剂、早强剂、缓凝剂、防冻剂复合使用。配制溶液时，如产生絮凝或沉淀等现象，应分别配制溶液并分别加入搅拌机内。

**4.3.6** 施工时，应严格控制混凝土的含气量。当材料、配合比，或施工条件变化时，应相应增减引气剂或引气减水剂的掺量。

**4.3.7** 检验掺引气剂及引气减水剂混凝土的含气量，应在搅拌机出料口进行取样，并应考虑混凝土在运输和振捣过程中含气量的损失。对含气量有设计要求的混凝土，施工中应每间隔一定时间进行现场检验。

**4.3.8** 掺引气剂及引气减水剂混凝土，必须采用机械搅拌，搅拌时间及搅拌量应通过试验确定。出料到浇筑的停放时间也不宜过长，采用插入式振捣时，振捣时间不宜超过20s。

# 5 缓凝剂、缓凝减水剂及缓凝高效减水剂

## 5.1 品　种

**5.1.1** 混凝土工程中可采用下列缓凝剂及缓凝减水剂：

1 糖类：糖钙、葡萄糖酸盐等；

2 木质素磺酸盐类：木质素磺酸钙、木质素磺酸钠等；

3 羟基羧酸及其盐类：柠檬酸、酒石酸钾钠等；

4 无机盐类：锌盐、磷酸盐等；

5 其他：胺盐及其衍生物、纤维素醚等。

**5.1.2** 混凝土工程中可采用由缓凝剂与高效减水剂复合而成的缓凝高效减水剂。

## 5.2 适用范围

**5.2.1** 缓凝剂、缓凝减水剂及缓凝高效减水剂可用于大体积混凝土、碾压混凝土、炎热气候条件下施工的混凝土、大面积浇筑的混凝土、避免冷缝产生的混凝土、需较长时间停放或长距离运输的混凝土、自流平免振混凝土、滑模施工或拉模施工的混凝土及其他需要延缓凝结时间的混凝土。缓凝高效减水剂可制备高强高性能混凝土。

**5.2.2** 缓凝剂、缓凝减水剂及缓凝高效减水剂宜用于日最低气温5℃以上施工的混凝土，不宜单独用于有早强要求的混凝土及蒸养混凝土。

**5.2.3** 柠檬酸及酒石酸钾钠等缓凝剂不宜单独用于水泥用量较低、水灰比较大的贫混凝土。

**5.2.4** 当掺用含有糖类及木质素磺酸盐类物质的外加剂时应先做水泥适应性试验，合格后方可使用。

**5.2.5** 使用缓凝剂、缓凝减水剂及缓凝高效减水剂施工时，宜

根据温度选择品种并调整掺量，满足工程要求方可使用。

### 5.3 施　工

**5.3.1** 缓凝剂、缓凝减水剂及缓凝高效减水剂进入工地（或混凝土搅拌站）的检验项目应包括 pH 值、密度（或细度）、混凝土凝结时间，缓凝减水剂及缓凝高效减水剂应增测减水率，合格后方可入库、使用。

**5.3.2** 缓凝剂、缓凝减水剂及缓凝高效减水剂的品种及掺量应根据环境温度、施工要求的混凝土凝结时间、运输距离、停放时间、强度等来确定。

**5.3.3** 缓凝剂、缓凝减水剂及缓凝高效减水剂以溶液掺加时计量必须正确，使用时加入拌合水中，溶液中的水量应从拌合水中扣除。难溶和不溶物较多的应采用干掺法并延长混凝土搅拌时间30s。

**5.3.4** 掺缓凝剂、缓凝减水剂及缓凝高效减水剂的混凝土浇筑、振捣后，应及时抹压并始终保持混凝土表面潮湿，终凝以后应浇水养护，当气温较低时，应加强保温保湿养护。

## 6 早强剂及早强减水剂

### 6.1 品　种

**6.1.1** 混凝土工程中可采用下列早强剂

1 强电解质无机盐类早强剂：硫酸盐、硫酸复盐、硝酸盐、亚硝酸盐、氯盐等；

2 水溶性有机化合物：三乙醇胺，甲酸盐、乙酸盐、丙酸盐等；

3 其他：有机化合物、无机盐复合物。

**6.1.2** 混凝土工程中可采用由早强剂与减水剂复合而成的早强减水剂。

### 6.2 适用范围

**6.2.1** 早强剂及早强减水剂适用于蒸养混凝土及常温、低温和最低温度不低于－5℃环境中施工的有早强要求的混凝土工程。炎热环境条件下不宜使用早强剂、早强减水剂。

**6.2.2** 掺入混凝土后对人体产生危害或对环境产生污染的化学物质严禁用作早强剂。含有六价铬盐、亚硝酸盐等有害成分的早强剂严禁用于饮水工程及与食品相接触的工程。硝铵类严禁用于办公、居住等建筑工程。

**6.2.3 下列结构中严禁采用含有氯盐配制的早强剂及早强减水剂：**

**1 预应力混凝土结构；**

**2 相对湿度大于80%环境中使用的结构、处于水位变化部位的结构、露天结构及经常受水淋、受水流冲刷的结构；**

**3 大体积混凝土；**

**4 直接接触酸、碱或其他侵蚀性介质的结构；**

**5　经常处于温度为60℃以上的结构，需经蒸养的钢筋混凝土预制构件；**

**6　有装饰要求的混凝土，特别是要求色彩一致的或是表面有金属装饰的混凝土；**

**7　薄壁混凝土结构，中级和重级工作制吊车的梁、屋架、落锤及锻锤混凝土基础等结构；**

**8　使用冷拉钢筋或冷拔低碳钢丝的结构；**

**9　骨料具有碱活性的混凝土结构。**

**6.2.4　在下列混凝土结构中严禁采用含有强电解质无机盐类的早强剂及早强减水剂：**

**1　与镀锌钢材或铝铁相接触部位的结构，以及有外露钢筋预埋铁件而无防护措施的结构；**

**2　使用直流电源的结构以及距高压直流电源100m以内的结构。**

**6.2.5**　含钾、钠离子的早强剂用于骨料具有碱活性的混凝土结构时，应符合本规范第2.2.4条的规定。

## 6.3　施　　工

**6.3.1**　早强剂、早强减水剂进入工地（或混凝土搅拌站）的检验项目应包括密度（或细度），1d、3d抗压强度及对钢筋的锈蚀作用。早强减水剂应增测减水率。混凝土有饰面要求的还应观测硬化后混凝土表面是否析盐。符合要求，方可入库、使用。

**6.3.2**　常用早强剂掺量应符合表6.3.2中的规定。

**表6.3.2　常用早强剂掺量限值**

| 混凝土种类 | 使用环境 | 早强剂名称 | 掺量限值（水泥重量%）不大于 |
|---|---|---|---|
| 预应力混凝土 | 干燥环境 | 三乙醇胺<br>硫酸钠 | 0.05<br>1.0 |
| 钢筋混凝土 | 干燥环境 | 氯离子［$Cl^-$］<br>硫酸钠 | 0.6<br>2.0 |

续表

| 混凝土种类 | 使用环境 | 早强剂名称 | 掺量限值（水泥重量%）不大于 |
|---|---|---|---|
| 钢筋混凝土 | 干燥环境 | 与缓凝减水剂复合的硫酸钠<br>三乙醇胺 | 3.0<br>0.05 |
| | 潮湿环境 | 硫酸钠<br>三乙醇胺 | 1.5<br>0.05 |
| 有饰面要求的混凝土 | | 硫酸钠 | 0.8 |
| 素混凝土 | | 氯离子［$Cl^-$］ | 1.8 |

注：预应力混凝土及潮湿环境中使用的钢筋混凝土中不得掺氯盐早强剂。

**6.3.3**　粉剂早强剂和早强减水剂直接掺入混凝土干料中应延长搅拌时间30s。

**6.3.4**　常温及低温下使用早强剂或早强减水剂的混凝土采用自然养护时宜使用塑料薄膜覆盖或喷洒养护液。终凝后应立即浇水潮湿养护。最低气温低于0℃时除塑料薄膜外还应加盖保温材料。最低气温低于－5℃时应使用防冻剂。

**6.3.5**　掺早强剂或早强减水剂的混凝土采用蒸汽养护时，其蒸养制度应通过试验确定。

# 7 防 冻 剂

## 7.1 品 种

**7.1.1** 混凝土工程中可采用下列防冻剂：

1 强电解质无机盐类：

1）氯盐类：以氯盐为防冻组分的外加剂；

2）氯盐阻锈类：以氯盐与阻锈组分为防冻组分的外加剂；

3）无氯盐类：以亚硝酸盐、硝酸盐等无机盐为防冻组分的外加剂。

2 水溶性有机化合物类：以某些醇类等有机化合物为防冻组分的外加剂。

3 有机化合物与无机盐复合类。

4 复合型防冻剂：以防冻组分复合早强、引气、减水等组分的外加剂。

## 7.2 适 用 范 围

**7.2.1** 含强电解质无机盐的防冻剂用于混凝土中，必须符合本规范第6.2.3条、第6.2.4条的规定。

**7.2.2** **含亚硝酸盐、碳酸盐的防冻剂严禁用于预应力混凝土结构。**

**7.2.3** 含有六价铬盐、亚硝酸盐等有害成分的防冻剂，严禁用于饮水工程及与食品相接触的工程，严禁食用。

**7.2.4** 含有硝铵、尿素等产生刺激性气味的防冻剂，严禁用于办公、居住等建筑工程。

**7.2.5** 强电解质无机盐防冻剂应符合本规范第6.2.5条的规定，其掺量应符合本规范第6.3.2条的规定。

**7.2.6** 有机化合物类防冻剂可用于素混凝土、钢筋混凝土及预应力混凝土工程；

**7.2.7** 有机化合物与无机盐复合防冻剂及复合型防冻剂可用于素混凝土、钢筋混凝土及预应力混凝土工程，并应符合本规范第7.2.1条、第7.2.2条、第7.2.3条、第7.2.4条、第7.2.5条的规定。

**7.2.8** 对水工、桥梁及有特殊抗冻融性要求的混凝土工程，应通过试验确定防冻剂品种及掺量。

## 7.3 施 工

**7.3.1** 防冻剂的选用应符合下列规定：

1 在日最低气温为0～－5℃，混凝土采用塑料薄膜和保温材料覆盖养护时，可采用早强剂或早强减水剂；

2 在日最低气温为－5～－10℃、－10～－15℃、－15～－20℃,采用上款保温措施时，宜分别采用规定温度为－5℃、－10℃、－15℃的防冻剂；

3 防冻剂的规定温度为按《混凝土防冻剂》（JC 475）规定的试验条件成型的试件，在恒负温条件下养护的温度。施工使用的最低气温可比规定温度低5℃。

**7.3.2** 防冻剂运到工地（或混凝土搅拌站）首先应检查是否有沉淀、结晶或结块。检验项目应包括密度（或细度），$R_{-7}$、$R_{+28}$抗压强度比，钢筋锈蚀试验。合格后方可入库、使用。

**7.3.3** 掺防冻剂混凝土所用原材料，应符合下列要求：

1 宜选用硅酸盐水泥、普通硅酸盐水泥。水泥存放期超过3个月时，使用前必须进行强度检验，合格后方可使用；

2 粗、细骨料必须清洁，不得含有冰、雪等冻结物及易冻裂的物质；

3 当骨料具有碱活性时，由防冻剂带入的碱含量、混凝土的总碱含量，应符合本规范第2.2.4条的规定；

4 储存液体防冻剂的设备应有保温措施。

**7.3.4** 掺防冻剂的混凝土配合比，宜符合下列规定：

1 含引气组分的防冻剂混凝土的砂率，比不掺外加剂混凝

土的砂率可降低2%～3%；

2　混凝土水灰比不宜超过0.6，水泥用量不宜低于300kg/m³，重要承重结构、薄壁结构的混凝土水泥用量可增加10%，大体积混凝土的最少水泥用量应根据实际情况而定。强度等级不大于C15的混凝土，其水灰比和最少水泥用量可不受此限制。

**7.3.5**　掺防冻剂混凝土采用的原材料，应根据不同的气温，按下列方法进行加热：

1　气温低于－5℃时，可用热水拌合混凝土：水温高于65℃时，热水应先与骨料拌合，再加入水泥；

2　气温低于－10℃时，骨料可移入暖棚或采取加热措施。骨料冻结成块时须加热，加热温度不得高于65℃，并应避免灼烧，用蒸汽直接加热骨料带入的水分，应从拌合水中扣除。

**7.3.6**　掺防冻剂混凝土搅拌时，应符合下列规定：

1　严格控制防冻剂的掺量；

2　严格控制水灰比，由骨料带入的水及防冻剂溶液中的水，应从拌合水中扣除；

3　搅拌前，应用热水或蒸汽冲洗搅拌机，搅拌时间应比常温延长50%；

4　掺防冻剂混凝土拌合物的出机温度，严寒地区不得低于15℃；寒冷地区不得低于10℃。入模温度，严寒地区不得低于10℃，寒冷地区不得低于5℃。

**7.3.7**　防冻剂与其他品种外加剂共同使用时，应先进行试验，满足要求方可使用。

**7.3.8**　掺防冻剂混凝土的运输及浇筑除应满足不掺外加剂混凝土的要求外，还应符合下列规定：

1　混凝土浇筑前，应清除模板和钢筋上的冰雪和污垢，不得用蒸汽直接融化冰雪，避免再度结冰；

2　混凝土浇筑完毕应及时对其表面用塑料薄膜及保温材料覆盖。掺防冻剂的商品混凝土，应对混凝土搅拌运输车罐体包裹保温外套。

**7.3.9**　掺防冻剂混凝土的养护，应符合下列规定：

1　在负温条件下养护时，不得浇水，混凝土浇筑后，应立即用塑料薄膜及保温材料覆盖，严寒地区应加强保温措施；

2　初期养护温度不得低于规定温度；

3　当混凝土温度降到规定温度时，混凝土强度必须达到受冻临界强度；当最低气温不低于－10℃时，混凝土抗压强度不得小于3.5MPa；当最低温度不低于－15℃时，混凝土抗压强度不得小于4.0MPa；当最低温度不低于－20℃时，混凝土抗压强度不得小于5.0MPa；

4　拆模后混凝土的表面温度与环境温度之差大于20℃时，应采用保温材料覆盖养护。

## 7.4　掺防冻剂混凝土的质量控制

**7.4.1**　混凝土浇筑后，在结构最薄弱和易冻的部位，应加强保温防冻措施，并应在有代表性的部位或易冷却的部位布置测温点。测温测头埋入深度应为100～150mm，也可为板厚的1/2或墙厚的1/2。在达到受冻临界强度前应每隔2h测温一次，以后应每隔6h测一次，并应同时测定环境温度。

**7.4.2**　掺防冻剂混凝土的质量应满足设计要求，并应符合下列规定：

1　应在浇筑地点制作一定数量的混凝土试件进行强度试验。其中一组试件应在标准条件下养护，其余放置在工程条件下养护。在达到受冻临界强度时，拆模前，拆除支撑前及与工程同条件养护28d、再标准养护28d均应进行试压。试件不得在冻结状态下试压，边长为100mm立方体试件，应在15～20℃室内解冻3～4h或应浸入10～15℃的水中解冻3h；边长为150mm立方体试件应在15～20℃室内解冻5～6h或浸入10～15℃的水中解冻6h，试件擦干后试压；

2　检验抗冻、抗渗所用试件，应与工程同条件养护28d，再标准养护28d后进行抗冻或抗渗试验。

# 8 膨 胀 剂

## 8.1 品 种

**8.1.1** 混凝土工程可采用下列膨胀剂：

1 硫铝酸钙类；

2 硫铝酸钙-氧化钙类；

3 氧化钙类。

## 8.2 适 用 范 围

**8.2.1** 膨胀剂的适用范围应符合表8.2.1的规定。

**表8.2.1 膨胀剂的适用范围**

| 用 途 | 适 用 范 围 |
|---|---|
| 补偿收缩混凝土 | 地下、水中、海水中、隧道等构筑物，大体积混凝土（除大坝外），配筋路面和板、屋面与厕浴间防水、构件补强、渗漏修补、预应力混凝土、回填槽等。 |
| 填充用膨胀混凝土 | 结构后浇带、隧洞堵头、钢管与隧道之间的填充等。 |
| 灌浆用膨胀砂浆 | 机械设备的底座灌浆、地脚螺栓的固定、梁柱接头、构件补强、加固等。 |
| 自应力混凝土 | 仅用于常温下使用的自应力钢筋混凝土压力管。 |

**8.2.2** 含硫铝酸钙类、硫铝酸钙-氧化钙类膨胀剂的混凝土（砂浆）不得用于长期环境温度为80℃以上的工程。

**8.2.3** 含氧化钙类膨胀剂配制的混凝土（砂浆）不得用于海水或有侵蚀性水的工程。

**8.2.4** 掺膨胀剂的混凝土适用于钢筋混凝土工程和填充性混凝土工程。

**8.2.5** 掺膨胀剂的大体积混凝土，其内部最高温度应符合有关标准的规定，混凝土内外温差宜小于25℃。

**8.2.6** 掺膨胀剂的补偿收缩混凝土刚性屋面宜用于南方地区，其设计、施工应按《屋面工程质量验收规范》GB 50207执行。

## 8.3 掺膨胀剂混凝土（砂浆）的性能要求

**8.3.1** 施工用补偿收缩混凝土，其性能应满足表8.3.1的要求，限制膨胀率与干缩率的检验应按附录B方法进行；抗压强度的试验应按《普通混凝土力学性能试验方法标准》GB/T 50081进行。

**表8.3.1 补偿收缩混凝土的性能**

| 项 目 | 限制膨胀率（$\times10^{-4}$） | 限制干缩率（$\times10^{-4}$） | 抗压强度（MPa） |
|---|---|---|---|
| 龄 期 | 水中14d | 水中14d，空气中28d | 28d |
| 性能指标 | ≥1.5 | ≤3.0 | ≥25 |

**8.3.2** 填充用膨胀混凝土；其性能应满足表8.3.2的要求，限制膨胀率与干缩率的检验应按附录B进行。

**表8.3.2 填充用膨胀混凝土的性能**

| 项 目 | 限制膨胀率（$\times10^{-4}$） | 限制干缩率（$\times10^{-4}$） | 抗压强度（MPa） |
|---|---|---|---|
| 龄 期 | 水中14d | 水中14d，空气中28d | 28d |
| 性能指标 | ≥2.5 | ≤3.0 | ≥30.0 |

**8.3.3** 掺膨胀剂混凝土的抗压强度试验应按《普通混凝土力学性能试验方法标准》GB/T 50081进行。填充用膨胀混凝土的强度试件应在成型后第三天拆模。

**8.3.4** 灌浆用膨胀砂浆：其性能应满足表8.3.4的要求。灌浆用膨胀砂浆用水量按砂浆流动度250±10mm的用水量。抗压强度采用40mm×40mm×160mm试模，无振动成型，拆模、养护、强度检验应按《水泥胶砂强度检验方法（ISO法）》GB/T 17671进行，竖向膨胀率测定方法应按附录C进行。

**表 8.3.4 灌浆用膨胀砂浆性能**

| 流动度 (mm) | 竖向膨胀率（$\times10^{-4}$） | | 抗压强度（MPa） | | |
|---|---|---|---|---|---|
| | 3d | 7d | 1d | 3d | 28d |
| 250 | ≥10 | ≥20 | ≥20 | ≥30 | ≥60 |

**8.3.5** 自应力混凝土：掺膨胀剂的自应力混凝土的性能应符合《自应力硅酸盐水泥》JC/T 218 的规定。

## 8.4 设 计 要 求

**8.4.1** 掺膨胀剂的补偿收缩混凝土应在限制条件下使用，构造（温度）钢筋的设计和特殊部位的附加筋，应符合《混凝土结构设计规范》（GB 50010）规定。

**8.4.2** 墙体易于出现竖向收缩裂缝，其水平构造筋的配筋率宜大于 0.4%，水平筋的间距宜小于 150mm，墙体的中部或顶端 300～400mm 范围内水平筋间距宜为 50～100mm。

**8.4.3** 墙体与柱子连接部位宜插入长度 1500～2000mm、$\phi8$～10mm 的加强钢筋，插入柱子 200～300mm，插入边墙 1200～1600mm，其配筋率应提高 10%～15%。

**8.4.4** 结构开口部位、变截面部位和出入口部位应适量增加附加筋。

**8.4.5** 楼板宜配置细而密的构造配筋网，钢筋间距宜小于 150mm，配筋率宜为 0.6%左右；现浇补偿收缩钢筋混凝土防水屋面应配双层钢筋网，构造筋间距宜小于 150mm，配筋率宜大于 0.5%。楼面和屋面后浇缝最大间距不宜超过 50m。

**8.4.6** 地下室和水工构筑物的底板和边墙的后浇缝最大间距不宜超过 60m，后浇缝回填时间应不少于 28d。

## 8.5 施　　工

**8.5.1** 掺膨胀剂混凝土所采用的原材料应符合下列规定：

1 膨胀剂：应符合《混凝土膨胀剂》JC 476 标准的规定；膨胀剂运到工地（或混凝土搅拌站）应进行限制膨胀率检测，合格后方可入库、使用；

2 水泥：应符合现行通用水泥国家标准，不得使用硫铝酸盐水泥、铁铝酸盐水泥和高铝水泥。

**8.5.2** 掺膨胀剂的混凝土的配合比设计应符合下列规定：

1 胶凝材料最少用量（水泥、膨胀剂和掺合料的总量）应符合表 8.5.2 的规定；

**表 8.5.2 胶凝材料最少用量**

| 膨胀混凝土种类 | 胶凝材料最少用量（$kg/m^3$） |
|---|---|
| 补偿收缩混凝土 | 300 |
| 填充用膨胀混凝土 | 350 |
| 自 应 力 混 凝 土 | 500 |

2 水胶比不宜大于 0.5；

3 用于有抗渗要求的补偿收缩混凝土的水泥用量应不小于 $320kg/m^3$，当掺入掺合料时，其水泥用量不应小于 $280kg/m^3$；

4 补偿收缩混凝土的膨胀剂掺量不宜大于 12%，不宜小于 6%；填充用膨胀混凝土的膨胀剂掺量不宜大于 15%，不宜小于 10%；

5 以水泥和膨胀剂为胶凝材料的混凝土。设基准混凝土配合比中水泥用量为 $m_{C0}$、膨胀剂取代水泥率为 $K$，膨胀剂用量 $m_E = m_{C0} \cdot K$、水泥用量 $m_C = m_{C0} - m_E$；

6 以水泥、掺合料和膨胀剂为胶凝材料的混凝土，设膨胀剂取代胶凝材料率为 $K$、设基准混凝土配合比中水泥用量为 $m_{C'}$ 和掺合料用量为 $m_{F'}$，膨胀剂用量 $m_E = (m_{C'} + m_{F'}) \cdot K$、掺合料用量 $m_F = m_{F'}(1-K)$、水泥用量 $m_C = m_{C'}(1-K)$。

**8.5.3** 其他外加剂用量的确定方法：膨胀剂可与其他混凝土外加剂复合使用，应有较好的适应性，膨胀剂不宜与氯盐类外加剂复合使用，与防冻剂复合使用时应慎重，外加剂品种和掺量应通过试验确定。

**8.5.4** 粉状膨胀剂应与混凝土其他原材料一起投入搅拌机，拌和时间应延长 30s。

**8.5.5** 混凝土浇筑应符合下列规定：

1 在计划浇筑区段内连续浇筑混凝土，不得中断；

2 混凝土浇筑以阶梯式推进，浇筑间隔时间不得超过混凝土的初凝时间；

3 混凝土不得漏振、欠振和过振；

4 混凝土终凝前，应采用抹面机械或人工多次抹压。

**8.5.6** 混凝土养护应符合下列规定：

1 对于大体积混凝土和大面积板面混凝土，表面抹压后用塑料薄膜覆盖，混凝土硬化后，宜采用蓄水养护或用湿麻袋覆盖，保持混凝土表面潮湿，养护时间不应少于 14d；

2 对于墙体等不易保水的结构，宜从顶部设水管喷淋，拆模时间不宜少于 3d，拆模后宜用湿麻袋紧贴墙体覆盖，并浇水养护，保持混凝土表面潮湿，养护时间不宜少于 14d；

3 冬期施工时，混凝土浇筑后，应立即用塑料薄膜和保温材料覆盖，养护期不应少于 14d。对于墙体，带模板养护不应少于 7d。

**8.5.7** 灌浆用膨胀砂浆施工应符合下列规定：

1 灌浆用膨胀砂浆的水料（胶凝材料＋砂）比应为 0.14～0.16，搅拌时间不宜少于 3min；

2 膨胀砂浆不得使用机械振捣，宜用人工插捣排除气泡，每个部位应从一个方向浇筑；

3 浇筑完成后，应立即用湿麻袋等覆盖暴露部分，砂浆硬化后应立即浇水养护，养护期不宜少于 7d；

4 灌浆用膨胀砂浆浇筑和养护期间，最低气温低于 5℃时，应采取保温保湿养护措施。

### 8.6 混凝土的品质检查

**8.6.1** 掺膨胀剂的混凝土品质，应以抗压强度、限制膨胀率和限制干缩率的试验值为依据。有抗渗要求时，还应做抗渗试验。

**8.6.2** 掺膨胀剂混凝土的抗压强度和抗渗检验，应按《普通混凝土力学性能试验方法标准》GB/T 50081 和《普通混凝土长期性能和耐久性能试验方法》GBJ 82 进行。

# 9 泵 送 剂

## 9.1 品　　种

**9.1.1** 混凝土工程中，可采用由减水剂、缓凝剂、引气剂等复合而成的泵送剂。

## 9.2 适 用 范 围

**9.2.1** 泵送剂适用于工业与民用建筑及其他构筑物的泵送施工的混凝土；特别适用于大体积混凝土、高层建筑和超高层建筑；适用于滑模施工等；也适用于水下灌注桩混凝土。

## 9.3 施　　工

**9.3.1** 泵送剂运到工地（或混凝土搅拌站）的检验项目应包括pH值、密度（或细度）、坍落度增加值及坍落度损失。符合要求方可入库、使用。

**9.3.2** 含有水不溶物的粉状泵送剂应与胶凝材料一起加入搅拌机中；水溶性粉状泵送剂宜用水溶解后或直接加入搅拌机中，应延长混凝土搅拌时间30s。

**9.3.3** 液体泵送剂应与拌合水一起加入搅拌机中，溶液中的水应从拌合水中扣除。

**9.3.4** 泵送剂的品种、掺量应按供货单位提供的推荐掺量和环境温度、泵送高度、泵送距离、运输距离等要求经混凝土试配后确定。

**9.3.5** 配制泵送混凝土的砂、石应符合下列要求：

1　粗骨料最大粒径不宜超过40mm；泵送高度超过50m时，碎石最大粒径不宜超过25mm；卵石最大粒径不宜超过30mm；

2　骨料最大粒径与输送管内径之比，碎石不宜大于混凝土输送管内径的1/3；卵石不宜大于混凝土输送管内径的2/5；

3　粗骨料应采用连续级配，针片状颗粒含量不宜大于10%；

4　细骨料宜采用中砂，通过0.315mm筛孔的颗粒含量不宜小于15%，且不大于30%，通过0.160mm筛孔的颗粒含量不宜小于5%。

**9.3.6** 掺泵送剂的泵送混凝土配合比设计应符合下列规定：

1　应符合《普通混凝土配合比设计规程》JGJ 55、《混凝土结构工程施工质量验收规范》GB 50204及《粉煤灰混凝土应用技术规范》GBJ 146等；

2　泵送混凝土的胶凝材料总量不宜小于300kg/m³；

3　泵送混凝土的砂率宜为35%～45%；

4　泵送混凝土的水胶比不宜大于0.6；

5　泵送混凝土含气量不宜超过5%；

6　泵送混凝土坍落度不宜小于100mm。

**9.3.7** 在不可预测情况下造成商品混凝土坍落度损失过大时，可采用后添加泵送剂的方法掺入混凝土搅拌运输车中，必须快速运转，搅拌均匀后，测定坍落度符合要求后方可使用。后添加的量应预先试验确定。

# 10 防 水 剂

## 10.1 品 种

**10.1.1** 无机化合物类：氯化铁、硅灰粉末、锆化合物等。

**10.1.2** 有机化合物类：脂肪酸及其盐类、有机硅表面活性剂（甲基硅醇钠、乙基硅醇钠、聚乙基羟基硅氧烷）、石蜡、地沥青、橡胶及水溶性树脂乳液等。

**10.1.3** 混合物类：无机类混合物、有机类混合物、无机类与有机类混合物。

**10.1.4** 复合类：上述各类与引气剂、减水剂、调凝剂等外加剂复合的复合型防水剂。

## 10.2 适用范围

**10.2.1** 防水剂可用于工业与民用建筑的屋面、地下室、隧道、巷道、给排水池、水泵站等有防水抗渗要求的混凝土工程。

**10.2.2** 含氯盐的防水剂可用于素混凝土、钢筋混凝土工程，严禁用于预应力混凝土工程，并应符合本规范第6.2.3条、第6.2.4条、第6.2.5条的规定；其掺量应符合本规范第6.3.2条的规定。

## 10.3 施 工

**10.3.1** 防水剂进入工地（或混凝土搅拌站）的检验项目应包括pH值、密度（或细度）、钢筋锈蚀，符合要求方可入库、使用。

**10.3.2** 防水混凝土施工应选择与防水剂适应性好的水泥。一般应优先选用普通硅酸盐水泥，有抗硫酸盐要求时，可选用火山灰质硅酸盐水泥，并经过试验确定。

**10.3.3** 防水剂应按供货单位推荐掺量掺入，超量掺加时应经试验确定，符合要求方可使用。

**10.3.4** 防水剂混凝土宜采用5～25mm连续级配石子。

**10.3.5** 防水剂混凝土搅拌时间应较普通混凝土延长30s。

**10.3.6** 防水剂混凝土应加强早期养护，潮湿养护不得少于7d。

**10.3.7** 处于侵蚀介质中的防水剂混凝土，当耐腐蚀系数小于0.8时，应采取防腐蚀措施。防水剂混凝土结构表面温度不应超过100℃，否则必须采取隔断热源的保护措施。

# 11 速 凝 剂

## 11.1 品　　种

**11.1.1** 在喷射混凝土工程中可采用的粉状速凝剂：以铝酸盐、碳酸盐等为主要成分的无机盐混合物等。

**11.1.2** 在喷射混凝土工程中可采用的液体速凝剂：以铝酸盐、水玻璃等为主要成分，与其他无机盐复合而成的复合物。

## 11.2 适 用 范 围

速凝剂可用于采用喷射法施工的喷射混凝土，亦可用于需要速凝的其他混凝土。

## 11.3 施　　工

**11.3.1** 速凝剂进入工地（或混凝土搅拌站）的检验项目应包括密度（或细度）、凝结时间、1d 抗压强度，符合要求方可入库、使用。

**11.3.2** 喷射混凝土施工应选用与水泥适应性好、凝结硬化快、回弹小、28d 强度损失少、低掺量的速凝剂品种。

**11.3.3** 速凝剂掺量一般为 2%～8%，掺量可随速凝剂品种、施工温度和工程要求适当增减。

**11.3.4** 喷射混凝土施工时，应采用新鲜的硅酸盐水泥、普通硅酸盐水泥、矿渣硅酸盐水泥，不得使用过期或受潮结块的水泥。

**11.3.5** 喷射混凝土宜采用最大粒径不大于 20mm 的卵石或碎石，细度模数为 2.8～3.5 的中砂或粗砂。

**11.3.6** 喷射混凝土的经验配合比为：水泥用量约 $400kg/m^3$，砂率 45%～60%，水灰比约为 0.4。

**11.3.7** 喷射混凝土施工人员应注意劳动防护和人身安全。

# 附录 A 混凝土外加剂对水泥的适应性检测方法

**A.0.1** 本检测方法适用于检测各类混凝土减水剂及与减水剂复合的各种外加剂对水泥的适应性，也可用于检测其对矿物掺合料的适应性。

**A.0.2** 检测所用仪器设备应符合下列规定：

1 水泥净浆搅拌机；

2 截锥形圆模：上口内径 36mm，下口内径 60mm，高度 60mm，内壁光滑无接缝的金属制品；

3 玻璃板：400mm×400mm×5mm；

4 钢直尺：300mm；

5 刮刀；

6 秒表，时钟；

7 药物天平：称量 100g；感量 1g；

8 电子天平：称量 50g；感量 0.05g。

**A.0.3** 水泥适应性检测方法按下列步骤进行：

1 将玻璃板放置在水平位置，用湿布将玻璃板、截锥圆模、搅拌器及搅拌锅均匀擦过，使其表面湿而不带水滴；

2 将截锥圆模放在玻璃板中央，并用湿布覆盖待用；

3 称取水泥 600g，倒入搅拌锅内；

4 对某种水泥需选择外加剂时，每种外加剂应分别加入不同掺量；对某种外加剂选择水泥时，每种水泥应分别加入不同掺量的外加剂。对不同品种外加剂，不同掺量应分别进行试验；

5 加入 174g 或 210g 水（外加剂为水剂时，应扣除其含水量），搅拌 4min；

6 将拌好的净浆迅速注入截锥圆模内，用刮刀刮平，将截

锥圆模按垂直方向提起，同时，开启秒表计时，至30s用直尺量取流淌水泥净浆互相垂直的两个方向的最大直径，取平均值作为水泥净浆初始流动度。此水泥净浆不再倒入搅拌锅内；

7 已测定过流动度的水泥浆应弃去，不再装入搅拌锅中。水泥净浆停放时，应用湿布覆盖搅拌锅；

8 剩留在搅拌锅内的水泥净浆，至加水后30、60min，开启搅拌机，搅拌4min，按本规范第A.0.3-6方法分别测定相应时间的水泥净浆流动度。

**A.0.4** 测试结果应按下列方法分析：

1 绘制以掺量为横坐标，流动度为纵坐标的曲线。其中饱和点（外加剂掺量与水泥净浆流动度变化曲线的拐点）外加剂掺量低、流动度大，流动度损失小的外加剂对水泥的适应性好。

2 需注明所用外加剂和水泥的品种、等级、生产厂，试验室温度、相对湿度等。如果水灰比（水胶比）与本规定不符，也需注明。

# 附录B 补偿收缩混凝土的膨胀率及干缩率的测定方法

**B.0.1** 本测定方法适用于测定掺膨胀剂混凝土的限制膨胀率及限制干缩率。

**B.0.2** 测定补偿收缩混凝土纵向限制膨胀率和纵向限制收缩率所用仪器，应符合以下规定：

1 试模规格为100mm×100mm×400mm。试件全长为355mm，其中混凝土部分为100mm×100mm×300mm，试件中间埋入一个纵向限制器具；

2 纵向限制器具装置（见附图B-1）所用的钢筋和钢板，应符合下列要求：

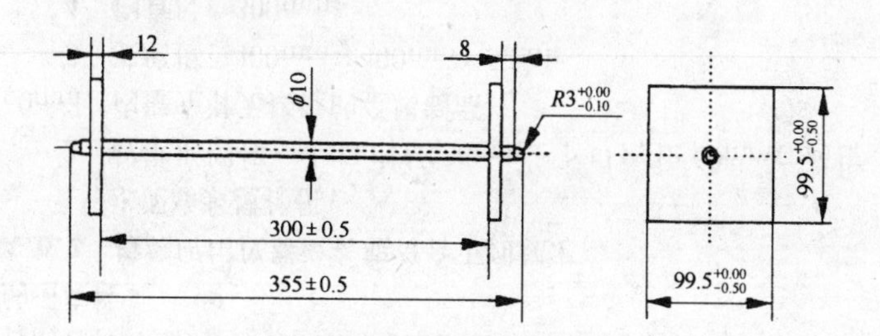


附图B-1 纵向限制器

1）钢筋采用《钢筋混混凝土用热轧带肋钢筋》（GB 1499）中规定的钢筋，公称直径10mm，公称横截面面积78.54mm$^2$，钢筋两侧焊12mm厚的钢板，材质符合《碳素结构钢》（GB 700）技术要求，钢筋两端点各7.5mm范围内为黄铜，测头呈球面状，半径为3mm；

2）钢板与钢筋焊接处的焊接强度，不应低于260MPa；

3) 纵向限制器具一般检验可重复使用三次，仲裁检验只允许使用一次，如骨架变形或焊缝开裂应废弃。

3 测量仪器精度为0.001mm的专用测长仪器，附图B-2是混凝土膨胀、收缩测量仪示意图。

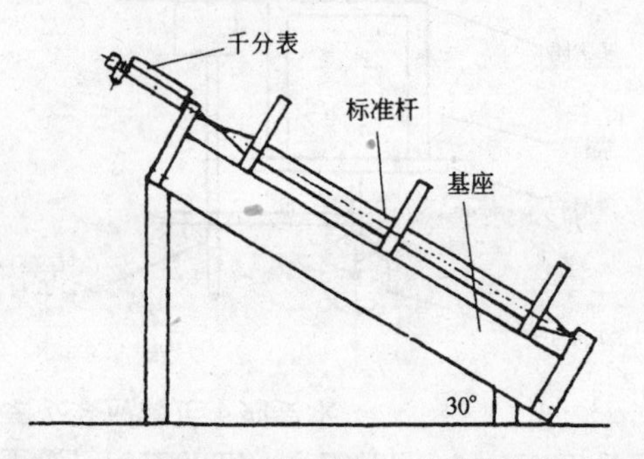


附图 B-2 补偿收缩混凝土膨胀、收缩测量仪示意图

**B.0.3** 补偿收缩混凝土纵向限制膨胀率和纵向限制收缩率的试验，可按下列步骤进行：

1 试件制作：先把纵向限制器具放入100mm×100mm×400mm的试模中，然后将混凝土一次装入试模，把试模放在振动台上振动至表面呈现水泥浆、不泛气泡为止，刮去多余的混凝土并抹平；然后把试件置于温度为（20±2)℃的标准养护室内养护，试件表面用塑料布或湿布覆盖，防止水分蒸发；

2 当补偿收缩混凝土抗压强度达到3～5MPa时拆模（一般为成型后12～16h)，测量试件初始长度；

3 测量前3h，将测长仪、标准杆放在测量室内，用标准杆校正测长仪。测量前，将试体测头及测量仪测头擦净。测量时，将记有编号的一面朝上，面向测量者，其方向和位置要固定一致，不得随意变动，使纵向限制器测头与测量仪测头正确接触，读数应精确至0.001mm。试件测定时间应为规定龄期±1h。每个试件长度，应重复测量三次，取其稳定值；

4 将测定初始长度后的试件浸入（20±2)℃的水中养护，分别测定3d、7d、14d的长度，然后移入室温为（20±2)℃相对湿度为（60±5)%的恒温恒湿箱或恒温恒湿室内养护，分别测定28d、42d的长度；上述测长龄期，一律从成型日算起；

5 每组成型的三个试件，取其算术平均值作为长度变化。计算应精确至小数点后第三位。

**B.0.4** 补偿收缩混凝土的纵向限制膨胀率和纵向限制干缩率按下式计算：

$$\varepsilon_t = \frac{L_t - L_0}{L} \times 100 \quad (附 B-1)$$

式中 $\varepsilon_t$——试件在龄期 $t$ 时的纵向限制膨胀率或纵向限制干缩率，(%)；

$L$——试件基准长度（300mm)；

$L_0$——试件长度的初始读数（mm)；

$L_t$——试件在龄期 $t$ 时的长度读数（mm)。

# 附录C 灌浆用膨胀砂浆竖向膨胀率的测定方法

**C.0.1** 本试验方法适用于灌浆用膨胀砂浆的竖向膨胀率的测定。

**C.0.2** 测试仪器工具应符合下列规定：

1 百分表：量程 10mm；

2 百分表架：磁力表架；

3 玻璃板：长 140mm×宽 80mm×厚 5mm；

4 试模：100mm×100mm×100mm 立方体试模的拼装缝应填入黄油，不得漏水；

5 铲勺：宽 60mm，长 160mm；

6 捣板：可钢锯条代用；

7 钢垫板：长 250mm×宽 250mm×厚 15mm 普通钢板；

**C.0.3** 仪表安装应满足下列要求

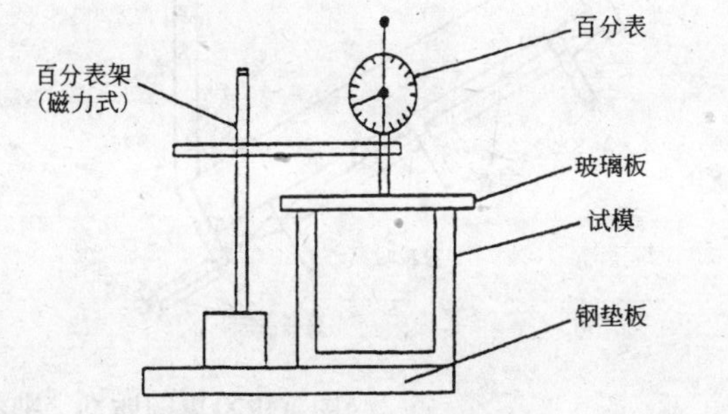


附图C 竖向膨胀率装置示意图

1 钢垫板：表面平装，水平放置在工作台上，水平度不应超过 0.02；

2 试模：放置在钢垫板上，不可摇动；

3 玻璃板：平放在试模中间位置。其左右两边与试模内侧边留出 10mm 空隙；

4 百分表：百分表与百分表架卡头固定牢靠。但表杆能够自由升降。安装百分表时，要下压表头，使表针指到量程的 1/2 处左右。百分表不可前后左右倾斜；

5 百分表架固定在钢垫板上，尽量靠近试模，缩短横杆悬臂长度。

**C.0.4** 灌浆操作应按下列步骤进行：

1 灌浆料用水量按流动度为 250±10mm 的用水量；

2 灌浆料加水搅拌均匀后立即灌模。从玻璃板的一侧灌入。当灌到 50mm 左右高度时，用捣板在试模的每一侧插捣 6 次，中间部位也插捣 6 次。灌到 90mm 高度时，和前面相同再做插捣，尽量排出气体。最后一层灌浆料要一次灌至两侧流出灌浆料为止。要尽量减少灌浆料对玻璃板产生的向上冲浮作用；

3 玻璃板两侧灌浆料表面，用小刀轻轻抹成斜坡，斜坡的高边与玻璃相平。斜坡的低边与试模内侧顶面相平。抹斜坡的时间不应超过 30s。成型温度、养护温度均为 (20±3)℃；

4 做完斜坡，把百分表测量头垂放在玻璃板上，在 30s 内记录百分表读数 $h_0$。为初始读数；

5 测定初始读数后 30s 内，玻璃板两侧灌浆料表面盖上二层湿棉布；

6 从测定初始读数起，每隔 2h 浇水 1 次。连续浇水 4 次。以后每隔 4h 浇水 1 次。保湿养护至要求龄期，测定 3d、7d 试件高度读数；

7 从测量初始读数开始，测量装置和试件应保持静止不动，并不受振动。

**C.0.5** 竖向膨胀率应按下式进行计算：

$$\varepsilon_t = \frac{h_t - h_0}{h} \times 100 \qquad (附 C\text{-}1)$$

式中　$\varepsilon_t$——竖向膨胀率；

$h_0$——试件高度的初始读数（mm）；

$h_t$——试件龄期为 $t$ 时的高度读数（mm）；

$h$——试件基准高度 100（mm）。

试验结果取一组三个试件的算术平均值，计算精确至 $10^{-2}$。

## 本规范用词用语说明

1　为便于在执行本规范条文时区别对待，对于要求严格不同的用词、用语说明如下：

1）表示很严格，非这样不可的用词：

正面词采用“必须”；

反面词采用“严禁”。

2）表示严格，在正常情况下均应这样作的用词：

正面词采用“应”；

反面词采用“不应”或“不得”。

3）表示允许稍有选择，在条件许可时，首先应这样作的用词：

正面词采用“宜”；反面词采用“不宜”。

表示有选择，在一定条件下可以这样做的，采用“可”。

2　条文中指明必须按其他有关标准和规范执行的写法为“应按……执行”或“应符合……要求规定”。

中华人民共和国国家标准

# 混凝土外加剂应用技术规范

**GB 50119—2003**

## 条 文 说 明

## 目 次

# 1 总 则

**1.0.1** 混凝土外加剂可改善新拌混凝土的和易性、调节凝结时间、改善可泵性、改变硬化混凝土强度发展速率、提高耐久性。但选择及使用不当也会带来麻烦或造成工程质量问题，为正确选用外加剂，达到预期的效果制订本规范。

**1.0.2** 本修订规范，除对原规范中的10种外加剂的应用技术予以修订外，又增加制定了缓凝高效减水剂、泵送剂、防水剂及速凝剂的应用技术，使目前已有产品质量标准的14种混凝土外加剂均有了应用技术，为全面控制外加剂混凝土的质量提供了可靠的保证。

**1.0.3** 混凝土施工中掺入的外加剂的首要条件是应满足相应的产品质量标准，外加剂产品应当满足的质量标准有：《混凝土外加剂》CB 8076、《混凝土泵送剂》JC 473、《砂浆、混凝土防水剂》JC 474、《混凝土防冻剂》JC 475、《混凝土膨胀剂》JC 476及《喷射混凝土用速凝剂》JC 477、《混凝土外加剂中释放氨的限量》CB 18588。

外加剂混凝土施工应用中还应符合有关的国家现行标准，如《混凝土结构工程施工质量验收规范》GB 50204、《混凝土质量控制标准》GB 50164、《预拌混凝土》GB 14902、《混凝土泵送施工技术规程》JCJ/T 10、《混凝土结构设计规范》GBJ 1089、《普通混凝土配合比设计规程》JGJ 55、《建筑工程冬期施工规程》JGJ 104等。

# 2 基本规定

本章从外加剂的选择，外加剂掺量及外加剂的质量控制三个方面分别予以叙述，从而条理清晰，便于施工应用。

## 2.1 外加剂的选择

**2.1.1** 各种外加剂都有其特性，如改善混凝土和易性、调节凝结时间、提高强度、改善耐久性等。使用者应根据外加剂的特点，结合使用目的，如节约水泥、改善混凝土性能、加快模板周转等综合指标来考虑，即通过技术、经济比较来确定外加剂的使用品种。

**2.1.2** 此条是新增条款，特别强调混凝土中严禁使用对人体产生危害、对环境产生污染的外加剂。此条涉及到外加剂使用中对人体健康、对环境保护的要求，此条为强制性条文。

外加剂材料组成中有的是工业副产品、废料，有的可能是有毒的，有的会污染环境。如某些早强剂、防冻剂中含有有毒的重铬酸盐、亚硝酸盐，有的使洗刷混凝土搅拌机排出的水污染周围环境。又如以尿素为主要成分的防冻剂，在建筑物使用中有氨气逸出，污染环境、危害人体健康。因此要求外加剂在混凝土生产和使用过程中不能损害人体健康、污染环境。

**2.1.3** 此条着重强调外加剂对水泥的适应性问题。在混凝土材料中水泥对外加剂混凝土性能影响最大。以减水剂而言，不同减水剂品种对水泥的分散、减水、增强效果不同；对于同一种减水剂由于水泥矿物组成、混合材料品种和掺量、含碱量、石膏品种和掺量等不同，其减水增强效果差别很大。

水泥的矿物组成中 $C_3S$ 和 $C_3A$ 对水泥水化速度和强度的发挥起决定作用。减水剂加入到水泥——水系统后，首先被 $C_3A$ 吸附。在减水剂掺量不变的条件下，$C_3A$ 含量高的水泥，由于被 $C_3A$ 吸附量大，必然使得用于分散 $C_3S$ 和 $C_2S$ 等其他组分的量显著减少，因此 $C_3A$ 含量高的水泥减水效果差。

如果水泥熟料中的碱含量过高，就会使水泥凝结时间缩短，使其流动度降低。

混合材料对减水增强也有影响，掺矿渣混合材料的水泥加减水剂后效果一般较好。

用硬石膏或工业副产石膏（如氟石膏、磷石膏）作调凝剂的水泥，对不同种类的减水剂使用效果不同，如木钙、糖蜜缓凝剂掺入用硬石膏作调凝剂的水泥后会出现速凝、不减水等现象，在使用中必须注意。

其他如水泥细度、温度等也影响减水剂的减水增强效果。

对于掺早强剂、防冻剂的混凝土来说，应优先采用早期强度发展快的水泥，以提早达到所要求的强度。对于掺膨胀剂混凝土来说，同一掺量、同一种膨胀剂，膨胀率随水泥中铝酸盐矿物、三氧化硫含量的提高而增大。

综上所述，工程选用外加剂时，应根据工程材料及施工条件通过试验选定。

**2.1.5** 此条提出外加剂复合使用时，应注意其相容性及对混凝土性能的影响。由于使用单位不知道外加剂原材料的组成，因此将几种外加剂复合使用时会产生某些组分超出规定的允许掺量范围，配制水剂溶液，会产生絮凝、沉淀或化学反应等问题。因此应使用已复配好的外加剂，如使用单位自行将几种外加剂复合使用，必须通过试验，以保证混凝土质量。

## 2.2 外加剂掺量

**2.2.1** 外加剂的掺量应以胶凝材料重量的百分率表示。近年来，混凝土除水泥作为胶凝材料外，尚有粉煤灰、沸石粉、硅粉等作为胶凝材料，因此外加剂的掺量应考虑这些胶结料的影响。

**2.2.2** 外加剂掺量应按推荐掺量、使用要求、施工条件、原材

料等因素通过试验确定。

使用要求指的是工程的使用要求，如早强还是缓凝，节约水泥还是改善性能等。施工条件指的是现场工地条件，如当时的气温，保温养护措施，地上施工还是地下施工，以及工地的管理操作水平。混凝土原材料的变化较大，原材料的改变对外加剂的影响效果也不一样。以上条件的变化都将影响外加剂的使用效果，因此工程确定使用外加剂品种后，应通过试验确定掺量。

**2.2.3** 当外加剂中含有氯离子，硫酸根离子时，应符合本规范及有关标准的规定，以保证混凝土工程质量。

**2.2.4** 潮湿环境中的混凝土，当使用碱活性骨料时，混凝土含碱量越大，碱-骨料反应产生的危害越大。在许多国家的标准中，均规定了混凝土碱含量的限值，一般要求每立方米混凝土含碱量小于3kg，对于重要工程小于2.5kg，外加剂是混凝土中碱的重要来源，限制外加剂的碱含量是降低混凝土碱含量的重要措施。

北京市城乡建设委员会于1995年1月作出如下规定：凡桥梁、地下铁道、人防、自来水厂、大型水池、承压输水管、水坝、梁基础、桩基等地下结构以及经常处于潮湿环境的建筑结构工程（包括建筑物），必须选用低碱外加剂，每立方米混凝土因掺用外加剂带入的碱含量不得超过1kg。

参照国外及北京市的规定，本规范规定当混凝土处于潮湿环境，骨料具有碱活性时，每立方米混凝土因掺用外加剂带入的碱含量不得超过1kg。

## 2.3 外加剂的质量控制

这是新增的一节。

**2.3.1** 外加剂供货单位应提供必要的技术资料。

**2.3.2** 进入工地或混凝土搅拌站的外加剂，应进行必要的简单快捷项目的检测，以确保外加剂的质量与其试配选用时一致。

**2.3.3** 规定了外加剂存放的标识要求。

**2.3.4** 规定了外加剂出现结块（或沉淀）时应如何使用的问题。

粉状外加剂受潮后结块，有的粉碎后不影响性能，仍可使用。但有的外加剂结块后不能粉碎，或影响性能，如膨胀剂受潮要影响其膨胀性。因此外加剂受潮结块后能否使用应通过试验而定，并且应满足一定的粒度要求。液体外加剂长期储存，有的会产生沉淀，使用时应上下搅拌均匀，有的会污染变质应测定密度及其性能，合格后方可使用。

**2.3.5** 提出了对外加剂配料的要求，以确保掺量的准确性。

# 3 普通减水剂及高效减水剂

## 3.1 品 种

**3.1.1** 木质素磺酸盐类及丹宁，减水率约为5%～10%，一般为普通减水剂。有的高效减水剂掺量减少也只能达到普通减水剂的效果。

**3.1.2** 多环芳香族磺酸盐类、水溶性树脂磺酸盐类、脂肪族类及其他类型的诸如：改性木质素磺酸钙、改性丹宁减水率应在12%以上，一般为高效减水剂。

## 3.2 适用范围

**3.2.1** 减水剂一般不含氯盐，因此适用于素混凝土、钢筋混凝土及预应力混凝土。

**3.2.2** 混凝土拌合物的凝结时间、硬化速度和早期强度的发展与养护温度有密切关系。随着温度的降低，凝结时间延长，硬化速度减慢，早期强度低。

温度对掺减水剂混凝土凝结时间的影响在20℃以下较显著。在10℃时，掺高效减水剂与普通减水剂的凝结时间比不掺减水剂的略有延缓。

低温养护时，普通减水剂早期强度低，仅为不掺减水剂混凝土强度的70%～80%，因此有早强要求的混凝土应考虑温度影响，不宜单独使用普通减水剂，在日最低气温5℃以上使用较合适。

普通减水剂的引气量较大，并具有缓凝性，浇筑后需要较长时间才能形成一定的结构强度，所以用于蒸养混凝土必须延长静停时间，或减少掺量，否则蒸养后混凝土容易产生微裂缝，表面酥松、起鼓及肿胀等质量问题。因此普通减水剂不宜单独用于蒸养混凝土。

掺高效减水剂混凝土，混凝土强度值虽然也随着温度降低而降低，但在5℃养护条件下，3d强度增长率仍然较高，因此高效减水剂可用于日最低气温0℃以上施工的混凝土。

高效减水剂混凝土，一般引气量较低，缓凝性较小，用于蒸养混凝土不需要延长静停时间，在实际工程中已大量应用，一般比不掺减水剂混凝土可缩短蒸养时间1/2以上。

**3.2.3** 用硬石膏或工业副产石膏作调凝剂的水泥，在掺用木质素磺酸盐减水剂时会引起异常凝结，应先做水泥适应性试验。

## 3.3 施 工

**3.3.1** 进入工地减水剂应检测其密度（或细度）、减水率以确保减水剂的质量。

**3.3.2** 减水剂的常用掺量，是根据试验结果和综合考虑技术经济效果而提出的。试验结果证明，随着减水剂掺量增加，混凝土的凝结时间延长，尤其是木质素类减水剂超过适宜掺量时，强度值随之降低，而减水率增高幅度不大，有时会使混凝土较长时间不结硬而影响施工。对高效减水剂来说，过量掺入会出现泌水。

**3.3.3、3.3.4** 减水剂的掺加方法，采用干粉加入搅拌机中，由于减水剂的掺量很小，在拌合物中分散不匀，会影响混凝土的质量，尤其是木质素磺酸盐类减水剂会造成个别部位长期不凝的工程质量事故。如果用干掺法，减水剂应有载体分散或延长搅拌时间，保证混凝土搅拌均匀。采用溶液掺加时，配制减水剂溶液的水必须从拌合水中扣除，以保证准确的水灰比。为了减少塌落度损失，使减水剂更有效地发挥作用，可采用后掺法。对高效减水剂，掺加方法不同，效果也不同。后掺法将使混凝土的和易性及强度比同掺法优越。当采用搅拌运输车运送混凝土时，减水剂可在卸料前2min加入搅拌运输车，并加快搅拌运输车转速，拌匀后出料，效果较好。

**3.3.5** 根据工程需要，为满足混凝土多种性能要求，常需用复合减水剂。在配制复合减水剂时，应注意各种外加剂的相容性，若将粉剂复合减水剂配制成溶液时如有絮凝状或沉淀等现象产生，应分别配制溶液，分别加入搅拌机中。

**3.3.6** 掺减水剂混凝土，要避免水分蒸发，加强养护。采用蒸养时，应通过试验确定蒸养制度。

# 4 引气剂及引气减水剂

## 4.1 品　种

**4.1.1** 烷基磺酸盐及烷基苯磺酸盐合成高分子引气剂及松香树脂、脂肪醇磺酸盐引气剂已在工程中广泛应用。

皂甙类引气剂开发至今已有十余年。其水溶性好，且易与其他减水剂、高效减水剂等复合使用，可大大提高混凝土抗冻融性，也已应用于各类混凝土工程中。

**4.1.2** 由引气剂与减水剂复合而成的引气减水剂被广泛用于混凝土工程中。

## 4.2 适用范围

**4.2.1** 引气剂能经济有效地改善新拌混凝土的和易性及黏聚力。特别是对水泥用量少或骨料表面粗糙的混凝土效果更显著，如贫混凝土、机制砂混凝土、轻骨料混凝土。引气剂可以提高硬化混凝土抗冻融能力，在水工工程中规定，有抗冻融要求的混凝土必须适当引气。引气剂可提高混凝土抗渗性，适用于抗硫酸盐混凝土、抗渗混凝土。公路路面使用氯化钙、氯化钠除冰时，这种混凝土必须掺入引气剂。掺入引气剂的混凝土，由于和易性好，易于抹面，能使混凝土表面光洁。因此有饰面要求的混凝土也宜掺加引气剂。

**4.2.2** 引气剂一般会降低混凝土的强度，对强度要求高的混凝土一般不宜使用。由于掺入引气剂，混凝土的含气量增大，因此不宜用于蒸养混凝土及预应力混凝土。

## 4.3 施　工

**4.3.1** 规定了进入工地外加剂的检验项目，以保证使用的外加

剂的同一性。

**4.3.2** 引气剂和引气减水剂的掺量是根据混凝土含气量而定的，混凝土的含气量又是根据工程要求确定的，因此应根据含气量的需要，来调整引气剂掺量。

掺引气剂混凝土的含气量与骨料粒径有关，振捣后含气量会减少，表1为美国推荐的混凝土含气量，可供使用时参考。此外，有关国家对掺引气剂后混凝土含气量也有规定，见表2。

**表1 美国推荐混凝土含气量参考表**

| 骨料最大粒径（mm） | 拌合后的含气量（%） | 振捣后的含气量（%） | 不掺引气剂的含气量（%） |
|---|---|---|---|
| 10 | 8.0 | 7.0 | 3.0 |
| 15 | 7.0 | 6.0 | 2.5 |
| 20 | 6.0 | 5.0 | 2.0 |
| 25 | 5.0 | 4.5 | 1.5 |
| 40 | 4.5 | 4.0 | 1.0 |
| 50 | 4.0 | 3.5 | 0.5 |
| 80 | 3.5 | 3.0 | 0.3 |
| 150 | 3.0 | 2.5 | 0.2 |

**表2 一些国家对引气剂混凝土含气量的规定**

| 国家 | 含气量 |
|---|---|
| 比利时 | ≥(R+2.5)% |
| 法国 | 采用N时≥(R+2)%<br>采用M时≤(R+4)% |
| 以色列 | ≥(R+4)%，≤(R+6)% |
| 意大利 | ≥(R+3)% |
| 英国 | ≥4%，≤6% |

注：R—基准混凝土含气量；N—推荐的引气剂标准剂量；M—推荐的引气剂最大剂量

**4.3.3** 引气剂一般掺量都较小，为了搅拌均匀，使用前应配成适当浓度的稀溶液，溶液浓度根据使用情况而定。

**4.3.4** 多数引气剂要用热水溶解；在冷水溶解时若产生絮凝或沉淀，可加热使其溶解。

**4.3.5** 引气剂与早强剂、防冻剂复合，若产生不相容现象，应分别配制、分别加入搅拌机。

**4.3.6** 影响混凝土含气量的因素很多，在材料方面如水泥品种、用量、细度及碱含量，混合材品种、用量，骨料的类型、最大粒径及级配，水的硬度，与其复合使用的外加剂品种；施工条件方面如搅拌机的类型、状态、搅拌量、搅拌速度、持续时间、振捣方式以及环境温度等。因此应根据这些情况的变化增减引气剂的掺量。在任何情况下，均应采用现场的材料和配合比，与现场环境相同的条件下进行试拌试验。同时应注意由于含气量增大而引起混凝土拌合物体积的增大，设计时应根据混凝土表观密度或含气量来调整配合比，以避免每立方米混凝土中水泥用量不足。

近年来，混凝土新技术及新工艺：如高性能混凝土、商品混凝土、泵送混凝土等已在工程中大量应用。为制备性能优异的混凝土，在掺外加剂的同时掺加矿物掺合料，为获得所需的含气量应增大引气剂的掺量，尤以掺加粉煤灰为最显著。

**4.3.7** 混凝土实际含气量应为入模经振捣后的含气量。混凝土经运输、浇筑、振捣等含气量将减少1/4～1/3。但入模后的含气量测定困难，因此规定在搅拌机卸料口取样检测，但也应考虑浇筑、振捣产生的含气量损失，卸料口测定的含气量值应大于实际需要的含气量值。对含气量要求严格的混凝土，施工中应定期测定含气量以便随时调整，确保工程质量。

**4.3.8** 引气剂及引气减水剂混凝土必须采用机械搅拌，混凝土含气量随搅拌时间长短而发生变化，搅拌1～2min时含气量急剧增加，3～5min时增至最大，此后又趋于减少，因此搅拌时间3～5min较合适。

用振动台或平板振捣器振捣，混凝土含气量损失小；用插入式振捣含气量损失大，并随振动频率提高或振动时间延长而损失增大，因此规定振动时间不宜超过20s。

# 5 缓凝剂、缓凝减水剂及缓凝高效减水剂

## 5.1 品　　种

**5.1.1** 在混凝土工程中，常用糖蜜或糖钙、木质素磺酸钙、柠檬酸、磷酸盐等或与其他表面活性剂等复合成的缓凝减水剂，以延长混凝土的凝结时间，其应用已有数年乃至数十年的历史，在大体积混凝土工程及水电站的主体大坝工程中，尤以木钙及糖钙类缓凝剂用量最多。缓凝剂及缓凝减水剂不仅能使混凝土的凝结时间延长，而且还能降低混凝土的早期水化热，降低混凝土最高温升，这对于减少温度裂缝、减少温控措施费用、降低工程造价、提高工程质量都有显著的作用。

**5.1.2** 由缓凝组分与高效减水剂复合而成的为缓凝高效减水剂。

## 5.2 适用范围

**5.2.1** 缓凝剂及缓凝减水剂的主要作用是延长混凝土的凝结时间，其缓凝效果因品种及掺量而异，在推荐掺量范围内，柠檬酸延缓混凝土凝结时间一般约为8～19h，氯化锌延缓10～12h；而糖蜜缓凝剂仅延缓2～4h；木钙延缓2～3h。

由于缓凝剂及缓凝减水剂能延缓混凝土的凝结时间，并能降低早期水泥水化热，因而可用于炎热气候条件下施工的混凝土；大体积混凝土；大面积浇筑的混凝土；连续浇筑避免冷缝出现的混凝土；需较长时间停放或长距离运输的混凝土；自流平免振混凝土；滑模施工或拉模施工的混凝土及其他需要延缓凝结时间的混凝土。缓凝高效减水剂是获得高性能混凝土的重要技术途径；缓凝高效减水剂对水泥有强烈的分散作用，因此对水泥和混凝土的减水增强效果十分显著；由于缓凝组分的存在，可延长混凝土的凝结时间，降低硬化过程中水泥水化时的放热速度和热量，避免温度应力引发的混凝土裂缝；还可控制混凝土塌落度损失，使混凝土在所需要的时间内具有良好的流动性和可泵性，从而满足泵送施工及高强高性能混凝土的要求。

**5.2.2** 掺缓凝剂、缓凝减水剂及缓凝高效减水剂的混凝土随气温的降低早期强度也降低，因此不适宜用于5℃以下的混凝土施工。因为早期强度增长慢达到蒸养所需结构强度的静停时间长，因此也不适宜用于有早强要求的混凝土及蒸养混凝土。

**5.2.3** 羟基羧酸及其盐类的缓凝剂（如柠檬酸、酒石酸钾钠等）的主要作用是延缓混凝土的凝结时间，但同时也会增加混凝土的泌水率，影响混凝土的和易性，特别是水泥用量低、水灰比大的混凝土尤为显著。为了防止因泌水离析现象加剧而导致混凝土的和易性、抗渗性等性能的下降，故在水泥用量低或水灰比大的混凝土中不宜单独使用。

**5.2.4** 用硬石膏或工业副产石膏作调凝剂的水泥，掺用糖蜜及木钙类等缓凝剂会引起速凝，使用前应做水泥适应性试验。

**5.2.5** 缓凝剂及缓凝减水剂产品标明的缓凝时间是按照GB 8076—97的试验方法，其试验环境温度20±3℃得出的结果，当实际施工环境温度高于或低于试验温度时，其缓凝效果有很大的差异，一般温度较低时，缓凝效果增大，而当温度较高时有的缓凝剂缓凝效果低，甚至失去缓凝效果。

## 5.3 施　　工

**5.3.1** 规定了进入工地缓凝剂、缓凝减水剂及缓凝高效减水剂的检验项目。

**5.3.2** 由于缓凝剂、缓凝减水剂及缓凝高效减水剂的品种不同，其缓凝效果也不同，所以应根据使用条件和目的选择品种，并进行试验以确定其适宜的掺量。

**5.3.3** 缓凝剂、缓凝减水剂及缓凝高效减水剂一般掺量较小，为胶凝材料质量的千分之几，因此以配成溶液掺加较好，以易于控制掺量的准确性，溶液中所含的水分须从拌合水中扣除。对于

不溶于水的缓凝剂或缓凝减水剂应以干粉掺入到混凝土拌合料中并延长搅拌时间30s。

**5.3.4** 掺缓凝剂、缓凝减水剂及缓凝高效减水剂的混凝土早期强度较低，开始浇水养护的时间也应适当推迟。当施工气温较低时，可覆盖塑料薄膜或保温材料养护，在施工气温较高又风力较大时，应在平仓后立即覆盖混凝土表面，以防止水分蒸发产生混凝土塑性裂缝，并始终保持混凝土表面湿润，直至养护龄期结束。

# 6 早强剂及早强减水剂

## 6.1 品　种

**6.1.1** 原规范中将早强剂分为氯盐类、硫酸盐类、有机胺类及其他4类，无机盐占绝大部分。十几年来早强剂组分在有机物类和无机盐类中已经大大扩展，原有分类方法不能准确反映实际情况，因此改为强电解质无机盐类、水溶性有机化合物及其他3类。

**6.1.2** 此条为早强减水剂的组成，原规范没有列入。

## 6.2 适 用 范 围

**6.2.1** 早强剂、早强减水剂在常温、低温条件下均能显著地提高混凝土的早期强度。

在蒸养条件下，混凝土掺入早强剂或早强减水剂可以缩短蒸养时间、降低蒸养温度。对不同品种的水泥混凝土，使用不同的早强剂及早期减水剂时，有不同的最佳蒸养制度，某些早强剂、早强减水剂有缓凝作用，因此要先进行蒸养试验确定最佳方案。

在最低温度不低于－5℃环境中，加入早强剂、早强减水剂，混凝土表面采用一定的保温措施，混凝土不会受到冻害，温度转为正温时能较快地提高强度。

**6.2.2** 此条为新增条款。

对人体产生危害或对环境产生污染的物质严禁用作外加剂。如铵盐遇碱性环境产生化学反应释出氨，对人体有刺激性，严禁用于办公、居住等建筑工程。有些物质如重铬酸盐、亚硝酸盐、硫氰酸盐对人体有一定毒害作用均严禁用于饮水工程及与食品相接触的工程。

**6.2.3，6.2.4** 此两条为强制性条款。此两条规定了氯盐及强电

解质无机盐早强剂不能使用的混凝土结构，对原规范6.1.3，6.1.4做了重新调整。氯盐早强剂是一种典型的强电解质无机盐，凡属强电解质无机盐不得使用的结构部位同样对氯盐早强剂也不得使用。如“与镀锌钢材或铝铁相接触部位的结构；以及有外露钢筋预埋铁件而无防护措施的结构”不得用于强电解质无机盐的情况，同样也不能允许氯盐早强剂使用。

早强剂及早强减水剂促使水泥水化热集中释出，使大体积混凝土内外温差加大故不适用。故增加此强制性条款。

氯盐早强剂混凝土表面有析盐现象及对表面的金属装饰产生盐蚀现象。因此根据国内目前混凝土表面装修中发生的问题并结合国内外同类产品技术说明增加此限制性条款。

**6.2.5** 含钾、钠离子的早强剂会与碱活性骨料发生化学反应，引起碱-骨料反应，故必须限制外加剂的碱含量。

## 6.3 施　工

**6.3.1** 规定进入工地外加剂应检验的项目。

**6.3.2** 规定了常用早强剂的掺量限值。掺量限值指标与原规范基本相同，变化部分如下：

1 氯离子掺量将原规范无水氯化钙改为氯离子。以无水氯化钙乘0.6后折算成氯离子掺量。

2 混凝土中硫酸钠（纯度不低于98%）掺量超过水泥重量的0.8%即会产生表面盐析现象，不利于表面装修。

**6.3.4** 新浇筑混凝土在硬化过程中水分蒸发，影响混凝土早期强度的增长速率，因此应及时进行保水养护。气温低时，应增加保温措施。

**6.3.5** 早强剂或早强减水剂较适用于蒸养混凝土，蒸养制度适宜，才能达到最佳效果。三乙醇胺类早强剂，若静停时间不够，蒸养温度过高，会出现爆皮等现象，影响混凝土质量。故要求通过试验确定蒸养制度。

# 7 防　冻　剂

## 7.1 品　种

**7.1.1** 原规范防冻剂种类只分为氯盐类、氯盐阻锈类和无氯盐类。近年来有机类防冻剂得到长足的发展，故本次修订将原规范中氯盐类、氯盐阻锈类及无氯盐类归为无机盐类；新增有机化合物类、有机化合物与无机盐复合类和复合型四种类型防冻剂。

## 7.2 适用范围

**7.2.1** 氯盐防冻剂主要是指以氯化钠、氯化钙为主的防冻剂，它们有着很好的降低冰点作用及早强效果，但其主要问题是对钢筋有促锈作用。

氯盐阻锈型防冻剂，主要是一定剂量的氯盐与阻锈剂复合而成。阻锈剂有硝酸盐、亚硝酸盐、铬酸盐、重铬酸盐、磷酸盐等。

强电解质无机盐掺入混凝土中，必须符合本规范第6.2.3、第6.2.4条的规定。

**7.2.2** 无氯盐防冻剂对钢筋无锈蚀作用，因此适用于钢筋混凝土，但也有一定使用剂量和使用范围。高剂量使用亚硝酸盐会引起应力腐蚀和晶格腐蚀。RILEM混凝土冬期施工委员会规定硝酸盐、碳酸盐不适用于高强钢丝的预应力混凝土结构。这是新增加的条款。

**7.2.3** 考虑到人身健康，有毒防冻剂严禁用于饮水工程及与食品相接触的工程。提出有毒防冻剂在使用过程中的注意事项。如操作人员手上不慎沾上这些有毒防冻剂，必须洗干净手之后才能接触食品。

**7.2.4** 冬季施工中由于采用硝铵尿素类防冻剂，不少工程在使

用过程中，房间内总弥漫着氨的刺激性气味，使人感到不舒适，所以规定具有刺激性气味的防冻剂不得用于居住、办公等建筑工程。

**7.2.5** 强电解质无机盐防冻剂应符合本规范第6.2.5条、第6.3.2条的规定。

**7.2.6** 有机物类防冻剂对钢筋无锈蚀作用，也不存在应力腐蚀等问题，故可以用于钢筋混凝土及预应力混凝土工程。

**7.2.7** 有机化合物与无机盐复合类防冻剂，则应符合7.2.1、7.2.2、7.2.3、7.2.4、7.2.5条的规定。

**7.2.8** 防冻剂主要是无机盐，掺量较大，目前抗渗、抗冻融试验数据还不够充分，因此对水工、桥梁、抗冻融耐久性要求严格的工程应通过试验确定防冻剂品种及掺量。

## 7.3 施　工

**7.3.1** 防冻剂的品种及掺量与气温有密切关系。

目前冬季用防冻剂普遍由减水组分、早强组分、引气组分和防冻组分复合而成，以发挥更好的效果，单一组分防冻剂效果并不好。减水组分作用是使混凝土拌合物减少用水量，从而减少混凝土中的冰胀应力，并能改善骨料界面状态，减少对混凝土的破坏应力。防冻组分是保证混凝土的液相在规定的负温条件下不冻结或少冻结，使混凝土中有较多的液相存在，为负温下水泥水化创造条件。早强组分则是在混凝土有液相存在条件下加速水泥水化，提高早期强度，使混凝土尽快的获得受冻临界强度。引气组分则可增加混凝土的耐久性，在负温条件下对冻胀应力有缓冲作用，且保证混凝土不会因引气而降低强度。

本次修订取消原规范中第7.1.9条及第7.1.10条，因制定原规范时防冻剂定型产品较少，施工单位在许多情况下需自己配制防冻剂，因而给出防冻组分及其他组分的适宜掺量。经过十多年的发展，目前防冻剂品种及质量均有很大的选择余地，施工单位无需自己配制防冻剂。

防冻剂配方设计一般是在恒定负温下试验所得，在实际施工中如按日最低气温掌握，是偏于安全的。混凝土在浇筑后如无遮挡或覆盖，则混凝土温度基本与气温一致；浇筑后有覆盖或深埋于地下，如采用塑料薄膜和保温材料覆盖于混凝土上，则混凝土内部温度高于气温，一般约高5℃，因此建议在采取一定保温措施后，实际施工按日平均气温掌握，因为一般日平均气温比最低气温约高5℃。如防冻剂的规定温度－10℃，工地施工时，在混凝土浇筑后加保温覆盖，可适用于日平均气温－10℃，即最低气温－15℃，负温混凝土保温材料不只限于草袋，故本次修订只提保温材料。

**7.3.2** 规定进入工地防冻剂的检验项目。

**7.3.3** 掺防冻剂混凝土的原材料要求

1 水泥：配制冬期施工的混凝土应优先选用硅酸盐水泥或普通硅酸盐水泥。因为它能使混凝土早期强度发展快，混凝土达到抗冻害临界强度所需的养护时间短，对抵抗早期冻害有利，使混凝土不易受破坏，而矿渣水泥由于早期强度增长较慢，初期强度较低，易遭受冻害。

2 粗、细骨料：冻结的或有冰雪的骨料会降低混凝土的拌合温度，也会增加用水量而使强度下降。

3 当防冻剂含有较多的碱性离子（$Na^+$，$K^+$），在混凝土硬化过程中与活性骨料作用，会产生混凝土体积膨胀，导致结构破坏。故本次修订不提“不得使用活性骨料”，只提混凝土总含碱量在限定范围之内。

**7.3.4** 防冻剂混凝土配合比。

**7.3.5** 根据不同气温，提出原材料的不同加热措施。

**7.3.6** 控制入模温度，主要使混凝土浇筑后有一段正温养护期，这对混凝土早期强度增长有利，可以及早达到受冻临界强度以免遭受冻害。依不同地区规定入模温度、出机温度。

**7.3.7** 目前冬季混凝土施工越来越广泛，已涉及到负温高强混凝土、负温抗渗混凝土等，单掺防冻剂难以达到施工要求，必须

与高效减水剂、泵送剂、防水剂等外加剂共同配合使用，为防止防冻剂与这些外加剂之间发生不良反应，必须在使用前进行试配试验，确定可以共同掺入，方可使用。

**7.3.8** 提出掺防冻剂混凝土的浇筑和养护要求。

**7.3.9** 掺防冻剂混凝土的冰晶形态与不掺防冻剂的有区别，前者冰晶强度低，因此受冻临界强度也低，但仍存在受冻临界强度。根据《建筑工程冬期施工规程》JGJ 104 规定，掺防冻剂混凝土的受冻临界强度分别为 3.5MPa、4.0MPa、5.0MPa。

### 7.4 掺防冻剂混凝土的质量控制

这是新增的一节。

**7.4.1** 提出混凝土工程的测温要求，以保证混凝土质量。

**7.4.2** 规定了混凝土工程试件成型数量，养护及抗压的要求。

## 8 膨 胀 剂

### 8.1 品 种

**8.1.1** 膨胀剂种类较多，从国内外应用效果和可靠性来看，以形成钙矾石和氢氧化钙的膨胀剂稳定。因此，本规范包括三种膨胀剂：硫铝酸钙类、氧化钙类和硫铝酸钙-氧化钙类。

### 8.2 适 用 范 围

**8.2.1** 表 8.2.1 规定了膨胀剂的适用范围。普通混凝土掺入膨胀剂后，混凝土产生适度膨胀，在钢筋和邻位约束下，可在钢筋混凝土结构中建立一定的预压应力，这一预压应力大致可抵消混凝土在硬化过程中产生的干缩拉应力、补偿部分水化热引起的温差应力，从而防止或减少结构产生有害裂缝。应指出，膨胀剂主要解决早期的干缩裂缝和中期水化热引起的温差收缩裂缝，对于后期天气变化产生的温差收缩是难以解决的，只能通过配筋和构造措施加以控制，因此，膨胀剂最适用于环境温差变化较小的地下、水工、海工、隧道等工程。对于温差较大的结构（屋面、楼板等）必须采取相应的构造措施，才能控制裂缝。

**8.2.2** 由于水化硫铝酸钙（钙矾石）在 80℃ 以上会分解，导致强度下降，故规定硫铝酸钙类，硫铝酸钙-氧化钙类膨胀剂，不得用于长期处于环境温度为 80℃ 以上的工程。

**8.2.3** 氧化钙膨胀剂水化生成的 $Ca(OH)_2$，其化学稳定性和胶凝性较差，它与 $Cl^-$、$SO^=$、$Na^+$、$Mg^{++}$ 等离子进行置换反应，形成膨胀结晶体或被溶析出来，从耐久性角度考虑，该膨胀剂不得用于海水和有侵蚀性水的工程。

**8.2.4** 膨胀剂主要用于配制补偿收缩混凝土、结构自防水。当提高膨胀剂掺量时，可配制大限制下的填充性膨胀混凝土和二次

灌注用的膨胀砂浆，以及用于制造压力管的自应力混凝土。

**8.2.5** 膨胀剂的掺入会使混凝土的早期水化热提高，为防止或减少混凝土温度裂缝，其内外温差一般宜小于25℃。

## 8.3 掺膨胀剂混凝土（砂浆）的性能要求

**8.3.1** 补偿收缩混凝土性能指标的确定，一是在不影响抗压强度条件下膨胀率要尽量增大；二是干缩落差要小。本规范中补偿收缩混凝土（砂浆）的膨胀性能，以限制条件下的膨胀率和干缩率表示。因为混凝土收缩受到限制才会产生裂缝，而混凝土膨胀在限制条件下才能产生预压应力（$\sigma_c$）。美国 ASTM 规定 $\sigma_c$=0.2MPa。根据 $\sigma_c=\mu \cdot E_s \cdot \varepsilon_2$ 公式，（$\mu$——配筋率，$E_s$——钢筋弹性模量，$\varepsilon_2$——限制膨胀率），确定 $\varepsilon_2$ 值的大小。

本规范规定，试件尺寸为 100mm×100mm×300mm，中间预埋两端带钢板的 $\Phi$10mm 钢筋，配筋率 $\mu=0.785\%$，钢筋的弹性模量取 $E_s \approx 2\times10^5$MPa，则

$$\sigma_c=0.785\times10^{-2}\times2\times10^5\times\varepsilon_2=1.75\times10^3\times\varepsilon_2 \text{ (MPa)}$$

当 $\varepsilon_2=0.015\%$，$\sigma_c=0.24$MPa；$\varepsilon_2=0.03\%$，$\sigma_c=0.47$MPa

当 $\varepsilon_2=0.04\%$，$\sigma_c=0.63$MPa；$\varepsilon_2=0.05\%$，$\sigma_c=0.78$MPa

通过计算得出膨胀自应力 $\sigma_c=0.2\sim0.7$MPa 时其限制膨胀率 $\varepsilon_2$ 的最大值为 0.05%，最小值为 0.015%。因此本规范规定补偿收缩混凝土水中养护 14d 的限制膨胀率≥$1.5\times10^{-4}$。美国规定限制膨胀率为 $3\times10^{-4}$，日本规范为 $1.5\times10^{-4}$以上。根据我国大量试验结果，$\varepsilon_2$=（2.5~4.0）$\times10^{-4}$，其补偿收缩效果较好。

关于限制干缩率规定值，我国原规范与日本规范一样，试件放入20±3℃，相对湿度60±3%环境中6个月，干缩率≤$4.5\times10^{-4}$，通过大量试验表明，掺膨胀剂的补偿收缩混凝土的干缩率比空白混凝土低30%左右，即其收缩落差小。

鉴于测定干缩率的养护期太长，不利于工程应用，因此，本规范通过大量试验，规定试件水养 14d 后，放入恒温恒湿试验室养护 28d（从初长开始计算为 42d），其干缩率应不大于 $3.0\times10^{-4}$。

**8.3.2** 填充用膨胀混凝土主要应用于大限制下的结构后浇缝、伸缩缝、大坝回填槽和钢管混凝土等。该混凝土的膨胀率比补偿收缩混凝土适当大些，它产生的膨胀压力对新老混凝土粘结更有利。通过大量试验与工程实践，填充性膨胀混凝土产生的预压力值 $\sigma_c=0.5\sim1.0$MPa 为宜，因此，本规范规定，该混凝土在水中养护 14d 的最小限制膨胀率≥$2.5\times10^{-4}$，随后放在恒温恒湿室养护 28d，其干缩率应不大于 $3.0\times10^{-4}$。

**8.3.3** 由于填充用膨胀混凝土膨胀剂掺量较大，早期膨胀较大，对强度影响较大，故规定试件成型带模养护 3d 拆模，再放入水中养护至 28d，测定其抗压强度。试验表明，该混凝土的抗压强度应大于 30.0MPa。

**8.3.4** 灌浆用膨胀砂浆用于设备或接缝二次灌注，属于大流动度无收缩高强灌注料，这次对其性能指标做了调整，与国际同类产品性能要求基本相同。

灌浆用膨胀砂浆竖向膨胀率测定方法按附件 C 进行。其性能要求：3d 膨胀率≥0.1%，7d≥0.2%，达到无收缩的要求，以保证灌注砂浆紧密地填充二次灌注的空间，硬化后不产生收缩。

**8.3.5** 掺入 15%~30%膨胀剂可配制成自应力混凝土，目前，只限于制造自应力钢筋混凝土压力管。对该混凝土性能的技术指标，应符合《自应力硅酸盐水泥》JC/T 218 标准。

## 8.4 设 计 要 求

**8.4.1** 掺膨胀剂的补偿收缩混凝土大多应用于控制有害裂缝的钢筋混凝土结构工程。混凝土的膨胀只有在限制条件下才能产生预压应力。所以，构造（温度）钢筋的设计对该混凝土有效膨胀能的利用和分散收缩应力集中起到重要作用，结构设计者必须根

据不同的结构部位，采取相应的合理配筋和分缝。以往绝大多数设计图纸只写混凝土掺入膨胀剂，强度等级，抗渗等级。对混凝土的限制膨胀率没有提出具体要求，造成膨胀剂少掺或误掺，达不到补偿收缩而出现有害裂缝，根据本规范要求，掺膨胀剂的补偿收缩混凝土水中养护 14d 的限制膨胀率≥0.015%，相当在结构中建立的预压应力大于 0.2MPa。实际上，混凝土的膨胀率最好控制在 0.02%～0.03%，填充用膨胀混凝土的膨胀率应在 0.035%～0.045%。施工单位或混凝土搅拌站应根据设计的要求，确定膨胀剂的最佳掺量，在满足混凝土强度和抗渗要求下，同时要达到补偿收缩混凝土的限制膨胀率。只有这样，才能达到控制结构有害裂缝的效果。所以，当采用膨胀剂时，结构设计者应在设计图纸上注明："采用掺膨胀剂的补偿收缩混凝土，强度等级，抗渗等级，水中养护 14d 的混凝土限制膨胀率≥0.015%(或更高些)。"

**8.4.2** 由于墙体受施工和环境温度湿度等因素影响较大，容易出现竖向收缩裂缝，混凝土强度等级越高，开裂机率越大。工程实践表明，墙体的水平构造（温度）钢筋的配筋率宜在 0.4%～0.6%，水平筋的间距应小于 150mm，采取细而密的配筋原则。由于墙体受底板或楼板的约束较大，混凝土胀缩不一致，宜在墙体中部或端部设一道水平暗梁，这样，有利于控制墙体有害裂缝的出现。

**8.4.3** 对于墙体与柱子相连的结构，由于墙与柱的配筋率相差较大，混凝土胀缩变形与限制条件有关，由于应力集中原因，在离柱子 1～2m 的墙体上易出现竖向收缩裂缝。工程实践表明，应在墙柱连接处设水平附加筋，附加筋的长度为 1500～2000mm，插入柱子中 200～300mm，插入墙体中 1200～1600mm，该处配筋率提高 10%～15%。这样，有利于分散墙柱间的应力集中，避免竖向裂缝的出现。

**8.4.4** 结构开口部位和突出部位因收缩应力集中易于开裂，与室外相连的出入口受温差影响大也易开裂，这些部位应适当增加附加筋，以增强其抗裂能力。

**8.4.5** 对于楼板，为减少有害裂缝（规范规定裂缝宽度小于 0.3mm），可采用补偿收缩混凝土，设计上采用细而密的双向配筋，构造筋间距小于 150mm，配筋率在 0.6%左右。对于现浇混凝土防水屋面，应配双层钢筋网，钢筋间距小于 150mm，配筋率在 0.5%左右。楼面和屋面受大气温差影响较大，其后浇缝最大间距不宜超过 50m。

**8.4.6** 由于地下室和水工构筑物长期处于潮湿状态，温差变化不大，最适宜用补偿收缩混凝土作结构自防水。大量工程实践表明，与桩基结合的底板和大体积混凝土底板，用补偿收缩混凝土可不做外防水。但边墙宜做附加防水层。底板和边墙后浇缝最大间距可延长至 60m，后浇缝回填时间可缩短至 28d。

## 8.5 施　工

**8.5.1 掺膨胀剂混凝土对原材料的要求**

膨胀剂应符合《混凝土膨胀剂》JC 476 标准的规定。按供货单位推荐掺量进行检测，合格者才能使用。

由于膨胀剂的品种和掺量不同，它与水泥、化学外加剂和掺合料存在适应性问题。因此，要进行混凝土试配。

**8.5.2** 掺膨胀剂的混凝土配合比设计参照《普通混凝土配合比设计规程》JGJ 55。鉴于我国混凝土大多掺入粉煤灰、矿渣粉或沸石粉等掺合料，膨胀剂可视为特殊掺合料，因此，规定膨胀混凝土（砂浆）的最低胶凝材料用量（水泥、膨胀剂和掺合料总量）。大体积混凝土宜用粉煤灰或矿渣粉、膨胀剂和缓凝型外加剂"三掺"的补偿收缩混凝土，可降低温控措施成本。水灰比为水胶比更合理，可发挥补偿收缩混凝土的抗裂防渗效应，其水胶比不宜大于 0.5。

我国膨胀剂品种有 10 多种，按 JC 476 标准规定，膨胀剂最大掺量（替代水泥率）不宜超过 12%。近年来我国已研制生产低碱低掺量膨胀剂，对于补偿收缩混凝土，膨胀剂推荐最低掺量

不宜小于6%。对于填充用膨胀混凝土，膨胀剂推荐掺量宜为10%～15%。

原规范膨胀剂掺量以水泥用量为基数，不够合理。新规范改为胶凝材料总量为基数，在有掺合料的情况下，如果膨胀剂和掺合料都分别取代水泥用量的话，则单方水泥实际用量大为减少，混凝土强度必然受到影响。经大量工程实践证明，膨胀剂掺量应分别取代水泥和掺合料是合理的。

必须指出，膨胀剂的掺量必须满足表8.3.1和表8.3.2中的限制膨胀率和限制干缩率的规定值，否则就难以达到抗裂防渗的效果。这就要求混凝土搅拌站和建筑公司试验室添置测定掺膨胀剂砂浆和混凝土限制膨胀率的仪器设备，以及有专门的检验人员，这样才能鉴定入库膨胀剂是否合格，配制的补偿混凝土是否达到本规范的膨胀率要求。

**8.5.3** 膨胀剂可与其他混凝土外加剂复合使用，但必须经过试验确定外加剂品种和掺量，不得滥用。膨胀剂不宜与氯盐外加剂复合使用。

**8.5.4** 粉状膨胀剂应与混凝土其他原材料有序投入搅拌机中，膨胀剂重量应按施工配合比投料，重量误差小于±2%，不得少掺或多掺，考虑混凝土的匀质性，其拌制时间比普通混凝土延长30s。

**8.5.5** 掺膨胀剂的混凝土浇筑方法和技术要求与普通混凝土基本相同。混凝土的振捣必须密实，不得漏振、欠振和过振。在混凝土终凝以前，要用人工或机械多次抹压，防止表面沉缩裂缝的产生，以免影响外观质量。后浇带中杂物必须清除干净，充分预湿，然后以填充用膨胀混凝土浇筑。

**8.5.6** 掺膨胀剂的混凝土要特别加强养护，膨胀结晶体钙矾石（$C_3A \cdot 3CaSO_4 \cdot 32H_2O$）生成需要水。补偿收缩混凝土浇筑后1～7d湿养护，才能发挥混凝土的膨胀效应。如不养护或养护马虎，就难以发挥膨胀剂的补偿收缩作用。底板或楼板较易养护，能蓄水养护最好，一般用麻袋或草席覆盖，定期浇水养护。墙体等立面结构，受外界温度、湿度影响较大，容易发生竖向裂缝。工程实践表明，混凝土浇筑完3～4d内水化热温升最高，而抗拉强度很低，如果早拆模板，墙体内外温差较大而易于开裂。因此，墙体模板拆除时间宜不少于3d。墙体浇筑完后，应从顶部设水管喷淋，模板拆除后继续养护至7d。冬季施工不能浇水，养护不少于14d，并进行保温养护。

**8.5.7** 用于二次灌注的灌浆用膨胀砂浆，由于流动度大，一般不用机械振捣，为排除空气，可用人工插捣。浇筑抹压后，暴露部分要及时覆盖。在低于5℃时应采取保温保湿养护措施。

## 8.6 混凝土的品质检查

**8.6.1** 掺膨胀剂的混凝土品质检验与普通混凝土的主要区别是增加一项混凝土限制膨胀率测量，这是确保膨胀混凝土抗裂防渗性能的一项重要技术指标。

**8.6.2** 膨胀混凝土的抗压强度和抗渗等级，其抽样检测参照普通混凝土品质的检验方法。

# 9 泵 送 剂

## 9.1 品 种

**9.1.1** 在混凝土工程中，泵送剂主要由普通（或高效）减水剂、引气剂、缓凝剂和保塑剂等复合而成，其质量应符合《混凝土泵送剂》JC 473 标准。

## 9.2 适 用 范 围

**9.2.1** 混凝土原材料中掺入泵送剂，可以配制出不离析泌水，黏聚性好，和易性、可泵性好，具有一定含气量和缓凝性能的大塌落度混凝土，硬化后混凝土有足够的强度和满足多项物理力学性能要求。泵送剂可用于高层建筑、市政工程、工业民用建筑及其他构筑物混凝土的泵送施工。由于泵送混凝土具有缓凝性能，亦可用于大体积混凝土、滑模施工混凝土。

水下灌注桩混凝土要求塌落度在 180～220mm 左右，亦可用泵送剂配制。

泵送剂亦可用于现场搅拌混凝土，用于非泵送的混凝土。

目前我国的泵送剂，氯离子含量大都≤0.5%或≤1.0%，由泵送剂带入混凝土中的氯化物含量是极微的，因此泵送剂适用于钢筋混凝土和预应力混凝土。混凝土中氯化物（以 $Cl^-$ 计）总含量的最高限值应执行《预拌混凝土》GB 14902 标准的规定。

## 9.3 施 工

**9.3.1** 规定了进入工地泵送剂的检验项目。

**9.3.2** 粉状泵送剂中含有水不溶物的应以干粉直接掺入混凝土中；水溶性粉状泵送剂宜用水溶解或直接掺入混凝土中，干掺要延长混凝土搅拌时间 30s 以保证混凝土搅拌均匀。

**9.3.3** 液体泵送剂与拌合水一起加入混凝土中，使用时可按重量计或以体积计，外加剂计量应准确。

**9.3.4** 泵送剂品种、掺量要考虑工程对混凝土的性能要求，环境温度，泵送高度，混凝土方量以及运输距离等，经混凝土试配后确定。

**9.3.5** 配制泵送混凝土对砂、石的要求

1 拌制泵送混凝土所用粗骨料的质量情况必然影响混凝土的质量。粗骨料除应符合《普通混凝土用碎石或卵石质量标准及检验方法》JGJ 53 的规定外，为防止混凝土泵送时堵塞管道，必须控制粗骨料最大粒径。

2 控制粗骨料最大粒径与输送管径之比，主要是防止混凝土泵送时管道堵塞。在工程实践中，通常对于混凝土基础可采用 5～40mm、5～31.5mm 或 5～25mm 连续级配骨料；对于低层泵送混凝土，可采用 5～31.5mm 或 5～25mm 连续级配骨料；对于高层或超高层泵送混凝土和钢筋密集的泵送混凝土，可用 5～25mm 或 5～16mm 的连续级配骨料。在《混凝土质量控制标准》GB 50164，《混凝土结构工程施工质量验收规范》GB 50204 中对粗骨料最大粒径与输送管径之比也做了相应的规定。

3 泵送混凝土所用粗骨料应采用连续级配以及针片状含量不宜大于 10%，因为针片状颗粒含量对混凝土可泵性影响很大，当针片状含量多和石子级配不好时，输送管道弯头处的管壁往往易磨损或泵管破裂损坏，针片状颗粒一旦横在输送管中，就会造成输送管堵塞，发生障碍以致影响泵送混凝土施工进度及质量。根据工程实践证实控制针片状含量小于 10% 时，混凝土能顺利泵送。

4 我国泵送混凝土工程实践表明：采用中砂适宜泵送，使获得的新拌混凝土具有良好和易性、黏聚性和可泵性。若用粗砂或细砂，必须通过试配，采取相应的措施，否则混凝土容易产生离析泌水，可泵性差。

通过 0.315mm 筛孔的颗粒含量和通过 0.16mm 筛孔的颗粒

含量对可泵性影响也很大。国内南浦大桥、杨浦大桥等工程实践和北京等地泵送混凝土经验都证实了通过0.315mm筛孔的颗粒含量不应小于15%，且不大于30%；通过0.16mm筛孔的颗粒含量不应小于5%。

**9.3.6** 提出掺泵送剂混凝土的配合比设计要求。

9.3.6规定的各项要求符合《混凝土质量控制标准》GB 50164和《混凝土泵送施工技术规程》JGJ/T 10的规定。

对于泵送钢纤维混凝土，由于钢纤维的密度为7.8g/cm$^3$，其砂率提高到50%以上，也可进行钢纤维混凝土的泵送施工。

**9.3.7** 当混凝土坍落度不能满足工地现场要求时，泵送剂可采用后添加方式掺入混凝土搅拌运输车中，必须快速转动搅拌均匀，出料测定坍落度符合要求方可使用。后添加的量应预先试验确定。未经许可不得任意采用多次后添加技术。

# 10 防 水 剂

## 10.1 品　种

防水剂是在混凝土拌合物中掺入能改善砂浆和混凝土的耐久性、降低其在静水压力下透水性的外加剂。防水剂品种众多，防水的作用机理也不一样，所以应根据工程要求选择防水剂的品种。

**10.1.1** 无机化合物类中的氯盐类能促进水泥的水化硬化，在早期具有较好的防水效果，特别是在要求早期必须具有防水性的情况下，可以用它作防水剂，但因为氯盐类会使钢筋锈蚀，收缩率大，后期防水效果不大。因此，不能认为氯盐类是好的防水剂。

**10.1.2** 有机化合物类的防水剂主要是一些憎水性表面活性剂，聚合物乳液或水溶性树脂等，其防水性能较好，使用时应注意对强度的影响。

**10.1.4** 防水剂与引气剂组成的复合防水剂中由于引气剂能引入大量的微细气泡，隔断毛细管通道，减少泌水，减少沉降，减少混凝土的渗水通路，从而提高了混凝土的防水性。防水剂与减水剂组成的复合防水剂中由于减水剂的减水作用和改善和易性使混凝土更致密，从而能达到更好的防水效果。

## 10.2 适 用 范 围

防水剂主要用于有抗渗要求的混凝土工程。含有氯盐的防水剂不得用于预应力混凝土。

## 10.3 施　工

**10.3.1** 规定了进入工地防水剂的检验项目。

**10.3.2** 普通硅酸盐水泥的早期强度高，泌水性小，干缩也较

小，所以在选择水泥时应优先采用普通硅酸盐水泥。但其抗水性和抗硫酸盐侵蚀能力不如火山灰质硅酸盐水泥。火山灰质硅酸盐水泥抗水性好，水化热低，抗硫酸盐侵蚀能力较好，但早期强度低，干缩率大，抗冻性较差。矿渣硅酸盐水泥的水化热较低，抗硫酸盐侵蚀能力好，但泌水性大，干缩大，抗渗性差。

**10.3.3** 有些防水剂，如皂类防水剂，脂肪族防水剂超量掺加时，引气量大，会形成较多气泡的混凝土拌合物，反而影响强度与防水效果，所以超过推荐掺量使用时必须通过试验。

**10.3.4** 防水混凝土要求密实，宜采用5～25mm连续级配的石子。

**10.3.5** 含有引气剂组分的防水剂，搅拌时间对混凝土的含气量有明显的影响。一般是含气量达到最大值后，如继续进行搅拌，则含气量开始下降。

**10.3.6** 防水剂的使用效果与早期养护条件紧密相关，混凝土的不透水性随养护龄期增加而增强。最初7d必须进行严格的养护，因为防水性能主要在此期间得以提高。不能采用间歇养护，因为一旦混凝土干燥，将不能轻易地将其再次润湿。

**10.3.7** 防水混凝土结构表面温度太高会影响到水泥石结构的稳定性，降低防水性能。

# 11 速 凝 剂

## 11.1 品 种

提出喷射混凝土工程中可采用的速凝剂的主要化学成分及类型。

## 11.2 适 用 范 围

**11.2.1** 速凝剂主要用于地下工程支护，还广泛用于建筑薄壳屋顶、水池、预应力油罐、边坡加固、深基坑护壁及热工窑炉的内衬、修复加固等的喷射混凝土，也可用于需要速凝的如堵漏用混凝土。

## 11.3 施 工

**11.3.1** 规定了进人工地速凝剂的检验项目。

**11.3.2** 喷射混凝土后期强度损失较快，《喷射混凝土用速凝剂》JC 477规定掺一等品速凝剂28d抗压强度比不小于75%，合格品不小于70%，但有些品种的速凝剂强度损失往往高于此规定值。后期强度损失大会影响工程质量，应予以充分重视。

**11.3.4** 喷射混凝土施工应采用新鲜水泥，过期或受潮结块的水泥会降低速凝剂的使用效果。

**11.3.5** 喷射混凝土骨料的技术要求与普通混凝土大体相同，但为了减少喷射时的回弹并防止物料在管路中的堵塞，石子的最大粒径应不大于20mm，一般宜用15mm以下的卵石或碎石。

**11.3.6** 喷射混凝土的配合比，目前多依经验确定。为了减少回弹，水泥用量应较大，一般为400kg/$m^3$，砂率也较高，一般为45%～60%，水灰比为0.4左右。

**11.3.7** 粉状速凝剂和液体速凝剂都具有较强的碱性，易烧伤皮肤。施工时应注意劳动防护和人身安全。有些增稠性的速凝剂中含有一定数量的硅灰，吸入其粉尘对人体是有害的。

## 附录A 混凝土外加剂对水泥的适应性检测方法

原规范附录一“名词解释”主要是给出规范包括的各种外加剂的定义。现在这些外加剂均制订有质量标准，故外加剂名词无需再解释了。本次修订予以取消。

原规范附录二“混凝土配合比设计”，由于《普通混凝土配合比设计规程》（JGJ 55—2000）中包括了掺外加剂混凝土，故本规范取消了此部分内容。

原规范附录四“常用复合早强剂，早强减水剂的组成与掺量”。对于早强剂的应用与发展起到一定的指导作用。随着外加剂的发展，原内容已经落后，故被取消。

外加剂对水泥的适应性问题是工程中应用外加剂的一个非常重要并迫切需要解决的问题。

附录A给出了用水泥净浆流动度的方法检验外加剂对水泥的适应性。当水泥已确定选择各类减水剂时，对每种外加剂分别加入不同掺量；当外加剂已确定选用水泥时，对每种水泥分别加入不同掺量的外加剂，进行加水后30min、60min水泥净浆流动度检测。绘制以掺量为横坐标，流动度（加水后30min、60min分别绘制）为纵坐标的曲线。其中饱和点低、流动度大，经时损失小的外加剂对水泥的适应性好。

净浆流动度随外加剂掺量增加而增大，当掺量到某一值时，再增加掺量流动度基本不再增加，有的反而减少，此掺量为饱和点。

## 附录B 补偿收缩混凝土的膨胀率及干缩率的测定方法

测定方法基本上没有大的变化。为提高测定精度在B.0.3中详细规定了测长的操作方法。

## 附录C 灌浆用膨胀砂浆竖向膨胀率的测定方法

测定方法基本上没有大的变化。在灌浆操作及测定方法上有更详细的操作要点。

中华人民共和国国家标准

# 粉煤灰混凝土应用技术规范

**GBJ 146—90**

主编部门：中华人民共和国水利部
批准部门：中华人民共和国建设部
施行日期：1991年 10 月 1 日

## 关于发布国家标准《粉煤灰混凝土应用技术规范》的通知

（90）建标字第697号

根据原国家计委计综〔1985〕1号文的要求，由水利部会同有关部门共同制订的《粉煤灰混凝土应用技术规范》，已经有关部门会审。现批准《粉煤灰混凝土应用技术规范》GBJ146—90为国家标准，自1991年10月1日起施行。

本规范由水利部负责管理，其具体解释等工作由水利水电科学研究院负责。出版发行由建设部标准定额研究所负责组织。

中华人民共和国建设部
1990年12月30日

# 编制说明

本规范是根据原国家计委（85）计综字1号文的要求，由水利水电科学研究院负责主编，并会同有关单位共同编制而成。

在本规范编制过程中，规范编制组进行了广泛的调查研究，认真总结了我国粉煤灰混凝土科研成果和工程的实践经验，参考了有关国际标准和国外先进标准，针对有关技术问题开展了科学研究与试验验证工作，并广泛征求了全国有关单位的意见。最后由我部会同有关部门审查定稿。

鉴于本规范系初次编制，在执行过程中，希各单位结合工程实践和科学研究，认真总结经验，注意积累资料，如发现需要修改和补充之处，请将意见和有关资料寄交水利水电科学研究院，（地址：北京复兴路甲1号，邮政编码：100038），以供今后修订时参考。

水利部

1990年12月1日

# 目　次



# 第一章　总　　则

**第1.0.1条**　为了正确、合理地在混凝土中应用粉煤灰，使之掺入混凝土后达到改善混凝土性能、提高工程质量、节省水泥、降低混凝土成本、节约资源等要求，以适应基本建设发展的需要，特制订本规范。

**第1.0.2条**　本规范适用于各类工程建设中，在施工现场、集中搅拌站和预制厂，掺用粉煤灰的无筋混凝土、钢筋混凝土及预应力钢筋混凝土。

不适用于建筑砂浆和作为外加剂载体所应用的粉煤灰。

**第1.0.3条**　粉煤灰混凝土的应用，除执行本规范规定外，尚应符合国家现行的有关标准和规范的规定。

# 第二章　粉煤灰的技术要求

## 第一节　质量指标

**第2.1.1条**　用于混凝土中的粉煤灰质量的指标划分为三个等级。其质量指标应符合表2.1.1的规定。

**粉煤灰质量指标的分级（%）**　　表2.1.1

| 质量指标 / 粉煤灰等级 | 细度（45μm方孔筛筛余） | 烧失量 | 需水量比 | 三氧化硫含量 |
|---|---|---|---|---|
| Ⅰ | ≤12 | ≤5 | ≤95 | ≤3 |
| Ⅱ | ≤20 | ≤8 | ≤105 | ≤3 |
| Ⅲ | ≤45 | ≤15 | ≤115 | ≤3 |

**第2.1.2条**　干排法获得的粉煤灰，其含水量不宜大于1%；湿排法获得的粉煤灰，其质量应均匀。

**第2.1.3条**　主要用于改善混凝土和易性所采用的粉煤灰，可不受本规范的限制。

## 第二节　试验方法

**第2.2.1条**　粉煤灰的细度，应按本规范附录一《粉煤灰细度试验方法（气流筛法）》测定。

**第2.2.2条**　粉煤灰的烧失量、三氧化硫含量和含水量等，应按现行国家标准《水泥化学分析法》测定。

**第2.2.3条**　粉煤灰的需水量比试验方法，应按本规范附录二规定的试验方法测定。

## 第三节　验收要求

**第2.3.1条**　用灰单位应按本规范对粉煤灰进行按批检验。每批粉煤灰应有供灰单位的出厂合格证，合格证的内容应包括：厂名、合格证编号、粉煤灰等级、批号及出厂日期、粉煤灰数量及质量检验结果等。

**第2.3.2条**　粉煤灰的取样，应以连续供应的200t相同等级的粉煤灰为一批；不足200t者按一批计。

**第2.3.3条**　粉煤灰的取样，应符合下列规定：

一、散装灰的取样，应从每批不同部位取15份试样，每份不得少于1kg，混拌要均匀，按四分法缩取出比试验用量大一倍的试样。

二、袋装灰的取样，应从每批中任抽10袋，每袋各取试样不得少于1kg，按本条第一款的方式缩取试样。

**第2.3.4条**　每批的粉煤灰试样，应测定细度和烧失量。对同一供灰单位每月测定一次需水量比，每季度应测定一次三氧化硫含量。

**第2.3.5条**　粉煤灰的质量检验，应符合本规范对粉煤灰的各项质量指标规定。当有一项指标达不到规定要求时，应重新从同一批中加倍取样进行复检，复检后仍达不到要求时，该批粉煤灰应作为不合格品或降级处理。

## 第三章　粉煤灰混凝土的工程应用

**第3.0.1条**　粉煤灰用于混凝土工程可根据等级，按下列规定应用：

一、Ⅰ级粉煤灰适用于钢筋混凝土和跨度小于6m的预应力钢筋混凝土。

二、Ⅱ级粉煤灰适用于钢筋混凝土和无筋混凝土。

三、Ⅲ级粉煤灰主要用于无筋混凝土。对设计强度等级C30及以上的无筋粉煤灰混凝土，宜采用Ⅰ、Ⅱ级粉煤灰。

四、用于预应力钢筋混凝土、钢筋混凝土及设计强度等级C30及以上的无筋混凝土的粉煤灰等级，如经试验论证，可采用比本条第一、二、三款规定低一级的粉煤灰。

**第3.0.2条**　粉煤灰用于跨度小于6m的预应力钢筋混凝土时，放松预应力前，粉煤灰混凝土的强度必须达到设计规定的强度等级，且不得小于20MPa。

**第3.0.3条**　配制泵送混凝土、大体积混凝土、抗渗结构混凝土、抗硫酸盐和抗软水侵蚀混凝土、蒸养混凝土、轻骨料混凝土、地下工程混凝土、水下工程混凝土、压浆混凝土及碾压混凝土等，宜掺用粉煤灰。

**第3.0.4条**　根据各类工程和各种施工条件的不同要求，粉煤灰可与各类外加剂同时使用。外加剂的适应性及合理掺量应由试验确定。

**第3.0.5条**　粉煤灰用于下列混凝土时，应采取相应措施：

一、粉煤灰用于要求高抗冻融性的混凝土时，必须掺入引气剂；

二、粉煤灰混凝土在低温条件下施工时，宜掺入对粉煤灰混凝土无害的早强剂或防冻剂，并应采取适当的保温措施；

三、用于早期脱模、提前负荷的粉煤灰混凝土，宜掺用高效减水剂、早强剂等外加剂。

**第3.0.6条**　掺有粉煤灰的钢筋混凝土，对含有氯盐外加剂的限制，应符合现行国家标准《混凝土外加剂应用技术规范》的有关规定。

# 第四章　粉煤灰混凝土配合比设计与粉煤灰取代水泥的最大限量

## 第一节　粉煤灰混凝土配合比设计

**第4.1.1条**　粉煤灰混凝土的设计强度等级、强度保证率、标准差及离差系数等指标，应与基准混凝土相同，其取值应按现行国家有关标准规范执行。

**第4.1.2条**　粉煤灰混凝土设计强度等级的龄期，地上工程宜为28d；地面工程宜为28d或60d；地下工程宜为60d或90d；大体积混凝土工程宜为90d或180d。在满足设计要求的条件下，以上各种工程采用的粉煤灰混凝土，其强度等级龄期也可采用相应的较长龄期。

**第4.1.3条**　混凝土中掺用粉煤灰可采用等量取代法、超量取代法和外加法。粉煤灰混凝土配合比设计，应按绝对体积法计算，其计算方法按本规范附录三规定执行。

**第4.1.4条**　当粉煤灰混凝土配合比设计采用超量取代法时，超量系数可按表4.1.4选用；当混凝土超强较大或配制大体积混凝土时，可采用等量取代法；当主要为改善混凝土的和易性时，可采用外加法。

**第4.1.5条**　粉煤灰的含水率大于1%时，应从粉煤灰混凝土配合比用水量中扣除。粉煤灰混凝土中掺入引气剂时，其增加的空气体积应在配合比设计的混凝土体积中扣除。

**粉煤灰的超量系数**　　表4.1.4

| 粉煤灰等级 | 超量系数 |
|---|---|
| Ⅰ | 1.1～1.4 |
| Ⅱ | 1.3～1.7 |
| Ⅲ | 1.5～2.0 |

## 第二节　粉煤灰取代水泥的最大限量

**第4.2.1条**　粉煤灰在各种混凝土中取代水泥的最大限量（以重量计），应符合表4.2.1的规定。

**粉煤灰取代水泥的最大限量**　　表4.2.1

| 混凝土种类 | 粉煤灰取代水泥的最大限量（%） | | | |
|---|---|---|---|---|
| | 硅酸盐水泥 | 普通硅酸盐水泥 | 矿渣硅酸盐水泥 | 火山灰质硅酸盐水泥 |
| 预应力钢筋混凝土 | 25 | 15 | 10 | ～ |
| 钢筋混凝土<br>高强度混凝土<br>高抗冻融性混凝土<br>蒸养混凝土 | 30 | 25 | 20 | 15 |
| 中、低强度混凝土<br>泵送混凝土<br>大体积混凝土<br>水下混凝土<br>地下混凝土<br>压浆混凝土 | 50 | 40 | 30 | 20 |
| 碾压混凝土 | 65 | 55 | 45 | 35 |

**第4.2.2条**　当钢筋混凝土中钢筋保护层厚度小于5cm时，粉煤灰取代水泥的最大限量，应比表4.2.1的规定相应减少5%。

## 第五章　粉煤灰混凝土的施工

**第5.0.1条**　粉煤灰掺入混凝土中的方式，可采用干掺或湿掺。其掺入方法应符合下列要求：

一、干掺时，干粉煤灰单独计量，与水泥、砂、石、水等材料按规定次序加入搅拌机进行搅拌；

二、湿掺时，先将粉煤灰配制成粉煤灰与水及外加剂的悬浮浆液，与砂、石等材料按规定次序加入搅拌机进行搅拌。

**第5.0.2条**　使用干态或湿态粉煤灰应以重量计量，称量误差不得超过±2%。粉煤灰中的含水量，应在拌合水中扣除。

**第5.0.3条**　粉煤灰混凝土拌合物必须搅拌均匀，其搅拌时间应比基准混凝土延长10～30s。

**第5.0.4条**　粉煤灰混凝土浇筑时，不得漏振或过振。振捣后的粉煤灰混凝土表面，不得出现明显的粉煤灰浮浆层。

**第5.0.5条**　粉煤灰混凝土振捣完毕后，应加强养护，混凝土表面宜加遮盖，并保持湿润。暴露面的潮湿养护时间，不得少于14d；干燥或炎热气候条件下的潮湿养护时间，不得少于21d。

**第5.0.6条**　粉煤灰混凝土在低温条件下施工时应加强表面保温，粉煤灰混凝土表面的最低温度不得低于5℃。寒潮冲击情况下，日降温幅度大于8℃时，应加强粉煤灰混凝土表面的保护，防止产生裂缝。

**第5.0.7条**　蒸养粉煤灰混凝土，应符合下列要求：

一、成型后热预养温度不宜高于45℃；预养（静停）时间不得少于1h；常温预养时，其预养时间应适当延长。

二、蒸养时的升温速度宜为15～20℃/h；恒温温度宜为85～90℃；降温速度宜为35～45℃/h。

三、蒸养粉煤灰混凝土的养护周期，宜为8～10h。

## 第六章　粉煤灰混凝土的检验

**第6.0.1条**　粉煤灰混凝土的质量，应以坍落度或工作度、抗压强度进行检验。引气剂的粉煤灰混凝土，应增测含气量。有特殊要求时，还应增测其它相应的检验项目。

**第6.0.2条**　现场施工粉煤灰混凝土的坍落度或工作度的检验，每班至少应测定两次，其测定值允许偏差应为±2cm。

**第6.0.3条**　粉煤灰混凝土抗压强度的检验，应符合下列规定：

一、非大体积粉煤灰混凝土每拌制100m³，至少成型一组试块；大体积粉煤灰混凝土每拌制500m³，至少成型一组试块；不足上列规定数量时，每班至少成型一组试块。

二、用边长15cm的立方体试块，在标准养护条件下所得的抗压强度极限值作为标准。

三、每组3个试块试验结果的平均值，作为该组试块强度代表值。当3个试块的最大或最小强度值与中间值相比超过15%时，以中间值代表该组试块的强度值。

**第6.0.4条**　掺引气剂的粉煤灰混凝土，每班应至少测定2次含气量，其测定值的允许偏差应为±0.5%。

## 附录一　粉煤灰细度试验方法
## （气流筛法）

一、目的及适用范围：

测定粉煤灰的细度，作为评定粉煤灰等级的质量指标之一。

二、仪器设备：

1.气流筛（包括控制仪与气流筛座）；

2.工业吸尘器（包括收尘器与真空泵）.

3.旋风分离器；

4.金属标准筛（筛网孔径45μm）；

5.筛余物收集瓶；

6.其它：软管、毛刷、木锤。

三、试验步骤：

1.将吸尘软管一头插入工业吸尘器的吸口，另一头通过调压接头插入气流筛的抽气口。

2.将工业吸尘器的电源插头插入气流筛后面的座内。

3.将气流筛的电源插入220V交流电源内。

4.称取试样50g，精度0.1g，倒入45μm方孔筛筛网上，将筛子置于气流筛筛座上，盖上有机玻璃盖。

5.将定时开关开到3min，气流筛开始筛析。

6.气流筛开始工作后，观察负压表，负压大于2000Pa时表示工作正常，若负压小于2000Pa，则应停机，清理吸尘器的积灰后再进行筛析。

7.在筛析过程中，发现有细灰吸附在筛盖上，可用木锤轻轻敲打筛盖，使吸附在筛盖的灰落下。

8.3min后气流筛自动停止工作，停机后将筛网内的筛余物收集并称重，准确至0.1g。

四、试验结果处理：

粉煤灰的细度，应按下式进行计算：

$$筛余（\%）=G\times 2 \quad （附1.1）$$

式中　G——筛余物重量。

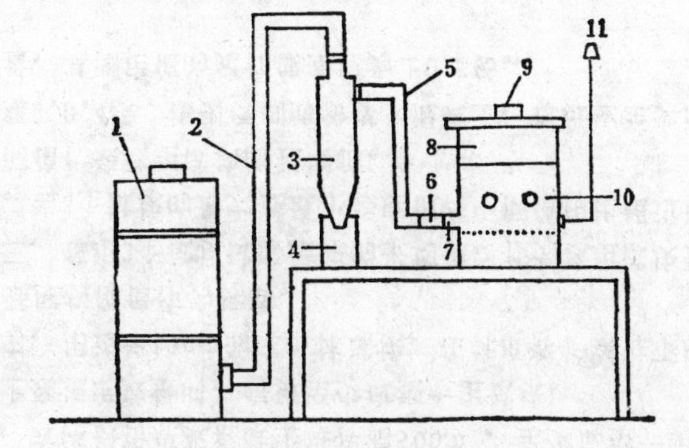


附图1.1　气流筛筛分装置

1.工业吸尘器　2 塑料软管　3 旋风分离器　4.收集容器　5.塑料软管　6.抽气孔　7.风门　8.筛网　9.筛盖　10.控制仪　11.电源插头

## 附录二 粉煤灰需水量比试验方法

一、目的及适用范围：

测定粉煤灰需水量比，作为评定粉煤灰等级的质量指标之一。

二、仪器设备：

1.胶砂搅拌机。

2.跳桌。

3.试模，上口内径70±0.5mm，下口内径100±0.5mm，高60±0.5mm，截锥圆模上有套模，套模下口须与圆模上口配合。

4.捣棒，直径20mm，长约200mm的金属棒。

5.卡尺，量程200～300mm。

三、试验步骤：

1.称取试验样品粉煤灰90g、硅酸盐水泥210g、标准砂750g，另外称取对比样品硅酸盐水泥300g、标准砂750g。将称取的2份样品加入适当用水量，分别进行拌合。

2.将拌合好的胶砂分两次装入预先放置在跳桌中心用湿布擦过的截锥形圆模内。第一次先装至模高的2/3，用圆柱捣棒自边缘至中心均匀插捣15次；第二次装至高出圆模约20mm，再插捣10次，每次插捣至下层表面，然后将多余胶砂刮去抹平，并清除落在跳桌上的砂浆。

3.将圆模垂直向上轻轻提起，以每秒1次的速度摇动跳桌手轮30次，然后用卡尺量测胶砂底部扩散直径，以相互垂直的两直径平均值为测定值。如测定值在125～135mm范围内，则所加入的用水量，即为胶砂用水量。测定结果如不符合规定的胶砂流动度，应重新调整用水量，直至胶砂流动度符合要求为止。

四、试验结果处理：

粉煤灰需水量比，应按下式计算：

$$P_w(\%) = \frac{G_2}{G_1} \times 100 \quad (附2.1)$$

式中 $P_w$——需水量比（%）；

$G_1$——水泥胶砂需水量（ml）；

$G_2$——粉煤灰胶砂需水量（ml）。

# 附录三　粉煤灰混凝土配合比计算方法

一、基准混凝土配合比计算方法。

1.根据混凝土结构设计要求的强度和标准差的计算方法。

（1）混凝土的试配强度，应按下列公式计算：

$$R_h = R_o + \sigma_o \qquad (附3.1)$$

式中　$R_h$——混凝土的试配强度；

$R_o$——混凝土设计要求的强度；

$\sigma_o$——混凝土标准差。

当施工单位具有30组以上混凝土试配强度的历史资料时，$\sigma_o$可按下式求得：

$$\sigma_o = \sqrt{\frac{\sum_{i=1}^{n} R_i^2 - nR_n^2}{n-1}} \qquad (附3.2)$$

式中　$R_i$——第$R_i$组的试块强度；

$R_n$——n组试块强度的平均值。

当施工单位无历史统计资料时，$\sigma_o$可按附表3.1取值。

**混凝土强度标准差**　　附表3.1

| $R_o$（MPa） | 10～20 | 25～40 | 50～60 |
|---|---|---|---|
| $\sigma_o$（MPa） | 4.0 | 5.0 | 6.0 |

（2）根据试配强度$R_h$，应按下式计算水灰比值：

$$R_h = A \cdot R_c \cdot \left(\frac{C}{W} - B\right) \qquad (附3.3)$$

式中　$R_c$——水泥的实际强度（MPa）；

$\frac{C}{W}$——混凝土的灰水比；

A、B——试验系数。当缺乏AB、试验系数时，可按下列数值取用。采用碎石时，A＝0.46，B＝0.52；采用卵石时，A＝0.48，B＝0.61（仅适用于骨料为干燥状态）。

（3）根据骨料最大粒径及混凝土坍落度选用用水量（$W_o$），可按附表3.2选用。

**混凝土用水量**　　附表3.2

| 粗骨料最大粒径（mm） | 20 | 40 | 80 | 150 |
|---|---|---|---|---|
| 混凝土用水量（Kg/m³） | 165～185 | 145～165 | 125～145 | 105～125 |

（4）根据水灰比、粗骨料最大粒径及砂细度模数选用砂率，可按附表3.3选用。

**混凝土砂率**　　附表3.3

| 粗骨料最大粒径（mm） | 20 | 40 | 80 | 150 |
|---|---|---|---|---|
| 砂　　率　（%） | 38～42 | 32～36 | 24～23 | 19～23 |

（5）水泥的用量（$C_o$），应按下式计算：

$$C_o = \frac{C_o}{W_o} W_o \qquad (附3.4)$$

（6）水泥浆的体积（$V_P$），应按下式计算：

$$V_P = \frac{C_c}{\gamma_c} + W_o \qquad (附3.5)$$

式中　$\gamma_c$——水泥比重。

（7）砂和石料的总体积（$V_A$），应按下式计算：

$$V_A = 1000(1-a) - V_P \qquad (附3.6)$$

式中　a——混凝土含气量（%），不掺外加剂的混凝土，当

骨料最大粒径为20mm时，可取2%；40mm时可取1%；80mm和150mm时可忽略不计。

（8）砂料的重量（$S_o$），应按下式计算：

$$S_o=V_A\cdot Q_S\cdot \gamma_S \quad （附3.7）$$

式中 $\gamma_S$——砂料比重；

$Q_S$——砂率（%）。

（9）石料的重量（$G_o$），应按下式计算：

$$G_o=V_A\cdot(1-Q_S)\cdot \gamma_g \quad （附3.8）$$

式中 $\gamma_g$——石料比重。

2.根据混凝土结构设计要求的强度（$R_o$）和强度保证率（P）及离差系数（$C_V$）的计算方法。

（1）计算出要求的试配强度：

混凝土试配强度应等于设计强度（$R_o$）乘以系数K，K值与混凝土强度保证率和离差系数有关，可按附表3.4查得。

K 值 表 附表3.4

| $C_V$ \ P(%) | 95 | 90 | 85 | 80 | 75 |
|---|---|---|---|---|---|
| 0.10 | 1.18 | 1.15 | 1.12 | 1.09 | 1.08 |
| 0.13 | 1.26 | 1.20 | 1.15 | 1.12 | 1.10 |
| 0.15 | 1.32 | 1.24 | 1.19 | 1.15 | 1.12 |
| 0.18 | 1.40 | 1.30 | 1.22 | 1.18 | 1.14 |
| 0.20 | 1.49 | 1.35 | 1.26 | 1.20 | 1.16 |
| 0.25 | 1.68 | 1.47 | 1.35 | 1.27 | 1.21 |

表中P值根据结构物类型和重要性，由设计单位规定。

$C_V$值由混凝土施工质量水平决定，可预先选用。当混凝土强度在20MPa及以上时可选用0.15；在20MPa以下时可选用0.20。以后根据施工资料调整。$C_V$值应按下列方法计算：

①计算平均强度$R_m$——总体强度的特征值，指同一强度等级的混凝土若干组试件抗压强度的算术平均值，应按下列公式计算：

$$R_m=\frac{\sum_{i=1}^{n}R_i}{n} \quad （附3.9）$$

式中 $R_i$——每组试件的平均极限抗压强度；

n——试件的组数。

②混凝土强度的标准差 $\sigma_o$，应按下列公式计算：

$$\sigma_o=\sqrt{\frac{1}{n-1}\sum_{i=1}^{n}(R_i-R_m)^2} \quad （附3.10）$$

③混凝土强度的离差系数$C_V$，应按下列公式计算：

$$C_V=\frac{\sigma_o}{R_m} \quad （附3.11）$$

（2）水灰比、用水量、砂率、水泥用量及砂料石料重量的计算或选用方法与本附录三第（一）款第2项至第9项的内容相同。

（3）基准混凝土配合比各种材料用量为：$C_o$、$W_o$、$S_o$、$G_o$。

二、等量取代法配合比计算方法。

1.选定与基准混凝土相同或稍低的水灰比。

2.根据确定的粉煤灰等量取代水泥量（f%）和基准混凝土水泥用量（$C_o$），应按下式计算粉煤灰用量（F）和粉煤灰混凝土中的水泥量（C）：

$$F=C_o\cdot f(\%) \quad （附3.12）$$

$$C=C_o-F \quad （附3.13）$$

3.粉煤灰混凝土的用水量（W），应按下式计算：

$$W=\frac{W}{C_o}(C+F) \qquad (附3.14)$$

4.水泥和粉煤灰的浆体体积（$V_P$），应按下式计算:

$$V_P=\frac{C}{\gamma_c}+\frac{F}{\gamma_f}+W \qquad (附3.15)$$

式中 $\gamma_f$——粉煤灰比重。

5.砂料和石料的总体积（$V_A$），应按下式计算:

$$V_A=1000(1-a)-V_P \qquad (附3.16)$$

6.选用与基准混凝土相同或稍低的砂率（$Q_S$）、砂料（S）和石料（G）的重量，应按下式计算:

$$S=V_A\times Q_S\cdot\gamma_S \qquad (附3.17)$$

$$G=V_A\cdot(1-Q_S)\cdot\gamma_c \qquad (附3.18)$$

7.等量取代法粉煤灰混凝土配合比各种材料用量为: C、F、W、S、G。

三、超量取代法配合比计算方法。

1.根据基准混凝土计算出的各种材料用量（$C_o$、$W_o$、$S_o$、$G_o$），选取粉煤灰取代水泥率（f%）和超量系数（K），对各种材料进行计算调整。

2.粉煤灰取代水泥量（F）、总掺量（Ft）及超量部分重量（Fe），应按下式计算:

$$F=C_o\cdot f(\%) \qquad (附3.19)$$

$$Ft=K\cdot F \qquad (附3.20)$$

$$Fe=(K-1)\cdot F \qquad (附3.21)$$

3.水泥的重量（C），应按下式计算:

$$C=C_o-F \qquad (附3.22)$$

4.粉煤灰超量部分的体积应按下式计算，即在砂料中扣除同体积的砂重，求出调整后的砂重（$S_e$）:

$$S_e=S_o-\frac{F_e}{\gamma_f}\cdot\gamma_s \qquad (附3.23)$$

5.超量取代粉煤灰混凝土的各种材料用量为: C、$F_t$、$S_e$、$W_o$、$G_o$。

四、外加法配合比计算方法。

1.根据基准混凝土计算出的各种材料用量（$C_o$、$W_o$、$S_o$、$G_o$），选定外加粉煤灰掺入率（$f_m$%），对各种材料进行计算调整。

2.外加粉煤灰的重量（$F_m$），应按下式计算:

$$F_m=C_o\cdot f_m(\%) \qquad (附3.24)$$

3.外加粉煤灰的体积，应按下式计算，即在砂料中扣除同体积的砂重，求出调整后的砂重（$S_m$）:

$$S_m=S_o-\frac{F_m}{\gamma_f}\cdot\gamma_S \qquad (附3.25)$$

4.外加粉煤灰混凝土的各种材料用量为: $C_o$、$F_m$、$S_m$、$W_o$、$G_o$。

# 附录四　名词解释

| 本规范所用名词 | 解　　释 |
| --- | --- |
| 粉煤灰 | 在煤粉炉中燃烧煤粉时从烟道气体中收集到的细颗粒粉末 |
| 水灰比 | 混凝土用水量与水泥量之比 |
| 水胶比 | 混凝土用水量与水泥量加粉煤灰量之比 |
| 基准混凝土 | 不掺粉煤灰的以硅酸盐类水泥为胶凝材料配制的混凝土 |
| 粉煤灰混凝土 | 掺入一定量粉煤灰的混凝土 |
| 等稠度 | 粉煤灰混凝土与基准混凝土具有相同坍落度或维勃秒 |
| 等量取代法 | 粉煤灰取代等量水泥 |
| 超量取代法 | 粉煤灰混凝土与基准混凝土在等强度条件下，粉煤灰量超过其取代的水泥量 |
| 外加法 | 粉煤灰混凝土与基准混凝土具有相同水泥量（粉煤灰不取代水泥），掺入一定量的粉煤灰 |
| 超量系数 | 粉煤灰掺入量与其所取代水泥量的比值 |
| 无筋混凝土 | 以水泥、水、砂、石为主要成分，容重在1900～2500kg/m³，抗压强度等级在C40以下，用常规方法进行搅拌、振捣、养护的混凝土 |
| 高强混凝土 | 抗压强度等级等于或大于C40的混凝土 |
| 中、低强混凝土 | 抗压强度等级等于或小于C30的混凝土 |
| 大体积混凝土 | 现浇混凝土结构断面最小尺寸在100cm以上，或要求限制由于水化热引起混凝土体积变化的混凝土 |
| 地面混凝土 | 公路路面混凝土 |
| 高抗冻融性混凝土 | 快冻法冻融循环满足300次的混凝土 |
| 炎热条件下施工的混凝土 | 月平均气温超过25℃条件下施工的混凝土 |
| 低温条件下施工的混凝土 | 寒冷地区日平均气温连续5天稳定在5℃以下，温和地区日平均气温连续5天稳定在3℃以下浇筑的混凝土 |

# 附录五　本规范用词说明

一、执行本规范条文时，对于要求严格程度的用词说明如下，以便在执行中区别对待。

1.表示很严格，非这样作不可的用词：

正面词采用“必须”，

反面词采用“严禁”。

2.表示严格，在正常情况下均应这样作的用词：

正面词采用“应”，

反面词采用“不应”或“不得”。

3.表示允许稍有选择，在条件许可时，首先应这样作的用词：

正面词采用“宜”或“可”，

反面词采用“不宜”。

二、条文中指明应按其它有关标准和规范执行的写法为“应按……执行”或“应符合……要求或规定”。

## 附加说明

### 本规范主编单位、参加单位和主要起草人名单

**主 编 单 位：** 水利水电科学研究院

**参 加 单 位：** 中国建筑科学研究院
铁道部科学研究院
冶金部冶金建筑研究总院
上海市建筑科学研究所

**主要起草人：** 杨德福　甄永严　水翠娟　石人俊
彭　先　钟美秦　谷章昭　盛丽芳
杜小春

中华人民共和国国家标准

# 土工合成材料应用技术规范

Technical standard for applications of geosynthetics

**GB 50290—98**

主编部门：中华人民共和国水利部
批准部门：中华人民共和国建设部
施行日期：1 9 9 9 年 1 月 1 日

## 关于发布国家标准《土工合成材料应用技术规范》的通知

建标［1998］260 号

根据我部《关于印发一九九八年工程建设国家标准制订、修订计划（第二批）的通知》（建标［1998］244 号）要求，由水利部会同有关部门共同制订的《土工合成材料应用技术规范》，经有关部门会审，批准为强制性国家标准，编号为 GB 50290—98，自 1999 年 1 月 1 日起施行。

本规范由水利部负责管理，由水利部水利水电规划设计总院负责具体解释工作，由建设部标准定额研究所组织中国计划出版社出版发行。

**中华人民共和国建设部**
一九九八年十二月二十二日

# 前　言

国家标准《土工合成材料应用技术规范》是为了落实国务院领导同志关于应用土工合成材料的重要指示精神，根据建设部建标（1998）13号文的要求，由水利部负责主编，具体由水利部水利水电规划设计总院会同华北水电学院北京研究生部等单位共同编制完成。该规范于1998年12月经全国审查会议通过，并以建设部建标［1998］260号文批准，由建设部和国家质量技术监督局联合发布。

《土工合成材料应用技术规范》在制定过程中，编制组经过了广泛的调查研究和收集资料，总结了我国土工合成材料在工程应用实践中的经验，从反滤、排水、防渗、加筋、防护等方面提出了土工合成材料应用的技术要求，这对推广应用土工合成材料和保证土工合成材料在工程中应用的质量将发挥重要作用。

本规范由水利部负责管理，具体解释由水利部水利水电规划设计总院负责。在规范执行过程中，请各单位结合工程实践，认真总结经验，如发现需要修改和补充之处，请将意见和建议寄交水利部水利水电规划设计总院（地址：北京六铺炕，邮政编码：100011），以供今后修订时参考。

本规范主编单位：水利部水利水电规划设计总院。

参编单位：华北水电学院北京研究生部、中国土工合成材料工程协会、交通部天津港湾工程研究所、铁道科学研究院、民航机场设计总院、交通部重庆公路科学研究所、南京玻璃纤维研究设计院、国家纺织局规划发展司等。

主要起草人：王正宏、董在志、杨灿文、王育人、曾锡庭、钟亮、邓卫东、刘聪凝、吴纯、窦如真等。

# 目　次

# 1 总 则

**1.0.1** 为推动土工合成材料在工程建设中的应用，统一设计、施工、验收等方面的技术要求，确保工程质量，做到技术先进、经济合理、安全适用，制定本规范。

**1.0.2** 本规范适用于水利、铁路、公路、水运、建筑等工程中应用土工合成材料的设计、施工及验收。

**1.0.3** 土工合成材料的设计、施工除应遵守本规范的规定外，尚应符合国家现行有关强制性标准、规范的规定。

# 2 术语、符号

## 2.1 术 语

**2.1.1** 土工合成材料 geosynthetics

工程建设中应用的土工织物、土工膜、土工复合材料、土工特种材料的总称。

**2.1.2** 土工织物 geotextile

透水性土工合成材料。按制造方法不同，分为织造土工织物和非织造（无纺）土工织物。

**2.1.3** 织造土工织物 woven geotextile

由纤维纱或长丝按一定方向排列机织的土工织物。

**2.1.4** 非织造土工织物 nonwoven geotextile

由短纤维或长丝按随机或定向排列制成的薄絮垫，经机械结合、热粘或化粘而成的织物。

**2.1.5** 土工膜 geomembrane

由聚合物或沥青制成的一种相对不透水薄膜。

**2.1.6** 土工格栅 geogrid

由有规则的网状抗拉条带形成的用于加筋的土工合成材料。其开孔可容周围土、石或其它土工材料穿入。

**2.1.7** 土工带 geobelt

经挤压拉伸或再加筋制成的条带抗拉材料。

**2.1.8** 土工格室 geocell

由土工格栅、土工织物或土工膜、条带构成的蜂窝状或网格状三维结构材料。

# 目　　录



---

“▲”代表新修订的规范；“●”代表新增加的规范。

本次修订的原则及方法如下：

（1）该分册内容变动较大者；

（2）该分册中主要标准、规范内容有变动者；

（3）“▲”代表新修订的规范；

（4）“●”代表新增加的规范；

（5）如无局部修订版，则将“局部修订条文”附在该规范后，不改动原规范相应条文。

修订的2003年版汇编本分别将相近专业内容的标准汇编于一册，便于对照查阅；各册收编的均为现行标准，大部分为近几年出版实施的，有很强的实用性；为了使读者更深刻地理解、掌握标准的内容，该类汇编还收入了有关条文说明；该类汇编单本定价，方便各专业读者购买。

该类汇编是广大工程设计、施工、科研、管理等有关人员必备的工具书。

关于工程建设标准规范的出版、发行，我们诚恳地希望广大读者提出宝贵意见，便于今后不断改进标准规范的出版工作。

中国建筑工业出版社

2003年8月

# 修　订　说　明

“工程建设标准规范汇编”共35分册，自1996年出版（2000年对其中15分册进行了第一次修订）以来，方便了广大工程建设专业读者的使用，并以其“分类科学，内容全面、准确”的特点受到了社会的好评。这些标准是广大工程建设者必须遵循的准则和规定，对提高工程建设科学管理水平，保证工程质量和工程安全，降低工程造价，缩短工期，节约建筑材料和能源，促进技术进步等方面起到了显著的作用。随着我国基本建设的发展和工程技术的不断进步，国务院有关部委组织全国各方面的专家陆续制订、修订并颁发了一批新标准，其中部分标准、规范、规程对行业影响较大。为了及时反映近几年国家新制定标准、修订标准和标准局部修订情况，我们组织力量对工程建设标准规范分类汇编中内容变动较大者再一次进行了修行。本次修订14册，分别为：

**《混凝土结构规范》**

**《建筑结构抗震规范》**

**《建筑工程施工及验收规范》**

**《建筑工程质量标准》**

**《建筑施工安全技术规范》**

**《室外给水工程规范》**

**《室外排水工程规范》**

**《地基与基础规范》**

**《建筑防水工程技术规范》**

**《建筑材料应用技术规范》**

**《城镇燃气热力工程规范》**

**《城镇规划与园林绿化规范》**

**《城市道路与桥梁设计规范》**

**《城市道路与桥梁施工验收规范》**

**图书在版编目（CIP）数据**

建筑材料应用技术规范/中国建筑工业出版社编．修订版．
—北京：中国建筑工业出版社，中国计划出版社，2003
（工程建设标准规范分类汇编）
ISBN 7-112-06015-X

Ⅰ.建...　Ⅱ.中...　Ⅲ.建筑材料-标准-汇编-
中国　Ⅳ.TU504

中国版本图书馆 CIP 数据核字（2003）第 080338 号

工程建设标准规范分类汇编
**建筑材料应用技术规范**
（修订版）
中国建筑工业出版社　编

*

中国建筑工业出版社
中国计划出版社　出版
新华书店经销
北京市彩桥印刷厂印刷

*

开本：787×1092 毫米　1/16　印张：28¼　字数：696 千字
2003 年 11 月第二版　2005 年 4 月第四次印刷
印数：10 101—11 600 册　　定价：**62.00** 元
ISBN 7-112-06015-X
TU·5288（12028）



本社网址：http://www.china-abp.com.cn
网上书店：http://www.china-building.com.cn

工程建设标准规范分类汇编

# 建筑材料应用技术规范

（修 订 版）

中国建筑工业出版社　编

中 国 建 筑 工 业 出 版 社
中 国 计 划 出 版 社

**2.1.9** 土工网 geonet

由平行肋条经以不同角度与其上相同肋条粘结为一体的用于平面排液、排气的土工合成材料。

**2.1.10** 土工模袋 geofabriform

由双层化纤织物制成的连续或单独的袋状材料。其中充填混凝土或水泥砂浆，凝结后形成板状防护块体。

**2.1.11** 土工网垫 geosynthetic fiber mattress

以热塑性树脂为原料制成的三维结构。其底部为基础层，上覆起泡膨松网包，包内填沃土和草籽，供植物生长。

**2.1.13** 土工复合材料 geocomposite

由两种或两种以上材料复合成的土工合成材料。

**2.1.14** 塑料排水带 strip geodrain

由不同凹凸截面形状、具有连续排水槽的合成材料芯材，外包无纺土工织物构成的复合排水材料。

**2.1.15** 土工织物膨润土垫 geosynthetic clay liner（GCL）

土工织物或土工膜间包有膨润土或其它低透水性材料，以针刺、缝接或化学剂粘接而成的一种防水材料。

**2.1.16** 聚苯乙烯板块 expanded polystyrene sheet（EPS）

由聚苯乙烯加入发泡剂膨胀经模塑或挤压制成的轻型板块。

**2.1.17** 玻纤网 glass grid

以玻璃纤维为原料，通过纺织加工，并经表面后处理而成的网状制品。

**2.1.18** 反滤 filtration

在使液体通过的同时，保持受渗透压力作用的土粒不流失。

**2.1.19** 隔离 separation

防止相邻的不同介质混合。

**2.1.20** 加筋 reinforcement

利用土工合成材料的抗拉性能，改善土的力学性能。

**2.1.21** 防护 protection

限制或防止岩土体受外界环境作用而破坏。

**2.1.22** 极限抗拉强度 ultimate tensile strength

材料试样在缓慢增大的均匀单轴拉力作用下破坏时的最大拉力。

**2.1.23** 延伸率 elongation

材料试样受单轴拉力时的伸长量与原长度的比值。

**2.1.24** 垂直渗透系数 coefficient of vertical permeability

垂直于土工织物平面方向上的渗透系数。

**2.1.25** 平面渗透系数 coefficient of planar permeability

平行于土工织物平面方向上的渗透系数。

**2.1.26** 透水率 permittivity

土工织物在层流状态下单位面积、单位水头时，沿织物法线方向的渗流量。

**2.1.27** 导水率 transmissivity

土工织物在层流状态下单位水头时的单宽渗流量。

**2.1.28** 等效孔径 equivalent opening size（EOS）

土工织物的最大表观孔径。

**2.1.29** 梯度比 gradient ratio

在淤堵试验中，水流通过土工织物及其上 25mm 厚土料时的水力梯度与水流通过再上面 50mm 厚土料的水力梯度的比值。

## 2.2 符　　号

$A$——系数

$A_r$——筋材覆盖率

$B$，$b$——系数，宽度

$d_{85}$——土的特征粒径

$d_w$——当量井直径

$F_s$——安全系数

$f$——摩擦系数

$H$——高度

$i$——水力梯度

$K_a$——主动土压力系数

$K_0$——静止土压力系数

$k_g$——土工织物的渗透系数

$k_s$——土的渗透系数

$L$——长度

$M_0$——滑动力矩

$O_{95}$——土工织物等效孔径

$q$——流量

$s_h$——水平间距

$s_v$——垂直间距

$T$——由加筋材料拉伸试验测得的极限抗拉强度

$T_a$——设计容许抗拉强度

$z$——深度

$\delta$——厚度

$\theta$——导水率

$\sigma_h$——水平应力

$\sigma_v$——垂直应力

# 3 基 本 规 定

## 3.1 材　料

**3.1.1** 土工合成材料的划分，宜符合下列要求：

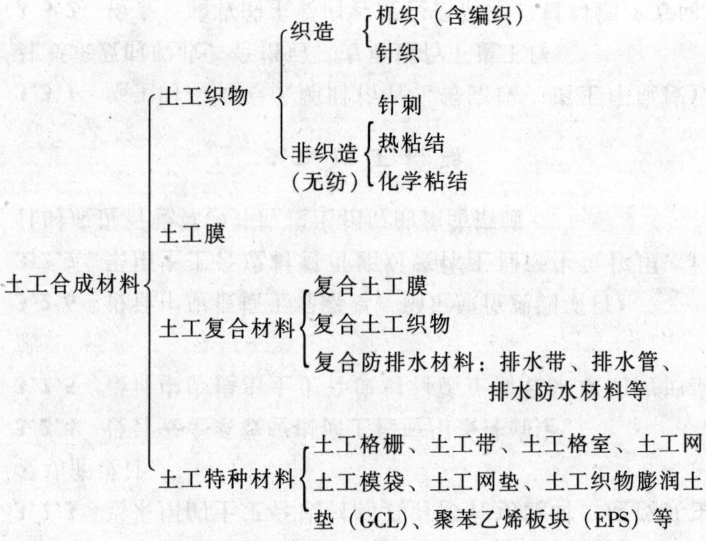


**3.1.2** 土工合成材料的性能指标应包括下列内容，并应按工程设计需要确定试验项目：

1　物理性能：单位面积质量、厚度（及其与法向压力的关系）、材料比重、孔径等。

2　力学性能：条带拉伸、握持拉伸、撕裂、顶破、CBR 顶破、刺破、直剪摩擦、拉拔摩擦、蠕变等。

3　水力学性能：垂直渗透系数、平面渗透系数、淤堵、防水性等。

4　耐久性能：抗紫外线能力、化学稳定性和生物稳定性等。

**3.1.3** 设计指标的测试宜模拟工程实际条件进行，并应分析工程实际环境对指标测定值的影响。

**3.1.4** 设计容许抗拉强度 $T_a$ 应按下式计算：

$$T_a = \frac{1}{F_{iD} \cdot F_{cR} \cdot F_{cD} \cdot F_{bD}} \cdot T \qquad (3.1.4)$$

式中　$T_a$——设计容许抗拉强度；

$F_{iD}$——铺设时机械破坏影响系数；

$F_{cR}$——材料蠕变影响系数；

$F_{cD}$——化学剂破坏影响系数；

$F_{bD}$——生物破坏影响系数；

$T$——由加筋材料拉伸试验测得的极限抗拉强度。

**3.1.5** 铺设时机械破坏影响系数、材料蠕变影响系数、化学剂破坏影响系数、生物破坏影响系数应按实际经验确定；无经验时，其乘积宜采用 2.5～5.0；当施工条件差、材料蠕变性大时，其乘积应采用大值。

**3.1.6** 设计采用的撕裂强度、顶破强度以及接缝连接强度的确定应符合本规范 3.1.4 条的规定。

**3.1.7** 土工合成材料应具有经国家或部门认可的测试单位的测试报告。材料进场时，应进行抽检。

**3.1.8** 材料应有标志牌，并应注明商标、产品名称、代号、等级、规格、执行标准、生产厂名、生产日期、毛重、净重等。外包装宜为黑色。

**3.1.9** 材料运送过程中应有封盖，在现场存放时应通风干燥，不得受日光照射，并应远离火源。

### 3.2 设 计 原 则

**3.2.1** 设计应从工程整体出发，合理确定材料的铺放位置、范围和与其它部件的连接等。

**3.2.2** 土工合成材料性状受荷载、加荷速率、使用时间、温度和试样尺寸等因素影响，应按有关标准的规定进行测试，对重要工程尚应进行现场试验。

**3.2.3** 当采用的土工合成材料具有多种功能时，应按其主要功能设计。

**3.2.4** 设计安全系数应根据工程应用条件确定。

**3.2.5** 设计中应提出土工合成材料施工需要采取的防护措施。

**3.2.6** 设计中应根据工程需要，确定原位观测项目。

**3.2.7** 采用土工合成材料可能对整体工程产生负作用，设计时应进行验算，并应提出相应的预防措施。

### 3.3 施 工 检 验

**3.3.1** 施工时应有专人随时检查，每完成一道工序应按设计要求及时验收，合格后，方可进行下道工序。

**3.3.2** 检查、验收的主要内容应包括清基、材料铺放方向、材料的接缝或搭接、材料与结构物的连接、回填料、压重和防护层等。

**3.3.3** 应根据设计要求，埋设必要的观测设备。

## 4 反滤及排水

### 4.1 一 般 规 定

**4.1.1** 可根据工程反滤、排水需要，合理选用土工织物、土工复合材料和土工管等。

**4.1.2** 采用土工合成材料作反滤、排水设施的主要工程有：

1 铁路、公路反滤、排水设施。

2 挡墙后排水系统。

3 岸墙后填土排水系统。

4 隧洞、隧道衬砌后排水系统。

5 土石坝过渡层；灰坝、尾矿坝反滤层。

6 防渗铺盖下排气、排水系统。

7 农田水利工程、减压井、农用井等外包体。

8 地基处理塑料排水带预压工程。

### 4.2 反 滤 准 则

**4.2.1** 反滤材料应具有以下功能：

1 保土性：防止被保护土土粒随水流流失。

2 透水性：保证渗流水通畅排走。

3 防堵性：防止材料被细土粒堵塞失效。

**4.2.2** 反滤材料的保土性应符合下式要求：

$$O_{95} \leqslant Bd_{85} \tag{4.2.2}$$

式中 $O_{95}$——土工织物的等效孔径（mm）；

$d_{85}$——土的特征粒径（mm），按土中小于该粒径的土粒质量占总土粒质量的85%确定；

$B$——系数，按工程经验确定，宜采用1～2，当土中细粒含量大，及为往复水流时取小值。

**4.2.3** 反滤材料的透水性应符合下式要求：

$$k_g \geqslant Ak_s \tag{4.2.3}$$

式中 $A$——系数，按工程经验确定，不宜小于10；

$k_g$——土工织物渗透系数（cm/s），应按其垂直渗透系数 $k_v$ 确定；

$k_s$——土的渗透系数（cm/s）。

**4.2.4** 反滤材料的防堵性应符合下列要求：

1 以现场土料制成的试样和拟选土工织物在进行淤堵试验后，所得梯度比 $GR$ 应符合下式要求：

$$GR \leqslant 3 \tag{4.2.4}$$

2 当排水失效后损失巨大时，应以拟用的土工织物和现场土料进行室内淤堵试验。

## 4.3 设计方法

**4.3.1** 土工织物反滤材料应满足反滤准则，并应按下列步骤进行选择：

1 确定土工织物的等效孔径 $O_{95}$、渗透系数 $k_v$、$k_h$ 和被保护土的特征粒径 $d_{15}$、$d_{85}$。

2 按本规范第4.2.2条、第4.2.3条和第4.2.4条的规定检验待选土工织物。

**4.3.2** 排水材料选择应按以下步骤进行：

1 待选土工织物应符合反滤准则。

2 按下式计算土工织物的导水率 $\theta_a$ 和要求的导水率 $\theta_r$：

$$\theta_a = k_h \cdot \delta \tag{4.3.2-1}$$

$$\theta_r = q/i \tag{4.3.2-2}$$

式中 $k_h$——土工织物水平渗透系数（cm/s）；

$\delta$——土工织物在预计现场压力作用下的厚度（cm）；

$q$——预估单宽来水量（$cm^3/s$）；

$i$——土工织物首末端间的水力梯度。

3 待选土工织物的导水率 $\theta_a$，应满足下式要求：

$$\theta_a \geqslant F_s \cdot \theta_r \tag{4.3.2-3}$$

式中 $F_s$——安全系数，可取3～5，重要工程应取大值。

4 当土工织物导水率不满足时，可选用较厚土工织物，或采用其它复合排水材料。

**4.3.3** 坡面上铺土工织物后，应进行稳定性验算。

**4.3.4** 土工织物表面防护应采取以下措施：

1 土表面为粗粒料时，应先铺薄砂砾层，再铺土工织物；土工织物顶面应设防护层。

2 坡顶部与底部的土工织物应锚固；水下岸坡脚处土工织物应采取防冲措施。

## 4.4 施工要求

**4.4.1** 场地应平整，场地上的杂物应清除干净。

**4.4.2** 备料时，应先将窄幅缝接，并应裁剪成要求的尺寸。

**4.4.3** 铺设应符合以下要求：

1 铺放应平顺，松紧适度，并应与土面密贴。

2 有损坏处，应修补或更换。相邻片（块）可搭接300mm；对可能发生位移处应缝接；不平地、软土上和水下铺设搭接宽度应适当增大；水流处上游片应铺在下游片上。

3　坡面上铺设宜自下而上进行。在顶部和底部应予固定；坡面上应设防滑钉，并应随铺随压重。

4　与岸坡和结构物连接处应结合良好。

5　铺设人员不应穿硬底鞋。

**4.4.4**　土料回填应符合以下要求：

1　应及时回填。

2　回填土石块最大落高不得大于300mm；重土石块不应在坡面上滚动下滑。

3　填土的压实度应符合设计要求；回填300mm松土层后，方可用轻碾压实。

## 4.5　软土地基处理中排水带设计与施工

**4.5.1**　排水带地基设计应符合以下规定：

1　排水带的平面布置可为正三角形或正方形。

2　排水带的间距及插入深度应通过计算确定。

3　排水带的当量井直径 $d_w$ 可按下式计算：

$$d_w = 2(b+\delta)/\pi \tag{4.5.1}$$

式中　$b$——排水带的宽度（cm）；

$\delta$——排水带的厚度（cm）。

4　应进行排水带地基的稳定分析与沉降计算。

5　排水带地基表面应铺设砂垫层，其厚度应大于400mm。砂料宜选用中、粗砂，含泥量应小于5%。

6　采用的排水带应符合排水带产品质量标准。

7　应根据设计要求完成的固结沉降量和预定时间进行预压设计，并按设计要求分级施加荷载，采取现场原位监测措施。

**4.5.2**　排水带处理软土地基的施工应符合以下规定：

1　插带机插带时应准确定位。

2　插设应垂直，并应达到设计要求深度。应采取防止发生回带的措施。

3　排水带上端伸入砂垫层的长度不宜小于500mm，并应与砂垫层贯通。

4　排水带存放时应覆盖。

**4.5.3**　排水带施工应对排水带平面位置、间距、数量、外露长度、深度等及时进行检验。间距允许偏差为±150mm，抽查量不应少于2%；垂直度偏差不应大于1.5%；并应根据排水带用量和孔数校核插设深度。

# 5 防　渗

## 5.1 一般规定

**5.1.1** 挡水、输水、贮液等构筑物防漏；建筑物屋面、地下工程防渗；废料、尾矿等淋滤液防污染和路基隔水、防渗等，当采用土工合成材料时，应执行本章规定。

**5.1.2** 用于防渗的土工合成材料可选用土工膜、复合土工膜、土工织物膨润土垫（GCL）及复合防水材料。

**5.1.3** 防渗设施设置的高程、尺寸、范围、抗震要求以及与其它部位或岸坡的连接等，都必须符合主体工程设计的要求。

**5.1.4** 采用土工合成材料防渗的主要工程有：

1 土石坝、堆石坝、砌石坝和碾压混凝土坝。

2 堤、坝前水平防渗铺盖，地基垂直防渗层。

3 尾矿坝、污水库坝身及库区。

4 施工围堰。

5 渠道、蓄液池（坑、塘）。

6 废料场。

7 地铁、地下室和隧道、隧洞防渗衬砌。

8 路基。

9 路基及其它地基盐渍化防治。

10 膨胀土和湿陷性黄土的防水层。

11 屋面防漏。

## 5.2 防渗结构

**5.2.1** 防渗结构宜包括防渗材料的上、下垫层、上垫层上部的防护层、下垫层下部的支持层和排水、排气设施（图5.2.1）。

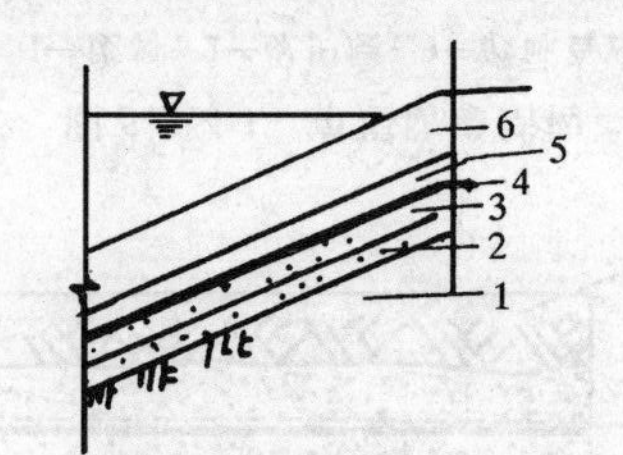


图5.2.1 防渗结构
1—坝体；2—支持层；3—下垫层；
4—土工膜；5—上垫层；6—防护层

**5.2.2** 防渗结构应根据工程性质、类别、重要性和使用条件等确定。

**5.2.3** 防护层的材料可采用压实土料、砂砾料、水泥砂浆、干砌块石、浆砌块石或混凝土板块等。对以下情况可以不设防护层：

1 防渗材料位于主体工程内部。

2 防渗材料有足够的强度和抗老化能力，且有专门管理措施。

3 防渗材料用作面层，更换面层在经济上比较合理。

**5.2.4** 上垫层材料可采用砂砾料、无砂混凝土、沥青混凝土、土工织物或土工网等。对以下情况可不设上垫层：

1 当防护层为压实细粒土，且有足够的厚度。

2　选用复合土工膜。

3　本规范第 5.2.3 条规定不设防护层的情况。

**5.2.5**　下垫层材料可采用压实细粒土、土工织物、土工网、土工格栅等。对以下情况可不设下垫层：

1　基底为均匀平整细粒土体。

2　选用复合土工膜、土工织物膨润土垫（GCL）或防排水材料。

**5.2.6**　排水、排气设施，可采用逆止阀、排水管和纵、横排水沟等。当采用土工织物复合土工膜时，可不设排水、排气系统。

## 5.3　工程防渗设计与施工

**5.3.1**　工程防渗的要求应符合国家现行有关工程防渗方面的标准、规范的规定。

**5.3.2**　土石堤、坝的防渗设计应符合以下规定：

1　土工膜厚度、材质及类型的选择应按水头大小、填料和铺设部位确定。

2　对重要工程，选用的土工膜厚度不应小于 0.5mm。

3　防渗结构应进行稳定性分析。可采取膜面加糙，按台阶形、锯齿形或折皱形铺设等方法提高其稳定性。

4　斜墙、心墙等防渗材料应与坝基和岸坡防渗设施紧密连接，并应形成完整的封闭系统。

5　对含毒矿场的尾矿坝，当库区地基为透水层时，应铺设两层及以上的土工膜或复合土工膜或 1m 以上的压实粘土层或土工织物膨润土垫（GCL）。防渗土工膜、复合土工膜的焊接应严格监控。

**5.3.3**　输水渠道的防渗设计应符合以下规定：

1　防渗材料的厚度、材质及类型，应根据当地气候、地质条件和工程规模确定。其厚度不应小于 0.25mm，重要工程和特殊部位应增加厚度。

2　渠道边坡防渗材料的铺设高度，应达到最高水位以上并有一定超高，超高值不宜小于 0.5m，并应予以固定。

3　对防渗结构应采取防冻措施。

**5.3.4**　生活垃圾、工业垃圾和有毒废料填埋场（坑）防渗层的设计，应符合以下规定：

1　当填埋物无毒时，可采用单层防渗结构；当填埋物有毒时，应采用双层防渗结构。

2　膜的厚度不应小于 0.75mm，并应具有较大延伸率。膜和焊接剂应通过试验检验。

3　单层防渗结构（图 5.3.4-1），膜应覆盖底面及坑壁。

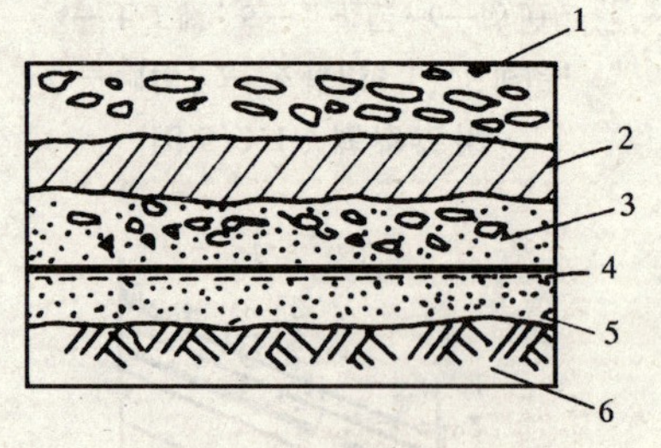


图 5.3.4-1　单层防渗结构

1—废料；2—保护层；3—砂砾石；4—土工膜；5—细粒土；6—地基土

4　当采用双层防渗结构时（图 5.3.4-2），膜应覆盖底面及坑壁。主土工膜层以上为淋滤液汇集层。主、副膜之间为淋滤液检测层。

5　废料坑底部应设 2%～4%坡度，并应设垂直管道排

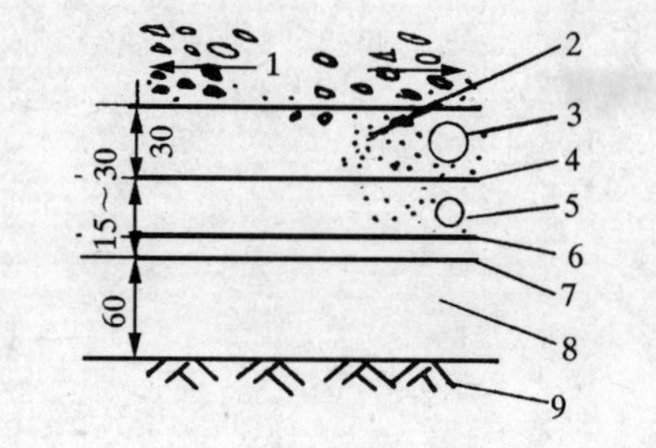


图 5.3.4-2　双层防渗结构

1—废料；2—砂层；3—淋滤液汇集管；4—主土工膜；
5—检测管；6—副土工膜；7—GCL；8—粘土；9—地基土

除和检测淋滤液。

6　废料坑顶应设封盖层。坑内和封盖的土工膜在地面应埋封，(图 5.3.4-3)。

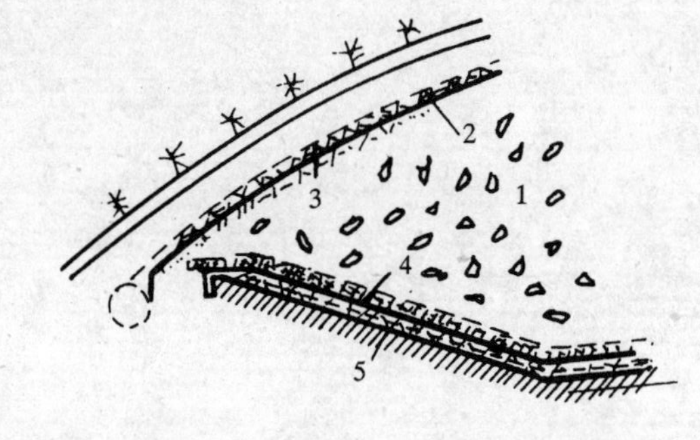


图 5.3.4-3　废料坑封盖土工膜的封固

1—废料；2—GCL 或压实粘土；3—土工膜封盖；
4—主土工膜；5—副土工膜

**5.3.5**　当采用土工膜或复合土工膜作路基防渗隔离层，防止路基翻浆冒泥、防治盐渍化和防止地面水浸入膨胀土及湿陷性黄土路基时，应置于路基的防渗透隔离位置，并应设置封闭和排水系统。

**5.3.6**　当采用土工膜作为防渗层，截断地下水流或地上水流时，应符合以下要求：

1　地下垂直防渗和地下截潜流采用的土工膜厚度不宜小于 0.25mm，重要工程可采用复合土工膜或复合防排水材料，膜厚度不宜小于 0.5mm。

2　应根据地基土质的具体条件，选用成槽机具和固壁方法。

3　铺膜后，应及时在膜两侧回填，并应防止下端绕渗。土工膜的上端应与地面防渗体连接。

4　地上临时挡水坝宜用于高度不大于 4m 的浅河床及滩地围堵。膜的强度应能承受相应的水压力，并采用耐老化、强度高的复合土工膜。

**5.3.7**　当采用土工膜对地下铁道、隧洞、隧道进行防渗设计时，应符合以下要求：

1　洞室排水防渗土工膜可采用复合土工膜，对排水量较大的洞室，可选用合适的防排水复合料。

2　对于岩体中的洞室，掘成后应向洞壁上喷浆，形成平整面，再设复合土工膜。复合土工膜的土工织物一侧应与洞壁紧贴，并予固定。

3　洞室两侧壁下方应设纵向（横向）排水沟。

**5.3.8**　土工合成材料用于屋面防渗工程时，应符合以下规定：

1　所用复合土工膜的抗渗性应不小于在 0.3MPa 水压力下保证 30min 以上不漏水；并应具有耐热稳定性。

2　复合土工膜在屋面工程中可以单独用作防水层，也可与其它防水材料结合使用，作成多道防水层。使用时应注意表面防护。

3 复合土工膜的接缝及与找平层的粘接，所采用的粘接剂应与所采用的复合土工膜匹配。

4 当采用土工织物作为涂膜防水屋面中的胎基增强材料时，其材料性能应符合有关屋面防水规范的要求。

# 6 加　筋

## 6.1 一般规定

**6.1.1** 本章适用于加筋土挡墙、加筋土垫层、加筋土坡等采用土工合成材料加筋土结构的设计、施工。

**6.1.2** 在土体内一定部位可铺放抗拉强度高、表面摩擦阻力大的筋材。用作筋材的土工合成材料可选用：土工格栅、织造型土工织物和土工带等。

**6.1.3** 加筋土结构设计荷载应符合国家现行有关工程设计荷载规范的规定。

## 6.2 加筋土挡墙设计

**6.2.1** 加筋土挡墙的组成部分应包括：墙面、基础、筋材和墙内填土（图6.2.1）。其筋材布置断面可为矩形或倒梯形等。

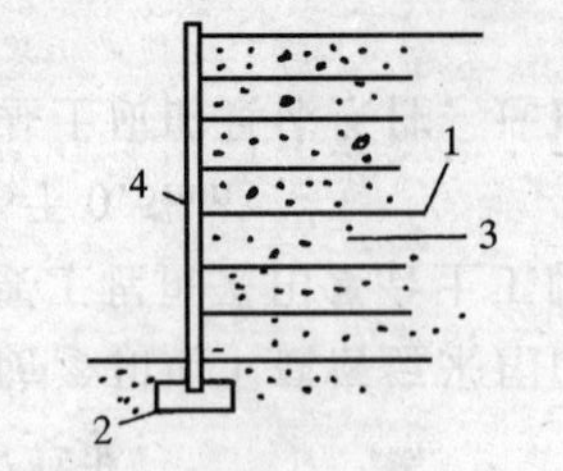


图6.2.1 加筋土挡墙结构

1—加筋材；2—基础；3—填土；4—墙面

墙面应根据筋材类型和具体工程要求确定。可采用整体的或拼装块体的钢筋混凝土板、预制混凝土模块、包裹式墙面、挂网喷浆式墙面等类型。

**6.2.2** 加筋土挡墙可分为以下两种型式：

1 刚性筋式：用抗拉模量高、延伸率低的土工格栅或加筋土工带等作为筋材；墙内填土中的潜在破裂面见图6.2.2（$a$）。

2 柔性筋式：以织造土工织物等中等拉伸模量材料作为筋材，墙内土中潜在破裂面见图6.2.2（$b$）。

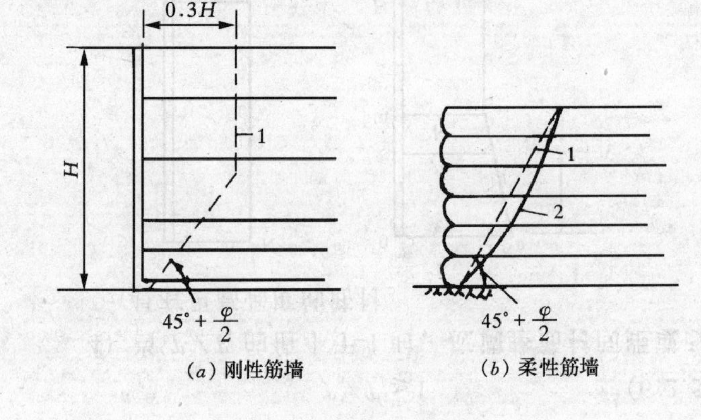

（$a$）刚性筋墙　（$b$）柔性筋墙

图6.2.2　两类加筋土挡墙的破裂面

1—破裂面；2—实测破裂面

**6.2.3** 加筋土挡墙设计采用极限平衡法，其设计应包括：挡墙外部稳定性验算、挡墙内部稳定性验算以及确定墙后排水设施和墙顶防水措施。

**6.2.4** 外部稳定性验算应采用重力式挡墙的稳定验算方法验算墙体的抗水平滑动、抗深层滑动稳定性和地基承载力。墙背土压力应按朗金土压力理论确定（图6.2.4）。

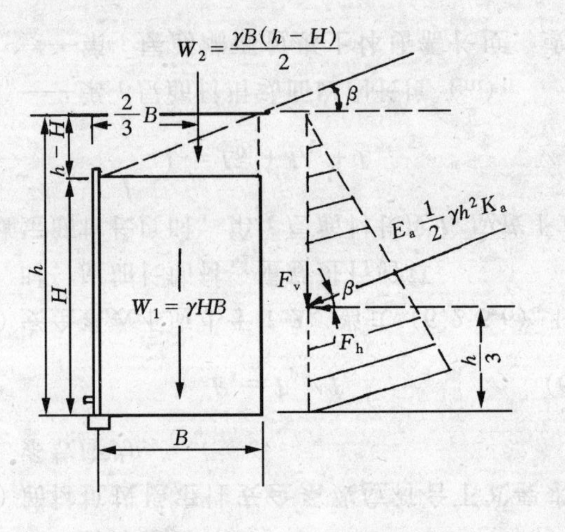

图6.2.4　墙背垂直，填土倾斜时的土压力计算

**6.2.5** 内部稳定性验算应包括筋材强度验算和抗拔稳定性验算，并应按下述方法进行：

1 筋材强度验算：

1）每层筋材均应进行验算。第i层单位墙长筋材承受的水平拉力 $T_i$ 可按下式计算：

$$T_i = \left[ \left( \sigma_{vi} + \sum \Delta\sigma_{vi} \right) K_i + \Delta\sigma_{hi} \right] s_{vi} / A_r \quad (6.2.5\text{-}1)$$

式中 $\sigma_{vi}$——筋材层所受的土的垂直自重压力（kPa）；

$\sum \Delta\sigma_{vi}$——超载引起的垂直附加压力（kPa）；

$\Delta\sigma_{hi}$——水平附加荷载（kPa）；

$A_r$——筋材面积覆盖率。$A_r = 1/s_{hi}$；对于筋材满铺的情况取1；

$s_{hi}$——筋材水平间距（m）；

$s_{vi}$——筋材垂直间距（m）；

$K_i$——土压力系数。

2）对于柔性筋材［图 6.2.5-1（$a$）］，

$$K_i = K_a \quad (6.2.5\text{-}2)$$

对于刚性筋材，$K_i$ 按下式确定［图 6.2.5-1（$b$）］：

$$K_i = K_0 - [(K_0 - K_a) z_i]/6 \quad 0 < z \leq 6m$$

$$K_i = K_a \quad z > 6m \quad (6.2.5\text{-}3)$$

式中 $K_0$——静止土压力系数；

$K_a$——主动土压力系数。

3）$T_i$ 应满足下式的要求：

$$T_a/T_i \geq 1 \quad (6.2.5\text{-}4)$$

4）当 $T_a/T_i$ 的值小于 1 时，应调整筋材间距或改用具有更高强度的筋材。

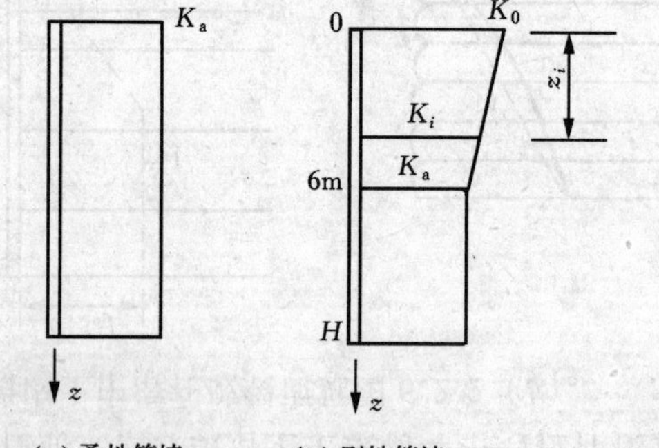

（$a$）柔性筋墙　（$b$）刚性筋墙

图 6.2.5-1　挡墙土压力系数

2　筋材抗拔稳定性验算：

1）筋材抗拔力 $T_{pi}$ 应根据填土破裂面以外筋材有效长度 $L_e$ 与周围土体产生的摩擦力（图 6.2.5-2）按下式计算：

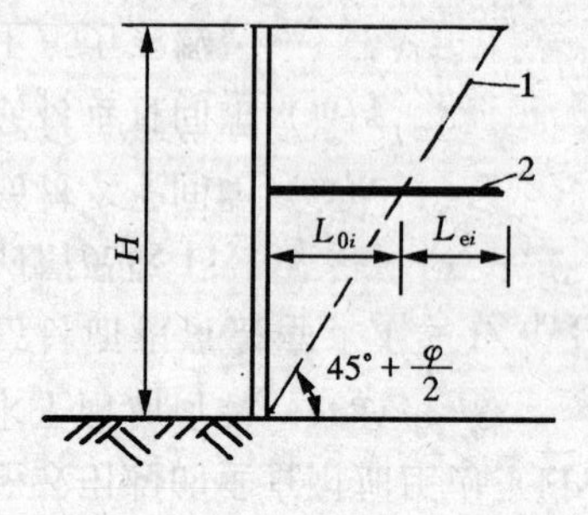

图 6.2.5-2　筋材长度

1—破裂面；2—第 $i$ 层筋材

$$T_{pi} = 2\sigma_{vi} \cdot B \cdot L_{ei} \cdot f \quad (6.2.5\text{-}5)$$

式中 $\sigma_{vi}$——筋材上的有效法向应力（kPa）；

$f$——筋材与土的摩擦系数，应由试验测定；

$L_{ei}$——筋材有效长度（m），按破裂面以外的筋材长度确定；

$B$——筋材宽度（m）。

2）筋材抗拔稳定性安全系数应符合下式要求，安全系数应为：

$$F_s = T_{pi}/T_i \quad (6.2.5\text{-}6)$$

3）安全系数不应小于 1.3。当式（6.2.5-6）不能满足时，应加长筋材，重新进行验算。

**6.2.6**　确定筋材长度时，第 $i$ 层筋材长度 $L_i$ 应按下式计算：

$$L_i = L_{0i} + L_{ei} + L_{wi} \quad (6.2.6)$$

式中 $L_{0i}$——第 $i$ 层筋材滑动面以内长度（m）；

$L_{wi}$——第 $i$ 层筋端部包裹土体所需长度，或筋材与墙面连接所需长度（m）。

为施工方便，自上而下筋材宜取同等长度，也可分段采用不同长度。

**6.2.7** 设计应对加筋土挡墙的填料及填筑施工方法提出具体要求。

## 6.3 加筋土垫层设计与施工

**6.3.1** 加筋土垫层底筋可采用土工织物、土工格栅或土工格室等。

**6.3.2** 加筋土垫层的设计应包括以下内容：

1 稳定性验算。

2 确定加筋构造。

3 验算加筋垫土层地基的承载力和沉降。

**6.3.3** 稳定性验算应包括垫层筋材被切断及不被切断的地基稳定、沿筋材顶面滑动、沿薄软土层底面滑动以及筋材下薄层软土被挤出。

验算方法及稳定安全系数应符合国家现行有关地基设计标准、规范的规定。

**6.3.4** 垫层构造应符合以下要求：

1 在软土上宜先铺砂垫层，再覆盖筋材。砂垫层厚度在陆上施工时不应小于 200mm，水下施工时不应小于 500mm。垫层料宜采用中、粗砂，含泥量不应大小 5%。

2 筋材上直接抛石时，应先铺一层保护层或土工网。

**6.3.5** 加筋土的施工应符合以下要求：

1 筋材的铺设宽度应符合设计要求。施工时，筋材应垂直于堤坝轴线方向铺设，需要接长时，连接强度不应低于原筋材强度。

2 应将筋材定位。水下铺设土工织物筋材时应采用工作船或工作平台，并应及时定位或压重。

3 应按先两侧后中央的顺序分层回填，并应控制施工速率。

4 软弱地基上填土应按设计要求进行。

5 应按设计要求进行施工监测。

## 6.4 加筋土坡设计与施工

**6.4.1** 加筋土坡应沿坡高按一定垂直间距水平方向铺放筋材，其地基应稳定。

**6.4.2** 加筋土坡设计应按以下步骤进行：

1 应先对未加筋土坡进行稳定分析，求得其最小安全系数 $F_{su}$。并与设计要求的安全系数 $F_{sr}$ 比较，当 $F_{su} < F_{sr}$，应采取加筋处理。

2 应将上款中所有 $F_{su} \approx F_{sr}$ 的滑弧绘在同一幅图中，各弧的外包线即为需要加筋的临界范围（图 6.4.2-1）。

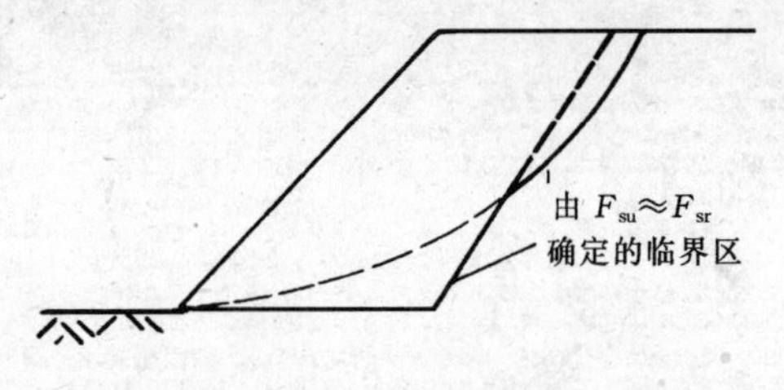


图 6.4.2-1 有待加筋的临界区范围

3 所需筋材总拉力 $T_s$（单宽）应按下式计算（图 6.4.2-2）：

$$T_s = (F_{sr} - F_{su})\ M_0/D \qquad (6.4.2\text{-}1)$$

式中 $M_0$ ——未加筋土坡每一滑弧对应的滑动力矩（kN·m）；

$D$ ——对应于每一滑弧的 $T_s$ 相对于滑动圆心的力臂（m），$T_s$ 的作用点可设定在坡高的1/3处。

4 $T_s$ 中的最大值 $T_{smax}$ 应为设计所需的筋材总加筋力。加筋层数应合理确定。

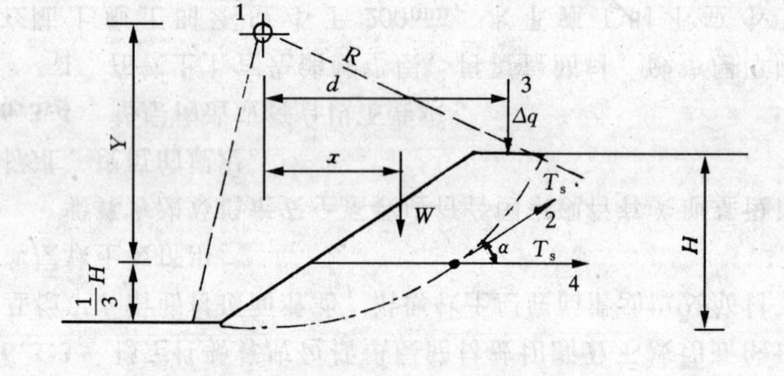


图 6.4.2-2 确定加筋力的滑弧计算

1—滑动圆心；2—延伸性筋材拉力；3—超载；4—非延伸性筋材拉力

5 筋材的强度验算和抗拔稳定性验算应符合本规范第6.2.5条的要求。

6 筋材布置应便于施工，筋材长度可定为一种或二种长度。

7 坡面应植草或采取其它有效的防护措施，并应设置排水措施。坡内设置有效的截水设施。

**6.4.3** 加筋土坡的施工应符合以下要求：

1 填土质量应符合设计规定。压实机械与筋材间至少应有300mm的土料。

2 当坡面缓于1:1，且筋材垂直间距不大于400mm时，坡面处筋材端部可不包裹；否则应予包裹，折回段应压在上层土之下。

3. 当筋材为土工格栅时，坡面包裹处应设细孔土工网或土工织物。

# 7 防　护

## 7.1 一般规定

**7.1.1** 防冲、防浪、防冻、防震、固砂、防止盐渍化及防泥石流等防护措施，当选用土工合成材料或其制品时，应符合本章规定。

**7.1.2** 作防护用的土工合成材料可选用土工织物、土工膜、土工格栅、土工网、土工模袋、土工格室、土工网垫及聚苯乙烯板块等。

作防护用的土工合成材料制品可采用土工织物充填袋和软体排等。

**7.1.3** 土工织物充填袋应包括砂被、砂枕、土枕、土袋等。

**7.1.4** 软体排应由编织土工织物结合压载物制成，可分为单片软体排和双片软体排。

**7.1.5** 采用土工合成材料进行防护的主要工程有：

1 江、河、湖、海和渠道、储液池护坡、护底。

2 水下结构基础防冲。

3 道路边坡防冲。

4 涵闸工程护底。

5 泥石流和悬崖侧建筑物障墙防冲。

6 应急防汛措施。

7 沙漠地区砂篱滞砂和固砂。

8 军工弹药库防爆。

9 严寒地区防冻措施。

10 道路防止盐渍化措施。

11 边坡土钉加固等。

## 7.2 软体排防冲

**7.2.1** 软体排的铺设范围、高程等应根据防护的面积和位置确定。

**7.2.2** 软体排材料可选用 $130g/m^2$ 以上的编织土工织物在正、反面连以尼龙绳网构成。单片软体排可用于一般防护，双片排软体可用于重点防护；按软体排上压载方式，砂肋排可用于淤积区，混凝土连锁排可用于冲刷区。

**7.2.3** 顺水流方向的排宽应为防护区的宽度、相邻排块缝接或搭接宽度和排体收缩需预留宽度的总和。相邻排块缝接或搭接，搭接宽度不应小于1m。

**7.2.4** 垂直水流方向的软体排长度应为水上部分软体排长度与水下部分软体排长度之和。

1 水上部分软体排长度应为水上坡面长度和坡顶固定所需长度之和。

2 水下部分软体排长度应为与水上排衔接长度、水下坡长度（含折皱和计入伸缩量所需长度）和预计冲刷所需预留长度之和。

**7.2.5** 软体排应进行下列验算：

1 抗浮稳定。

2 排体边缘抗冲刷稳定。

3 抗滑稳定。

4 软体排需要的压载量。

**7.2.6** 软体排沉排施工应根据具体条件选用以下方法：

1 人工或机械直接沉排。

2 水上船体或浮桥沉排。

3 冰期沉排，包括冰上沉排和冰下沉排。

## 7.3 土工模袋护坡

**7.3.1** 模袋护坡设计应包括以下内容：

1 岸坡稳定性验算。

2 确定模袋选型及充填厚度。

3 模袋稳定性验算。

4 模袋护坡的细部构造及边界处理。

**7.3.2** 模袋应根据当地气象、地形、水流条件和工程重要性等选择。

**7.3.3** 岸坡稳定性验算应进行模袋的平面抗滑稳定分析。模袋厚度应通过抗浮稳定分析和抗冰推移稳定分析确定。

**7.3.4** 模袋护坡的细部构造和边界处理应符合下列要求：

1 顶部宜采用浆砌块石或填土予以固定。有地面径流处，坡顶应采取防止地表水侵蚀模袋底部的措施。

2 岸坡模袋底端应设压脚或护脚棱体；有冲刷处应采取防冲措施。

3 模袋护坡的侧翼宜设压袋沟。

4 相邻模袋接缝处底部应设土工织物滤层。

**7.3.5** 模袋护坡施工应符合以下要求：

1 坡面应清理整平。

2 模袋铺展后应拉紧固定，在充填混凝土或砂浆时不得下滑。

3 可采用泵车进行混凝土（砂浆）充填，充填应连续。充填速度宜为 $10 \sim 15m^3/h$、充填压力宜为 $0.2 \sim 0.3MPa$。

4 需要排水的边坡，应在混凝土或砂浆充填后初凝前开孔埋设排水管。

5 受淤砂影响的封闭式护岸、堤坝的模袋护坡，施工前应充分分析内外水头差的影响，并应采取相应措施。

## 7.4 土工网垫植被护坡

**7.4.1** 用土工网垫植被护坡时，应避免在高温、多雨或寒冷季节施工；坡面应平整；土工网垫在坡顶、坡趾和坡中间予以固定。

**7.4.2** 应根据当地气温、降水和土质条件等选择草种，必要时，应进行试种。

应选择土质适应性强、环境适应性强、根系发达、生长快和价格低廉的草种。

## 7.5 土工织物充填袋筑防护堤

**7.5.1** 砂被筑防护堤设计应符合以下规定：

1 砂被筑防护堤设计应包括砂被袋体材料选择、堤身断面确定、砂料选择与充填度控制、护坡与护底设计和堤身整体与局部稳定性验算。

2 制作砂被的袋体材料宜选用织造土工织物。其反滤与排水性能应符合反滤准则，且应经受施工应力。单位面积质量不应小于 $130g/m^2$，极限抗拉强度不应低于 $18kN/m$。

3 砂被防护堤的断面型式应包括全断面、双断面和单断面（图 7.5.1）。单断面宜用于围填造地工程围堤。

4 砂被充填料应采用排水性较好的砂性土、粉细砂类土。其粘粒含量不应超过 10%。砂被的充填密度不宜小于 $14.5kN/m^3$，充填度不宜小于 85%。

5 砂被护坡与护底应按地基、水流及波浪等条件设计。

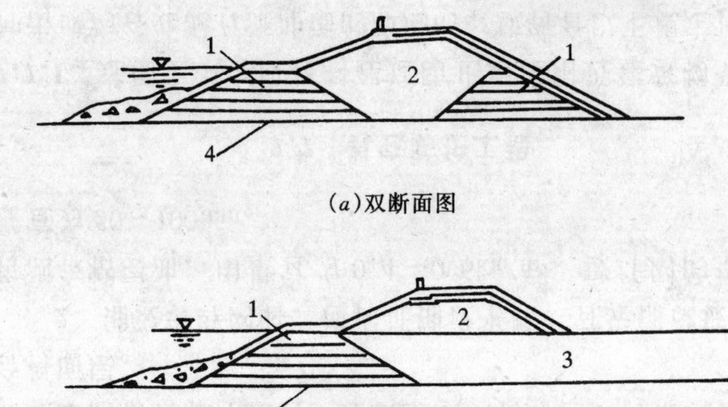


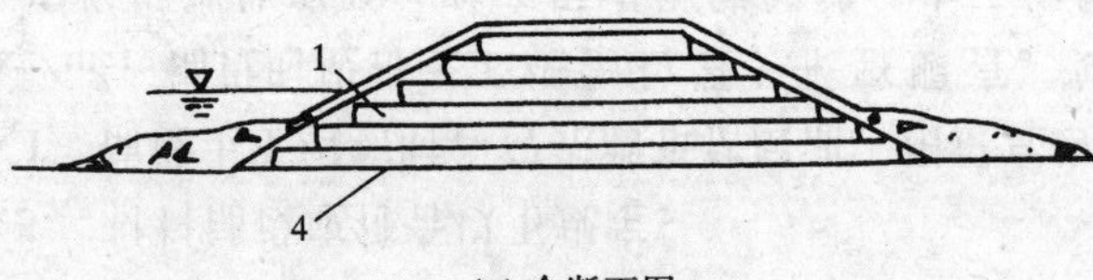


图 7.5.1 砂被防护堤示意

1—土工织物袋；2—充填土；3—吹填土；4—垫层

6 堤身的整体稳定性应采用圆弧滑动法验算。

7 砂被与砂被之间的抗滑稳定性应进行验算。

**7.5.2** 砂被筑防护堤施工应符合以下规定：

1 场地应平整。

2 应选定贮料场。采砂处应远离堤身。

3 应采用水力方法造浆和充填，浆液浓度宜为 20%～45%，并应按充填—进浆—二次充填的顺序进行。泥浆泵的出口压力宜为 0.2～0.3MPa，充填后的砂被厚度宜为 400～500mm。

4 充填后应尽快对砂被作护面层。

**7.5.3** 砂枕筑防护堤设计应符合以下规定：

1 砂枕筑防护堤设计内容及袋体材料应符合本规范第 7.5.1 条的规定。

2 堤身断面应根据航道整治工程防护堤断面型式与尺寸确定，并应符合现行国家标准《堤防工程设计规范》的有关要求。

3 砂枕表面应作防护层。

4 砂枕充填料应选用施工区附近河沙，其粘粒含量不应大于 10%，并不得含卵石。

5 砂枕充填度不宜小于 80%。

6 砂枕尺寸应按下式计算：

$$L/B>2.4 \quad 及 \quad L/H>3.5 \tag{7.5.3}$$

式中 $L$、$B$、$H$——分别为砂枕充填后的长度、宽度和高度（m）。

7 砂枕堤身整体稳定性可按圆弧滑动法验算。

**7.5.4** 砂枕筑防护堤施工应符合下列要求：

1 场地应平整；应选择采砂场；采砂处应远离防护堤。

2 应测定砂枕水面投掷点至沉落于河底的流动距离（流距），并应确定砂枕投放的提前量。

3 投放砂枕应按上、下游边线导标，层层平抛，并应沿高度逐渐缩窄抛填宽度。抛填时应保证密度。

4 砂枕露出水面后应及时覆盖，并应砌筑护面层。

## 7.6 路面与道面反射裂缝的防治

**7.6.1** 在公路和城市道路路面及机场道面中采用土工合成

材料防治路面及道面的反射裂缝应符合本节规定。

**7.6.2** 用于防治反射裂缝的材料应符合以下要求：

1 土工织物应采用非织造针刺土工织物，其单位质量不应大于 $200g/m^2$；极限抗拉强度宜大于 8kN/m，耐温性宜在 170℃以上。

2 玻纤网的孔眼尺寸宜为其上沥青面层材料最大粒径的0.5～1.0倍，极限抗拉强度应大于 50kN/m。

**7.6.3** 土工合成材料应铺设于新建沥青面层或旧路沥青罩面层的底部。可满铺，也可局部铺设。

**7.6.4** 对旧路面或旧道面在铺设罩面层前应对路面和道面进行检验，并应确定材料的铺设方案。对损坏部位应进行修补处理，并应将铺设场地清理干净。

**7.6.5** 材料铺设应符合以下规定：

1 铺设土工织物时，应先洒布粘层油，用量宜为 0.7～$1.1kg/m^2$；铺设时应将土工织物拉紧、平整顺直。如有折皱，应将折皱处剪开，对齐后再继续铺放。土工织物铺放后，宜在表面用轻型工具碾压。土工织物接头可对接，也可搭接。采用搭接时搭接长度宜为 40～100mm。搭接处的结合面应涂满粘层油并压实。铺放土工织物后应及时铺筑沥青混合料面层。

2 铺设玻纤网时，应保证铺设平顺，宜先铺设玻纤网，再洒布粘层油，用量宜为 $0.4～0.6kg/m^2$。玻纤网的搭接长度宜为 50～100mm。

## 7.7 其它防护工程

**7.7.1** 选用土工合成材料建造防止悬崖附近建筑物受落石冲击或沟谷处泥石流冲泻的障墙时，应符合以下规定：

1 障墙可由土工格栅笼、箱堆筑而成，其内应填块石或装土的土工织物充填袋。笼、箱断面宜呈梯形，并应采用筋绳将笼、箱捆扎。

2 障墙结构：

1）障墙底部设石块糙面垫层；

2）墙体应有足够抗滑稳定性；

3）应有足够的排水能力，必要时，应在水出流处设置消能墩。

**7.7.2** 在沙漠地带流沙或寒冷风雪地带可采用土工合成材料固砂、屏蔽流沙和建造滞砂篱或滞雪篱。滞砂篱和滞雪篱可每隔1.5～3.0m竖立高出地表 1～2m 的桩柱，并应在桩排上固定土工网，形成长距离的防护墙。土工网应有一定耐久性。

**7.7.3** 军火库、爆炸物仓库可采用土工合成材料建造防爆堤。防爆堤与仓库距离可为 2m，高度不应低于仓库屋顶。防爆堤可为土工格栅加筋土堤，顶宽不宜小于 2m，在坡面可植草，或喷水泥砂浆护面。

**7.7.4** 严寒地区挡墙及涵闸底板可采用土工合成材料在墙背及板下设置保温层，并应符合以下规定：

1 保温层可采用聚苯乙烯板块（EPS）。材料应具有一定的强度、低导热系数、低吸水率。

2 聚苯乙烯板块保温层的厚度应通过计算确定。对于小型工程，可取当地标准冻深的 1/10～1/15，并不应小于 50mm。

3 保温板设置可为单向、双向或三向。单向可设于墙背面；双向可设于墙被面和墙顶地面层；三向可设于墙背面、墙顶地面层和垂直于墙轴的两端板。保温板长度应超出要求保温区的范围。

**7.7.5** 铺设保温板时接缝处应密闭。如铺设厚度大于100mm时，可采用两层及以上，接缝错开。保温板应固定于墙背。

**7.7.6** 设隔断层时，应先在层面上铺薄砂层，并应设2%～4%的坡度，然后铺土工合成材料。连接宜采用粘接或焊接。铺膜后应及时回填，在面层300mm内不得用羊足碾等压实。

**7.7.7** 可采用土工合成材料隔振和减振。隔振屏应采用以薄塑片制成的柱状气垫包在由土工织物制成的空腔内。

# 规范用词用语说明

1. 为便于在执行本规范条文时区别对待，对要求严格程度不同的用词说明如下：

(1) 表示很严格，非这样做不可的用词：

正面词采用“必须”，反面词采用“严禁”；

(2) 表示严格，在正常情况下均应这样做的用词：

正面词采用“应”，反面词采用“不应”或“不得”；

(3) 表示允许稍有选择，在条件许可时首先应这样做的用词：

正面词采用“宜”，反面词采用“不宜”；

表示有选择，在一定条件下可以这样做的，采用“可”。

2. 规范中指定应按其它有关标准、规范执行时，写法为：“应符合……的规定”或“应按……执行”。

中华人民共和国国家标准

# 土工合成材料应用技术规范

**GB 50290—98**

## 条 文 说 明

## 目 次

# 1 总 则

**1.0.1** 80年代初，我国即开始土工织物等土工合成材料的应用和研究。据不完全统计，应用这种材料修建的工程迄今已近万项。材料与技术的优点愈来愈为工程界所认可，尤其是近几年来在防洪抢险中的大量应用及其成效，引起了广大岩土工程人员的高度重视。但是该技术在我国的应用尚不普及，为了在规范设计与施工中使之得到正确应用，故制定本规范。

**1.0.2** 土工合成材料具有反滤、排水、隔离、加筋、防渗、防护等功能，其复合制品更能满足工程的多种需要，故在各种工程建设中皆有广泛用途。

**1.0.3** 应用土工合成材料工程措施只是主体工程中的一个组成部分，其设计、施工应当符合国家现行的其它有关规程、规范的规定。

# 2 术语、符号

**2.0.1** 参考了美国 ASTM、国际土工合成材料协会（IGS）有关资料、《土工合成材料工程应用手册》和国家标准 GB/T 13759《土工布术语》等。

所列术语是本规范中出现的主要术语，包括材料名称、功能、试验参数等。

# 3 基本规定

## 3.1 材 料

**3.1.1** 所列分类系统系根据 IGS 分类法编写的。

**3.1.2** 所列为一般的测试项目，应按工程需要选用。

**3.1.3** 土工合成材料特性常随温度、压力、试样尺寸等试验条件改变，试验应尽量模拟预计现场条件进行。

**3.1.4** 土工合成材料的强度在实际工程中会不同程度地因机械损伤、化学与生物作用以及在长期使用中的蠕变等因素而削弱。应根据工程经验经统计确定其折减系数。公式 3.1.4 的各系数取值亦可参见表 1。

**表 1 土工织物强度的影响系数**

| 适用范围 | 影响系数 | | | |
|---|---|---|---|---|
| | $F_{iD}$ | $F_{cR}$ | $F_{cD}$ | $F_{bD}$ |
| 挡墙 | 1.1~2.0 | 2.0~4.0 | 1.0~1.5 | 1.0~1.3 |
| 堤坝 | 1.1~2.0 | 2.0~3.0 | 1.0~1.5 | 1.0~1.3 |
| 承载力 | 1.1~2.0 | 2.0~4.0 | 1.0~1.5 | 1.0~1.3 |
| 斜坡稳定 | 1.1~1.5 | 1.5~2.0 | 1.0~1.5 | 1.0~1.3 |

**3.1.9** 土工合成材料极易受紫外线照射降解的破坏，应特别注意防护。

## 3.2 设 计 原 则

**3.2.3** 土工合成材料在工程中发挥的作用大多是综合性的，例如用作加筋时，也有隔离、排水的功能，在设计时可以以加筋为依据，兼顾其它。

**3.2.5** 土工合成材料是一种轻型、单薄制品，易于受到施工损伤、日光紫外线等破坏，整个施工过程中均应注意及时防护。

**3.2.6** 设计中应根据需要规定观测项目。根据连续的观测记录，可以监控施工状态，必要时调整施工进度；长期观测，可以掌握工程运行状态，并积累资料，供改进设计之用。

**3.2.7** 采用土工合成材料在获得工程效益的同时，可能带来负面作用，例如，利用土工织物垫层排水，会造成渗水通道，应采取防渗措施。

### 3.3 施工检验

**3.3.2** 施工每道工序是否符合设计要求，关系到整个工程的安全与质量。例如土工膜接缝不密，会因其漏水而使防渗失效；压重、防护欠佳，会使工程破坏。必须抓好每一施工环节。

# 4 反滤及排水

### 4.1 一般规定

**4.1.1** 用粒状材料建反滤层，尤其是建竖向或斜向反滤或排水体质量很难保证。采用土工合成材料，不仅能保证质量，而且施工方便。

**4.1.2** 可以采用土工合成材料作反滤和排水体的工程项目很多，这里列举的只是其中的一部分，它们的设计方法在原理上基本相同。

### 4.2 反滤准则

**4.2.1** 这是任何反滤材料必须遵守的要求。

对于编织型土工织物，保土性准则可以参考以下规定：

1 粘粒含量大于10%的粘、壤土，当覆盖保护层料块较大（0.4m×0.6m），缝隙小（如预制件）的条件下，可采用$O_{90}\leqslant 10d_{90}$。

2 粘粒含量小于10%的砂性土，在覆盖保护层料块较大（0.4m×0.6m），缝隙小（如预制件）的条件下，可采用$O_{90}\leqslant$（2～5）$d_{90}$；浪高小于0.6m时，取大值，否则取小值。

注：$O_{90}$表示编织土工织物的等效孔径。

**4.2.4** 根据淤堵试验流量$q$（纵坐标）与时间$t$（横坐标）的关系曲线，如随$t$增大，$q$趋于常量，表明织物未被淤堵；如$q$不断减小，则表明织物被淤堵。

### 4.3 设 计 方 法

**4.3.2** 土工合成材料用作排水体时，除应符合反滤准则，还需要排除来水，主要靠织物的平面排水能力，故需要验算。

**4.3.3** 土工织物与坡面土的摩擦系数较小，有滑动的可能性，对其稳定性应予以核算。

**4.3.4** 为保证土工织物正常工作，必须加以保护。其端部应予以固定，防止位移。下端更应妥加保护，不允许冲刷破坏。

### 4.5 软土地基处理中排水带设计与施工

**4.5.1** 利用排水带加固地基的目的，即是要求在预定工期内消除地基的规定预期沉降和提高地基土强度。

排水带地基设计方法与传统的砂井地基设计相同。利用砂井计算方法时应将排水带断面转化为当量砂井直径。

砂垫层所用应为洁净砂料，以保证排水通畅。

**4.5.2** 存放排水带需加封盖，是为保护其不变坏。

## 5 防 渗

### 5.2 防 渗 结 构

**5.2.1** 防渗结构设置上、下垫层的目的是保护土工膜不受破坏；下垫层尚有排水、排气作用。

**5.2.6** 铺设土工膜后，膜下仍可能因缺陷引起渗漏而积水，也可能有土中排出的气体或产生的沼气等，水、气可能顶托土工膜，危及膜的安全，尤其是在大面积的膜下，必须考虑排水、排气措施。

### 5.3 工程防渗设计与施工

**5.3.2** 对含毒矿场的尾矿坝等，有毒物质混入水体将造成环境污染，危及人、畜生命安全，必须严格防止。条文中所述措施是为了确保安全。

**5.3.3** 建议渠道防渗土工膜厚度不小于0.25mm是根据多年的实践经验。土工膜太薄可能产生气孔，也易于在施工中受损，使防渗效果减小。

**5.3.4** 一般生活垃圾和工业垃圾不含毒质或毒质较小，故可采用单层防渗结构。如果这类垃圾也含有毒物质，则应选用双层防渗结构。如含剧毒，甚至要求多层结构。

**5.3.7** 隧道、洞室防渗应采用复合土工膜或合适的防排水材料，是因为围岩（土）中皆有渗水，必须将其通过土工织物或防排水材料流入下方纵（横）向排水沟排走，以确保防渗衬砌安全工作。

**5.3.8** 我国南北地区虽然温差很大，采用土工膜进行屋面防渗已有许多成功实例。

采用的复合土工膜有聚乙烯和聚氯乙烯两种。黑龙江省采用聚乙烯丙纶复合卷材，有防水屋面的标准设计图（LJ407）。

聚乙烯膜厚约0.2mm，聚氯乙烯膜厚约1.2mm，本规范只提出技术要求，对膜厚不作统一规定。

防渗层上应设刚性或柔性防护层，对于可上人的屋面尤有需要。

复合膜接缝处理和与找平层的粘接以及细部构造是工程成败的关键，必须遵照有关规范执行。

# 6 加 筋

## 6.2 加筋土挡墙设计

**6.2.2** 加筋土挡墙采用的筋材有两种。因筋材的抗拉模量不同，墙内填土中的潜在破坏面相异。

**6.2.3** 目前加筋土挡墙设计有极限平衡法和有限元法两大类。用后一方法计算时，由于筋材、填土以及两者相互作用的本构关系难以准确和协调建立，加之缺乏破坏准则，工程中几乎均采用极限平衡法，后者可作为一种辅助和对比方法。

排水设备对保证加筋土挡墙的稳定十分重要。

**6.2.5** 土压力一般均针对单位长度的墙体计算。故筋材满铺时即采用算得的土压力，即式（6.2.5-1）中的 $A_r=1$。如果筋材采用土工带，则筋材承受的是水平间距 $s_{hi}$ 范围内的拉力，则式(6.2.5-1)中的 $A_r=1/s_{hi}$。

进行筋材验算时，对于刚性筋材，由于墙内土体位移受到较大限制，应力分布改变，由土压力引起的筋材拉力相应变化。根据实测，此时的压力分布如图6.2.5（*b*）所示。筋材所受拉力应按该图确定。

筋材验算，基于上述原因，对于满铺式墙，式（6.2.5-5）中的 $B$ 应为单位墙长，即 $B=1$；对于筋带式墙，$B$ 应为实际提供摩阻力的筋带宽度。

## 6.3 加筋土垫层设计与施工

**6.3.3** 实践可知，加筋垫层抗深层滑动计算采用圆弧法，得到的稳定安全系数往往提高较少，表明加筋效果很不显著，实际效果却很明显。这说明现有的稳定分析方法未能反映筋材所起的全部作用。分析认为，加筋所以发挥明显作用可能与下列因素有关，例如加筋后潜在滑动面可能往深处发展，地基土的侧向位移受到部分限制以及地基中应力分布发生了变化等，而这些有利因素在计算中却未能计入，可见现有分析方法有待改进。

我国铁路、公路系统目前在作圆弧滑动分析时，认为首先所加底筋应该是稳定的，即滑动圆弧不应该切断底筋，应将筋材及其上填土视为一整体，为此，潜在圆弧必然下移，稳定安全系数自然有所提高。此项考虑是否符合实际，应通过实践和积累资料来加以验证。

**6.3.5** 由于筋材承受拉力才能发挥其加筋作用。所以建议回填顺序，目的是使筋材始终处于受拉状态。

## 6.4 加筋土坡设计与施工

**6.4.1** 本节推荐的设计方法取材于美国联邦公路局 1996 年出版的 Mechanically Stabilized Earth Walls And Reinforced Soil Slopes Design And Construction Guildlines. 设计的基本原理是认为土坡所需的加筋力应根据每个可能的滑动圆弧逐一计算，而求得其最大值 $T_{smax}$，该拉力并非产生于最危险滑动圆弧。求得该最大加筋力后，再按二区或三区合理分配。按二区分配时，底区可分配2/3 $T_{smax}$，顶区分配 1/3 $T_{smax}$；按三区分配时，底、中、顶可分别分配 1/2，1/3 和 1/6 $T_{smax}$。

# 7 防 护

## 7.1 一 般 规 定

**7.1.2** 为了使用方便，常先将土工合成材料制成符合一定规格的产品，如各种充填袋、软体排等。

**7.1.4** 采用软体排时，其上必须压载，可以将压块（如混凝土块）固定在排体上，亦可在沉排时同时抛物压载，否则不能起防护作用。

## 7.2 软体排防冲

**7.2.2** 排体常需以筋绳或绳网加固，部分筋绳尚可供牵引排体定位之用。

**7.2.5** 软体排验算可参考有关行业标准。

**7.2.6** 目前我国的沉排施工还没有规范的方法，应根据具体条件进行。在北方寒冷地带，采用冰期沉排较为方便，但要受季节限制。

## 7.3 土工模袋护坡

**7.3.1** 模袋护坡验算方法可参考有关行业标准。

**7.3.5** 模袋护坡施工应注意防止充灌故障。所用骨料不得大于泵送管直径的 1/3。应严格控制充填料的坍落度等，以防硬结。泵送距离不宜大于 50m。

## 7.5 土工织物充填袋筑防护堤

**7.5.1** 作砂被用的织物要求孔隙较均匀，透水性好，使能截留粗土粒，排走细土粒，加速固结。需要一定强度以承受施工应力。在海岸波浪较大地区，为防漏砂，采用编织与无纺土工织物的复合材料最佳。

围海造陆时，沿海一侧，可将单断面堤建造至平均潮位以上，在其内侧即可吹填筑造，筑堤和吹填可同时进行。

充填采用砂性土，织物孔不易淤堵，可加速充填土固结。

**7.5.3** 砂枕充填度过大易于折断；同时因长期受拉，孔径增大，会使枕内砂料漏失。

规定砂枕尺寸是为了保证堆积时稳定。目前常用尺寸，直径为1～2m，长度不小于3m。在航运整治工程中应用较普遍的尺寸是$\phi$1.4m×3.5m和$\phi$1.4m×4.5m。

## 7.6 路面与道面反射裂缝的防治

**7.6.1** 采用土工合成材料防治反射裂缝主要是为减少或延缓旧沥青路面、旧水泥混凝土路面或旧机场道面，对其上加铺沥青面层，产生反射裂缝。对新建道路或新建机场道面，当施工中发现基层或碾压式混凝土已产生裂缝（如收缩裂缝等），为减少或延缓这种裂缝对沥青面层的影响，也可采用土工合成材料进行防治。

**7.6.2** 目前应用于防止反射裂缝的土工合成材料主要是玻纤网和土工织物。一般认为玻纤网主要起加筋作用，土工织物主要起隔离作用，因此，采用玻纤网时，要求其强度要高，延伸率要小；采用土工织物时，也要有一定强度。

由于沥青面层施工时，温度会高达170℃左右，因此要求所采用的土工合成材料能耐170℃以上高温。玻纤网性能一般不受高温影响，因此只对土工织物提出了耐高温要求。

**7.6.3** 土工合成材料可局部铺设于裂缝处，在裂缝较多、较集中之处，也可满铺。

**7.6.4、7.6.5** 施工时，土工合成材料与上下结构层粘结的好坏直接影响到防治反射裂缝的效果，甚至可能导致负面影响，因此，要求清理、平整场地。

## 7.7 其它防护工程

**7.7.1** 障墙是大体积柔性块体，受冲击力时可以由于变形而吸收大量能量，并无定形设计方法，可按具体条件筑造，原则是必须要有整体性、抗滑性。应该以强度较高的土工格栅等建造。人口稠密、紧挨悬崖的香港居民点曾建造过此类障墙。

**7.7.2** 我国铁道部门曾在荒漠地带采用滞砂篱等防治路基被掩埋。

**7.7.4** 我国东北地区有不少挡墙、水闸采用了聚苯乙烯板防治冻胀，曾测得板内外温差达20℃以上。水利行业已制定了有关水工建筑防冻的规范。

中华人民共和国城乡建设环境保护部

部 标 准

# 蒸压加气混凝土应用技术规程

JGJ 17—84

主编单位：北京市建筑设计院
哈尔滨市建筑设计院
批准部门：城乡建设环境保护部
试行日期：1984年10月1日

## 通 知

（84）城科字第169号

根据原国家建筑工程总局安排，由北京市建筑设计院、哈尔滨市建筑设计院会同有关单位编制的《蒸压加气混凝土应用技术规程》，经我部审查，批准为部标准，编号为JGJ17—84，从一九八四年十月一日起试行。

在试行中如有问题和意见，请函告北京市建筑设计院或哈尔滨市建筑设计院《蒸压加气混凝土应用技术规程》管理组。

城乡建设环境保护部

一九八四年三月二十九日

# 编 制 说 明

本规程是根据原国家建筑工程总局1980年7月的通知由北京市建筑设计院和哈尔滨市建筑设计院会同全国有关设计、科研、施工、生产和高等院校等十六个单位共同编制。

本规程是在总结我国生产和应用蒸压加气混凝土实践经验的基础上，吸取了近年来的科研成果，参照了国外有关资料编制的，并广泛征求全国各有关单位的意见，最后经会议审查定稿。

由于蒸压加气混凝土在我国生产和应用的时间还不长，经验还不多，因此，在试行过程中请各单位注意积累资料和总结经验，或对某些问题进一步做试验研究。如发现需要修改和补充之处，请将意见及有关资料寄给我们，以便今后修订时参考。

北京市建筑设计院
哈尔滨市建筑设计院

一九八三年十二月

# 目 次

# 基本符号

## 内外力和应力

$M$——力矩

$N$——纵向力

$N_a$——局部受压面积上的纵向力或梁端支承压力

$N_0$——由上层传来作用于梁端上的纵向力

$Q$——剪力

$\sigma_0$——由恒载产生的平均压应力

## 材料指标

$E$——加气混凝土砌块砌体的弹性模量

$E_h$——加气混凝土的弹性模量

$E_g$——钢筋的弹性模量

$R_g$——钢筋抗拉设计强度

$R_a$——加气混凝土的抗压设计强度

$R_l$——加气混凝土的抗拉设计强度

$R_j^b$——加气混凝土的抗剪标准强度

$R_j$——加气混凝土的抗剪设计强度

$R_{Qa}$——加气混凝土砌块砌体的抗压强度

$R_{Qj}$——加气混凝土砌块砌体的抗剪强度

## 几何特征

$A$——截面面积

$A_d$——垫块面积

$A_g$——纵向受拉钢筋的截面面积

$a_g$——纵向受拉钢筋的中心至板底的距离

$H_0$——构件的计算高度

$h$——截面高度

$h_0$——截面的有效高度

$b$——截面宽度

$d$——矩形截面的纵向力偏心方向的边长或墙的厚度

$e_0$——纵向力的偏心矩

$X$——加气混凝土受压区的高度

$Z_h$——纵向受拉钢筋的合力点至受压区合力点之间的距离

$J_0$——换算截面的惯性矩

$y$——截面重心到纵向力所在方向截面边缘的距离

$l$——板材跨度

$l_0$——相邻横墙之间的距离

$b_0$——在宽度$l_0$范围内的门窗洞口宽度

## 计 算 系 数

$K$——安全系数

$\alpha$——纵向力的偏心影响系数

$\beta$——构件或墙体的高厚比

$[\beta]$——构件或墙体的容许高厚比

$\varphi$——受压构件的纵向弯曲系数

$\eta$——墙体厚度修正系数

$k_1$——非承重墙$[\beta]$的修正系数

$k_2$——有门窗洞口的墙$[\beta]$的修正系数

$B$——刚度

$f$——挠度

$\theta$——荷载长期作用下的刚度降低系数

$\mu$——配筋率

$\lambda$——导热系数

# 第一章 总 则

**第 1.0.1 条** 为了在工业与民用建筑物中积极而慎重地推广和应用蒸压加气混凝土制品，做到技术先进，经济合理，安全适用，确保质量，特制订本规程。

**第 1.0.2 条** 本规程适用于水泥矿渣砂加气混凝土、水泥石灰砂加气混凝土和水泥石灰粉煤灰加气混凝土制成的干容重为500公斤/米$^3$、标号为30号以及干容重为700公斤/米$^3$、标号为50号的砌块和配筋板材蒸压加气混凝土制品。对于其他品种和其他容重的蒸压加气混凝土制品，可以根据制品性能的可靠试验数据，参照本规程进行设计和应用。

本规程不适用于非蒸压加气混凝土制品。

**第 1.0.3 条** 蒸压加气混凝土制品的质量应符合有关蒸压加气混凝土制品质量标准的要求。

**第 1.0.4 条** 应用本规程的同时，还应符合现行的设计和施工规范、规程中有关条文的规定。

# 第二章 制品应用的一般规定

**第 2.0.1 条** 应用加气混凝土制品时，需要结合本地区的具体情况和建筑物的要求，进行方案比较和技术经济分析来确定。

**第 2.0.2 条** 加气混凝土宜作屋面板、砌块、配筋墙板和绝热材料。干容重为500公斤/米$^3$、标号为30号的砌块用于横墙承重的房屋时，其层数不得超过三层，总高度不超过10米。干容重为700公斤/米$^3$、标号为50号的砌块，一般不宜超过五层，总高度不超过16米。

**第 2.0.3 条** 对于下列情况，不得采用加气混凝土制品：

1.建筑物基础；

2.处于浸水、高湿和化学侵蚀环境；

3.承重制品表面温度高于80°C的部位。

**第 2.0.4 条** 容重为500公斤/米$^3$的加气混凝土墙体的隔声、耐火性能可按参考资料一和二采用。

**第 2.0.5 条** 加气混凝土制品施工时的含水率一般宜小于百分之十五；对于粉煤灰加气混凝土制品可不大于百分之二十。

**第 2.0.6 条** 加气混凝土外墙面应做饰面防护措施。

**第 2.0.7 条** 采用加气混凝土砌块承重的房屋，宜采用横墙承重的结构方案，横墙间距不宜超过4.2米，尽可能使横墙对正贯通，每层应设置现浇钢筋混凝土圈梁，以保证房屋有较好的空间整体刚度。

# 第三章 材料计算指标

**第 3.0.1 条** 加气混凝土的标号系指在气干工作状态（含水率为百分之十）时的立方体抗压强度。

**第 3.0.2 条** 加气混凝土在气干工作状态时的设计强度按表3.0.2采用。

加气混凝土的设计强度（公斤/厘米²） 表 3.0.2

| 序号 | 强度级别和种类 | | 符号 | 容重级 500（30号） | 容重级 700（50号） |
|---|---|---|---|---|---|
| 1 | 设计强度 | 立方体抗压强度 | $R_a$ | 19 | 40 |
| 2 | | 抗拉强度 | $R_l$ | 1.7 | 3.6 |
| 3 | | 抗剪强度 | $R_j$ | 3.4 | 7.2 |

注：二等品强度数值按表3.0.2数值乘以0.80降低系数采用。容重500、强度为二等品时，不宜做屋面板。

**第 3.0.3 条** 加气混凝土的弹性模量可按表3.0.3采用。

加气混凝土的弹性模量$E_h$（公斤/厘米²） 表 3.0.3

| 序号 | 品种 | 容重级 500(30号) | 容重级 700(50号) |
|---|---|---|---|
| 1 | 水泥矿渣砂加气混凝土<br>水泥石灰砂加气混凝土 | 17000 | 22000 |
| 2 | 水泥石灰粉煤灰加气混凝土 | 15000 | 20000 |

**第 3.0.4 条** 加气混凝土的泊桑比为0.20，线膨胀系数为 $8\times10^{-6}/°C$（温度 0～100°C）。

**第 3.0.5 条** 龄期为28天的砌体抗压强度$R_{qa}$、沿通缝截面抗剪强度$R_{qj}$和砌体弹性模量$E$，应根据砂浆标号按表3.0.5采用（砌体抗压强度的试验方法见附录一）。

每皮高度25厘米的砌体抗压强度，沿通缝截面的抗剪强度和砌体弹性模量（公斤/厘米²） 表 3.0.5

| 序号 | 容重 | 强度类别 | 符号 | 砂浆标号 ≥50 | 砂浆标号 25 | 砂浆标号 0 |
|---|---|---|---|---|---|---|
| 1 | 500（30号） | 抗压强度 | $R_{qa}$ | 18 | 16 | 10 |
| 2 | | 抗剪强度 | $R_{qj}$ | 0.8 | 0.5 | 0 |
| 3 | | 弹性模量 | $E$ | 13000 | 12000 | 4000 |
| 4 | 700（50号） | 抗压强度 | $R_{qa}$ | 30 | 28 | 15 |
| 5 | | 抗剪强度 | $R_{qj}$ | 0.8 | 0.5 | 0 |
| 6 | | 弹性模量 | $E$ | 20000 | 18000 | 5000 |

注：①容重700、强度为二等品的砌块，其砌体抗压强度$R_{qa}$按表3.0.5数值乘以0.80降低系数采用。

容重500、强度为二等品的砌块，不宜做承重砌块。

②当砌块高度小于25厘米、大于18厘米，长度大于60厘米时，其砌体抗压强度$R_{qa}$需乘以块型修正系数$C$，$C$值按下列公式计算：

$$C=0.1\times\frac{h_1^2}{l_1}\leqslant1$$

式中 $h_1$——砌块高度；

$l_1$——砌块长度。

**第 3.0.6 条** 加气混凝土配筋构件中的钢筋应采用Ⅰ级钢。机械调直钢筋有可靠试验根据时，可按试验数据取值，但设计抗拉强度$R_g$不宜超过2800公斤/厘米²。

**第 3.0.7 条** 涂有防腐剂的钢筋与加气混凝土的粘着力，在干容重为500公斤/米³(30号)时不得小于10公斤/厘米²。

**第 3.0.8 条** 加气混凝土砌体和配筋构件的设计标准容重，按干容重乘1.4系数采用。

# 第四章 结构构件计算

## 第一节 基本计算规定

**第 4.1.1 条** 加气混凝土构件必须满足强度计算的要求。受压砌体还应符合允许高厚比的要求。受弯板材应按变形进行计算，计算构件的强度和变形时均采用标准荷载。

**第 4.1.2 条** 配筋板材应根据出釜时吊装的受力情况进行强度验算，此时板材自重的荷载系数按1.1采用，并乘以动力系数1.5。

**第 4.1.3 条** 构件的计算，采用安全系数方法。安全系数$K$应根据砌体类别和构件受力情况按表4.1.3采用。

安全系数 $K$ 表 4.1.3

| 构件类别 | 受力情况 | | |
|---|---|---|---|
| | 受压 | 受弯 | 受剪 |
| 砌块砌体 | 3.0 | 3.3 | 3.3 |
| 配筋板材 | 3.0 | 2.0 | 2.2 |

**第 4.1.4 条** 受压砌体构件的偏心矩$e_0$不应超过0.5$y$（$y$为截面重心到纵向力所在方向截面边缘的距离）。

**第 4.1.5 条** 考虑荷载长期作用后的受弯板材，其最大挠度计算值不应超过$l$/200（$l$为板材跨度）。

## 第二节 受压砌体构件的强度计算

**第 4.2.1 条** 构件轴心或偏心受压时，可按下列公式计算：

$$KN \leqslant \varphi \alpha A R_{qa} \tag{4.2.1}$$

式中 $K$——安全系数，按第4.1.3条采用；

$N$——纵向力；

$\varphi$——受压构件的纵向弯曲系数，按第4.2.2条采用；

$\alpha$——纵向力的偏心影响系数，按第4.2.3条采用；

$A$——截面面积；

$R_{qa}$——砌体的抗压强度，按第3.0.5条采用。

**第 4.2.2 条** 受压构件的纵向弯曲系数$\varphi$，可根据构件的高厚比$\beta$值，按公式4.2.2计算或按表4.2.2采用。

$$\beta = \frac{H_0}{d} \tag{4.2.2}$$

式中 $H_0$——受压构件的计算高度；

$d$——矩形截面的纵向力偏心方向的边长，当轴心受压时为截面较小边长。

受压构件的纵向弯曲系数$\varphi$ 表 4.2.2

| $\beta$ | 6 | 8 | 10 | 12 | 14 | 16 | 18 | 20 | 22 | 24 | 26 | 28 | 30 |
|---|---|---|---|---|---|---|---|---|---|---|---|---|---|
| $\varphi$ | 0.93 | 0.89 | 0.83 | 0.78 | 0.72 | 0.66 | 0.61 | 0.56 | 0.51 | 0.46 | 0.43 | 0.39 | 0.36 |

**第 4.2.3 条** 对于矩形截面，纵向力的偏心影响系数$\alpha$，可根据纵向力的偏心矩$e_0$按表4.2.3采用或按公式4.2.3计算。

$$\alpha = \frac{1}{1 + 12\left(\frac{e_0}{d}\right)^2} \tag{4.2.3}$$

式中 $e_0$——纵向力的偏心矩。

矩形截面纵向力的偏心影响系数 $\alpha$　　表 4.2.3

| $e_0/d$ | $\alpha$ | $e_0/d$ | $\alpha$ | $e_0/d$ | $\alpha$ | $e_0/d$ | $\alpha$ | $e_0/d$ | $\alpha$ |
|---|---|---|---|---|---|---|---|---|---|
| 0.01 | 1.00 | 0.06 | 0.96 | 0.11 | 0.87 | 0.16 | 0.76 | 0.21 | 0.65 |
| 0.02 | 1.00 | 0.07 | 0.94 | 0.12 | 0.85 | 0.17 | 0.74 | 0.22 | 0.63 |
| 0.03 | 0.99 | 0.08 | 0.93 | 0.13 | 0.83 | 0.18 | 0.72 | 0.23 | 0.61 |
| 0.04 | 0.98 | 0.09 | 0.92 | 0.14 | 0.81 | 0.19 | 0.70 | 0.24 | 0.59 |
| 0.05 | 0.97 | 0.10 | 0.89 | 0.15 | 0.79 | 0.20 | 0.68 | 0.25 | 0.57 |

注：对墙体厚度 $d<20$ 厘米时，公式4.2.3计算结果或表4.2.3的 $\alpha$ 值应乘以修正系数 $\eta$。

$$\eta=1-0.9\left(\frac{2e_0}{d}-0.4\right)\leqslant 1$$

**第 4.2.4 条**　受压构件的计算高度 $H_0$，按《砖石结构设计规范》（GBJ3—73）中第18条的规定采用。

**第 4.2.5 条**　在梁端下设置刚性垫块时，垫块下砌体的局部受压应按下列公式计算：

$$KN\leqslant \alpha A_d R_{qa} \quad (4.2.5)$$

式中　$K$——安全系数，按第4.1.3条采用；

$N=N_c+N_0$——垫块上的纵向力；

$N_c$——局部受压面积上的纵向力或梁端支承压力；

$N_0$——由上层传来作用于梁端上的纵向力；

$\alpha$——纵向力对垫块面积重心的偏心影响系数；

$A_d$——垫块面积。

## 第三节　受剪砌体构件的强度计算

**第 4.3.1 条**　无筋砌体沿通缝受剪时，可按下式计算：

$$KQ\leqslant(R_{qj}+0.6\sigma_0)A \quad (4.3.1)$$

式中　$K$——安全系数，按第4.1.3条采用；

$Q$——剪力；

$R_{qj}$——砌体沿通缝截面破坏时的抗剪强度，按第3.0.5条采用；

$\sigma_0$——由恒载产生的平均应力；

$A$——受剪截面面积。

## 第四节　配筋受弯板材的计算

**第 4.4.1 条**　配筋加气混凝土受弯板材正截面的强度可按下列公式计算（图4.4.1）：

$$KM\leqslant Rbx\left(h_0-\frac{x}{2}\right) \quad (4.4.1.1)$$

此时，中和轴的位置按下列公式确定：

$$R_g A_g = Rbx \quad (4.4.1.2)$$

加气混凝土受压区的高度应符合下列条件：

$$x\leqslant 0.45h_0 \quad (4.4.1.3)$$

根据公式（4.4.1.3），单面受拉钢筋的最大配筋率为：

$$\mu_{max}=0.45\frac{R_a}{R_g}100\%$$

式中　$K$——配筋受弯板材的强度设计安全系数，按第4.1.3条采用；

$M$——弯矩；

$R_a$——加气混凝土抗压设计强度，按第3.0.2条采用；

$b$——板材截面宽度；

$x$——加气混凝土受压区的高度；

$R_g$——纵向受拉钢筋的设计强度；

$A_g$——纵向受拉钢筋的截面面积；

$a_g$——受拉钢筋截面中心至板底的距离。

矩形截面的受弯构件可以采用参考资料三的附表进行计算。

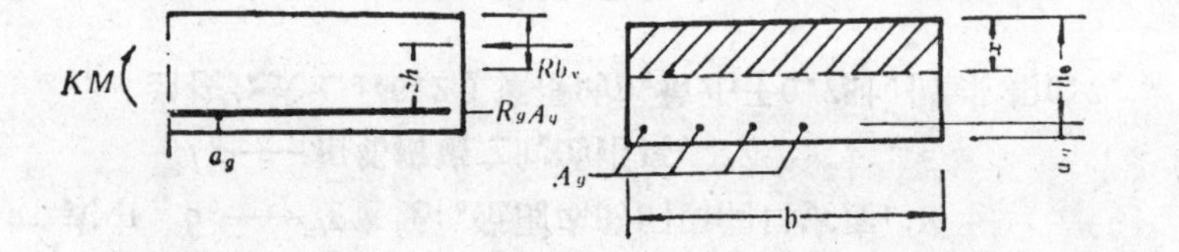


图 4.4.1 配筋受弯板材正截面强度计算简图

**第 4.4.2 条** 配筋受弯板材的截面抗剪强度，可按下列公式计算：

$$KQ \leqslant 0.055R_a bh_0 \quad (4.4.2)$$

式中 $K$——配筋受弯板材斜截面受剪的强度设计安全系数，按第4.1.3条采用；

$Q$——斜截面上的最大剪力；

$R_a$——加气混凝土抗压设计强度。

如不能符合公式（4.4.2）的要求，则应增大板材的厚度。

**第 4.4.3 条** 配筋受弯板材在荷载作用下的挠度，应根据板材的刚度$B$用结构力学的方法计算。

**第 4.4.4 条** 没有裂缝的配筋受弯板材在短期荷载作用下的刚度$B_d$可按下列公式计算：

$$B_d = 0.85E_h \cdot J_0 \quad (4.4.4)$$

式中 $E_h$——加气混凝土弹性模量，按第3.0.3条采用；

$J_0$——换算截面的惯性矩。

**第 4.4.5 条** 当有长期荷载作用时，板材的刚度$B_c$可按下列公式计算：

$$B_c = B_d \frac{M}{N_c\theta + M_d} \quad (4.4.5)$$

式中 $M_c$——长期作用的标准荷载所产生的弯矩；

$M_d$——短期作用的标准荷载所产生的弯矩；

$M = M_c + M_d$——全部标准荷载所产生的弯矩；

$\theta$——荷载长期作用下的刚度降低系数，

对于水泥矿渣砂加气混凝土取$\theta = 2.0$；对于水泥石灰砂加气混凝土和水泥石灰粉煤灰加气混凝土，取$\theta = 2.5$。

## 第五节 墙 板 配 筋

**第 4.5.1 条** 承自重的加气混凝土外墙板的厚度不宜小于15厘米，应双面对称配置钢筋点焊网片，每一面钢筋网片的纵向钢筋，可根据板的长度$l$和厚度$h$按表4.5.1采用。

焊接网片每端焊接1$\phi$6横筋，中间分布钢筋可采用$\phi$4，其最大间距应小于120厘米。

**第 4.5.2 条** 非承重隔墙板的厚度小于12.5厘米时，其

外墙板每片钢筋网片的纵向钢筋 表 4.5.1

| 板厚 $h$ (厘米) | 板长 $l$ (米) ≤4 | 4.1～5.0 | 5.1～6.0 |
|---|---|---|---|
| 15 | 3$\phi$6 | 2$\phi$8+1$\phi$6 | 2$\phi$8+2$\phi$6 |
| ≥20 | 3$\phi$6 | 2$\phi$6+1$\phi$8 | 3$\phi$8 |

注：板宽为60厘米。

最大长度不应超过3.5米。此时，应在板厚中间配置单片钢筋焊网，纵向钢筋为3$\phi$6，横向钢筋可采用$\phi$4，其最大间距不应超过120厘米。

## 第六节　构　造　要　求

**第 4.6.1 条**　砌块墙体的高厚比$\beta$应符合下列规定：

$$\beta\frac{H_0}{d}\leqslant k_1\cdot k_2[\beta] \qquad (4.6.1)$$

式中　$k_1$——非承重墙$[\beta]$的修正系数，取$k_1=1.3$；

$k_2$——有门窗洞口的墙$[\beta]$的修正系数，按第4.6.2条采用；

$[\beta]$——墙的允许高厚比，应按表4.6.1采用。

注：当墙高$H$大于或等于相邻横墙间的距离$l_0$时，应按计算高度$H_0=0.6l_0$验算高厚比。

**第 4.6.2 条**　对有门窗洞口的墙，允许高厚比$[\beta]$应按表4.6.1所列数值乘以系数$k_2$予以降低：

$$k_2=1-0.4\frac{b_0}{l_0} \qquad (4.6.2)$$

式中　$b_0$——在宽度$l_0$范围内的门窗洞口宽度；

$l_0$——相邻横墙之间的距离。

当按公式（4.6.2）算得的$k_2$值小于0.7时，仍采用0.7。

墙的允许高厚比[$\beta$]值　　表 4.6.1

| 砂浆标号 | ≥50 | 25 |
|---|---|---|
| [$\beta$] | 18 | 16 |

**第 4.6.3 条**　加气混凝土砌块房屋伸缩缝的最大间距为50米。

**第 4.6.4 条**　砌块墙体宜采用混合砂浆砌筑，砂浆的最低标号不宜低于25号。

**第 4.6.5 条**　受弯板材中只能采用焊接网和焊接骨架配筋，不允许采用绑扎钢筋网片和骨架，钢筋网片必须采用防锈蚀性能可靠的并具有良好粘结力的防腐剂进行处理。钢筋保护层为2.0厘米，主筋末端到板端部的距离不得大于1.5厘米（图4.6.5）。

**第 4.6.6 条**　受弯板材内，下网主筋的直径不宜超过$\phi$10，其间距不应大于30厘米，数量不得少于3$\phi$6，主筋末端应焊接3根直径与最大主筋直径相同的横向锚固钢筋（图4.6.5）。中间的分布钢筋可采用$\phi$4，最大间距应小于120厘米。

**第 4.6.7 条**　受弯板材内上网纵向钢筋不得少于两根，两端应各有一根锚固钢筋，直径与上网主筋相同。横向分布钢筋的间距不应大于120厘米。

**第 4.6.8 条**　屋面板端部的横向锚固钢筋至少应有2根配置在支承面内。同时不应小于：

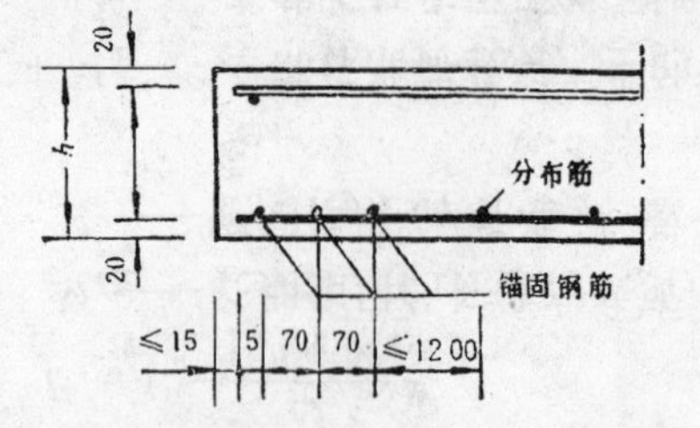


图 4.6.5　受弯板材主筋末端的锚固示意

1.当支承在砖墙上时：11厘米；

2.当支承在钢筋混凝土梁和钢结构上时：9厘米。

# 第五章　围护结构热工设计

## 第一节　一　般　规　定

**第 5.1.1 条**　加气混凝土应用于具有保温隔热要求的围护结构，设计中必须充分考虑材料的热物理特性，合理地进行热工设计。

**第 5.1.2 条**　加气混凝土热物理参数见参考资料五。

**第 5.1.3 条**　加气混凝土围护结构导热系数和蓄热系数计算值按表5.1.3采用：

**加气混凝土导热系数和蓄热系数计算取值　　表 5.1.3**

| 围护结构类别 | | 容重γ (公斤/米³) | 含水率(6%) 导热系数λ (千卡/米·时·°C) | 含水率(6%) 蓄热系数 $S_{24}$ (千卡/米²·时·°C) | 灰缝影响系数 | 缝隙及潮湿影响系数 | 计算取值 导热系数λ (千卡/米·时·°C) | 计算取值 蓄热系数 $S_{24}$ (千卡/米²·时·°C) |
|---|---|---|---|---|---|---|---|---|
| 单一结构 | | 500 | 0.16 | 2.35 | 1.25 | | 0.20 | 2.94 |
| | | 700 | 0.19 | 3.00 | 1.25 | | 0.24 | 3.75 |
| 复合结构 | 铺设在密闭屋面内 | 500 | 0.16 | 2.35 | | 1.5 | 0.24 | 3.53 |
| | | 700 | 0.19 | 3.00 | | 1.5 | 0.29 | 4.50 |
| | 浇筑在混凝土构件中 | 500 | 0.16 | 2.35 | | 1.7 | 0.27 | 4.00 |
| | | 700 | 0.19 | 3.00 | | 1.7 | 0.32 | 5.10 |

## 第二节　保　温　设　计

**第 5.2.1 条**　采暖地区加气混凝土围护结构的厚度应根据技术经济比较确定，但不得小于按《民用建筑热工设计规程》规定方法计算的低限厚度值。在一般室内温湿度条件下（室内计算温度为18°C，相对湿度为<65%），其低限厚度可按表5.2.1确定。

**加气混凝土围护结构的低限厚度(毫米)　　表 5.2.1**

| 围护结构类别 | 容重γ (公斤/米³) | 室外空气计算温度(°C) -10 | -15 | -20 | -25 | -30 | -35 | -40 |
|---|---|---|---|---|---|---|---|---|
| 外墙屋盖 | 500 | 125 | 155 | 180 | 210 | 240 | 270 | 300 |
| | 700 | 150 | 185 | 220 | 255 | 290 | 320 | 355 |
| | 500 | 150 | 185 | 215 | 250 | 285 | 315 | 350 |
| | 700 | 180 | 220 | 260 | 300 | 340 | 380 | 420 |

注：加气混凝土围护结构属于轻型围护结构，其室外空气计算温度($t_e$)列于参考资料四。

**第 5.2.2 条**　对钢筋混凝土的圈梁、过梁、挑出的屋面板和阳台等部位应采取局部保温处理，避免贯通式"热桥"。

**第 5.2.3 条**　以加气混凝土做保温层的复合结构，加气混凝土层应布置在水蒸气流出的一侧；将较重而密实的材料层布置在水蒸气流入的一侧，按水蒸气"进难出易"原则设计。

**第 5.2.4 条**　设有卷材防水层的加气混凝土屋面板或以加气混凝土为保温层的复合屋盖，每100米²左右应设置排气孔一个，如图5.2.4；当加气混凝土外墙外装修采用不透气饰面时，应采取排湿措施。

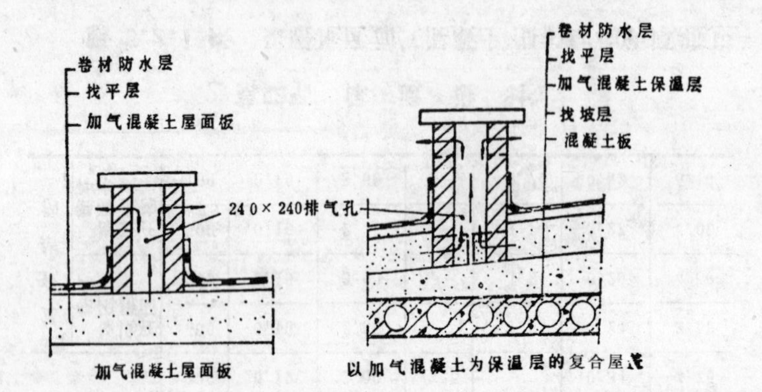


图 5.2.4

## 第三节 隔 热 设 计

**第 5.3.1 条** 在自然通风情况下，加气混凝土围护结构的隔热厚度可参照表5.3.1采用；

加气混凝土围护结构的隔热厚度　　表 5.3.1

| 围 护 结 构 类 别 | 隔 热 厚 度（毫米） |
|---|---|
| 外墙（不包括内外饰面） | 160～200 |
| 屋 面 板 | 180～250 |

注：长江流域湿热地区宜采用上限。

**第 5.3.2 条** 加气混凝土屋盖内侧宜与钢筋混凝土板复合使用；加气混凝土外墙内侧宜做饰面层。

**第 5.3.3 条** 加气混凝土围护结构房间的窗户宜采取遮阳措施。

# 第六章 建 筑 构 造

## 第一节 一 般 规 定

**第 6.1.1 条** 加气混凝土外墙墙面水平方向的凹凸部分（如线脚、雨罩、出檐、窗台等），应做泛水和滴水，以避免积水。

**第 6.1.2 条** 加气混凝土墙或板与零配件的联结（如门、窗、附墙管道、管线支架、卫生设备等）应牢固可靠。如用铁件作为打入或穿过加气混凝土的联结件时，应有防锈保护措施。

**第 6.1.3 条** 加气混凝土屋面板一般不宜搂槽，如有特殊要求，可在板的上部沿板长方向搂划，深度≤15毫米。墙板上不得横向搂槽，仍应沿板长方向搂划。双面配筋的墙板，其搂划深度应≤15毫米。

## 第二节 屋 面 板

**第 6.2.1 条** 采用加气混凝土屋面板做平屋面时，如由支座找坡，坡度应符合设计要求，支座部位应平整，板下宜坐粘结砂浆（金属结构除外）。板与支座应有联结构造，例如在板的支座处预埋铁件，与放入板槽内的钢筋（长度≥1.2米）联结（见图6.2.1）。

**第 6.2.2 条** 加气混凝土屋面板不应作为屋架的支撑系统考虑。

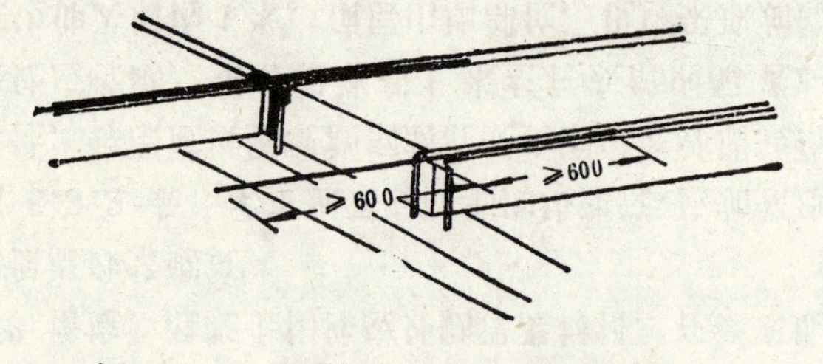


图 6.2.1 屋面板与支座处的构造联结

**第 6.2.3 条** 加气混凝土屋面板的挑出长度：沿板长方向不宜大于2.5倍板厚；板宽方向不宜大于板宽的1/3，并应与相邻板有可靠的联结，如在两板间每隔 1 米用铁件联结（见图6.3.2）。

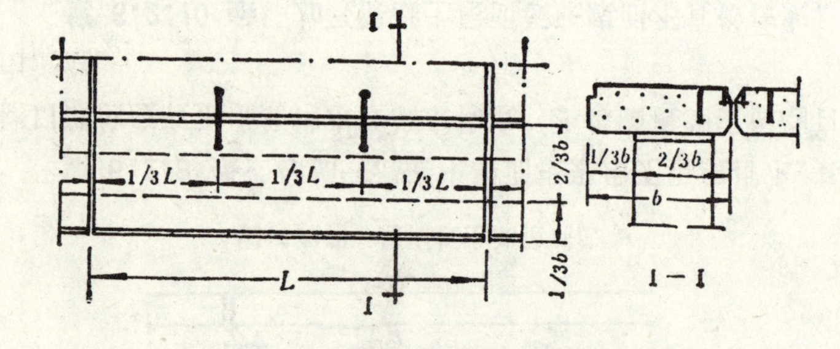


图 6.2.3 屋面板挑出长宽度规定

**第 6.2.4 条** 加气混凝土屋面板上准许在不切断钢筋和不破坏钢筋防锈层的情况下开一个孔洞（位置及尺寸如图6.2.4所示），如开较大的孔洞，则应另行设计。

**第 6.2.5 条** 加气混凝土屋面板不得截短使用，如必需沿板长方向纵向切锯，其最小使用宽度不宜小于400毫米，但不得沿纵向受拉钢筋部位剖切（图6.2.5）。当板为三面支承时，板的最小宽度也不宜小于300毫米。

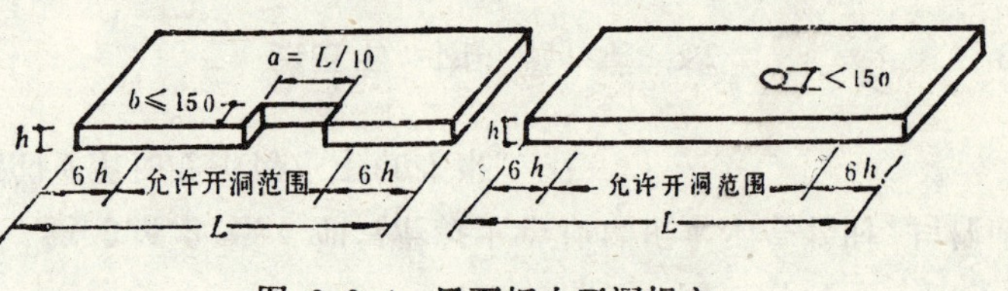


图 6.2.4 屋面板上开洞规定

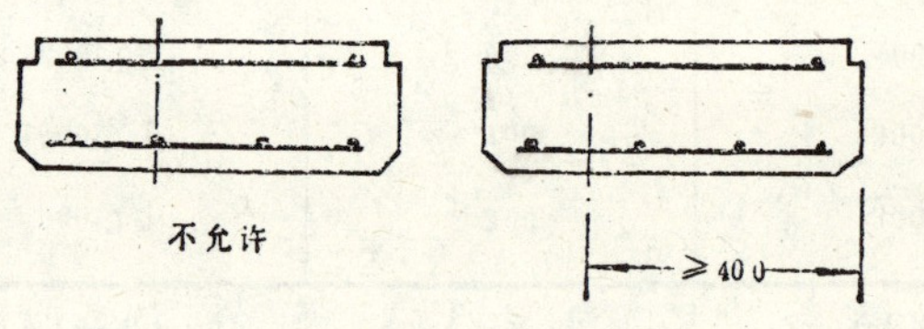


图 6.2.5 屋面板纵向切锯规定

**第 6.2.6 条** 为加强屋面板的整体性，除应按设计要求在板缝凹槽内设置钢筋和灌浆外，还需在板缝距板端1/3处用防锈金属片骑板缝与板成45°角打入板内（图6.2.6）。

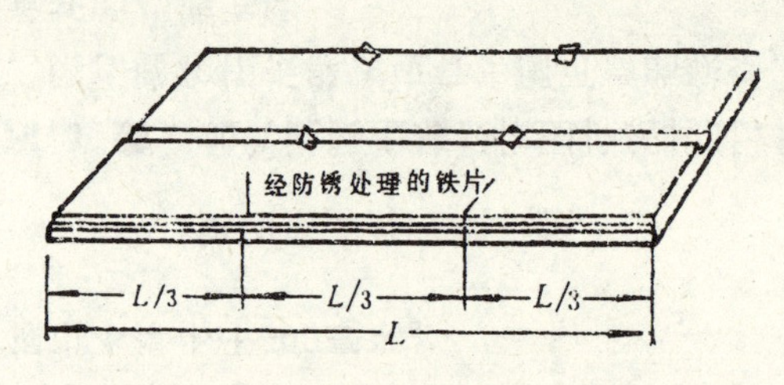


图 6.2.6 板缝内打入防锈金属片

**第 6.2.7 条** 在屋面板上做找平层时，则找平层与屋面板应有良好的粘结，不得开裂、空鼓。找平层上油毡同一般做法。

**第 6.2.8 条** 如直接在加气混凝土屋面板上做沥青卷材防水层时，屋盖应有良好的整体性，在板的端头缝处，应干铺一条宽度为150～200毫米的油毡，第一层应用热沥青花撒或点铺。油毡的搭接部分和屋盖周边满粘（如图6.2.8）。

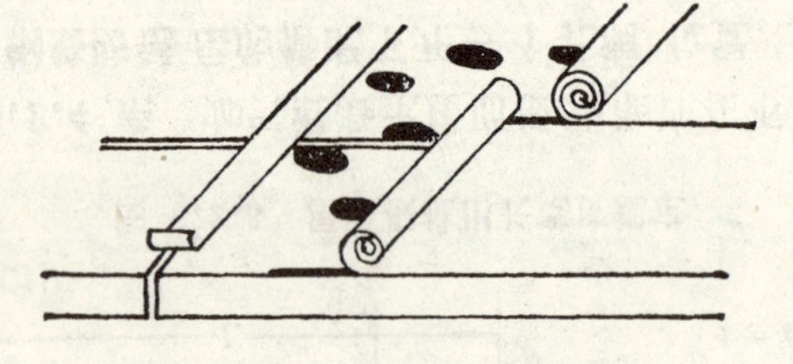

图 6.2.8 屋面板上油毡铺法

**第 6.2.9 条** 如加气混凝土屋面板采用无组织排水，其檐口部位应有正确的排水、滴水构造，不得顺板侧或板端自由流淌。

**第 6.2.10 条** 加气混凝土屋面板底表面不宜做抹灰，如用于标准较高的建筑，在其下部可做吊顶或其他底表面处理。

## 第三节 砌 块

**第 6.3.1 条** 在采暖地区，加气混凝土砌块作为单一材料用作外墙时，其灰缝以及外露混凝土构配件，均应有防止"热桥"措施。混凝土构件应外贴保温材料，在严寒地区砌块应用保温砂浆砌筑。

**第 6.3.2 条** 承重加气混凝土砌块建筑，应加强建筑物的整体性，每层应设置现浇钢筋混凝土圈梁，外墙转角及内墙交接处应咬砌，并在沿墙高 1 米左右灰缝内配置2$\phi$6钢筋，每边伸入墙内1米。顶层山墙部位，也应采取加筋防裂措施。

**第 6.3.3 条** 后砌的非承重墙（隔墙或填充墙）与承重墙或柱交接处，应沿墙高 1 米左右用3$\phi$4钢筋与承重墙或柱拉结，每边伸入墙内长度不得小于700毫米。

**第 6.3.4条** 墙体洞口下部应放2$\phi$6钢筋，伸过洞口两边长度，每边不得小于500毫米。

## 第四节 外 墙 板

**第 6.4.1 条** 加气混凝土墙板作围护结构时，与主体结构（如柱、梁、墙和楼板等）应有牢固可靠的联结，同时应采用分层承托的构造方法。

**第 6.4.2 条** 外墙拼装大板洞口两边和上部过梁板的最小尺寸见表6.4.2。

最小尺寸限值　　表 8.4.2

| 洞口尺寸 高×宽（毫米） | 洞口两边板宽（毫米） | 过梁板板高（毫米） |
|---|---|---|
| 1200× 900以下 | 300 | 300 |
| 1500×1800以下 | 450 | 300 |
| 1800×2400以下 | 600 | 400 |

注：300或400毫米板材如需用600毫米宽度板材纵向切锯，不得切锯两边截取中段，如用作过梁板，在拼装时应将切锯面朝上。

**第 6.4.3 条** 加气混凝土单块墙板水平安装时，与柱或墙的支承长度不得小于60毫米。

## 第五节 内 隔 墙 板

**第 6.5.1 条** 加气混凝土隔墙板，一般采用垂直安装，板的两端应与主体结构联结牢靠，板与板之间用粘结砂浆粘结，沿板缝上下各1/3处，按30°角斜钉入金属片，在转角墙和丁字墙交接处，在板高上下1/3处，应斜钉入长度不小于200毫米$\phi$8铁件（图6.5.1）。

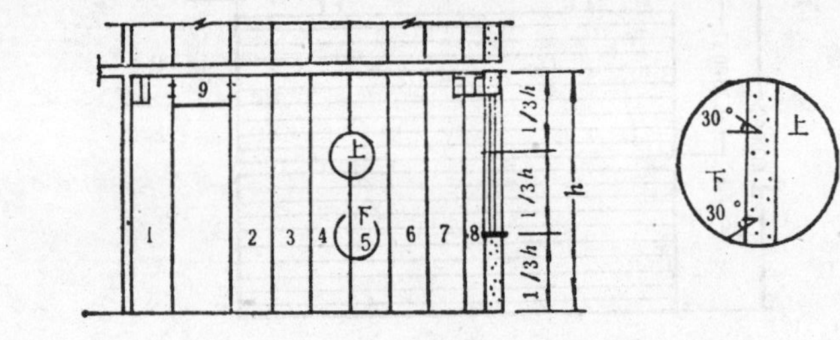


图 6.5.1 隔墙板安装顺序及方法

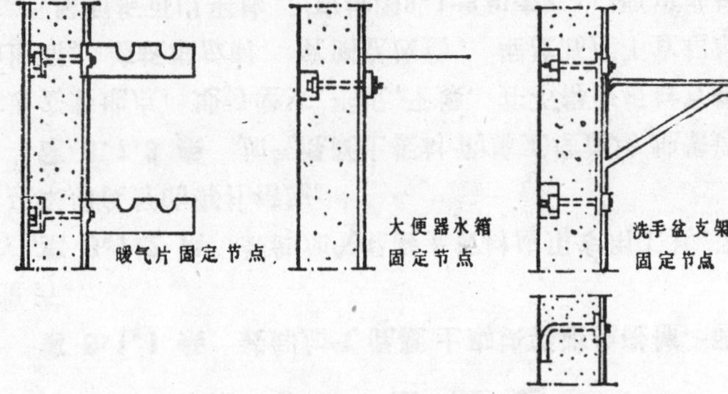


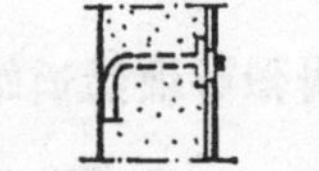

图 6.5.3 隔墙板上吊挂重物的构造做法

**第 6.5.2 条** 加气混凝土隔墙板的最小厚度，不得小于75毫米。

**第 6.5.3 条** 加气混凝土隔墙板上不宜吊挂重物，如确需要，则应采取有效的构造措施（如图6.5.3所示）。

# 第七章 装 修

**第 7.0.1 条** 加气混凝土的饰面应对冻融交替、干湿循环、自然碳化和磕碰磨损等起有效的保护作用。因此，要求饰面材料与基层应粘结良好，不得空鼓开裂。

**第 7.0.2 条** 加气混凝土表面在做抹灰层前，应做基层处理，如涂刷稀释的胶溶液；或掺胶的素水泥浆；或其他措施。

**第 7.0.3 条** 加气混凝土的底层抹灰宜采用与加气混凝土强度接近的混合砂浆。面层同一般做法。

**第 7.0.4 条** 在严寒地区，外装修不得满做不透气饰面。

**第 7.0.5 条** 在加气混凝土内墙同一墙身的两面，不得同时满做不透气饰面。

**第 7.0.6 条** 在外墙易于磕碰磨损部位，应提高装修面层材料的强度。

# 第八章 建 筑 施 工

## 第一节 一 般 规 定

**第 8.1.1 条** 装卸加气混凝土砌块要避免碰撞，码放整齐。

**第 8.1.2 条** 装卸加气混凝土板材应用专用工具，运输时应采用良好的绑扎措施。

**第 8.1.3 条** 加气混凝土板材的施工堆放场地需选择靠近安装地点，地势坚实、平坦、干燥，并不得使板材直接接触地面。墙板堆放时，宜侧立放置，堆放高度不宜超过3米。屋面板可以平放，应按图8.1.3和表8.1.3要求堆放保管。雨季时应采取覆盖措施。

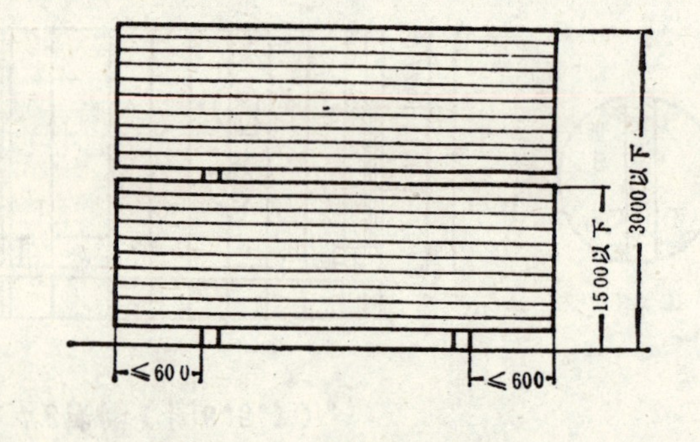


图 8.1.3 屋面板堆放要求

**第 8.1.4 条** 凡有穿过加气混凝土墙体的管道，应严格防止渗水、漏水。

屋面板堆放要求 表 8.1.3

| 堆放方式 | 堆放限制高度 | | 垫木 | | | |
|---|---|---|---|---|---|---|
| | 垛放 | 全垛 | 位置 | 长度 | 断面尺寸 | 根数 |
| 平放 | 1.5米以下 | 3米以下 | 距端头≤600毫米 | 约900毫米 | 100×100毫米 | 板长4米以上时，每点两根。4米以下时，每点一根 |

**第 8.1.5 条** 承重加气混凝土墙体，不宜冬季施工。非承重墙体的冬季施工可参照《砖石工程施工验收规范》（GBJ 203—83）中有关规定进行。

**第 8.1.6 条** 在加气混凝土墙体或屋面板上钻孔、搂槽或切锯等，均应采用专用工具。

## 第二节 砌 块 施 工

**第 8.2.1 条** 砌块砌筑时，应向砌筑面适量浇水，以保证砌块间的粘结，砌筑时应上下错缝，搭接长度不宜小于砌块长度的1/3。

**第 8.2.2 条** 对砌块承重建筑，要求内外墙体同时咬岔砌筑，临时间断时可留成斜岔，不允许留"马牙岔"。灰缝应横平竖直，砂浆饱满，垂直缝宜用内外临时夹板灌缝。水平灰缝厚度不得大于15毫米、垂直灰缝宽度不得大于20毫米。

**第 8.2.3 条** 切锯砌块应用专用工具，不得用斧子或瓦刀任意砍劈。洞口两侧，应选用规则整齐的砌块砌筑。

**第 8.2.4 条** 砌筑外墙时，不得留脚手眼，可采用里脚手或双排外脚手。

## 第三节 墙板安装

**第 8.3.1 条** 墙板在安装前应将粘结面用钢丝刷刷除油垢并清除渣末。安装时需有专用的配套工具和设备。外墙板的板缝应用有防水性能的砂浆或粘结砂浆灌满。

**第 8.3.2 条** 内隔墙的安装顺序应从门洞处向两端依次进行，门洞两侧宜用整块板。无门洞口的墙体，应从一端向另一端顺序安装。

**第 8.3.3 条** 为防止隔墙板板缝开裂，拼缝间粘结砂浆应饱满，安装时以缝隙间挤出砂浆为宜。缝宽不得大于5毫米，板底应用经防腐处理的木楔，顺板宽方向楔紧，不再取出。

## 第四节 屋面工程

**第 8.4.1 条** 安装屋面板应用专用工具，不得用钢丝绳直接兜吊，以防损坏板材。

**第 8.4.2 条** 屋面板上部施工时，不得超过设计荷载。

## 第五节 内外墙装修

**第 8.5.1 条** 内外墙饰面应严格按设计要求的工序进行，在做完基层处理后，抹灰层厚度应予控制，一次抹灰厚度不宜超过10毫米，如需超过时，则应分层抹，其总厚度宜控制在15毫米以内。

**第 8.5.2 条** 抹灰层所用的砂子，不得使用细砂，底子灰宜用粗砂，中层及面层可用中砂，砂子含泥量不得大于3%。

**第 8.5.3 条** 面层同一般做法。

## 第六节 工程验收质量标准

**第 8.6.1 条** 在验收砌块墙体时，砌块结构尺寸和位置对设计的偏差不应超过表8.6.1*a*的规定，墙板结构尺寸和位置对设计的偏差不应超过表8.6.1*b*的规定。

砌体结构尺寸和位置对设计的允许偏差 表 8.6.1*a*

| 序号 | 项目 | 允许偏差（毫米） | 备注 |
|---|---|---|---|
| 1 | 砌体厚度 | ±4 | |
| 2 | 基础顶面和楼面标高 | ±15 | |
| 3 | 轴线位移 | 5 | |
| 4 | 墙面垂直 | | |
| | （1）每层 | 5 | |
| | （2）全高 | 10 | |
| 5 | 表面平整 | 6 | 用 2米长靠尺检查 |
| 6 | 水平灰缝平直 | 7 | 用10米长的线拉直检查 |

墙板结构尺寸和位置对设计的允许偏差 表 8.6.1*b*

| 序号 | 项目 | 允许偏差（毫米） | 备注 |
|---|---|---|---|
| 1 | 拼装大板 | | |
| | 高度或宽度 | ±5 | |
| | 两对角线长度差 | 5 | |
| 2 | 外墙板安装 | | |
| | 墙面垂直 | | |
| | （1）每层 | 5 | |
| | （2）全高 | 20 | 用 2 米靠尺检查 |
| | 表面平整 | 5 | |

续表

| 序号 | 项目 | 允许偏差（毫米） | 备注 |
| --- | --- | --- | --- |
| 3 | 内墙板安装<br>墙面垂直<br>表面平整 | <br>4<br>4 | <br>用2米靠尺检查 |
| 4 | 内外墙门、窗框余量10毫米 | ±5 | |

**第 8.6.2 条**　屋面板的施工质量要求，其支座的平整度不得偏差5毫米，屋面板相邻平整度不得偏差3毫米。

## 附录一　加气混凝土砌体抗压强度的试验方法

加气混凝土砌体试件采用三皮砌块，包括两条水平灰缝和一条垂直灰缝（附图1）。试件的截面尺寸一般为20×60厘米，砌体高度与较小边的比值可采用3～4。

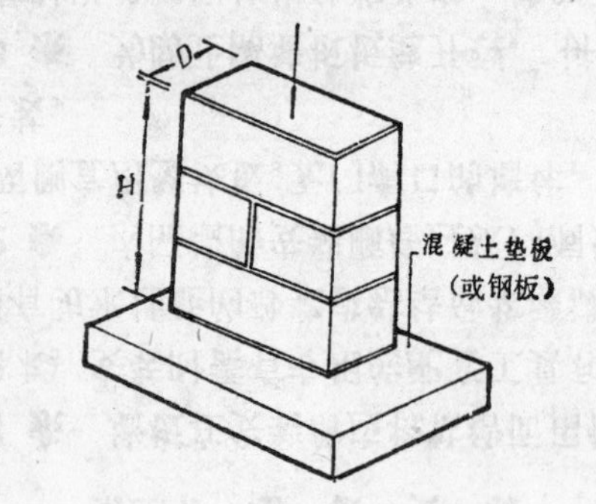


附图 1　砌体试件示意

砌体抗压强度试验的具体操作程序如下：

1.在砌筑前，先确定加气混凝土标号和砂浆标号，按每组砌体至少应作一组（3块）砂浆试块与砌体相同的条件养护，并在砌体试验的同时进行抗压试验。

2.砌体试件采用三个为一组，按附图1所示砌筑砌体，其砌筑方法与质量应与现场操作一致。

3.试件在温度为20±3°C的室内自然条件下，养护28天，放在压力机上进行轴心受压试验，如砌体顶面不平整可用干砂铺平。

试验时采用等速（加载速度为每秒钟0.5公斤/厘米²）分级加载。每级荷载约等于预计破坏荷载的10%，直至破坏为止。

4.根据破坏荷载，按下列公式确定砌体抗压强度$R_{qa}$，并计算3个试件的平均值：

$$R_{qa}=\frac{P\psi}{\varphi A}$$

式中　$P$——破坏荷载（公斤）；

$A$——试件的受压面积（厘米²）；

$\varphi$——纵向弯曲系数，按本规程第4.2.2条采用；

$\psi$——截面换算系数，

$$\psi=\frac{1}{0.75+\frac{1.85S}{A}}$$

$S$——试件的截面周长（厘米）。

## 附录二　本规程用词说明

一、执行本规程条文时，要求严格程度的用词说明如下，以便在执行中区别对待：

1.表示很严格，非这样作不可的用词：

正面词采用“必须”，反面词采用“严禁”。

2.表示严格，在正常情况下均应这样作的用词：

正面词采用“应”，反面词采用“不应”或“不得”。

3.表示允许稍有选择，在条件许可时首先应这样作的用词：

正面词采用“宜”或“可”，反面词采用“不宜”。

二、规程中指明应按其他有关标准、规范的规定执行的写法为“按……执行”或“应符合……要求”。非必须按所指的标准、规范或规定执行的写法为“参照……”。

# 参考资料

## 一、加气混凝土隔墙隔声性能

| 隔墙做法 | 构造示意 | 下列各频率的隔声量(分贝) 125 | 250 | 500 | 1000 | 2000 | 4000 | 100～3150赫兹的平均隔声量(分贝) |
|---|---|---|---|---|---|---|---|---|
| 75毫米厚砌块墙，双面抹灰 | 10—75—10 | 29.9 | 30.4 | 30.4 | 40.2 | 49.2 | 55.5 | 38.8 |
| 100毫米厚砌块墙，双面抹灰 | 10—100—10 | 34.7 | 37.5 | 33.3 | 40.1 | 51.9 | 56.5 | 40.6 |
| 150毫米厚砌块墙，双面抹灰 | 20—150—20 | 25.5 | 35.8 | 38.8 | 45.6 | 53.6 | 55.2 | 43.0 |
| 100毫米厚条板，双面刮腻子喷浆 | 3—100—3 | 32.6 | 31.6 | 31.9 | 40.0 | 47.9 | 60.0 | 39.3 |

续表

| 隔墙做法 | 构造示意 | 下列各频率的隔声量(分贝) | | | | | | 100～3150赫兹的平均隔声量（分贝） |
|---|---|---|---|---|---|---|---|---|
| | | 125 | 250 | 500 | 1000 | 2000 | 4000 | |
| 两道75毫米厚砌块墙，双面抹麻刀灰 | 5–75–75–75–5 | 35.4 | 38.9 | 46.0 | 47.0 | 62.2 | 69.2 | 48.8 |
| 两道75毫米厚条板，双面抹麻刀灰 | 5–75–75–75–5 | 38.6 | 49.3 | 49.4 | 55.6 | 65.7 | 69.6 | 54.0 |
| 一道75毫米厚砌块和一道半砖墙，双面抹灰 | 20–75–50–115–20 | 40.3 | 30.8 | 55.4 | 57.7 | 67.2 | 63.5 | 55.8 |
| 200毫米厚条板，双面刮腻子喷浆 | 5–200–5 | 31.0 | 37.2 | 41.1 | 43.1 | 51.3 | 54.7 | 43.2 |

说明：以上系容重为500公斤/米$^3$水泥、矿渣、砂加气混凝土的隔声量。

## 二、加气混凝土耐火性能

| 材料 | 规格（毫米） | 耐火评定 |
|---|---|---|
| 加气混凝土砌块 | 厚度75<br>厚度100<br>厚度150<br>厚度200 | 150分钟<br>225分钟<br>345分钟<br>480分钟 |
| 加气混凝土屋面板 | 6000×150×600<br>3300×150×600 | 1.25小时<br>1.25小时 |
| 加气混凝土墙板 | 2700×600×150<br>（板规格）<br>2700×1800×150<br>（试验尺寸） | ＜ 4小时 |

说明：以上系容重为500公斤/米$^3$水泥、矿渣、砂加气混凝土的耐火性能。

## 三、配筋加气混凝土矩形截面受弯构件强度计算表

| $\xi$ | $r_0$ | $r_0$ | $A_0$ | $\xi$ | $r_0$ | $r_0$ | $A_0$ |
|---|---|---|---|---|---|---|---|
| 0.01 | 10.00 | 0.995 | 0.010 | 0.07 | 3.85 | 0.965 | 0.067 |
| 0.02 | 7.12 | 0.990 | 0.020 | 0.08 | 3.61 | 0.960 | 0.077 |
| 0.03 | 5.82 | 0.985 | 0.030 | 0.09 | 3.41 | 0.955 | 0.085 |
| 0.04 | 5.05 | 0.980 | 0.039 | 0.10 | 3.24 | 0.950 | 0.095 |
| 0.05 | 4.53 | 0.975 | 0.048 | 0.11 | 3.11 | 0.945 | 0.104 |
| 0.06 | 4.15 | 0.970 | 0.058 | 0.12 | 2.98 | 0.940 | 0.113 |

续表

| $\xi$ | $r_0$ | $r_0$ | $A_0$ | $\xi$ | $r_0$ | $r_0$ | $A_0$ |
|---|---|---|---|---|---|---|---|
| 0.13 | 2.88 | 0.935 | 0.121 | 0.30 | 1.98 | 0.850 | 0.255 |
| 0.14 | 2.77 | 0.930 | 0.130 | 0.31 | 1.95 | 0.845 | 0.262 |
| 0.15 | 2.68 | 0.925 | 0.139 | 0.32 | 1.93 | 0.840 | 0.269 |
| 0.16 | 2.61 | 0.920 | 0.147 | 0.33 | 1.90 | 0.835 | 0.275 |
| 0.17 | 2.53 | 0.915 | 0.155 | 0.34 | 1.88 | 0.830 | 0.282 |
| 0.18 | 2.47 | 0.910 | 0.164 | 0.35 | 1.86 | 0.825 | 0.289 |
| 0.19 | 2.41 | 0.905 | 0.172 | 0.36 | 1.84 | 0.820 | 0.295 |
| 0.20 | 2.36 | 0.900 | 0.180 | 0.37 | 1.82 | 0.815 | 0.301 |
| 0.21 | 2.31 | 0.895 | 0.188 | 0.38 | 1.80 | 0.810 | 0.309 |
| 0.22 | 2.26 | 0.890 | 0.196 | 0.39 | 1.78 | 0.805 | 0.314 |
| 0.23 | 2.22 | 0.885 | 0.203 | 0.40 | 1.77 | 0.800 | 0.320 |
| 0.24 | 2.18 | 0.880 | 0.211 | 0.41 | 1.75 | 0.795 | 0.326 |
| 0.25 | 2.14 | 0.875 | 0.219 | 0.42 | 1.74 | 0.790 | 0.332 |
| 0.26 | 2.10 | 0.870 | 0.226 | 0.43 | 1.72 | 0.785 | 0.337 |
| 0.27 | 2.07 | 0.865 | 0.234 | 0.44 | 1.71 | 0.780 | 0.343 |
| 0.28 | 2.04 | 0.860 | 0.241 | 0.45 | 1.69 | 0.775 | 0.349 |
| 0.29 | 2.01 | 0.855 | 0.248 | | | | |

注：表中

$$KM=A_0bh_0^2R;$$

$$\xi=\frac{X}{h_0}=\frac{A_g}{bh_0}\cdot\frac{R_g}{R};$$

$$h_0=r_0\sqrt{\frac{KM}{bR}};$$

$$A_g=\frac{KM}{r_0h_0R_g}\text{或}\quad A_g=\xi bh\frac{R}{R_g}.$$

## 四、我国60个城市冬季室外空气计算温度$t_e$（℃）

| 序号 | 地　　名 | 室外空气计算温度 $t_e$(℃) | 序号 | 地　　名 | 室外空气计算温度 $t_e$(℃) |
|---|---|---|---|---|---|
| 1 | 哈尔滨 | -31 | 27 | 和田 | -16 |
| 2 | 嫩江 | -39 | 28 | 西宁 | -18 |
| 3 | 齐齐哈尔 | -30 | 29 | 兰州 | -15 |
| 4 | 牡丹江 | -29 | 30 | 酒泉 | -21 |
| 5 | 佳木斯 | -33 | 31 | 敦煌 | -20 |
| 6 | 伊春 | -35 | 32 | 天水 | -12 |
| 7 | 长春 | -28 | 33 | 银川 | -23 |
| 8 | 吉林 | -31 | 34 | 西安 | -11 |
| 9 | 延吉 | -24 | 35 | 榆林 | -23 |
| 10 | 通化 | -28 | 36 | 延安 | -16 |
| 11 | 四平 | -27 | 37 | 呼和浩特 | -24 |
| 12 | 沈阳 | -24 | 38 | 锡林浩特 | -34 |
| 13 | 丹东 | -19 | 39 | 海拉尔 | -41 |
| 14 | 大连 | -17 | 40 | 通辽 | -24 |
| 15 | 抚顺 | -27 | 41 | 赤峰 | -23 |
| 16 | 本溪 | -23 | 42 | 二连浩特 | -33 |
| 17 | 锦州 | -19 | 43 | 多伦 | -31 |
| 18 | 鞍山 | -23 | 44 | 太原 | -16 |
| 19 | 锦西 | -18 | 45 | 大同 | -22 |
| 20 | 乌鲁木齐 | -30 | 46 | 运城 | -11 |
| 21 | 塔城 | -30 | 47 | 北京 | -14 |
| 22 | 哈密 | -25 | 48 | 天津 | -12 |
| 23 | 伊宁 | -30 | 49 | 石家庄 | -15 |
| 24 | 喀什 | -16 | 50 | 张家口 | -21 |
| 25 | 克拉玛依 | -31 | 51 | 秦皇岛 | -15 |
| 26 | 吐鲁番 | -21 | 52 | 保定 | -13 |

续表

| 序号 | 地名 | 室外空气计算温度 $t_e$(°C) | 序号 | 地名 | 室外空气计算温度 $t_e$(°C) |
|---|---|---|---|---|---|
| 53 | 唐山 | -14 | 57 | 德州 | -15 |
| 54 | 承德 | -18 | 58 | 郑州 | -10 |
| 55 | 济南 | -12 | 59 | 拉萨 | -9 |
| 56 | 青岛 | -11 | 60 | 日喀则 | -14 |

## 五、加气混凝土热物理参数

| 热物理参数 | 容重与含水率 | | | | | | | |
|---|---|---|---|---|---|---|---|---|
| | 500公斤/米$^3$ | | | | 700公斤/米$^3$ | | | |
| | 0 | 6% | 12% | 18% | 0 | 6% | 12% | 18% |
| 导热系数$\lambda$（千卡/米·时·°C） | 0.12 | 0.16 | 0.20 | 0.24 | 0.15 | 0.19 | 0.23 | 0.27 |
| 比热 $C$（千卡/公斤·°C） | 0.22 | 0.26 | 0.30 | 0.34 | 0.22 | 0.26 | 0.30 | 0.34 |
| 导温系数$a$（米$^2$/时） | 0.0010 | 0.0012 | 0.0013 | 0.0014 | 0.0009 | 0.0010 | 0.0011 | 0.0011 |
| 蓄热系数$S_{24}$（千卡/米$^2$·时·°C） | 1.77 | 2.35 | 2.79 | 3.26 | 2.37 | 3.00 | 3.54 | 4.09 |
| 蒸汽渗透系数$\mu$（克/米·时·毫米汞柱） | $2.9\times10^{-2}$ | | | | $1.6\times10^{-2}$ | | | |

中华人民共和国城乡建设环境保护部

部　标　准

# 粉煤灰在混凝土和砂浆中应用技术规程

JGJ 28—86

主编单位：中国建筑科学研究院建筑工程材料及制品研究所
　　　　　上海市建筑科学研究所

批准部门：城乡建设环境保护部

试行日期：1987年5月1日

## 关于批准《粉煤灰在混凝土和砂浆中应用技术规程》为部标准的通知

（87）城科字第18号

由中国建筑科学研究院负责组织编制的《粉煤灰在混凝土和砂浆中应用技术规程》，经审查，批准为部标准，编号JGJ28—86，从1987年5月1日起试行。

在使用本规程中如有具体意见和问题，请函告中国建筑科学研究院，以便解释或今后修订时参考。

中华人民共和国城乡建设环境保护部

1987年1月17日

# 目　次

# 第一章 总 则

**第1.0.1条** 从煤粉炉排出的烟气中收集到的细颗粒粉末称为粉煤灰。按排放方式粉煤灰分为干排灰和湿排灰。

为了正确、合理地在混凝土和砂浆中应用粉煤灰，特制定本规程。

符合本规程要求的粉煤灰可作为混凝土和砂浆的掺合料。

**第1.0.2条** 本规程适用于一般工业与民用建筑结构和构筑物中掺粉煤灰的混凝土和砂浆（以下简称粉煤灰混凝土和粉煤灰砂浆）。

**第1.0.3条** 粉煤灰混凝土和粉煤灰砂浆除应满足本规程的要求外，尚应遵守相应的专门技术标准、规范和规程的有关规定。

# 第二章 粉煤灰的技术要求

## 第一节 品 质 指 标

**第2.1.1条** 粉煤灰按其品质分为Ⅰ、Ⅱ、Ⅲ三个等级。其品质指标应满足表2.1.1的规定。

粉煤灰品质指标和分类 表 2.1.1

| 序号 | 指标 | 粉煤灰级别 | | |
|---|---|---|---|---|
| | | Ⅰ | Ⅱ | Ⅲ |
| 1 | 细度(0.080mm方孔筛的筛余%)不大于 | 5 | 8 | 25 |
| 2 | 烧失量(%)不大于 | 5 | 8 | 15 |
| 3 | 需水量比(%)不大于 | 95 | 105 | 115 |
| 4 | 三氧化硫(%)不大于 | 3 | 3 | 3 |
| 5 | 含水率(%)不大于 | 1 | 1 | 不规定 |

注：代替细骨料或用以改善和易性的粉煤灰不受此规定的限制。

## 第二节 试 验 方 法

**第2.2.1条** 细度按《水泥细度检验方法（筛析法）》（GB1345—77）测定。

**第2.2.2条** 烧失量、含水率和三氧化硫含量按《水泥化学分析法》（GB176—76）测定。

**第2.2.3条** 需水量比按《水泥胶砂胀缩试验方法》（GB751—65）及《用于水泥和混凝土中的粉煤灰》（GB1596—79）的有关规定测定。

## 第三节 验 收 规 则

**第 2.3.1 条** 供方应按本规程规定对粉煤灰按批检验，并签发出厂合格证，其内容包括：

（1）厂名和批号；

（2）合格证编号及日期；

（3）粉煤灰的级别及数量；

（4）检验结果（按本规程第2.1.1条的要求）。

**第 2.3.2 条** 以一昼夜连续供应的200t相同等级的粉煤灰为一批，不足200t者按一批计。粉煤灰供应的数量按干灰（含水率<1%）的重量计算。

**第 2.3.3 条** 必要时，需方可对粉煤灰的品质进行随机抽样检验。

（1）散装灰取样——从不同部位取10份试样，每份不小于1kg，混合拌匀，按四分法缩取比试验所需量大一倍的试样（称为平均试样）。

（2）袋装灰取样——从每批中任抽10袋，并从每袋中各取试样不少于1kg，按本条（1）中的方法混合缩取平均试样。

**第 2.3.4 条** 每批粉煤灰必须按本章第二节的要求，检验细度和烧失量，有条件时，可加测需水量比，其他指标每季度至少检验一次。

**第 2.3.5 条** 检验后，符合本规程有关要求者为合格品；若其中任一项不符合要求时，则应重新从同一批中加倍取样，进行复检。复检仍不合格时，则该批粉煤灰应降级处理。

## 第四节 运输和贮存

**第 2.4.1 条** 粉煤灰散装运输时，必须采取措施，防止污染环境。

**第 2.4.2 条** 干粉煤灰宜贮存在有顶盖的料仓中，湿粉煤灰可堆放在带有围墙的场地上。

**第 2.4.3 条** 袋装粉煤灰的包装袋上应清楚标明《粉煤灰》、厂名、等级、批号及包装日期。

# 第三章　粉煤灰应用的一般规定

## 第一节　应用范围

**第3.1.1条**　Ⅰ级粉煤灰允许用于后张预应力钢筋混凝土构件及跨度小于6m的先张预应力钢筋混凝土构件。

**第3.1.2条**　Ⅱ级粉煤灰主要用于普通钢筋混凝土和轻骨料钢筋混凝土。

注：经专门试验，或与减水剂复合，也可当Ⅰ级灰使用。

**第3.1.3条**　Ⅲ级粉煤灰主要用于无筋混凝土和砂浆。

注：经专门试验，也可用于钢筋混凝土。

## 第二节　最大限量

**第3.2.1条**　在普通钢筋混凝土中，粉煤灰掺量不宜超过基准混凝土水泥用量的35%，且粉煤灰取代水泥率不宜超过20%。

预应力钢筋混凝土中，粉煤灰最大掺量不宜超过20%。其粉煤灰取代水泥率，采用普通硅酸盐水泥时不宜大于15%；采用矿渣硅酸盐水泥时不宜大于10%。

**第3.2.2条**　轻骨料钢筋混凝土中，粉煤灰掺量不宜超过基准混凝土水泥用量的30%，其粉煤灰取代水泥率不宜超过15%。

**第3.2.3条**　无筋干硬性混凝土和砂浆中，粉煤灰掺量可适当增加，其粉煤灰取代水泥率不宜超过40%。

## 第三节　其他规定

**第3.3.1条**　粉煤灰宜与外加剂复合使用以改善混凝土或砂浆拌合物和易性，提高混凝土（或砂浆）的耐久性。外加剂的合理掺量可通过试验确定。

**第3.3.2条**　冬期施工时，粉煤灰混凝土和砂浆应采取早强和保温措施，加强养护。

# 第四章 粉煤灰在普通混凝土中的应用

## 第一节 性能指标

**第4.1.1条** 用于地上工程的粉煤灰混凝土，其强度等级龄期定为28d。

注：用于地下大体积混凝土工程的粉煤灰混凝土，其强度等级龄期可定为60d。

**第4.1.2条** 粉煤灰混凝土的设计强度等级不得低于基准混凝土的设计强度等级。粉煤灰混凝土的标准强度、设计强度和弹性模量，与基准混凝土一样按有关规程、规范取值。

**第4.1.3条** 粉煤灰混凝土的收缩、徐变、抗渗等性能指标可采用相同强度等级基准混凝土的性能指标。

在等含气量的条件下，粉煤灰混凝土的抗冻性指标也可采用相同强度等级基准混凝土的抗冻性指标。

粉煤灰混凝土的抗碳化性能在满足本规程有关要求或同时掺入减水剂时，也可视为与基准混凝土基本相同。

## 第二节 取代水泥率

**第4.2.1条** 普通混凝土中，粉煤灰取代水泥率不得超过表4.2.1规定的限量。

## 第三节 配合比设计

**第4.3.1条** 粉煤灰混凝土的配合比设计以基准混凝土的配合比为基础，按等稠度、等强度等级原则，用超量取代法进行调整。

**粉煤灰取代水泥百分率（$\beta_c$）　　表4.2.1**

| 混凝土等级 | 普通硅酸盐水泥（%） | 矿渣硅酸盐水泥（%） |
|---|---|---|
| C15以下 | 15～25 | 10～20 |
| C20 | 10～15 | 10 |
| C25～C30 | 15～20 | 10～15 |

注：1.以425号水泥配制成的混凝土取表中下限值；以525号水泥配制的混凝土取上限值。

2.C20以上的混凝土宜采用Ⅰ、Ⅱ级粉煤灰；C15以下的素混凝土可采用Ⅲ级粉煤灰。

**第4.3.2条** 粉煤灰混凝土的配合比设计按下列步骤进行：

（1）按设计要求，根据《普通混凝土配合比设计技术规定》（JGJ55—81）进行普通混凝土基准配合比设计；

（2）按表4.2.1选择粉煤灰取代水泥率（$\beta_c$）；

**粉煤灰超量系数　　表4.3.2**

| 粉煤灰级别 | 超量系数（$\delta_c$） |
|---|---|
| Ⅰ | 1.0～1.4 |
| Ⅱ | 1.2～1.7 |
| Ⅲ | 1.5～2.0 |

注：C25以上混凝土取下限，其他强度等级混凝土取上限。

（3）按所选用的粉煤灰取代水泥率（$\beta_c$），求出每立方米粉煤灰混凝土的水泥用量（$m_c$）；

$$m_c = m_0(1 - \beta_c)$$

（4）按表4.3.2选择粉煤灰超量系数（$\delta_c$）；

（5）按超量系数（$\delta_c$），求出每立方米混凝土的粉煤灰掺量（$m_f$）：

$$m_f = \delta_c(m_{c0} - m_c)$$

式中 $m_f$——每立方米混凝土的粉煤灰掺入量（kg）；

$\delta_c$——超量系数；

$m_{c0}$——每立方米基准混凝土的水泥用量（kg）；

$m_c$——每立方米粉煤灰混凝土的水泥用量（kg）。

（6）计算每立方米粉煤灰混凝土中水泥、粉煤灰和细骨料的绝对体积，求出粉煤灰超出水泥的体积；

（7）按粉煤灰超出的体积，扣除同体积的细骨料用量；

（8）粉煤灰混凝土的用水量，按基准配合比的用水量取用；

（9）根据计算的粉煤灰混凝土配合比，通过试配，在保证设计所需和易性的基础上，进行混凝土配合比的调整；

（10）根据调整后的配合比，提出现场施工用的粉煤灰混凝土配合比。

粉煤灰混凝土配合比设计实例见附录2中例1。

**第4.3.3条** 泵送粉煤灰混凝土的配合比设计，也可采用固定粉煤灰掺量法，即首先固定粉煤灰掺量、用水量、粗骨料用量，然后按等稠度、等强度等级原则进行设计，但此时应考虑坍落度损失，调整水泥、外加剂及细骨料的用量。

## 第四节 搅 拌

**第4.4.1条** 粉煤灰投入搅拌机可采用以下方法：

（1）干排灰经计量后与水泥同时直接投入搅拌机内。

（2）湿排灰经计量制成料浆后使用。

（3）粉煤灰计量的允许偏差为±2%。

**第4.4.2条** 坍落度大于20mm的混凝土拌合物宜在自落式搅拌机中制备；坍落度小于20mm的或干硬性混凝土拌合物宜在强制式搅拌机中制备。

粉煤灰混凝土拌合物一定要搅拌均匀，其搅拌时间宜比基准混凝土拌合物延长约30s。

**第4.4.3条** 泵送粉煤灰混凝土拌合物运到现场时的坍落度不得小于80mm，并严禁在装入泵车时加水。

## 第五节 浇灌和成型

**第4.5.1条** 粉煤灰混凝土的浇灌和成型与普通混凝土相同。

**第4.5.2条** 用插入式振动器振捣泵送粉煤灰混凝土时，不得漏振或过振，其振动时间为：

坍落度为80～120mm——15～20s；

坍落度为120～180mm——10～15s。

粉煤灰混凝土抹面时，必须进行二次压光。

## 第六节 养 护

**第4.6.1条** 蒸养粉煤灰混凝土制品成型后宜进行不小于1h的干热静停。常温静停时，塑性低强度等级的粉煤灰混凝土，其静停时间宜适当延长0.5～1h。蒸养时的升温速度不宜超过20℃/h，恒温温度以不低于85℃为宜。

**第4.6.2条** 粉煤灰混凝土制品自然养护时，宜保持其表面湿润，并适当延长养护时间。

# 第五章 粉煤灰在轻骨料混凝土中的应用

## 第一节 性能指标

**第5.1.1条** 粉煤灰轻骨料混凝土标养28d的抗压强度不应低于基准轻骨料混凝土的设计强度等级，其标准强度、设计强度、弹性模量和热工指标的取值，仍按轻骨料混凝土的有关规程的规定取用。

**第5.1.2条** 粉煤灰轻骨料混凝土的收缩、徐变、抗冻性等与基准轻骨料混凝土相同。

粉煤灰对轻骨料混凝土碳化性能的影响比普通混凝土小，在满足本规程要求或同时掺入减水剂时，其抗碳化性能与基准混凝土基本相同。

## 第二节 配合比设计

**第5.2.1条** 粉煤灰轻骨料混凝土的配合比可参照本规程第4.3.2条用超量取代法进行设计，但基准轻骨料混凝土的配合比设计按《轻骨料及轻骨料混凝土技术规定及试验方法》（J78—2）（暂行规定）的规定进行。

**第5.2.2条** 轻骨料混凝土中，粉煤灰取代水泥率($\beta_c$)按第3.2.2条的要求确定。粉煤灰的超量系数（$\delta_c$）可取1.2～2.0。

粉煤灰轻骨料混凝土配合比设计实例见附录2中例2。

## 第三节 搅拌

**第5.3.1条** 搅拌前轻骨料宜预湿，或是粗细骨料先投入搅拌机后，加部分水先搅拌约半分钟，再加入粉煤灰搅拌，最后加入水泥和剩余的水拌匀。

**第5.3.2条** 粉煤灰轻骨料混凝土宜采用强制式搅拌机进行搅拌、其投料方法可参照本规程第4.4.1条。

**第5.3.3条** 粉煤灰与外加剂复合使用时，外加剂宜采用后掺法。

## 第四节 浇灌、成型与养护

**第5.4.1条** 粉煤灰轻骨料混凝土的浇灌、成型和养护与基准轻骨料混凝土相同，其操作可参照有关的规定执行。

# 第六章　粉煤灰在砂浆中的应用

## 第一节　品种及适用范围

**第 6.1.1 条**　粉煤灰砂浆依其组成分为粉煤灰水泥砂浆、粉煤灰水泥石灰砂浆（简称粉煤灰混合砂浆）及粉煤灰石灰砂浆。

**第 6.1.2 条**　粉煤灰水泥砂浆主要用于内外墙面，台度、踢脚、窗口、沿口、勒脚、磨石地面底层及墙体勾缝等装修工程及各种墙体砌筑工程；粉煤灰混合砂浆主要用于地面上墙体的砌筑和抹灰工程；粉煤灰石灰砂浆主要用于地面以上内墙的抹灰工程。

## 第二节　取代水泥率

**第 6.2.1 条**　砂浆中的粉煤灰取代水泥率可根据其设计强度等级及使用要求参照表6.2.1的推荐值选用。

**砂浆中粉煤灰取代水泥率及超量系数　表 6.2.1**

| 砂浆品种 | | 砂浆强度等级 | | | | |
|---|---|---|---|---|---|---|
| | | M1.0 | M2.5 | M5.0 | M7.5 | M10.0 |
| 水泥石灰砂浆 | $\beta_m$(%) | | 15～40 | | 10～25 | |
| | $\delta_m$ | | 1.2～1.7 | | 1.1～1.5 | |
| 水泥砂浆 | $\beta_m$(%) | — | 25～40 | 20～30 | 15～25 | 10～20 |
| | $\delta_m$ | — | 1.3～2.0 | | 1.2～1.7 | |

注：表中$\beta_m$为粉煤灰取代水泥率，$\delta_m$为粉煤灰超量系数。

**第 6.2.2 条**　砂浆中，粉煤灰取代石灰膏率可通过试验确定，但最大不宜超过50%。

## 第三节　配合比设计

**第 6.3.1 条**　粉煤灰砂浆的配合比设计按下列顺序进行：

（1）按砂浆设计强度等级及水泥标号计算每立方米砂浆的水泥用量；

（2）按求出的水泥用量计算每立方米砂浆的灰膏量；

（3）选择取代水泥（或石灰膏）率和超量系数，计算粉煤灰掺量；

（4）确定每立方米砂浆中砂的用量，求出粉煤灰超出水泥（或石灰膏）体积，并扣除同体积的用砂量；

（5）通过试拌，按稠度要求确定用水量；

（6）通过试验调整配合比。

粉煤灰砂浆配合比设计实例见附录3。

## 第四节　搅　　拌

**第 6.4.1 条**　粉煤灰砂浆宜采用机械搅拌，以保证拌合物均匀。砂浆各组分的计量（按重量计）允许误差为：

水泥　　±2%，

粉煤灰、石灰膏和细骨料　　±5%，

**第 6.4.2 条**　搅拌粉煤灰砂浆时，宜先将粉煤灰、砂与水泥及部分拌合水先投入搅拌机，待基本拌匀后再加水搅拌至所需稠度。总搅拌时间不得少于2min。

### 第五节　施　　工

**第6.5.1条**　粉煤灰砂浆的施工操作技术基本上与普通砂浆相同，施工操作时，应遵守有关规范的要求。用粉煤灰砂浆砌筑或粉刷时，应将砌筑工程用的砖、块、构件或粉刷工程的基层面，预先浇水预湿，施工后，还应加强养护。

## 第七章　粉煤灰混凝土和砂浆的质量检验

**第7.0.1条**　粉煤灰混凝土的质量检验和评定，按《钢筋混凝土工程施工及验收规范》（GBJ204—83）执行。粉煤灰混凝土的标号龄期按本规程第4.1.1条执行。

**第7.0.2条**　对现浇的，自然养护和冬期施工的粉煤灰混凝土，应加强早期强度的检验。检验时，可按实际需要检验同条件养护的早期强度，并预留后期强度试件备查。

**第7.0.3条**　粉煤灰砂浆的质量检验和评定，按《砖石工程施工及验收规范》（GBJ203—83）和《装饰工程施工及验收规范》（GBJ210—83）的有关规定进行。

# 附录一　本规程专用名词解释

1.粉煤灰混凝土　掺入一定量粉煤灰的水泥混凝土。

2.基准混凝土　与粉煤灰混凝土相对应的不掺粉煤灰或外加剂的对比试验用的水泥混凝土。

3.粉煤灰砂浆　掺入一定量粉煤灰的砂浆。

4.等稠度　是指粉煤灰混凝土拌合物与基准混凝土拌合物具有相同的坍落度或维勃秒以及粉煤灰砂浆拌合物与不掺粉煤灰的砂浆拌合物具有相同的流动度。

5.等强度等级　粉煤灰混凝土或砂浆具有与基准混凝土或砂浆相同的抗压强度等级。

6.取代水泥率　基准混凝土或砂浆中的水泥被粉煤灰取代的百分率。

7.超量取代法　粉煤灰混凝土配合比设计的一种方法，即为达到粉煤灰混凝土与基准混凝土等强度的目的，粉煤灰的掺入量超过其取代的水泥量。

8.超量系数　粉煤灰掺入量与其所取代水泥量的比值。

9.后掺法　在混凝土拌合物中掺入液态化学外加剂的一种方法，即在混凝土拌合物基本搅拌均匀后，再加入外加剂拌匀，以减少坍落度损失和轻骨料对外加剂的吸附。

# 附录二 粉煤灰混凝土
## 配合比设计实例

【例 1】 根据某工程要求，设计粉煤灰混凝土的配合比。

已知：混凝土设计强度等级为C30，其标准差$\sigma = 5MPa$；混凝土拌合物坍落度为30～50mm，水泥采用425号普通硅酸盐水泥，粗骨料为碎石，其最大粒径为20mm；细骨料为河砂，属中砂。

设计计算：

1.根据《钢筋混凝土工程施工及验收规范》（GBJ204—83）规定，求得混凝土试配强度（$f_{cu}$）为：

$$f_{cu} = 30 + 5 = 35MPa$$

2.根据《普通混凝土配合比设计技术规定》（JGJ55—81），计算出基准混凝土（不掺粉煤灰的混凝土）的材料用量：

（1）由$f_{cu} = 0.46 f_c^{\circ}\left(\frac{m_c}{m_w} - 0.52\right)$，$f^{\circ} = 1.13 f_{ck}^{\circ}$

得 $\frac{m_c}{m_w} = 2.10$，$\frac{m_w}{m_c} = 0.48$

式中 $f_{ck}^{\circ}$——水泥标号●；

$f_c^{\circ}$——水泥的实际强度（MPa）。

（2）查（JGJ55—81）表2.0.5得：

用水量　$m_{w0} = 195kg$，

水泥用量　$m_{c0} = 406kg$。

（3）查（JGJ55—81）表2.0.7：

取砂率（$\beta_s$）= 0.36

（4）按体积法计算得每立方米混凝土的砂、石用量：

砂子用量　$m_{s0} = 648kg$，

石子用量　$m_{g0} = 1151kg$。

（5）因此得每立方米基准混凝土材料用量为：

$m_{c0} = 406kg$；

$m_{w0} = 195kg$；

$m_{s0} = 648kg$；

$m_{g0} = 1151kg$。

3.粉煤灰混凝土配合比设计以基准混凝土为基础，用粉煤灰超量取代法进行计算调整。

（1）按本《规程》表4.2.1选取粉煤灰取代水泥率$\beta_c = 0.15$。

（2）按取代水泥率算出每立方米混凝土的水泥用量（$m_c$）：

$$m_c = 406 \times (1 - 0.15) = 345kg$$

（3）按本《规程》表4.3.2选取粉煤灰超量系数：

$\delta_c = 1.5$。

（4）按超量系数算出每立方米混凝土的粉煤灰掺量（$m_f$）：

$m_f = 1.5(406 - 345) = 92kg$。

（5）计算水泥、粉煤灰和砂的绝对体积，求出粉煤灰超出水泥部分的体积，并扣除同体积砂的用量。

[取水泥比重$\rho_c = 3.1$，粉煤灰比重$\rho_f = 2.2$，砂子比重

---

● 应按水泥计算强度代入，如425号水泥，则为42.5MPa（近似值）。

$\rho_s = 2.6$]

$$m_s = m_{s0} - \left(\frac{m_c}{\rho_c} + \frac{m_f}{\rho_f} - \frac{m_{co}}{\rho_c}\right)\rho_s = 590\text{kg}$$

（6）取$m_g = m_{g0}$，$m_w = m_{w0}$

由此得每立方米粉煤灰混凝土材料计算用量：

$m_c = 345\text{kg}$；

$m_w = 195\text{kg}$；

$m_s = 590\text{kg}$；

$m_g = 1151\text{kg}$；

$m_f = 92\text{kg}$。

4.经试配调整得出设计配合比：

因试配得粉煤灰混凝土的实测容重为2410kg/m³，（计算容重为2373kg/m³），故得校正系数：

$$\alpha = \frac{2410}{2375} = 1.02$$

由此得每立方米粉煤灰混凝土的材料用量为：

$m_c = 352\text{kg}$；

$m_w = 199\text{kg}$；

$m_s = 602\text{kg}$；

$m_g = 1174\text{kg}$；

$m_f = 94\text{kg}$。

**【例 2】** 根据某工程要求，设计粉煤灰轻骨料混凝土，其干容重不大于1400kg/m³，工作度等于20s。

已知：轻骨料混凝土强度等级为CL20；粗骨料为页岩陶粒，其松散容重$\gamma_g = 620\text{kg/m}^3$，陶粒吸水率$w = 4\%$；细骨料为陶砂，松散容重$\gamma_s = 760\text{kg/m}^3$，颗粒容重$\gamma_k = 1500/\text{m}^3$，水泥为425号矿渣硅酸盐水泥。

设计计算：

1.根据《轻骨料及轻骨料混凝土技术规定和试验方法》（J78—2），按松散体积法计算基准轻骨料混凝土每立方米的材料用量：

（1）按（J78—2）表1-10及表1-13选择：

水泥用量　$m_{co} = 350\text{kg}$，

砂率　$\beta_s = 0.4$

（2）按（J78—2）附表5选取粗细骨料总体积：

$V_{g+s} = 1.45\text{m}^3$

（3）计算每立方米混凝土陶砂用量：

$m_{s0} = 1.45 \times 0.4 \times 760 = 440\text{kg}$

（4）计算每立方米混凝土陶粒用量：

$m_{g0} = 1.45 \times (1 - 0.4) \times 620 = 539\text{kg}$

（5）根据工作度要求，按（J78—2）表1-12选择净用水量为180kg。因采用陶砂再增加10kg，加上陶粒的吸水率，得总用水量：

$m_{w0} = (180 + 10) + 539 \times 0.04 = 212\text{kg}$

（6）核算轻骨料混凝土的干容重：

$\gamma = 1.15 \times 350 + 539 + 440 = 1381.5\text{kg/m}^3$

计算结果满足设计要求，故每立方米基准轻骨料混凝土的材料用量为：

$m_{c0} = 350\text{kg}$；

$m_{w0} = 212\text{kg}$；

$m_{s0} = 440\text{kg}$；

$m_{g0} = 539\text{kg}$。

2.以基准混凝土配合比为基础，按超量取代法计算粉煤灰轻骨料混凝土的配合比。

（1）按本《规程》第3.2.2条选取粉煤灰取代水泥率：

$\beta_c = 10\%$

（2）计算每立方米粉煤灰混凝土的水泥用量：

$m_c = 350(1 - 0.1) = 315\text{kg}$

（3）按本《规程》第5.2.2条选取超量系数：

$\delta_c = 1.5$

（4）计算每立方米混凝土的粉煤灰掺量：

$m_f = 1.5(350 - 315) = 52.5\text{kg}$

（5）计算每立方米混凝土的陶砂用量：

（取$\rho_c = 3.1$，$\rho_f = 2.2$，$\rho_s = 1.5$）

$$m_s = 440 - \left(\frac{315}{3.1} + \frac{52.5}{2.2} - \frac{350}{3.1}\right)1.5 = 421\text{kg}$$

（6）取$m_g = m_{g0}$，$m_w = m_{w0}$

由此得每立方米粉煤灰轻骨料混凝土材料计算用量：

$m_c = 315\text{kg}$；

$m_f = 52.5\text{kg}$；

$m_w = 212\text{kg}$；

$m_s = 421\text{kg}$；

$m_g = 539\text{kg}$。

3.经试配调整得出设计配合比与计算配合比相近，满足设计要求。

# 附录三　粉煤灰砂浆配合比设计实例

**【例1】** 某工程要求用325号水泥配M5.0水泥砂浆，粉煤灰取代水泥率$\beta_m = 15\%$。

取粉煤灰超量系数$\delta_m = 1.8$。

（1）每立方米不掺粉煤灰砂浆中的水泥用量按下式确定：

$$m_{c0} = \frac{1.15 f_m}{\alpha f_{ck}^0} \times 1000$$

式中　$f_m$——砂浆强度等级；

$f_{ck}^0$——水泥标号；

$\alpha$——调整系数，随砂浆强度等级与水泥强度等级而变化，其值列于附表1。

**调整系数（$\alpha$值）表**　　附表1

| 水泥标号 | 砂浆强度等级 | | | | |
|---|---|---|---|---|---|
| | M10.0 | M7.5 | M5.0 | M2.5 | M1.0 |
| ($f_c^0$) | $\alpha$ 值 | | | | |
| 525 | 0.885 | 0.815 | 0.725 | 0.584 | 0.412 |
| 425 | 0.931 | 0.855 | 0.758 | 0.608 | 0.427 |
| 325 | 0.999 | 0.915 | 0.806 | 0.643 | 0.450 |
| 275 | 1.048 | 0.957 | 0.839 | 0.667 | 0.466 |
| 225 | 1.113 | 1.012 | 0.884 | 0.698 | 0.486 |

上述公式只适用于含水率为2%的中砂和粗砂，同时每

立方米砂浆中的用砂量为1m³。

查附表1得　$\alpha=0.806$

$$m_{c0}=\frac{1.15\times5.0}{0.806\times32.5}\times1000=220\text{kg}$$

（2）按所选用的取代水泥率$\beta_m$求每立方米粉煤灰砂浆中的水泥用量：

$$m_c=m_{c0}(1-\beta_m)=220(1-0.15)=187\text{kg}$$

（3）按超量系数（$\delta_m$），求出每立方米粉煤灰砂浆中的粉煤灰用量（$m_f$）：

$$m_f=\delta_m(m_{c0}-m_c)=1.8(220-187)=59\text{kg}$$

（4）取每立方米砂浆中砂用量$m_{s0}=1450\text{kg}$

（5）计算水泥、粉煤灰和砂的绝对体积，求出粉煤灰超出水泥部分的体积，并扣除同体积的砂用量，则得每立方米粉煤灰砂浆中的砂用量（$m_s$）。

（取$\rho_c=3.1$，$\rho_f=2.2$，$\rho_s=2.62$）

$$m_s=m_{s0}-\left(\frac{m_c}{\rho_c}+\frac{m_f}{\rho_f}-\frac{m_{c0}}{\rho_c}\right)\rho_s$$
$$=1450-\left(\frac{187}{3.1}+\frac{59}{2.2}-\frac{220}{3.1}\right)\times2.62=1408\text{kg}$$

（6）由此得每立方米粉煤灰砂浆材料用量：

$m_c=187\text{kg}$；

$m_f=59\text{kg}$；

$m_s=1412\text{kg}$。

（7）通过试拌，按砂浆稠度要求确定用水量。

**【例 2】** 某工程要求用425号水泥配M5.0混合水泥砂浆，粉煤灰取代水泥率$\beta_{m1}=10\%$，取代石灰膏$\beta_{m2}=50\%$。

取粉煤灰超量系数$\delta_m=1.8$，

查附表1得$\alpha=0.758$，

求：（1）每立方米不掺粉煤灰砂浆水泥用量：

$$m_{c0}=\frac{1.15\times5.0}{0.758\times42.5}\times1000=178\text{kg}$$

（2）每立方米不掺粉煤灰砂浆石灰膏用量：

$$m_{p0}=350-178=172\text{kg}$$

（3）每立方米粉煤灰砂浆水泥用量：

$$m_c=m_{c0}(1-\beta_{m1})=178(1-0.1)=160\text{kg}$$

（4）每立方米粉煤灰砂浆石灰膏用量：

$$m_p=m_{p0}(1-\beta_{m2})=172(1-0.5)=86\text{kg}$$

（5）每立方米粉煤灰砂浆的粉煤灰用量：

$$m_f=\delta_m[(m_{c0}-m_c)+(m_{p0}-m_p)]$$
$$=1.8(18+86)=187\text{kg}$$

（6）计算水泥、粉煤灰、石灰膏和砂的绝对体积，求出粉煤灰超出水泥部分的体积，并扣除同体积的砂用量，得每立方米粉煤灰砂浆中的砂用量。

（取$\rho_c=3.1$，$\rho_f=2.2$，$\rho_p=2.9$[1]，$\rho_s=2.62$）

$$m_s=m_{s0}-\left(\frac{m_c}{\rho_c}+\frac{m_f}{\rho_f}+\frac{m_p}{\rho_p}-\frac{m_{c0}}{\rho_c}-\frac{m_{p0}}{\rho_p}\right)\rho_s$$
$$=1450-\left(\frac{160}{3.1}+\frac{187}{2.2}+\frac{86}{2.9}-\frac{178}{3.1}-\frac{172}{2.9}\right)$$
$$\times2.62=1320\text{kg}。$$

（7）由此得每立方米粉煤灰砂浆材料用量

$m_c=160\text{kg}$；

$m_p=86\text{kg}$；

$m_f=187\text{kg}$；

$m_s=1320\text{kg}$。

（8）通过试拌，按砂浆稠度要求，确定用水量。

---

[1] 此数需根据实测后再调整。

## 附加说明

# 本规程主编单位、参加单位和主要起草人名单

**主编单位：**

中国建筑科学研究院建筑工程材料及制品研究所

上海市建筑科学研究所

**参加单位：**

中国建筑科学研究院建筑工程材料及制品研究所

上海市建筑科学研究所

上海市施工技术研究所

陕西省建筑科学研究所

辽宁省建筑科学研究所

北京市建筑工程研究所

北京市第一建筑构件厂

**主要起草人：**

龚洛书、谷章昭、水翠娟、平炳华、张德鸾、彭国珍、王锡英、李志恭、王如意、盛丽芳、王海民。

中华人民共和国行业标准

# 轻骨料混凝土技术规程

Technical specification for lightweight aggregate concrete

**JGJ 51—2002**

批准部门：中 华 人 民 共 和 国 建 设 部
实施日期：2 0 0 3 年 1 月 1 日

## 建设部关于发布行业标准《轻骨料混凝土技术规范》的公告

建标［2002］68号

现批准《轻骨料混凝土技术规程》为行业标准，编号为JGJ 51—2002年，自2003年1月1日起实施。其中，第5.1.5、5.3.6、6.2.3条为强制性条文，必须严格执行；原行业标准《轻骨料混凝土技术规程》JGJ 51—90同时废止。

本规程由建设部标准定额研究所组织中国建筑工业出版社出版发行。

**中华人民共和国建设部**

2002年9月27日

# 前　言

根据建设部建标［1999］309号文的要求，规程编制组经广泛调查研究，认真总结实践经验，参考有关国外先进标准，并在广泛征求意见的基础上，对《轻骨料混凝土技术规程》JGJ 51—90进行了修订。

本规程修订的主要技术内容是：

1. 按新修订的水泥和轻骨料等标准，对轻骨料混凝土原材料提出新的要求，与有关新修标准相一致；

2. 调整了轻骨料混凝土的密度等级和强度等级：密度等级新增了600级和700级；强度提高到LC55和LC60；

3. 重新标定了结构轻骨料混凝土的弹性模量、收缩和徐变等技术指标；取消了弯曲强度和抗剪强度指标；

4. 新增了600级和700级保温轻骨料混凝土的热物理系数；

5. 新增了对干湿循环部位轻骨料混凝土的抗冻指标；明确了轻骨料混凝土的抗渗性应满足工程设计的要求；

6. 根据国外有关标准，对轻骨料混凝土耐久性设计的有关指标（最大水灰比和最小水泥用量），按不同环境条件作了调整；

7. 突出了松散体积法设计轻骨料混凝土配合比的实用性和可靠性，并根据实际经验，对混凝土稠度、用水量和粗细骨料总体积等有关设计参数做了相应调整；

8. 根据国内外实际经验，放宽了对轻骨料混凝土中粉煤灰掺量的要求；

9. 根据工程需要，新增了轻骨料混凝土工程验收的条文；

10. 新增了附录A——大孔轻骨料混凝土和附录B——泵送轻骨料混凝土。

本规程由建设部负责管理并对强制性条文的解释，主编单位负责具体技术内容的解释。

本规程主编单位：中国建筑科学研究院。

本规程参加单位：陕西建筑科学研究设计院、黑龙江寒地建筑科学研究院、同济大学材料科学与工程学院、辽宁省建设科学研究院、上海建筑科学研究院、北京市榆树庄构件厂、哈尔滨金鹰建筑节能建材制品有限责任公司、南通大地陶粒有限公司、金坛海发新兴建材有限公司、宜昌宝珠陶粒开发有限责任公司。

本规程主要起草人员：丁威、龚洛书、周运灿、刘巽伯、陈烈芳、沈玄、董金道、陶梦兰、宋淑敏、杨正宏、鞠东岳、尤志杰。

# 目　次

# 1 总 则

**1.0.1** 为促进轻骨料混凝土生产和应用，保证技术先进、安全可靠、经济合理的要求，制订本规程。

**1.0.2** 本规程适用于无机轻骨料混凝土及其制品的生产、质量控制和检验。

热工、水工、桥涵和船舶等用途的轻骨料混凝土可按本规程执行，但还应遵守相关的专门技术标准的有关规定。

**1.0.3** 轻骨料混凝土性能指标的测定和施工工艺，除应符合本规程的规定外，尚应符合国家现行有关强制性标准的规定。

# 2 术语、符号

## 2.1 术 语

**2.1.1** 轻骨料混凝土 lightweight aggregate concrete

用轻粗骨料、轻砂（或普通砂）、水泥和水配制而成的干表观密度不大于 $1950kg/m^3$ 的混凝土。

**2.1.2** 全轻混凝土 full lightweight aggregate concrete

由轻砂做细骨料配制而成的轻骨料混凝土。

**2.1.3** 砂轻混凝土 sand lightweight concrete

由普通砂或部分轻砂做细骨料配制而成的轻骨料混凝土。

**2.1.4** 大孔轻骨料混凝土 hollow lightweight aggregate concrete

用轻粗骨料，水泥和水配制而成的无砂或少砂混凝土。

**2.1.5** 次轻混凝土 specified density concret

在轻粗骨料中掺入适量普通粗骨料，干表观密度大于 $1950kg/m^3$、小于或等于 $2300kg/m^3$ 的混凝土。

**2.1.6** 混凝土干表观密度 dry apparent density of concrete

硬化后的轻骨料混凝土单位体积的烘干质量。

**2.1.7** 混凝土湿表观密度 apparent density of fresh concrete

轻骨料混凝土拌和物经捣实后单位体积的质量。

**2.1.8** 净用水量 net water content

不包括轻骨料 1h 吸水量的混凝土拌和用水量。

**2.1.9** 总用水量 total water content

包括轻骨料 1h 吸水量的混凝土拌和用水量。

**2.1.10** 净水灰比 net water-cement ratio

净用水量与水泥用量之比。

**2.1.11** 总水灰比 total water-cement ratio

总用水量与水泥用量之比。

**2.1.12** 圆球型轻骨料 spherical lightweight aggregate

原材料经造粒、煅烧或非煅烧而成的，呈圆球状的轻骨料。

**2.1.13** 普通型轻骨料 ordinary lightweight aggregate

原材料经破碎烧胀而成的，呈非圆球状的轻骨料。

**2.1.14** 碎石型轻骨料 crushed lightweight aggregate

由天然轻骨料、自燃煤矸石或多孔烧结块经破碎加工而成的；或由页岩块烧胀后破碎而成的，呈碎石状的轻骨料。

## 2.2 符 号

$a_c$——轻骨料混凝土在平衡含水率状态下的导温系数计算值；

$a_d$——轻骨料混凝土在干燥状态下的导温系数；

$c_c$——轻骨料混凝土在平衡含水率状态下的比热容计算值；

$c_d$——轻骨料混凝土在干燥状态下的比热容；

$E_{LC}$——轻骨料混凝土的弹性模量；

$f_{ck}$——轻骨料混凝土轴心抗压强度标准值；

$f_{cu,o}$——轻骨料混凝土的试配强度；

$f_{cu,k}$——轻骨料混凝土的立方体抗压强度标准值；

$f_{tk}$——轻骨料混凝土轴心抗拉强度标准值；

$m_c$——每立方米轻骨料混凝土的水泥用量；

$m_a$——每立方米轻骨料混凝土的粗集料用量；

$m_s$——每立方米轻骨料混凝土的细集料用量；

$m_{wa}$——每立方米轻骨料混凝土的附加水量；

$m_{wn}$——每立方米轻骨料混凝土的净用水量；

$m_{wt}$——每立方米轻骨料混凝土的总用水量；

$s_{c24}$——轻骨料混凝土在平衡含水率状态下，周期为 24h 的蓄热系数；

$s_{d24}$——轻骨料混凝土在干燥状态下，周期为 24h 的蓄热系数；

$s_p$——轻骨料混凝土的砂率，以体积砂率表示；

$V_a$——每立方米轻骨料混凝土的粗骨料体积；

$V_s$——每立方米轻骨料混凝土的细骨料体积；

$V_t$——每立方米轻骨料混凝土的粗细骨料总体积；

$a_T$——轻骨料混凝土的温度线膨胀系数；

$\beta_c$——粉煤灰取代水泥百分率；

$\delta_c$——粉煤灰的超量系数；

$\eta$——配合比设计的校正系数；

$\lambda_c$——轻骨料混凝土在平衡含水率状态下的导热系数计算值；

$\lambda_d$——轻骨料混凝土在干燥状态下导热系数；

$\rho_d$——轻骨料混凝土的干表观密度；

$\rho_l$——轻骨料的堆积密度；

$\rho_p$——轻骨料的颗粒表观密度；

$\sigma$——轻骨料混凝土强度标准差；

$\psi$——轻骨料混凝土的软化系数；

$\omega_a$——轻粗骨料1h吸水率；

$\omega_s$——轻砂1h吸水率；

$\omega_{sat}$——轻骨料混凝土的饱和吸水率。

## 3 原 材 料

**3.0.1** 轻骨料混凝土所用水泥应符合现行国家标准《硅酸盐水泥、普通硅酸盐水泥》(GB 175）和《矿渣硅酸盐水泥、火山灰质硅酸盐水泥和粉煤灰硅酸盐水泥》(GB 1344）的要求。

当采用其他品种的水泥时，其性能指标必须符合相应标准的要求。

**3.0.2** 轻骨料混凝土所用轻骨料应符合国家现行标准《轻集料及其试验方法第1部分：轻集料》(GB/T 17431.1）和《膨胀珍珠岩》(JC 209）的要求；膨胀珍珠岩的堆积密度应大于80kg/m$^3$。

**3.0.3** 轻骨料混凝土所用普通砂应符合国家现行标准《普通混凝土用砂质量标准及检验方法》(JGJ 52）的要求。

**3.0.4** 混凝土拌和用水应符合国家现行标准《混凝土拌和用水标准》(JGJ 63）的要求。

**3.0.5** 轻骨料混凝土矿物掺和料应符合国家现行标准《用于水泥和混凝土的粉煤灰》(GB 1596)、《粉煤灰在混凝土和砂浆中应用技术规程》(JGJ 28)、《粉煤灰混凝土应用技术规范》(GBJ 146）和《用于水泥和混凝土中的粒化高炉矿渣粉》(GB/T 18046）的要求。

**3.0.6** 轻骨料混凝土所用的外加剂应符合现行国家标准《混凝土外加剂》(GB 8076）的要求。

# 4 技术性能

## 4.1 一般规定

**4.1.1** 轻骨料混凝土的强度等级应按立方体抗压强度标准值确定。

**4.1.2** 轻骨料混凝土的强度等级应划分为：LC5.0；LC7.5；LC10；LC15；LC20；LC25；LC30；LC35；LC40；LC45；LC50；LC55；LC60。

**4.1.3** 轻骨料混凝土按其干表观密度可分为十四个等级（表4.1.3）。某一密度等级轻骨料混凝土的密度标准值，可取该密度等级干表观密度变化范围的上限值。

**表4.1.3　轻骨料混凝土的密度等级**

| 密度等级 | 干表观密度的变化范围（$kg/m^3$） | 密度等级 | 干表观密度的变化范围（$kg/m^3$） |
|---|---|---|---|
| 600 | 560～650 | 1300 | 1260～1350 |
| 700 | 660～750 | 1400 | 1360～1450 |
| 800 | 760～850 | 1500 | 1460～1550 |
| 900 | 860～950 | 1600 | 1560～1650 |
| 1000 | 960～1050 | 1700 | 1660～1750 |
| 1100 | 1060～1150 | 1800 | 1760～1850 |
| 1200 | 1160～1250 | 1900 | 1860～1950 |

**4.1.4** 轻骨料混凝土根据其用途可按表4.1.4分为三大类。

**表4.1.4　轻骨料混凝土按用途分类**

| 类别名称 | 混凝土强度等级的合理范围 | 混凝土密度等级的合理范围 | 用途 |
|---|---|---|---|
| 保温轻骨料混凝土 | LC5.0 | ≤800 | 主要用于保温的围护结构或热工构筑物 |

续表

| 类别名称 | 混凝土强度等级的合理范围 | 混凝土密度等级的合理范围 | 用途 |
|---|---|---|---|
| 结构保温轻骨料混凝土 | LC5.0<br>LC7.5<br>LC10<br>LC15 | 800～1400 | 主要用于既承重又保温的围护结构 |
| 结构轻骨料混凝土 | LC15<br>LC20<br>LC25<br>LC30<br>LC35<br>LC40<br>LC45<br>LC50<br>LC55<br>LC60 | 1400～1900 | 主要用于承重构件或构筑物 |

## 4.2 性能指标

**4.2.1** 结构轻骨料混凝土的强度标准值应按表4.2.1采用。

**表4.2.1　结构轻骨料混凝土的强度标准值（MPa）**

| 强度种类 | | 轴心抗压 | 轴心抗拉 |
|---|---|---|---|
| 符号 | | $f_{ck}$ | $f_{tk}$ |
| 混凝土强度等级 | LC15 | 10.0 | 1.27 |
| | LC20 | 13.4 | 1.54 |
| | LC25 | 16.7 | 1.78 |
| | LC30 | 20.1 | 2.01 |
| | LC35 | 23.4 | 2.20 |
| | LC40 | 26.8 | 2.39 |
| | LC45 | 29.6 | 2.51 |
| | LC50 | 32.4 | 2.64 |
| | LC55 | 35.5 | 2.74 |
| | LC60 | 38.5 | 2.85 |

注：自燃煤矸石混凝土轴心抗拉强度标准值应按表中值乘以系数0.85；浮石或火山渣混凝土轴心抗拉强度标准值应按表中值乘以系数0.80。

**4.2.2** 结构轻骨料混凝土弹性模量应通过试验确定。在缺乏试验资料时，可按表 4.2.2 取值。

**表 4.2.2　轻骨料混凝土的弹性模量 $E_{LC}$（$\times 10^2$MPa）**

| 强度等级 | 密度等级 | | | | | | | |
|---|---|---|---|---|---|---|---|---|
| | 1200 | 1300 | 1400 | 1500 | 1600 | 1700 | 1800 | 1900 |
| LC15 | 94 | 102 | 110 | 117 | 125 | 133 | 141 | 149 |
| LC20 | — | 117 | 126 | 135 | 145 | 154 | 163 | 172 |
| LC25 | — | — | 141 | 152 | 162 | 172 | 182 | 192 |
| LC30 | — | — | — | 166 | 177 | 188 | 199 | 210 |
| LC35 | — | — | — | — | 191 | 203 | 215 | 227 |
| LC40 | — | — | — | — | — | 217 | 230 | 243 |
| LC45 | — | — | — | — | — | 230 | 244 | 257 |
| LC50 | — | — | — | — | — | 243 | 257 | 271 |
| LC55 | — | — | — | — | — | — | 267 | 285 |
| LC60 | — | — | — | — | — | — | 280 | 297 |

注：用膨胀矿渣珠、自燃煤矸石作粗骨料的混凝土，其弹性模量值可比表列数值提高 20%。

**4.2.3** 结构用砂轻混凝土的收缩值可按下列公式计算，且计算后取值和实测值不应大于表 4.2.3-2 的规定值。

$$\varepsilon(t) = \varepsilon(t)_0 \beta_1 \cdot \beta_2 \cdot \beta_3 \cdot \beta_5 \quad (4.2.3\text{-}1)$$

$$\varepsilon(t)_0 = \frac{t}{a + bt} \times 10^{-3} \quad (4.2.3\text{-}2)$$

式中　$\varepsilon(t)$——结构用砂轻混凝土的收缩值；

$\varepsilon(t)_0$——结构用砂轻混凝土随龄期变化的收缩值；

$t$——龄期（d）；

$\beta_1$、$\beta_2$、$\beta_3$、$\beta_5$——结构用砂轻混凝土的收缩值修正系数，可按表 4.2.3-1 取值；

$a$、$b$——计算参数，当初始测试龄期为 3d 时，取 $a = 78.69$，$b = 1.20$；当初始测试龄期为 28d 时，取 $a = 120.23$，$b = 2.26$。

**表 4.2.3-1　收缩值与徐变系数的修正系数**

| 影响因素 | 变化条件 | 收缩值 | | 徐变系数 | |
|---|---|---|---|---|---|
| | | 符号 | 系数 | 符号 | 系数 |
| 相对湿度（%） | ≤40<br>≈60<br>≥80 | $\beta_1$ | 1.30<br>1.00<br>0.75 | $\xi_1$ | 1.30<br>1.00<br>0.75 |
| 截面尺寸（体积/表面积，cm） | 2.00<br>2.50<br>3.75<br>5.00<br>10.00<br>15.00<br>>20.00 | $\beta_2$ | 1.20<br>1.00<br>0.95<br>0.90<br>0.80<br>0.65<br>0.40 | $\xi_2$ | 1.15<br>1.00<br>0.92<br>0.85<br>0.70<br>0.60<br>0.55 |
| 养护方法 | 标准的<br>蒸养的 | $\beta_3$ | | $\xi_3$ | 1.00<br>0.85 |
| 加荷龄期（d） | 7<br>14<br>28<br>90 | — | —<br>—<br>—<br>— | $\xi_4$ | 1.20<br>1.10<br>1.00<br>0.80 |
| 粉煤灰取代水泥率（%） | 0<br>10～20 | $\beta_5$ | 1.00<br>0.95 | $\xi_5$ | 1.00<br>1.00 |

**表 4.2.3-2　不同龄期的收缩值**

| 龄期（d） | 28 | 90 | 180 | 360 | 终极值 |
|---|---|---|---|---|---|
| 收缩值（mm/m） | 0.36 | 0.59 | 0.72 | 0.82 | 0.85 |

**4.2.4** 结构用砂轻混凝土的徐变系数可按下列公式计算，且计算后取值和实测值不应大于表 4.2.4 的规定值。

$$\phi(t) = \phi(t)_0 \cdot \xi_1 \cdot \xi_2 \cdot \xi_3 \cdot \xi_4 \cdot \xi_5 \quad (4.2.4\text{-}1)$$

$$\varphi(t)_0 = \frac{t^n}{a + bt^n} \quad (4.2.4\text{-}2)$$

式中 $\phi(t)$——结构用砂轻混凝土的徐变系数；

$\phi(t)_0$——结构用砂轻混凝土随龄期变化的徐变系数；

$\xi_1$、$\xi_2$、$\xi_3$、$\xi_4$、$\xi_5$——结构用砂轻混凝土徐变系数的修正系数，可按表 4.2.3-1 取值；

$n$、$a$、$b$——计算参数，当加荷龄期为 28d 时，取：$n = 0.6$，$a = 4.520$，$b = 0.353$。

**表 4.2.4　不同龄期的徐变系数**

| 龄　期 (d) | 28 | 90 | 180 | 360 | 终极值 |
|---|---|---|---|---|---|
| 徐变系数 | 1.63 | 2.11 | 2.38 | 2.64 | 2.65 |

**4.2.5**　轻骨料混凝土的泊松比可取 0.2。

**4.2.6**　轻骨料混凝土温度线膨胀系数，当温度为 0～100℃ 范围时可取 $7\times10^{-6}$/℃～$10\times10^{-6}$/℃。低密度等级者可取下限值，高密度等级者可取上限值。

**4.2.7**　轻骨料混凝土在干燥条件下和在平衡含水率条件下的各种热物理系数应符合表 4.2.7 的要求。

**表 4.2.7　轻骨料混凝土的各种热物理系数**

| 密度等级 | 导热系数 | | 比热容 | | 导温系数 | | 蓄热系数 | |
|---|---|---|---|---|---|---|---|---|
| | $\lambda_d$ | $\lambda_c$ | $c_d$ | $c_c$ | $a_d$ | $a_c$ | $S_{d24}$ | $S_{c24}$ |
| | (W/m·K) | | (kJ/kg·K) | | ($m^2$/h) | | (W/$m^2$·K) | |
| 600 | 0.18 | 0.25 | 0.84 | 0.92 | 1.28 | 1.63 | 2.56 | 3.01 |
| 700 | 0.20 | 0.27 | 0.84 | 0.92 | 1.25 | 1.50 | 2.91 | 3.38 |
| 800 | 0.23 | 0.30 | 0.84 | 0.92 | 1.23 | 1.38 | 3.37 | 4.17 |
| 900 | 0.26 | 0.33 | 0.84 | 0.92 | 1.22 | 1.33 | 3.73 | 4.55 |
| 1000 | 0.28 | 0.36 | 0.84 | 0.92 | 1.20 | 1.37 | 4.10 | 5.13 |
| 1100 | 0.31 | 0.41 | 0.84 | 0.92 | 1.23 | 1.36 | 4.57 | 5.62 |

续表

| 密度等级 | 导热系数 | | 比热容 | | 导温系数 | | 蓄热系数 | |
|---|---|---|---|---|---|---|---|---|
| | $\lambda_d$ | $\lambda_c$ | $c_d$ | $c_c$ | $a_b$ | $a_c$ | $S_{d24}$ | $S_{c24}$ |
| | (W/m·K) | | (kJ/kg·K) | | ($m^2$/h) | | (W/$m^2$·K) | |
| 1200 | 0.36 | 0.47 | 0.84 | 0.92 | 1.29 | 1.43 | 5.12 | 6.28 |
| 1300 | 0.42 | 0.52 | 0.84 | 0.92 | 1.38 | 1.48 | 5.73 | 6.93 |
| 1400 | 0.49 | 0.59 | 0.84 | 0.92 | 1.50 | 1.56 | 6.43 | 7.65 |
| 1500 | 0.57 | 0.67 | 0.84 | 0.92 | 1.63 | 1.66 | 7.19 | 8.44 |
| 1600 | 0.66 | 0.77 | 0.84 | 0.92 | 1.78 | 1.77 | 8.01 | 9.30 |
| 1700 | 0.76 | 0.87 | 0.84 | 0.92 | 1.91 | 1.89 | 8.81 | 10.20 |
| 1800 | 0.87 | 1.01 | 0.84 | 0.92 | 2.08 | 2.07 | 9.74 | 11.30 |
| 1900 | 1.01 | 1.15 | 0.84 | 0.92 | 2.26 | 2.23 | 10.70 | 12.40 |

注：1. 轻骨料混凝土的体积平衡含水率取 6%。
2. 用膨胀矿渣珠作粗骨料的混凝土导热系数可按表列数值降低 25% 取用或经试验确定。

**4.2.8**　轻骨料混凝土不同使用条件的抗冻性应符合表 4.2.8 的要求。

**表 4.2.8　不同使用条件的抗冻性**

| 使　用　条　件 | 抗　冻　标　号 |
|---|---|
| 1. 非采暖地区 | F15 |
| 2. 采暖地区 | |
| 相对湿度≤60% | F25 |
| 相对湿度＞60% | F35 |
| 干湿交替部位和水位变化的部位 | ≥F50 |

注：非采暖地区系指最冷月份的平均气温高于 −5℃ 的地区；
采暖地区系指最冷月份的平均气温低于或等于 −5℃ 的地区。

**4.2.9**　结构用砂轻混凝土的抗碳化耐久性应按快速碳化标

准试验方法检验，其28d的碳化深度值应符合表4.2.9的要求。

**表4.2.9　砂轻混凝土的碳化深度值**

| 等　级 | 使用条件 | 碳化深度值（mm），不大于 |
|---|---|---|
| 1 | 正常湿度，室内 | 40 |
| 2 | 正常湿度，室外 | 35 |
| 3 | 潮湿，室外 | 30 |
| 4 | 干湿交替 | 25 |

注：1. 正常湿度系指相对湿度为55%～65%；
2. 潮湿系指相对湿度为65%～80%；
3. 碳化深度值相当于在正常大气条件下，即$CO_2$的体积浓度为0.03%、温度为20±3℃环境条件下，自然碳化50年时轻骨料混凝土的碳化深度。

**4.2.10**　结构用砂轻混凝土的抗渗性应满足工程设计抗渗等级和有关标准的要求。

**4.2.11**　次轻混凝土的强度标准值、弹性模量、收缩、徐变等有关性能，应通过试验确定。

# 5　配合比设计

## 5.1　一般要求

**5.1.1**　轻骨料混凝土的配合比设计主要应满足抗压强度、密度和稠度的要求，并以合理使用材料和节约水泥为原则。必要时尚应符合对混凝土性能（如弹性模量、碳化和抗冻性等）的特殊要求。

**5.1.2**　轻骨料混凝土的配合比应通过计算和试配确定。混凝土试配强度应按下式确定：

$$f_{cu,o} \geq f_{cu,k} + 1.645\sigma \qquad (5.1.2\text{-}1)$$

式中　$f_{cu,o}$——轻骨料混凝土的试配强度（MPa）；
$f_{cu,k}$——轻骨料混凝土立方体抗压强度标准值（即强度等级）（MPa）；
$\sigma$——轻骨料混凝土强度标准差（MPa）。

**5.1.3**　混凝土强度标准差应根据同品种、同强度等级轻骨料混凝土统计资料计算确定。计算时，强度试件组数不应少于25组。

当无统计资料时，强度标准差可按表5.1.3取值。

**表5.1.3　强度标准差σ（MPa）**

| 混凝土强度等级 | 低于LC20 | LC20～LC35 | 高于LC35 |
|---|---|---|---|
| $\sigma$ | 4.0 | 5.0 | 6.0 |

**5.1.4**　轻骨料混凝土配合比中的轻粗骨料宜采用同一品种的轻骨料。结构保温轻骨料混凝土及其制品掺入煤（炉）渣

轻粗骨料时，其掺量不应大于轻粗骨料总量的 30%，煤（炉）渣含碳量不应大于 10%。为改善某些性能而掺入另一品种粗骨料时，其合理掺量应通过试验确定。

**5.1.5 在轻骨料混凝土配合比中加入化学外加剂或矿物掺和料时，其品种、掺量和对水泥的适应性，必须通过试验确定。**

**5.1.6** 大孔轻骨料混凝土和泵送轻骨料混凝土的配合比设计应符合附录 A 和附录 B 的规定。

## 5.2 设计参数选择

**5.2.1** 不同试配强度的轻骨料混凝土的水泥用量可按表 5.2.1 选用。

**表 5.2.1 轻骨料混凝土的水泥用量（$kg/m^3$）**

| 混凝土试配强度（MPa） | 轻骨料密度等级 | | | | | | |
|---|---|---|---|---|---|---|---|
| | 400 | 500 | 600 | 700 | 800 | 900 | 1000 |
| <5.0 | 260~320 | 250~300 | 230~280 | | | | |
| 5.0~7.5 | 280~360 | 260~340 | 240~320 | 220~300 | | | |
| 7.5~10 | | 280~370 | 260~350 | 240~320 | | | |
| 10~15 | | | 280~350 | 260~340 | 240~330 | | |
| 15~20 | | | 300~400 | 280~380 | 270~370 | 260~360 | 250~350 |
| 20~25 | | | | 330~400 | 320~390 | 310~380 | 300~370 |
| 25~30 | | | | 380~450 | 370~440 | 360~430 | 350~420 |
| 30~40 | | | | 420~500 | 390~490 | 380~480 | 370~470 |
| 40~50 | | | | | 430~530 | 420~520 | 410~510 |
| 50~60 | | | | | 450~550 | 440~540 | 430~530 |

注：1. 表中横线以上为采用 32.5 级水泥时水泥用量值；横线以下为采用 42.5 级水泥时的水泥用量值；
2. 表中下限值适用于圆球型和普通型轻粗骨料，上限值适用于碎石型轻粗骨料和全轻混凝土；
3. 最高水泥用量不宜超过 $550kg/m^3$。

**5.2.2** 轻骨料混凝土配合比中的水灰比应以净水灰比表示。配制全轻混凝土时，可采用总水灰比表示，但应加以说明。

轻骨料混凝土最大水灰比和最小水泥用量的限值应符合表 5.2.2 的规定。

**表 5.2.2 轻骨料混凝土的最大水灰比和最小水泥用量**

| 混凝土所处的环境条件 | 最大水灰比 | 最小水泥用量（$kg/m^3$） | |
|---|---|---|---|
| | | 配筋混凝土 | 素混凝土 |
| 不受风雪影响混凝土 | 不作规定 | 270 | 250 |
| 受风雪影响的露天混凝土；位于水中及水位升降范围内的混凝土和潮湿环境中的混凝土 | 0.50 | 325 | 300 |
| 寒冷地区位于水位升降范围内的混凝土和受水压或除冰盐作用的混凝土 | 0.45 | 375 | 350 |
| 严寒和寒冷地区位于水位升降范围内和受硫酸盐、除冰盐等腐蚀的混凝土 | 0.40 | 400 | 375 |

注：1. 严寒地区指最寒冷月份的月平均温度低于 −15℃者，寒冷地区指最寒冷月份的月平均温度处于 −5～−15℃者；
2. 水泥用量不包括掺和料；
3. 寒冷和严寒地区用的轻骨料混凝土应掺入引气剂，其含气量宜为 5%～8%。

**5.2.3** 轻骨料混凝土的净用水量根据稠度（坍落度或维勃稠度）和施工要求，可按表 5.2.3 选用。

表 5.2.3　　轻骨料混凝土的净用水量

| 轻骨料混凝土用途 | 稠　度 | | 净用水量 (kg/m³) |
|---|---|---|---|
| | 维勃稠度（s） | 坍落度（mm） | |
| 预制构件及制品： | | | |
| (1) 振动加压成型 | 10～20 | — | 45～140 |
| (2) 振动台成型 | 5～10 | 0～10 | 140～180 |
| (3) 振捣棒或平板振动器振实 | — | 30～80 | 165～215 |
| 现浇混凝土： | | | |
| (1) 机械振捣 | — | 50～100 | 180～225 |
| (2) 人工振捣或钢筋密集 | — | ≥80 | 200～230 |

注：1. 表中值适用于圆球型和普通型轻粗骨料，对碎石型轻粗骨料，宜增加10kg左右的用水量；
2. 掺加外加剂时，宜按其减水率适当减少用水量，并按施工稠度要求进行调整；
3. 表中值适用于砂轻混凝土；若采用轻砂时，宜取轻砂1h吸水率为附加水量；若无轻砂吸水率数据时，可适当增加用水量，并按施工稠度要求进行调整。

**5.2.4**　轻骨料混凝土的砂率可按表5.2.4选用。当采用松散体积法设计配合比时，表中数值为松散体积砂率；当采用绝对体积法设计配合比时，表中数值为绝对体积砂率。

表 5.2.4　　轻骨料混凝土的砂率

| 轻骨料混凝土用途 | 细骨料品种 | 砂率（%） |
|---|---|---|
| 预制构件 | 轻　砂<br>普通砂 | 35～50<br>30～40 |
| 现浇混凝土 | 轻　砂<br>普通砂 | —<br>35～45 |

注：1. 当混合使用普通砂和轻砂作细骨料时，砂率宜取中间值，宜按普通砂和轻砂的混合比例进行插入计算；
2. 当采用圆球型轻粗骨料时，砂率宜取表中值下限；采用碎石型时，则宜取上限。

**5.2.5**　当采用松散体积法设计配合比时，粗细骨料松散状态的总体积可按表5.2.5选用。

表 5.2.5　　粗细骨料总体积

| 轻粗骨料粒型 | 细骨料品种 | 粗细骨料总体积（m³） |
|---|---|---|
| 圆球型 | 轻　砂<br>普通砂 | 1.25～1.50<br>1.10～1.40 |
| 普通型 | 轻　砂<br>普通砂 | 1.30～1.60<br>1.10～1.50 |
| 碎石型 | 轻　砂<br>普通砂 | 1.35～1.65<br>1.10～1.60 |

**5.2.6**　当采用粉煤灰作掺和料时，粉煤灰取代水泥百分率和超量系数等参数的选择，应按国家现行标准《粉煤灰在混凝土和砂浆中应用技术规程》（JGJ 28）的有关规定执行。

## 5.3　配合比计算与调整

**5.3.1**　砂轻混凝土和全轻混凝土宜采用松散体积法进行配合比计算，砂轻混凝土也可采用绝对体积法。配合比计算中粗细骨料用量均应以干燥状态为基准。

**5.3.2**　采用松散体积法计算应按下列步骤进行：

1　根据设计要求的轻骨料混凝土的强度等级、混凝土的用途，确定粗细骨料的种类和粗骨料的最大粒径；

2　测定粗骨料的堆积密度、筒压强度和1h吸水率，并测定细骨料的堆积密度；

3　按本规程第5.1.2条计算混凝土试配强度；

4　按本规程第5.2.1条选择水泥用量；

5　根据施工稠度的要求，按本规程第5.2.3条选择净用水量；

6　根据混凝土用途按本规程第 5.2.4 条选取松散体积砂率；

7　根据粗细骨料的类型，按本规程第 5.2.5 条选用粗细骨料总体积，并按下列公式计算每立方米混凝土的粗细骨料用量：

$$V_s = V_t \times S_p \tag{5.3.2-1}$$

$$m_s = V_s \times \rho_{1s} \tag{5.3.2-2}$$

$$V_a = V_t - V_s \tag{5.3.2-3}$$

$$m_a = V_a \times \rho_{1a} \tag{5.3.2-4}$$

式中　$V_s$、$V_a$、$V_t$——分别为每立方米细骨料、粗骨料和粗细骨料的松散体积（$m^3$）；

$m_s$、$m_a$——分别为每立方米细骨料和粗骨料的用量（kg）；

$S_p$——砂率（%）；

$\rho_{1s}$、$\rho_{1a}$——分别为细骨料和粗骨料的堆积密度（$kg/m^3$）。

8　根据净用水量和附加水量的关系按下式计算总用水量：

$$m_{wt} = m_{wn} + m_{wa} \tag{5.3.2-5}$$

式中　$m_{wt}$——每立方米混凝土的总用水量（kg）；

$m_{wn}$——每立方米混凝土的净用水量（kg）；

$m_{wa}$——每立方米混凝土的附加水量（kg）。

附加水量计算应符合本规程第 5.3.4 条的规定。

9　按下式计算混凝土干表观密度，并与设计要求的干表观密度进行对比，如其误差大于 2%，则应按下式重新调整和计算配合比。

$$\rho_{cd} = 1.15 m_c + m_a + m_s \tag{5.3.2-6}$$

式中　$\rho_{cd}$——轻骨料混凝土的干表观密度（$kg/m^3$）。

**5.3.3**　采用绝对体积法计算应按下列步骤进行：

1　根据设计要求的轻骨料混凝土的强度等级、密度等级和混凝土的用途，确定粗细骨料的种类和粗骨料的最大粒径；

2　测定粗骨料的堆积密度、颗粒表观密度、筒压强度和 1h 吸水率，并测定细骨料的堆积密度和相对密度；

3　按本规程第 5.1.2 条计算混凝土试配强度；

4　按本规程第 5.2.1 条选择水泥用量；

5　根据制品生产工艺和施工条件要求的混凝土稠度指标，按本规程第 5.2.3 条确定净用水量；

6　根据轻骨料混凝土的用途，按本规程第 5.2.4 条选用砂率；

7　按下列公式计算粗细骨料的用量：

$$V_s = \left[1 - \left(\frac{m_c}{\rho_c} + \frac{m_{wn}}{\rho_w}\right) \div 1000\right] \times s_p \tag{5.3.3-1}$$

$$m_s = V_s \times \rho_s \tag{5.3.3-2}$$

$$V_a = \left[1 - \left(\frac{m_c}{\rho_c} + \frac{m_{wn}}{\rho_w} + \frac{m_s}{\rho_s}\right) \div 1000\right] \tag{5.3.3-3}$$

$$m_a = V_a \times \rho_{ap} \tag{5.3.3-4}$$

式中　$V_s$——每立方米混凝土的细骨料绝对体积（$m^3$）；

$m_c$——每立方米混凝土的水泥用量（kg）；

$\rho_c$——水泥的相对密度，可取 $\rho_c = 2.9 \sim 3.1$；

$\rho_w$——水的密度，可取 $\rho_w = 1.0$；

$V_a$——每立方米混凝土的轻粗骨料绝对体积（$m^3$）；

$\rho_s$——细骨料密度，采用普通砂时，为砂的相对密度，可取 $\rho_s = 2.6$；采用轻砂时，为轻砂的颗粒表观密度（$g/cm^3$）；

$\rho_{ap}$——轻粗骨料的颗粒表观密度（$kg/m^3$）。

8 根据净用水量和附加水量的关系，按下式计算总用水量：

$$m_{wt} = m_{wn} + m_{wa} \quad (5.3.3\text{-}5)$$

附加水量的计算应符合本规程第 5.3.4 条的规定。

9 按下式计算混凝土干表观密度，并与设计要求的干表观密度进行对比，当其误差大于 2%，则应重新调整和计算配合比。

$$\rho_{cd} = 1.15 m_c + m_a + m_s \quad (5.3.3\text{-}6)$$

**5.3.4** 根据粗骨料的预湿处理方法和细骨料的品种，附加水量宜按表 5.3.4 所列公式计算。

**表 5.3.4　附加水量的计算**

| 项　　目 | 附加水量（$m_{wa}$） |
|---|---|
| 粗骨料预湿，细骨料为普砂 | $m_{wa} = 0$ |
| 粗骨料不预湿，细骨料为普砂 | $m_{wa} = m_a \cdot \omega_a$ |
| 粗骨料预湿，细骨料为轻砂 | $m_{wa} = m_s \cdot \omega_s$ |
| 粗骨料不预湿，细骨为轻砂 | $m_{wa} = m_a \cdot \omega_a + m_s \cdot \omega_s$ |

注：1. $\omega_a$、$\omega_s$分别为粗、细骨料的 1h 吸水率。

2. 当轻骨料含水时，必须在附加水量中扣除自然含水量。

**5.3.5** 粉煤灰轻骨料混凝土配合比计算应按下列步骤进行：

1 基准轻骨料混凝土的配合比计算应按本规程第 5.3.2 条或第 5.3.3 条的步骤进行；

2 粉煤灰取代水泥率应按表 5.3.5 的要求确定；

**表 5.3.5　粉煤灰取代水泥率**

| 混凝土强度等级 | 取代普通硅酸盐水泥率 $\beta_c$（%） | 取代矿渣硅酸盐水泥率 $\beta_c$（%） |
|---|---|---|
| ≤LC15 | 25 | 20 |
| LC20 | 15 | 10 |
| ≥LC25 | 20 | 15 |

注：1. 表中值为范围上限，以 32.5 级水泥为基准；

2. ≥LC20 的混凝土宜采用Ⅰ、Ⅱ级粉煤灰，≤LC15 的素混凝土可采用Ⅲ级粉煤灰；

3. 在有试验根据时，粉煤灰取代水泥百分率可适当放宽。

3 根据基准混凝土水泥用量（$m_{co}$）和选用的粉煤灰取代水泥百分率（$\beta_c$），按下式计算粉煤灰轻骨料混凝土的水泥用量（$m_c$）：

$$m_c = m_{co}(1 - \beta_c) \quad (5.3.5\text{-}1)$$

4 根据所用粉煤灰级别和混凝土的强度等级，粉煤灰的超量系数（$\delta_c$）可在 1.2～2.0 范围内选取，并按下式计算粉煤灰掺量（$m_f$）：

$$m_f = \delta_c(m_{co} - m_c) \quad (5.3.5\text{-}2)$$

5 分别计算每立方米粉煤灰轻骨料混凝土中水泥、粉煤灰和细骨料的绝对体积。按粉煤灰超出水泥的体积，扣除同体积的细骨料用量；

6 用水量保持与基准混凝土相同，通过试配，以符合稠度要求来调整用水量；

7 配合比的调整和校正方法同本规程第5.3.6条。

**5.3.6 计算出的轻骨料混凝土配合比必须通过试配予以调整。**

**5.3.7** 配合比的调整应按下列步骤进行：

1 以计算的混凝土配合比为基础，再选取与之相差±10%的相邻两个水泥用量，用水量不变，砂率相应适当增减，分别按三个配合比拌制混凝土拌和物。测定拌和物的稠度，调整用水量，以达到要求的稠度为止；

2 按校正后的三个混凝土配合比进行试配，检验混凝土拌和物的稠度和振实湿表观密度，制作确定混凝土抗压强度标准值的试块，每种配合比至少制作一组；

3 标准养护28d后，测定混凝土抗压强度和干表观密度。最后，以既能达到设计要求的混凝土配制强度和干表观密度又具有最小水泥用量的配合比作为选定的配合比；

4 对选定配合比进行质量校正。其方法是先按公式(5.3.6-1)计算出轻骨料混凝土的计算湿表观密度，然后再与拌和物的实测振实湿表观密度相比，按公式(5.3.6-2)计算校正系数：

$$\rho_{cc} = m_a + m_s + m_c + m_f + m_{wt} \quad (5.3.6\text{-}1)$$

$$\eta = \frac{\rho_{co}}{\rho_{cc}} \quad (5.3.6\text{-}2)$$

式中 $\eta$——校正系数；

$\rho_{cc}$——按配合比各组成材料计算的湿表观密度（$kg/m^3$）；

$\rho_{co}$——混凝土拌和物的实测振实湿表观密度（$kg/m^3$）；

$m_a$、$m_s$、$m_c$、$m_f$、$m_{wt}$——分别为配合比计算所得的粗骨料、细骨料、水泥、粉煤灰用量和总用水量（$kg/m^3$）。

5 选定配合比中的各项材料用量均乘以校正系数即为最终的配合比设计值。

# 6 施 工 工 艺

## 6.1 一 般 要 求

**6.1.1** 大孔径骨料混凝土的施工应符合附录 A 的规定，轻骨料混凝土的泵送施工应符合附录 B 的规定。

**6.1.2** 轻骨料进厂（场）后，应按现行国家标准《轻集料及其试验方法》（GB/T 17431.1—2）的要求进行检验验收，对配制结构用轻骨料混凝土的高强轻骨料，还应检验强度等级。

**6.1.3** 轻骨料的堆放和运输应符合下列要求：

1 轻骨料应按不同品种分批运输和堆放，不得混杂；

2 轻粗骨料运输和堆放应保持颗粒混合均匀，减少离析。采用自然级配时，堆放高度不宜超过 2m，并应防止树叶、泥土和其他有害物质混入；

3 轻砂在堆放和运输时，宜采取防雨措施，并防止风刮飞扬。

**6.1.4** 在气温高于或等于 5℃的季节施工时，根据工程需要，预湿时间可按外界气温和来料的自然含水状态确定，应提前半天或一天对轻粗骨料进行淋水或泡水预湿，然后滤干水分进行投料。在气温低于 5℃时，不宜进行预湿处理。

## 6.2 拌和物拌制

**6.2.1** 应对轻粗骨料的含水率及其堆积密度进行测定。测定原则宜为：

1 在批量拌制轻骨料混凝土拌和物前进行测定；

2 在批量生产过程中抽查测定；

3 雨天施工或发现拌和物稠度反常时进行测定。

对预湿处理的轻粗骨料，可不测其含水率，但应测定其湿堆积密度。

**6.2.2** 轻骨料混凝土生产时，砂轻混凝土拌和物中的各组分材料应以质量计量；全轻混凝土拌和物中轻骨料组分可采用体积计量，但宜按质量进行校核。

轻粗、细骨料和掺和料的质量计量允许偏差为 ±3%；水、水泥和外加剂的质量计量允许偏差为 ±2%。

**6.2.3 轻骨料混凝土拌和物必须采用强制式搅拌机搅拌。**

**6.2.4** 在轻骨料混凝土搅拌时，使用预湿处理的轻粗骨料，宜采用图 6.2.4-1 的投料顺序；使用未预湿处理的轻粗骨料，宜采用图 6.2.4-2 的投料顺序。

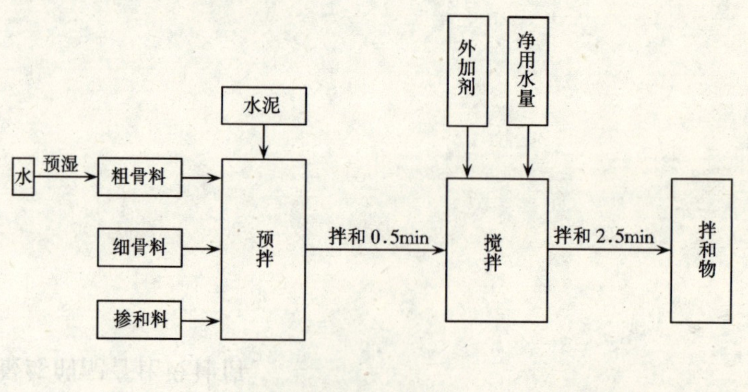


图 6.2.4-1 使用预湿处理的轻粗骨料时的投料顺序

**6.2.5** 轻骨料混凝土全部加料完毕后的搅拌时间，在不采用搅拌运输车运送混凝土拌和物时，砂轻混凝土不宜少于 3min；全轻或干硬性砂轻混凝土宜为 3～4min。对强度低而

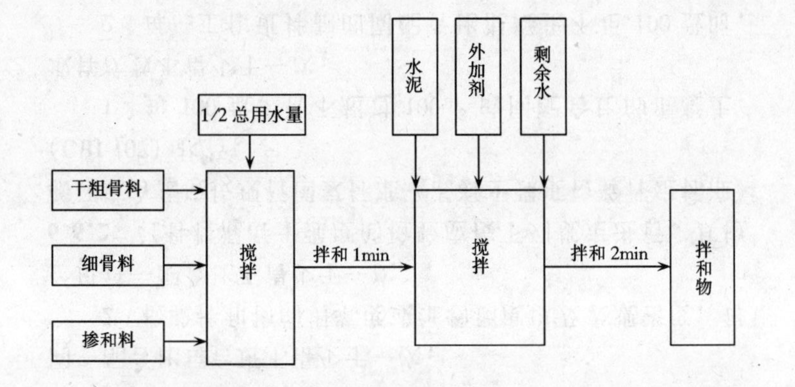


图 6.2.4-2 使用未预湿处理的轻粗骨料时的投料顺序

易破碎的轻骨料，应严格控制混凝土的搅拌时间。

**6.2.6** 外加剂应在轻骨料吸水后加入。当用预湿处理的轻粗骨料时，液体外加剂可按图 6.2.4-1 所示加入；当用未预湿处理的轻粗骨料时，液体外加剂可按图 6.2.4-2 所示加入。采用粉状外加剂，可与水泥同时加入。

## 6.3 拌 和 物 运 输

**6.3.1** 拌和物在运输中应采取措施减少坍落度损失和防止离析。当产生拌和物稠度损失或离析较重时，浇筑前应采用二次拌和，但不得二次加水。

**6.3.2** 拌和物从搅拌机卸料起到浇入模内止的延续时间不宜超过 45min。

**6.3.3** 当用搅拌运输车运送轻骨料混凝土拌和物，因运距过远或交通问题造成坍落度损失较大时，可采取在卸料前掺入适量减水剂进行搅拌的措施，满足施工所需和易性要求。

## 6.4 拌和物浇筑和成型

**6.4.1** 轻骨料混凝土拌和物浇筑倾落的自由高度不应超过 1.5m。当倾落高度大于 1.5m 时，应加串筒、斜槽或溜管等辅助工具。

**6.4.2** 轻骨料混凝土拌和物应采用机械振捣成型。对流动性大、能满足强度要求的塑性拌和物以及结构保温类和保温类轻骨料混凝土拌和物，可采用插捣成型。

**6.4.3** 干硬性轻骨料混凝土拌和物浇筑构件，应采用振动台或表面加压成型。

**6.4.4** 现场浇筑的大模板或滑模施工的墙体等竖向结构物，应分层浇筑，每层浇筑厚度宜控制在 300～350mm。

**6.4.5** 浇筑上表面积较大的构件，当厚度小于或等于 200mm 时，宜采用表面振动成型；当厚度大于 200mm 时，宜先用插入式振捣器振捣密实后，再表面振捣。

**6.4.6** 用插入式振捣器振捣时，插入间距不应大于棒的振动作用半径的一倍。连续多层浇筑时，插入式振捣器应插入下层拌和物约 50mm。

**6.4.7** 振捣延续时间应以拌和物捣实和避免轻骨料上浮为原则。振捣时间应根据拌和物稠度和振捣部位确定，宜为 10～30s。

**6.4.8** 浇筑成型后，宜采用拍板、刮板、辊子或振动抹子等工具，及时将浮在表层的轻粗骨料颗粒压入混凝土内。若颗粒上浮面积较大，可采用表面振动器复振，使砂浆返上，再作抹面。

## 6.5 养护和缺陷修补

**6.5.1** 轻骨料混凝土浇筑成型后应及时覆盖和喷水养护。

**6.5.2** 采用自然养护时，用普通硅酸盐水泥、硅酸盐水泥、矿渣水泥拌制的轻骨料混凝土，湿养护时间不应少于7d；用粉煤灰水泥、火山灰水泥拌制的轻骨料混凝土及在施工中掺缓凝型外加剂的混凝土，湿养护时间不应少于14d。轻骨料混凝土构件用塑料薄膜覆盖养护时，全部表面应覆盖严密，保持膜内有凝结水。

**6.5.3** 轻骨料混凝土构件采用蒸汽养护时，成型后静停时间不宜少于2h，并应控制升温和降温速度。

**6.5.4** 保温和结构保温类轻骨料混凝土构件及构筑物的表面缺陷，宜采用原配合比的砂浆修补。结构轻骨料混凝土构件及构筑物的表面缺陷可采用水泥砂浆修补。

## 6.6 质量检验和验收

**6.6.1** 轻骨料混凝土拌和物的检验应按下列规定进行：

1 检验拌和物各组成材料的称量是否与配合比相符。同一配合比每台班不得少于一次；

2 检验拌和物的坍落度或维勃稠度以及表观密度，每台班每一配合比不得少于一次。

**6.6.2** 轻骨料混凝土强度的检验应按下列规定进行，其检验评定方法应按现行国家标准《混凝土强度检验评定标准》（GBJ 107）执行。

1 每100盘，且不超过100m$^3$的同配合比的混凝土，取样次数不得少于一次；

2 每一工作班拌制的同配合比混凝土不足100盘时，取样次数不得少于一次。

**6.6.3** 混凝土干表观密度的检验应按下列规定进行，其检验结果的平均值不应超过配合比设计值的±3%。

1 连续生产的预制厂及预拌混凝土搅拌站，对同配合比的混凝土，每月不得少于四次；

2 单项工程，每100m$^3$混凝土的抽查不得少于一次，不足者按100m$^3$计。

**6.6.4** 轻骨料混凝土工程验收应按现行国家标准《混凝土结构工程施工质量验收规范》（GB 50204）的有关规定执行。

# 7 试验方法

## 7.1 一般规定

**7.1.1** 轻骨料混凝土拌和物性能、力学性能、收缩和徐变等长期性能，以及碳化、钢锈和抗冻等耐久性能指标的测定，应符合现行国家标准《普通混凝土拌和物性能试验方法》（GB 50080）、《普通混凝土力学性能试验方法》（GB 50081）和《普通混凝土长期性能和耐久性能试验方法》（GB 50082）的有关规定。

**7.1.2** 与轻骨料特性有关的干表观密度、吸水率、软化系数、导热系数和线膨胀系数等混凝土性能指标的测定应符合本章的规定。

## 7.2 拌和方法

**7.2.1** 配合比中各组分材料的质量计量允许误差：粗、细骨料和掺和料为 ±1%；水、水泥和外加剂为 ±0.5%。

**7.2.2** 试验室拌制轻骨料混凝土时，拌和量不应小于搅拌机公称搅拌量的三分之一。

**7.2.3** 轻骨料混凝土应按下列步骤拌和：

1 采用干燥或自然含水的轻粗骨料时，先将轻粗骨料、细骨料和水泥加入搅拌机内，加入二分之一拌和用水，搅拌1min后，再加入剩余拌和水量，继续拌 2min 即可；

2 采用经过淋水预湿处理的轻粗骨料时，先将轻粗骨料滤去明水，与细骨料、水泥一起拌和约 1min 后，再加入拌和用水量，继续拌和 2min 即可。

**7.2.4** 掺和料或粉状外加剂可与水泥同时加入。液状外加剂或预制成溶液的粉状外加剂，宜加入剩余拌和用水中。

## 7.3 干表观密度

**7.3.1** 干表观密度可采用整体试件烘干法或破碎试件烘干法测定。

**7.3.2** 当采用整体试件烘干法测定干表观密度时，可把试件置于 105～110℃的烘箱中烘至恒重，称重，并测定试件的体积，应按公式（7.3.3-1）计算干表观密度。

**7.3.3** 当采用破碎试件烘干法测定干表观密度时应按下列试验步骤进行：

1 在做抗压试验前，先将立方体试件表面水分擦干。用称量为 5kg（感量 2g）的托盘天平称重。求出该组试件自然含水时混凝土的表观密度。应按下式计算：

$$\rho_n = \frac{m}{V} \times 10^3 \qquad (7.3.3\text{-}1)$$

式中 $\rho_n$——自然含水时混凝土的表观密度（$kg/m^3$）；

$m$——自然含水时混凝土的质量（g）；

$V$——自然含水时混凝土试件的体积（$cm^3$）。

2 将做完抗压强度的试件破碎成粒径为 20～30mm 以下的小块。把 3 块试件的破碎试料混匀，取样 1kg，然后将试样放在 105～110℃烘箱中烘干至恒重；

3 按下式计算出轻骨料混凝土的含水率：

$$W_c = \frac{m_1 - m_0}{m_0} \times 100\% \qquad (7.3.3\text{-}2)$$

式中 $W_c$——混凝土的含水率（%），计算精确至 0.1%；

$m_1$——所取试样质量（g）；

$m_0$——烘干后试样质量（g）。

4　按下式计算出轻骨料混凝土的干表观密度：

$$\rho_d = \frac{\rho_n}{1 + W_c} \tag{7.3.3-3}$$

式中　$\rho_d$——轻骨料混凝土的干表观密度（$kg/m^3$），精确至 $10kg/m^3$；

$\rho_n$——自然含水状态下轻骨料混凝土的表观密度（$kg/m^3$）。

## 7.4　吸水率和软化系数

**7.4.1**　吸水率和软化系数试验所用设备应符合下列规定：

1　托盘天平：称量5kg，感量2g；

2　烘箱：105～110℃，可恒温；

3　压力试验机：测力精度不低于±1%。

**7.4.2**　吸水率和软化系数试验应按下列步骤进行：

1　试件的制作和养护按《普通混凝土力学性能试验方法》（GB 50081）的要求进行。采用边长为100mm立方体试件时，每组为12块；采用边长为150mm立方体试件时，每组为6块；

2　标准养护28d后，取出试件在105～110℃下烘至恒重，取6块（或3块）试件作抗压强度试验，绝干状态混凝土的抗压强度（$f_0$）；

3　取其余6块（或3块）试件，先称重，确定其质量平均值。然后，将它们浸入温度为20±5℃的水中，浸水时间分别为：0.5h、1h、3h、6h、12h、24h、48h；每到上述各时间，将试件取出，擦干、称重，确定其质量平均值。随后，再浸入水中，直至48h时，将试件取出，擦干、称重，确定其质量平均值；

4　在称得浸水时间为48h时试件的质量平均值后，即进行抗压强度试验，确定饱水状态混凝土的抗压强度（$f_1$）；

5　按下列公式计算轻骨料混凝土的吸水率及软化系数：

$$\omega_t = \frac{m_1 - m_0}{m_0} \times 100\% \tag{7.4.2-1}$$

$$\omega_{sat} = \frac{m_n - m_0}{m_0} \times 100\% \tag{7.4.2-2}$$

$$\psi = \frac{f_1}{f_0} \tag{7.4.2-3}$$

式中　$m_0$——烘至恒重试件的质量平均值（kg）；

$m_1$——浸水时间为 $t$ 时试件的质量平均值（kg）；

$m_n$——浸水时间为48h时试件的质量平均值（kg）；

$\omega_t$——浸水时间为 $t$ 时的吸水率（%）；

$\omega_{sat}$——浸水时间为48h时的吸水率（%）；

$\psi$——软化系数；

$f_0$——绝干状态混凝土的抗压强度（MPa）；

$f_1$——饱水状态混凝土的抗压强度（MPa）。

## 7.5　导热系数

**7.5.1**　导热系数可采用热脉冲法进行测定，其适用于测定干燥或不同含湿状况下轻骨料混凝土的导热系数、导温系数和比热容。

**7.5.2**　热脉冲法测定导热系数的装置由一个加热器和放置

在加热器两侧材料相同的三块试件以及测温热电偶组成（图7.5.2）。当加热器通以电流后，根据被测试件的温度变化可测出试件的导热系数、导温系数和比热容。装置的各个部分应满足下列要求：

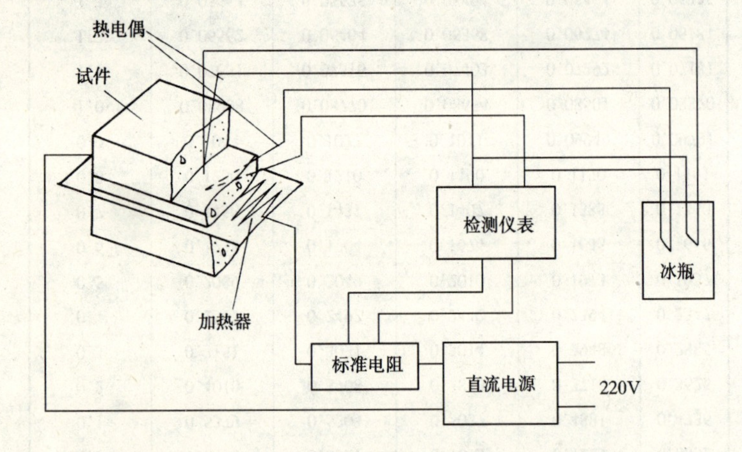


图 7.5.2　用热脉冲法测量导热系数装置示意图

1　加热器的厚度不应大于 0.4mm，且应有弹性，其面热容量应小于 0.42kJ/（$m^2$·℃）；加热丝应选用电阻温度系数小的镍铜、锰铜等材料，加热丝之间的间距宜小于 2mm，整个面积发出的热量应是均匀的，且对试件应为对称传热；加热器不应有吸湿性，其尺寸宜与试件尺寸相同；

2　热电偶直径宜选用 0.1mm，电势测量仪表的精度应为 ±1μV；

3　在试验过程中，应保持测量装置电压恒定，稳定度应为 ±0.1%，功率测量误差应小于 0.5%；

4　应设有试件夹紧装置，以保证相互间接触紧密。

**7.5.3**　导热系数测定所用试件应符合下列要求：

1　试件以三块为一组，取自相同配合比的混凝土，各试件间的表观密度差应小于 5%；

2　三块试件分别为：薄试件一块（200mm × 200mm × 20 ~ 30mm），厚试件二块（200mm × 200mm × 60 ~ 100mm）；

3　试件两表面应平行，厚度应均匀。薄试件不平行度应小于试件厚度的 1%。各试件的接触面应结合紧密；

4　测量干燥状态的热物理系数时，试件应在 105 ~ 110℃下烘干至恒重。测量不同含湿状况的热物理性能时，应将干燥试件培养至所需湿度后再进行测定。一组试件之间的湿度差应小于 1%，在同一试件内湿度分布宜均匀。

**7.5.4**　导热系数试验应按下列步骤进行：

1　称量试件质量，测量试件尺寸，计算混凝土的干表观密度；

2　将试件按图 7.5.2 所示安置完毕。当试件的初始温度在 10min 内的变化小于 0.05℃，且薄试件上下表面温度差小于 0.1℃时，可开始测定；

3　接通加热器电源，并同时启动秒表，测量加热回路电流；

4　加热时间（$\tau'$）控制为 4 ~ 6min，当薄试件上表面温度升高 1 ~ 2℃时，记录上表面热电势及相对应的时间。接着测量热源面上的热电势及相对应的时间，其间隔不宜超过 1min；

5　关闭加热器，经 4 ~ 6min 后，再测一次热源面上的热电势和相对应的时间。

**7.5.5**　导热系数试验结果应分别按下列公式计算。

1　试件的干表观密度：

$$\rho_d = \frac{m}{V} \qquad (7.5.5\text{-}1)$$

式中　$m$——试件质量（kg）；

$V$——试件体积（$m^3$）。

2　试件的质量含水率：

$$\omega = \frac{m_2 - m_1}{m_1} \times 100\% \qquad (7.5.5\text{-}2)$$

式中　$m_1$——烘干至恒重试件的质量（kg）；

$m_2$——某一含湿状态下试件的质量（kg）。

**表 7.5.5　函数 $B(Y)$ 表**

| $Y^2$ | 0 | 1 | 2 | 3 | 4 |
|---|---|---|---|---|---|
| 0.0 | 1.0000 | 0.8327 | 0.7693 | 0.7229 | 0.6852 |
| 0.1 | 0.5379 | 0.5203 | 0.5037 | 0.4881 | 0.4736 |
| 0.2 | 0.4010 | 0.3908 | 0.3810 | 0.3716 | 0.3625 |
| 0.3 | 0.3151 | 0.3031 | 0.3014 | 0.2948 | 0.2885 |
| 0.4 | 0.2543 | 0.2492 | 0.2442 | 0.2394 | 0.2347 |
| 0.5 | 0.2089 | 0.2049 | 0.2010 | 0.1973 | 0.1937 |
| 0.6 | 0.1735 | 0.1704 | 0.1674 | 0.1645 | 0.1616 |
| 0.7 | 0.1456 | 0.1431 | 0.1407 | 0.1383 | 0.1360 |
| 0.8 | 0.1230 | 0.1210 | 0.1190 | 0.1170 | 0.1151 |
| 0.9 | 0.1044 | 0.1027 | 0.1011 | 0.09949 | 0.09791 |
| 1.0 | 0.08908 | 0.08770 | 0.08634 | 0.08501 | 0.08370 |
| 1.1 | 0.07631 | 0.07516 | 0.07403 | 0.07292 | 0.07181 |
| 1.2 | 0.06562 | 0.06464 | 0.06368 | 0.06274 | 0.06181 |
| 1.3 | 0.05657 | 0.05575 | 0.05494 | 0.05414 | 0.05335 |
| 1.4 | 0.04890 | 0.04820 | 0.04751 | 0.04684 | 0.04617 |
| 1.5 | 0.04238 | 0.04179 | 0.04120 | 0.04062 | 0.04004 |
| 1.6 | 0.03680 | 0.03629 | 0.03578 | 0.03528 | 0.3479 |
| 1.7 | 0.03201 | 0.03157 | 0.03114 | 0.03072 | 0.03030 |
| 1.8 | 0.02790 | 0.02752 | 0.02715 | 0.02678 | 0.02642 |
| 1.9 | 0.02435 | 0.02402 | 0.02370 | 0.02333 | 0.02307 |
| 2.0 | 0.02128 | — | — | — | — |

续表

| $Y^2$ | 5 | 6 | 7 | 8 | 9 |
|---|---|---|---|---|---|
| 0.0 | 0.6533 | 0.6253 | 0.6002 | 0.5777 | 0.5570 |
| 0.1 | 0.4599 | 0.4469 | 0.4346 | 0.4229 | 0.4117 |
| 0.2 | 0.3539 | 0.3455 | 0.3375 | 0.3298 | 0.3223 |
| 0.3 | 0.2824 | 0.2764 | 0.2707 | 0.2651 | 0.2596 |
| 0.4 | 0.2301 | 0.2256 | 0.2213 | 0.2170 | 0.2129 |
| 0.5 | 0.1902 | 0.1867 | 0.1833 | 0.1800 | 0.1767 |
| 0.6 | 0.1588 | 0.1561 | 0.1534 | 0.1507 | 0.1481 |
| 0.7 | 0.1337 | 0.1315 | 0.1293 | 0.1271 | 0.1250 |
| 0.8 | 0.1132 | 0.1114 | 0.1096 | 0.1078 | 0.1061 |
| 0.9 | 0.09645 | 0.09491 | 0.09340 | 0.09129 | 0.09048 |
| 1.0 | 0.08241 | 0.08115 | 0.07991 | 0.07869 | 0.07749 |
| 1.1 | 0.07073 | 0.06967 | 0.06863 | 0.06761 | 0.06660 |
| 1.2 | 0.06090 | 0.06000 | 0.05912 | 0.05826 | 0.05741 |
| 1.3 | 0.05258 | 0.05182 | 0.05107 | 0.05033 | 0.04961 |
| 1.4 | 0.04552 | 0.04487 | 0.04423 | 0.04360 | 0.04298 |
| 1.5 | 0.03948 | 0.03893 | 0.03839 | 0.03785 | 0.03732 |
| 1.6 | 0.03431 | 0.03384 | 0.03337 | 0.03291 | 0.03246 |
| 1.7 | 0.02988 | 0.02947 | 0.02907 | 0.02867 | 0.02828 |
| 1.8 | 0.02606 | 0.02570 | 0.02535 | 0.02501 | 0.02468 |
| 1.9 | 0.02276 | 0.02246 | 0.02216 | 0.02186 | 0.02157 |
| 2.0 | — | — | — | — | |

注：$Y^2$ 值的竖行为其首数，横行为其尾数。

3 试件的导温系数、导热系数及比热容应分别按下列公式计算：

(1) 函数 $B$ ($Y$) 值的计算：

$$B(Y)=\frac{\theta'(x\cdot\tau')\sqrt{\tau'}}{\theta(o\cdot\tau'_2)\sqrt{\tau'_2}} \quad (7.5.5\text{-}3)$$

式中 $\theta'(x\cdot\tau')$、$\tau'$——薄试件上表面过余温度（℃），及相对应的时间（h）；

$\theta'(o\cdot\tau'_2)$、$\tau'_2$——升温过程中热源面上的过余温度（℃）及相对应的时间（h）。

根据计算所得的 $B$ ($Y$) 值，查表 7.5.5 求得 $Y^2$ 值；

(2) 导温系数 ($a$) 的计算：

$$a=\frac{d^2}{4\tau' Y^2}(\mathrm{m^2/h}) \quad (7.5.5\text{-}4)$$

式中 $d$——薄试件的厚度（m）；

$\tau'$——薄试件上表面温度为 $\theta'$ ($x$, $\tau'$) 时的时间（h）；

$Y^2$——函数 $B$ ($Y$) 的自变量。

(3) 导热系数 ($\lambda$) 的计算：

$$\lambda=\frac{Q\sqrt{a}(\sqrt{\tau_2}-\sqrt{\tau_2-\tau_1})}{A\theta(o\cdot\tau_2)\sqrt{\pi}}[\mathrm{W/(m\cdot K)}] \quad (7.5.5\text{-}5)$$

式中 $\theta(o\cdot\tau_2)$、$\tau_2$——降温过程中热源面上的过余温度（℃）及相对应的时间（h）；

$\tau_1$——关闭热源相对应的时间（h）；

$A$——加热器的面积（$m^2$）；

$a$——导温系数（$m^2/h$）；

$Q$——加热器的功率（W）；

$$Q=I^2R \quad (7.5.5\text{-}6)$$

$I$——通过加热器的电流（A）；

$R$——加热器的电阻（Ω）。

(4) 比热容 ($c$) 的计算：

$$c=\frac{\lambda}{a\rho}[\mathrm{kJ/(kg\cdot K)}] \quad (7.5.5\text{-}7)$$

式中 $\lambda$——导热系数［W/（m·K）］；

$\rho$——三块试件的平均表观密度（$kg/m^3$）。

(5) 蓄热系数 ($s$) 的计算：

$$s=0.51\cdot\lambda\cdot a\cdot\rho$$

**7.5.6** 每组试件应测量三次，当相对误差小于5%时，取三次试验平均值作为该组试件的热物理系数值。

## 7.6 线膨胀系数

**7.6.1** 线膨胀系数测定时所用的试件应为100mm×100mm×300mm的棱柱体，每组至少三块；并应具有下列设备：

1 人工气候箱，如无人工气候箱，亦可采用稳定性较好的烘箱；

2 电阻应变仪；

3 测量温度用镍铜—铜热电偶（试件成型时埋入混凝土内）及符合精度要求（精确至0.1℃）的电位差计；

4 石英管一根。

**7.6.2** 线膨胀系数测定应按下列步骤进行：

1 试件应在恒温恒湿养护室养护到28d龄期后，放入

105～110℃的烘箱中加热 24h，再在室内放置 5～7d 以使其湿度达到平衡；

2 每个试件两侧各贴一个电阻片及一个热电偶。电阻片标距应为 100mm，其电阻值应相同。贴片可采用 502 胶或其他在试验温度范围内工作可靠的胶粘贴；

3 热电偶应事先在恒温器中校核，求出温度与电位差的关系，其温度读数应精确在 0.1℃；

4 应在石英管上贴同样规格的电阻片，作电阻应变仪的补偿之用。为检查试验工作是否正常，应同时准备已知线膨胀系数的钢或铜等材料的试件，与混凝土试件同时进行测试；

5 所有测量温度和变形的引出导线与仪器接通，经检验待工作正常后，调零，记下初读数。随即开始升（降）温，每次升（降）温的幅度控制在 10℃左右，升（降）温速度宜缓慢，到达温度后要恒温到试件内外温差小于 0.2℃时才能测数，每次恒温时间宜为 3h；

6 记下所有各点的温度及变形读数后，即可继续升（降）温。整个试验的最低和最高温度差值应大于 60℃。

**7.6.3** 线膨胀系数值的取用和计算应按下列规定进行：

1 按测得的温度和变形的数据用回归分析法求得两者的关系。温度和变形若呈直线关系，其斜率即为线膨胀系数值；

2 数据不多时，也可用下式计算：

$$a_T = \frac{\varepsilon_t - \varepsilon_0}{t - t_0} \qquad (7.6.3)$$

式中 $a_T$——线膨胀系数；

$\varepsilon_t$——温度为 $t$ 时的变形值（mm）；

$\varepsilon_0$——初始变形值（mm），如电阻应变仪在 $t_0$ 时调零，则 $\varepsilon_0 = 0$；

$t_0$——初始温度（℃）；

$t$——测量时的温度（℃）。

# 附录A　大孔轻骨料混凝土

## A.1　一 般 规 定

**A.1.1**　大孔径骨料混凝土按其抗压强度标准值，可划分为LC2.5、LC3.5、LC5.0、LC7.5和LC10.0五个强度等级。按其干表观密度，可按本规程第4.1.3条划分密度等级。

## A.2　轻粗骨料技术要求

**A.2.1**　轻粗骨料级配宜采用5～10mm或10～16mm单一粒级。

**A.2.2**　轻粗骨料的密度等级和强度应根据工程需要选用。

**A.2.3**　轻粗骨料其他技术性能应符合现行国家标准《轻集料及其试验方法第1部分：轻集料》（GB/T 17431.1）的有关规定。

## A.3　配合比计算与试配

**A.3.1**　混凝土的试配强度应按照本规程第5.1.2条计算。

**A.3.2**　根据轻粗骨料的堆积密度，宜按下式（A.3.2）计算每立方米混凝土的轻粗骨料用量：

$$m_a = V_a \times \rho_{1a} \quad \text{(A.3.2)}$$

按体积计量时，每立方米混凝土的轻粗骨料用量取一立方米松散体积（$V_a$）。

**A.3.3**　根据混凝土要求的强度等级和轻粗骨料品种，水泥用量可在150～250kg/m³范围内选用，并可掺入适量外加剂和掺和料。

**A.3.4**　混凝土拌和物的用水量宜以水泥浆能均匀附在骨料表面并呈油状光泽而不流淌为度。可在净水灰比0.30～0.42的范围内选用一个试配水灰比，并可按下式计算拌和物的净用水量（kg/m³）：

$$m_{wn} = m_c \times W/C \quad \text{(A.3.4-1)}$$

式中　$W/C$——试配水灰比。

当采用干燥骨料时，应根据净用水量加上轻粗骨料1h吸水量，按下式计算总用水量：

$$m_{wt} = m_{wn} + m_{wa} \quad \text{(A.3.4-2)}$$

**A.3.5**　振动加压成型的轻骨料混凝土小型空心砌块宜采用干硬性大孔混凝土拌和物，其用水量宜以模底不淌浆和坯体不变形为准，可按本规程表5.2.3选用。

**A.3.6**　配合比应通过试验确定。其试验与调整应按本规程5.3.6条进行。

**A.3.7**　混凝土试件的成型方法，应与实际施工采用的成型工艺相同。

## A.4　施 工 工 艺

**A.4.1**　拌和物各组分材料应按质量计量。轻粗骨料也可采用体积计量。

**A.4.2**　拌和物应采用强制式搅拌机拌制。

**A.4.3**　当采用预湿饱和面干骨料时，粗骨料、水泥和净用水量可一次投入搅拌机内，拌和至水泥浆均匀包裹在骨料表面且呈油状光泽时为准，拌和时间宜为1.5～2.0min。采用干骨料时，先将骨料和40%～60%总用水量投入搅拌机内，拌和1min后，再加入剩余水量和水泥拌和1.5～2.0min。拌制少砂大孔轻骨料混凝土时，砂或轻砂和粉煤灰等宜与水泥一起加入搅拌机内。

**A.4.4** 现场浇筑时，混凝土拌和物直接浇筑入模，依靠自重落料压实。可用捣棒轻轻插捣靠近模壁处的拌和物，不得振捣。

**A.4.5** 浇筑高度较高时，应水平分层和多点浇筑。每层高度不宜大于300mm，浇筑捣实后，表面用铁铲拍平。

**A.4.6** 大孔轻骨料混凝土小型空心砌块应采用振动加压成型。

**A.4.7** 养护应按本规程第6.5节规定的要求进行。

### A.5 质量检验与验收

**A.5.1** 大孔轻骨料混凝土的质量检验与验收应按本规程第6.6节的规定执行。

## 附录B 泵送轻骨料混凝土

### B.1 一 般 规 定

**B.1.1** 泵送轻骨料混凝土宜采用砂轻混凝土。

**B.1.2** 泵送轻骨料混凝土采用的轻粗骨料在使用前，宜浸水或洒水进行预湿处理，预湿后的吸水率不应少于24h吸水率。

### B.2 原 材 料

**B.2.1** 泵送轻骨料混凝土采用的水泥应符合本规程第3.1.1条的要求。

**B.2.2** 泵送轻骨料混凝土采用的轻粗骨料的密度等级不宜低于600级；当掺入轻细骨料时，轻细骨料的密度等级不宜低于800级。

**B.2.3** 泵送轻骨料混凝土中的轻粗骨料应采用连续级配，公称最大粒径不宜大于16mm，粒型系数不宜大于2.0。

**B.2.4** 泵送砂轻混凝土的细骨料宜采用中砂，细度模数宜在2.2～2.7之间，并应符合国家现行标准《普通混凝土用砂质量标准及试验方法》（JGJ 52）的要求，其中，通过0.315mm颗粒含量不应少于15%。

**B.2.5** 泵送轻骨料混凝土宜掺用泵送剂、减水剂和引气剂等外加剂，且可掺加Ⅰ、Ⅱ级粉煤灰、矿物微粉或其他矿物掺和料。外加剂和掺和料应符合有关标准的要求。

## B.3 配 合 比 设 计

**B.3.1** 泵送轻骨料混凝土配合比的设计除应满足轻骨料混凝土设计强度、耐久性和密度的要求外，其拌和物还应满足混凝土可泵性、粘聚性和保水性的要求。

**B.3.2** 泵送轻骨料混凝土拌和物入泵时的坍落度值应根据泵送的高度选用，宜为 150~200mm；含气量宜为 5%。

**B.3.3** 泵送轻骨料混凝土试配时要求的坍落度值应按下式计算：

$$T_t = T_p + \Delta T \quad (B.3.3)$$

式中 $T_t$——试配时要求的坍落度值（mm）；

$T_p$——入泵时要求的坍落度值（mm）；

$\Delta T$——试验时测得在预计时间内的坍落度经时损失值（mm）。

**B.3.4** 泵送轻骨料混凝土的水泥用量不宜少于 350kg/m$^3$。

**B.3.5** 泵送轻骨料混凝土的体积砂率宜为 40%~50%。当掺用粉煤灰并采用超量法取代水泥时，砂率可适当降低。

**B.3.6** 泵送轻骨料混凝土配合比的设计步骤宜按本规程第 5 章进行。其中，轻粗骨料吸水率应采用 24h 吸水率。泵送轻骨料混凝土配合比应根据具体施工条件进行试配和调整，并应进行试泵。

## B.4 施 工 工 艺

**B.4.1** 泵送轻骨料混凝土施工工艺及其设备应符合国家现行标准《混凝土泵送施工技术规程》（JGJ/T 10）第 4、5、6 章和本规程第 6 章的有关规定。

**B.4.2** 拌制轻骨料混凝土之前，浸水预湿的轻骨料宜采取表面覆盖、充分沥水等措施以控制轻骨料呈饱和面干状态，也可采用测出预湿后轻骨料含水率的方法，以控制搅拌时的用水量。

**B.4.3** 泵送轻骨料混凝土的投料顺序和搅拌时间应符合本规程第 6 章的有关规定。

**B.4.4** 泵送轻骨料混凝土泵送施工时，应采取降低泵送阻力的措施。输送管的管径不宜小于 125mm。所有管道内应清洁，泵送开始前应先采用砂浆润滑管壁。

## B.5 质量检验与验收

**B.5.1** 泵送轻骨料混凝土的质量控制和质量检验与验收应符合国家现行标准《混凝土泵送施工技术规程》（JGJ/T 10）第 7 章的要求和本规程第 6.6 节有关规定。

**B.5.2** 泵送轻骨料混凝土各项性能的试验方法应按本规程第 7 章的有关规定进行。

## 本标准用词说明

1. 为便于在执行本标准条文时区别对待，对于要求严格程度不同的用词说明如下：

1）表示很严格，非这样做不可的：

正面词采用“必须”；反面词采用“严禁”。

2）表示严格，在正常情况下均应这样做的：

正面词采用“应”；反面词采用“不应”或“不得”。

3）表示允许稍有选择，在条件许可时首先应这样做的：

正面词采用“宜”；反面词采用“不宜”。

表示有选择，在一定条件下可以这样做的，采用“可”。

2. 条文中指明应按其他有关标准执行的写法为：“应符合……的规定”或应按……执行。

中华人民共和国行业标准

# 轻骨料混凝土技术规程

**JGJ 51—2002**

## 条 文 说 明

# 前　言

《轻骨料混凝土技术规程》（JGJ51—2002），经建设部2002年9月27日以公告第68号文批准、发布。

本标准第一版的主编单位是中国建筑科学研究院，参加单位是陕西省建筑科学研究院、上海建筑科学研究院、黑龙江建筑低温科学研究所、辽宁省建筑科学研究所、大庆油田建设设计研究院、同济大学、北京市第二建筑构件厂。

为便于广大设计、施工、科研、学校等单位有关人员在使用本标准时能正确理解和执行条文规定，《轻骨料混凝土技术规程》编制组按章、节、条顺序编制了本标准的条文说明，供使用者参考。在使用中如发现本条文说明有不妥之处，请将意见函寄中国建筑科学研究院（地址：北京市北三环东路30号，邮编：100013）。

# 目　次

# 1 总　　则

**1.0.1** 阐明本规程的编制目的。

**1.0.2** 本规程规定了无机轻骨料混凝土的适用范围。根据轻骨料混凝土技术发展的需要，删去了原规程不适用于无砂或少砂大孔轻骨料混凝土的规定，初次将无砂大孔轻骨料混凝土列入规程。

# 2 术语、符号

在我国，轻骨料混凝土属新品种混凝土，在《建筑结构设计术语和符号标准》GB/T 50083—97 中列入的、与之相适应的术语和符号很少。因此，《规程》中的术语和符号除按《建筑结构设计术语和符号标准》GB/T 50083 的要求和原则制订外，还考虑尽量与国内相关标准相一致。

# 3 原 材 料

**3.0.1～3.0.7** 轻骨料混凝土的原材料主要是水泥、轻粗细骨料、普通砂、水、各种化学外加剂和掺和料。这些原材料的各项技术性能及要求都应满足现行国家或行业的有关标准和规程的要求。因此，本规程将有关标准、规程和规范的名称和编号列入，而内容不再一一列入。

# 4 技 术 性 能

## 4.1 一 般 规 定

**4.1.1～4.1.4** 根据国内外同类型标准和规程的经验，本章主要规定了轻骨料混凝土强度等级和密度等级的定义及其划分原则。参照国际通用原则，按用途将轻骨料混凝土划分为保温、结构保温和结构轻骨料混凝土三大类，分别规定了各类混凝土的强度等级、密度等级和合理使用的范围，将轻骨料混凝土强度等级符号统一改为 LC。

## 4.2 性 能 指 标

**4.2.1** 20 世纪 90 年代以来，我国高强轻骨料的生产取得突破性的发展，在上海、宜昌、哈尔滨、天津和金坛等地已可生产出质量符合国家标准的高强陶粒，可以配制出密度等级为 1900，强度等级为 LC40～LC60 的高强轻骨料混凝土，并越来越多在高层、大跨的房屋建筑和桥梁工程中应用。因此，在轻骨料混凝土强度等级中增设了 LC55 和 LC60 两个等级。

为与钢筋混凝土结构设计规范相适应，删去弯曲抗压和抗剪强度两项标准值。增设 LC55 和 LC60 两个强度等级标准值，其确定原则与其他等级相同。

**4.2.2** 原《规程》中轻骨料混凝土弹性模量值（$E_{LC}$），是在专题研究基础上提出的我国自己的弹性模量经验公式 $E_{LC}=2.02\cdot\rho\cdot\sqrt{f_{cu\cdot k}}$标定而得的，但近几年发现工程中应用的高强轻骨料混凝土的 $E_{LC}$值与公式相比偏高约12%。

在这次修订中，经专题论证发现，其主要原因是在参照美国ACI 213R74、84、87的弹性模量公式 $E_c=\rho_c^{15}\cdot 0.043\cdot\sqrt{f'_c}$（式中 $f_c$ 为轻骨料混凝土圆柱体试件抗压强度）时，在轻骨料混凝土强度大于35~42MPa范围，$E_{LC}$值下调6%~15%所致。

经与近几年工程中所用高强轻骨料混凝土的 $E_{LC}$值相比较，完全证实了这一点。因此，在这次修订中，仍以原公式 $E_{LC}=2.02\cdot\rho\cdot\sqrt{f_{cu\cdot k}}$为依据，但高强、高密度区的 $E_{LC}$值不再下调。

**4.2.3~4.2.4** 原《规程》的收缩和徐变的标定值，在专题研究成果的基础上，提出的我国自己的在标准状态轻骨料混凝土下收缩经验公式 $\varepsilon(t)_0=\frac{t}{a+bt}\times 10^{-3}$、徐变系数的经验公式 $\varphi(t)_0=\frac{t^n}{a+bt^n}$标定而得的。但原《规程》规定只适用于LC20~LC30的结构轻骨料混凝土。

在这次修订中，经与ACI 213R和美国SOLITE公司的有关资料相比较，又经近几年我国有关工程和试验的实测资料验证，充分说明，原规程中给出的有关公式和系数，仍然适用于LC30~LC60的结构轻骨料混凝土。只是原《规程》标定值富裕系数较小，特别是收缩值更为明显。因此，本规程中规定的收缩值和徐变系数上限，即表4.2.3和表4.2.4列出的数值，是按《规程》中给出的公式，按不同龄期和具有95%保证率计算得出。

**4.2.7** 为适应建筑节能技术发展的需要，在轻骨料混凝土密度等级方面，增加了600和700两个密度等级。与其相对应的有关热物理系数，仍按原规程所采用的有关实验公式计算。

**4.2.8** 轻骨料混凝土与普通混凝土同样，具有良好的抗冻性，本规程的抗冻性指标主要参照国外有关标准和规范的一般性规定，近10年来未有异议。这次修订基本保持原规定，并新规定在干湿交替部位、水位变化部位或粉煤灰掺量大于50%的工程应用时，抗冻等级应大于F50，以保证工程的耐久性，国外桥梁和海工等工程的应用经验证明这是适宜的。

**4.2.9** 轻骨料混凝土的抗碳化指标是在1981年建筑科技发展计划中，在轻骨料混凝土和普通混凝土抗碳化性能专题研究成果的基础上制定的。20多年的工程实践表明，抗碳化指标是合理、可行的。

**4.2.10** 这一新增条款是在轻骨料混凝土应用日益增多的情况下，根据工程实际的要求而制订。轻骨料混凝土比普通混凝土具有更好的抗渗性，许多工程在混凝土的抗渗性方面也有相应的要求。

**4.2.11** 这是新列入的条款。20世纪80年代以来，在国外，次轻混凝土（又称指定密度混凝土，或普通轻混凝土）在桥梁等工程中的应用越来越多。在轻粗骨料中加入适量的普通粗骨料配制而成的次轻混凝土，与未掺入普通粗骨料的轻骨料混凝土相比，具有更好的力学性能和体积稳定性，这对改善轻骨料混凝土的性能，扩大其应用范围都有积极的意义。因此，为促进次轻混凝土的发展，将其列入规程是十分必要的。鉴于我国尚缺乏次轻混凝土的系统试验资料，因此，规定次轻混凝土的强度标准值、弹性模量、收缩和徐变等有关性能，应通过试验确定。

# 5 配合比设计

## 5.1 一 般 要 求

**5.1.1** 本条文规定轻骨料混凝土配合比设计的主要目的与任务。轻骨料混凝土与普通混凝土不同的是，除抗压强度应满足设计要求外，表观密度也应满足要求。在某些特殊情况下，如在高层、大跨等承载结构上，还应满足对弹性模量、收缩和徐变等的要求。

**5.1.2** 本条文规定了试配强度的确定方法，强调轻骨料混凝土的配合比应通过计算和试配确定，一样也不能少。和普通混凝土一样，试配强度应具有95%的保证率。

**5.1.3** 《规程》新编时，对我国各主要地区的部分工程中不同强度等级、不同品种的轻骨料混凝土取样的4800组试块抗压强度的统计资料说明，其各强度等级总体的强度标准差 $\sigma$，与普通混凝土基本上是一致的。因此，其 $\sigma$ 的取值与普通混凝土相同。

**5.1.4** 鉴于轻骨料混凝土技术的发展，为改善某些性能指标，在轻骨料混凝土中同时采用两种不同品种的粗骨料，在国外应用已越来越多。在国内，近几年，发现不少厂家，从谋利出发，在陶粒混凝土小砌块中，加入大量劣质炉渣（又称煤渣），仍称陶粒混凝土小砌块，以高价售出，引起公愤。为了抑制这种现象，保证混凝土小砌块的质量，特意在本条文中，规定了对炉渣的限量。

**5.1.5** 化学外加剂和掺和料品种很多，性能各异。其品种与掺入量对水泥适应性的影响，比普通混凝土更甚，因此，为了保证轻骨料混凝土的施工质量，特制定本条文。

**5.1.6** 根据轻骨料混凝土技术发展的需要，增设了主要用于小砌块、屋面和墙体的大孔轻骨料混凝土，以及用于现浇施工的泵送轻骨料混凝土的技术内容。

## 5.2 设计参数选择

**5.2.1** 表5.2.1下注中的水泥强度等级应按现行国家标准《硅酸盐水泥、普通硅酸盐水泥》（GB175—1999）的规定执行。因为轻骨料混凝土配合比设计复杂，水泥用量不按公式计算，而是按表5.2.1的有关参数经试验确定，所以，这次水泥新标准的实施对其影响不大。

**5.2.2** 根据对混凝土耐久性更高的要求，参照美国ACI 318 M—95的要求，将表5.2.2中最大水灰比调低。表中的最小水泥用量，是根据ACI 318 M—95给出的对不同环境条件和不同强度等级的要求，在原规程的基础上调整而得。

**5.2.3** 根据十多年来生产和工程实践经验，表5.2.3中增加振动加压成型，是为适应某些干硬性混凝土生产的需要，如砌块等；坍落度加大，是根据减水剂的普遍使用、混凝土搅拌运输车出料和施工操作要求等多方面技术发展情况调整的。

**5.2.4** 此条文规定了轻骨料混凝土砂率特殊的表示方法，及不同用途轻骨料混凝土的砂率值的变化范围。与普通混凝土的不同点：一是以体积砂率表示；二是一般砂率较大。

轻骨料混凝土的砂率应以体积砂率表示，即细骨料体积与粗细骨料总体积之比。体积可采用松散体积或绝对体积表示。其对应的砂率为松散体积砂率或绝对体积砂率。随其配合比设计方法不同，采用砂率表示方法也不同：采用松散体积法设计配合比则用松散体积砂率表示；用绝对体积法设计时，则用绝对体积砂率表示。

不同用途混凝土的砂率变化范围是根据国内外施工经验制定的。经过多年的实践证明是可行的。故本次修订没有变动。

**5.2.5** 表 5.2.5 中用普通砂时粗细骨料总体积下限降低，主要是根据高强陶粒、高强陶粒混凝土和较高强度等级的砂轻混凝土在结构中的推广应用，及其施工操作性能的要求等原因，使水泥和粉煤灰等掺和料总用量相对增加而确定的。试验和实际工程已经明显反映出这一变化。美国用于工程结构方面（如桥梁等）的轻骨料混凝土配合比也反映出这一点。

**5.2.6** 《粉煤灰在混凝土和砂浆中应用技术规程》（JGJ28—86）尚未重新修订。当时制订的某些掺量较保守。当前，粉煤灰在混凝土中掺量向较大掺量方向发展。因此，这次修订中，允许在有试验根据时，可适当放宽粉煤灰掺量的范围。

## 5.3 配合比计算与调整

**5.3.1** 将松散体积法用于砂轻混凝土的配合比计算，并放在突出位置，基于五点考虑：1. 在计算过程中，有关材料的计算参数，需要经专门试验加以确定，而轻骨料和砂等有关材料匀质性不理想，试验确定的参数，代表性并不好。因此，绝对体积法往往与实际情况有较大出入。2. 实际工程中，时常由于缺乏试验条件，或图方便省时间，往往直接采用经验取值作为计算参数。实践证明，这种方法应用效果不理想，最终还是靠试验修正，修正的偏差还较大。3. 松散体积法基于试验和应用经验，也包括了积累经验过程中绝对体积法在初步计算时的大量应用，我们可以站在已有知识（包括理论指导、试验和应用经验）的平台上，在合理范围内查取计算参数，直接经试验调整确定配合比，相对较为简明。4. 松散体积法相对较简易，便于理解和应用，有利于试验和工程中配合比的反复调配，有利于轻骨料混凝土的推广应用；5. 试验和工程证明，松散体积法的应用，确实带来很大的方便，而且，其准确性和可靠性是有保证的。

经验证明，两种配合比计算和调整的步骤可行，这次修订未作改动。

**5.3.2** 松散体积法是以给定每立方米混凝土的粗细骨料松散总体积为基础进行计算，然后按设计要求的混凝土干表观密度为依据进行校核，最后通过试验调整出配合比。

20 多年使用经验说明，本条文规定的松散体积法，既适用全轻混凝土，也适用于砂轻混凝土。它是一个十分简便易行、预估性较好的和非常实用的轻骨料混凝土配合比设计方法。它特别适用于在施工中及时、快速地调整配合比。这次规定仍沿用以前设计步骤，未作修改。

**5.3.3** 绝对体积法是按每立方米混凝土的绝对体积为各组成材料的绝对体积之和进行计算。绝对体积法概念明确，便于计算。但由于原材料的某些设计参数，如粗、细骨料的颗粒表观密度和水泥的密度等，设计需经试验确定，费时较多，十分麻烦，不能满足在施工中经常检测，及时调整配合比的要求。若不采用实测值，而是按一般的资料任取一个经验值进行计算，则可能带来配合比设计结果的较大误差，影响工程质量。

但对于对比、检验、分析和研究等工作，绝对体积法仍是有用的。这次规定仍沿用以前设计步骤，未作修改。

**5.3.4** 轻骨料一般都具有吸水性。为了便于计算附加水量，进而计算轻骨料混凝土的总用水量，特列出表5.3.4，使概念更为清楚，便于使用。

**5.3.5** 表5.3.5将粉煤灰的应用扩大到LC30以上，同时考虑到大掺量粉煤灰技术发展的需要，在注中取消了“钢筋轻骨料混凝土的粉煤灰取代水泥率不宜大于15%”的内容，写入了在有试验根据时可适当放宽的条款。经近年来的研究和工程实践证明，只要加强粉煤灰质量控制和应用技术保证，适当扩大粉煤灰在轻骨料混凝土中的应用是可行的。

# 6 施工工艺

## 6.1 一般要求

**6.1.1** 该条对本章的适用范围重新作了调整。去掉了“适用于一般工业与民用建筑”，和“不适用于特种……工程”的字样。

20多年的施工经验说明，本章的规定不仅适用于工业与民用建筑，也可适用于热工、水工、桥涵等土木工程轻骨料混凝土的施工。

**6.1.2** 强调原材料进场后，应按国家标准的要求进行复检验收。

**6.1.3** 对轻骨料进入施工现场后的堆放、运输作了具体规定。强调应按不同品种，分批运输和堆放，在堆放时避免离析，并宜采取防雨、防风防水措施。

**6.1.4** 在低于5℃的气温下，不宜进行轻骨料混凝土的预湿和施工。

## 6.2 拌和物拌制

**6.2.1** 一般来说，轻粗骨料的堆积密度变化较大，在生产过程中若不经常对其进行测定，将在很大程度上影响拌和物方量的准确性。轻粗骨料的含水率会影响配合比中用水量的准确性，并对拌和物的稠度和混凝土的强度产生不良影响。为保证混凝土施工用轻骨料混凝土拌和物方量与配合比计算方量相吻合，以及拌和物的和易性符合施工要求，应对轻粗骨料的含水率及其堆积密度进行测定。

**6.2.2** 本条文规定轻骨料混凝土原材料的计量方法。砂轻混凝土和普通混凝土一样可采用按质量计量；但全轻混凝土则采用体积与质量相结合的方法计量。误差的控制按质量计量，与普通混凝土相同。

**6.2.3** 轻骨料混凝土因骨料轻，自落式搅拌机一般不易搅匀，严重影响混凝土性能，建设部早已明文规定禁止使用。因此，本条规定应采用强制式搅拌机。

**6.2.4** 本条文按预湿处理和非预湿处理两种拌和物搅拌工艺分别提出预湿、计量、下料、拌和、出料的工艺流程图，程序明确，一目了然，便于操作。20 年来生产实践表明，该工艺流程是可行的。此次修订基本上未作变动。

**6.2.5** 本条文规定了不采用搅拌运输车运送混凝土拌和物时，即不是由预拌混凝土厂供料时，砂轻混凝土和全轻混凝土的搅拌时间（含下料）不宜超过 3min。为保证拌和物的均匀性，全轻混凝土拌和物的搅拌时间宜延长 1min。

若由预拌混凝土厂供货时，砂轻混凝土拌和物的搅拌时间，则可视拌和物距离的远近，适当缩短。

**6.2.6** 本条文专门规定了化学外加剂掺入的方法。轻粗骨料具有一定吸水性，试验证明，轻粗骨料未预湿时，与拌和水同步加入化学外加剂，会部分被轻粗骨料所吸收，而影响其功效，因此，外加剂应在轻骨料吸水后加入。

## 6.3 拌 和 物 运 输

**6.3.1** 本条文明确规定，轻骨料混凝土拌和物运输时，如坍落度损失或离析较严重者，浇筑前应采用人工二次拌和，但不得加水。若加水，即使是加入量不多，也会严重降低混凝土的强度，影响工程质量。

**6.3.2** 为了减少轻骨料混凝土拌和物的坍落损失，应选择最佳运输路线，中途不停顿。本条文规定，其从搅拌机卸料至浇入模内止的时间，不宜超过 45min。

**6.3.3** 当采用搅拌运输车运送拌和物时，如发现罐内拌和物坍落度损失严重，可在卸料前加入适量减水剂，加速转几圈后出料。掺入量的多少应以不影响混凝土质量为准。

## 6.4 拌和物浇筑和成型

**6.4.1** 为了避免离析，减小了拌和物浇筑时倾落的自由高度。倾落的自由高度从 2m 降低到 1.5m。

**6.4.2** 轻骨料混凝土拌和物的内摩擦力比普通混凝土的大。为保证拌和物的密实性，本条规定应采用机械振捣成型。只有对流动性大、不振捣和硬化后的混凝土强度能满足要求的塑性拌和物，以及对强度没有要求的结构保温类和保温类的轻骨料混凝土拌和物，可采用插捣成型。

**6.4.3** 本条规定了干硬性轻骨料混凝土构件的成型应采用振动台或表面振动加压成型，以保证振捣密实。

**6.4.4** 本条规定了竖向结构成构件的浇筑应采用用分层振捣成型，拌和物每层厚度宜控制在 300mm 左右。

**6.4.5** 本条规定了浇筑大面积水平构件时的振捣方法。厚度小于 200mm 或大于 200mm 时，可采用不同的振捣方式。但最终是要保证混凝土的密实性。

**6.4.6** 本条根据施工经验，规定了采用插入式振捣器的振捣深度和距离，以及多层浇筑插捣的注意事项。强调连续多层浇筑时，插入式振捣器应插入下层拌和物 50mm。

**6.4.7** 本条规定了拌和物成型时的振捣时间（含振动台，

表面振动器和插入式振捣器）。振捣时间的长短不仅影响混凝土的密度和强度，而且还影响拌和物中轻骨料的上浮，表面气泡的大小和分布，以及蜂窝、狗洞等表面质量问题。应根据拌和物稠度、振捣部位、配筋疏密和操作工技术水平等具体情况，在本条规定的振捣时间范围（为 10～30s）内，利用经验和试振捣确定。

**6.4.8** 为保证轻骨料混凝土表面质量，在振捣成型后，应进行抹面处理。若轻粗骨料上浮时，不应刮去，应采取措施（如用表面振动器再振一遍等），将其压入混凝土内，抹平，保证混凝土配合比与设计相符。

## 6.5 养护和缺陷修补

**6.5.1** 轻骨料混凝土成型后，应比普通混凝土更为注意防止表面失水，否则可能因为内外湿差引起收缩应力，导致混凝土表面裂缝。

**6.5.2** 本条文规定了轻骨料混凝土自然养护应注意的事项。虽然因水泥品种不同而略有差异，但还都应注意早期养护，坚持 14 天湿养护是十分必要的。特别是在夏季，并非 14 天后就平安无事了，对厚大的结构或构件更不能掉以轻心。

**6.5.3** 取消热拌混凝土的养护要求。蒸汽养护时，成型后应有一定的静停时间，强调升温、降温都不宜太快，以保证通汽升温时不发生温度裂缝。

**6.5.4** 对结构保温类和保温类轻骨料混凝土构件，为使其缺陷修补处的保温性能与主体一致，宜用原配合比砂浆修补。

## 6.6 质量检验和验收

**6.6.1** 本条文规定了轻骨料拌和物检验的项目和次数。应注意，与普通混凝土拌和物不同的是，除强度与坍落度外，每次还必须检验拌和物的表观密度。很多工地，甚至是对轻骨料混凝土较熟悉的技术人员，也经常忘了这一点。

**6.6.2** 本条文规定了轻骨料混凝土强度的检验次数和评定方法。和普通混凝土强度一样，应按 GBJ107—87 的规定进行。

**6.6.3** 轻骨料混凝土硬化后的表观密度的检验，可在 28d 龄期时，按本规程第 7.3 节规定的方法，与抗压强度同时进行。按本文规定予以评定时，若检验值与设计值之间的偏差 >3% 时，应及时采取措施。一般说来，在按 6.6.1 条进行拌和物检验后，如轻骨料混凝土理论干表观密度（即 $\rho_{cd} = 1.15m_c + m_a + m_s$）与设计值之间的偏差不大于 2%，则按本条检验就不会有问题。所以应该说按 6.6.1 验评更为重要。

**6.6.4** 前规程未列入“工程验收”的条文，曾引起一些误解，以为不必进行工程验收，也不明白应如何进行验收。因此，本条文明确规定，应按《混凝土结构工程施工质量验收规范》的有关规定进行验收。

# 7 试验方法

**7.1～7.6** 轻骨料混凝土和普通混凝土同属混凝土范畴。根据国外经验，为了便于使用和比较，其试验方法是统一的。轻骨料混凝土拌和物性能、力学性能以及收缩徐变等长期性能的试验方法，全部按我国普通混凝土的国家标准执行。干表观密度，导热系数等试验方法，则参照国内外轻骨料混凝土通用的方法制定。试验配合比中各组分材料计量允许误差的控制严于施工配合比。7.4节用于测定轻骨料混凝土随时间变化的吸水性能及吸水饱和后的强度变化情况，以评定其耐水性能。7.6节用于测定轻骨料混凝土的温度线膨胀系数；以评定其温度变形性能。

# 附录A 大孔轻骨料混凝土

大孔轻骨料混凝土具有水泥用量低、表观密度小、热工性能好、收缩小和无毛细管渗透现象等特点。早在二次大战后，国外就大量推广应用大孔轻骨料混凝土。我国在20世纪70年代后期也开始研究，并在工业与民用建筑墙体工程中（包括现浇与预制）应用。近几年，大量应用于制作小砌块，取代粘土砖，成为我国墙体材料改革中最有发展前途的一种新型墙体材料。

但是，以前的规程没有包括大孔轻骨料混凝土。为了使大孔轻骨料混凝土的生产和应用达到技术先进、质量优良和经济合理，特将其列入本规程的附录。

## A.1 一般规定

本节阐明了附录A的适用范围，以及大孔轻骨料混凝土强度等级和密度等级的划分。

## A.2 轻粗骨料技术要求

**A.2.1** 大孔轻骨料混凝土对轻粗骨料级配的要求与密实轻骨料混凝土不同。为了使混凝土中形成较多的大孔隙，宜采用单一粒级。

**A.2.2** 轻粗骨料的密度和强度是影响大孔轻骨料混凝土质量的主要因素，因此，轻粗骨料的选用，要与大孔轻骨料混凝土要求的密度和强度相适应。

## A.3 配合比计算与试配

**A.3.1** 与轻骨料混凝土的配合比计算步骤相同，应根据混凝土要求的强度等级，计算试配强度。试配强度的计算方法与本规程5.1.2条相同。

**A.3.2** 本条规定了每立方米大孔混凝土的轻粗骨料用量的计算方法。大孔轻骨料混凝土的轻粗骨料用量是按每立方米混凝土用$1m^3$松散体积的轻粗骨料计算。如按质量计量，则$1m^3$混凝土的轻粗骨料用量等于其堆积密度乘以$1m^3$。

**A.3.3** 大孔轻骨料混凝土的水泥用量取决于混凝土强度等级和所用轻粗骨料的品种。虽然国内一些研究者提出过各种计算公式，但使用时都有一定的局限条件。考虑到每立方米大孔轻骨料混凝土的水泥用量一般都在150～250kg，变化范围较窄。因此，可以根据设计的混凝土强度等级，初步选用一个相应的水泥用量。

**A.3.4** 大孔轻骨料混凝土与普通混凝土的稠度指标不同，采用浇注成型时，用水量是以水泥浆能均匀粘附在骨料表面并呈油状光泽而不流淌为度，因此，是以达到这种状态来确定水灰比（用水量）的。经验说明，净水灰比变化范围为0.30～0.42，可在此范围内选用。

**A.3.5** 制作小砌块时，采用振动加压成型。根据实践经验，用水量应以模底不淌浆和坯体不变形为准。

**A.3.6** 与其他混凝土配合比设计要求相同，应进行试配和调整。

为起提示作用，给出应用实例，其中的配合比供参考。

**A.3.7** 规定了测定大孔轻骨料混凝土力学性能的试验方法。

## A.4 施 工 工 艺

**A.4.1** 本条规定了计量方法。

**A.4.2** 强制式搅拌机不粘盘，搅拌均匀。

**A.4.3** 本条规定了大孔轻骨料混凝土搅拌工艺，包括投料顺序、搅拌时间和拌和物状态等。

**A.4.4** 现场浇注靠拌和物自重压实，用捣棒轻插边角处，不得采用机械振捣，避免过于密实，影响有关性能。

**A.4.5** 因现场浇注不得采用机械振捣，故构筑物较高大时，应分层和多点浇注，保证匀质性。

**A.4.6** 砌块生产与现场浇注不同，应采用振动加压成型。

**A.4.7** 大孔径骨料混凝土的孔隙多、孔大、内表面积大，因此要注意早期保湿养护。

**附表 A.3.6-1　　现浇大孔轻骨料混凝土应用实例**

| 混凝土强度等级 | 混凝土密度等级 | 轻粗骨料 | | | | 混凝土原材料用量 | | | 净水胶比 | 大孔轻骨料混凝土 | | |
|---|---|---|---|---|---|---|---|---|---|---|---|---|
| | | 产地 | 品种 | 密度等级 | 粒级(mm) | 水泥(kg) | 粉煤灰(kg) | 粗骨料(kg) | | 干表观密度($kg/m^3$) | 抗压强度(MPa) | 弹性模量($10^3$MPa) |
| LC5 | 1000 | 天津 | 粉煤灰陶粒 | 700 | 5~10 | 150<br>32.5级 | — | 730 | 0.34 | 1000 | 6.0 | 6.4 |
| LC5 | 1100 | 陕西 | 粉煤灰陶粒 | 900 | 5~16 | 150<br>32.5级 | 37.5 | 948 | 0.30 | 1066 | 6.1 | 8.7 |
| LC10 | 1200 | 陕西 | 粉煤灰陶粒 | 900 | 5~16 | 200<br>32.5级 | 100 | 948 | 0.36 | 1200 | 10.7 | 8.9 |
| LC7.5 | 1200 | 上海 | 粉煤灰陶粒 | 800 | 5~10 | 186<br>42.5级 | — | 837 | 0.45 | 1180 | 7.8 | 8.9 |
| LC5 | 1100 | 上海 | 粉煤灰陶粒 | 800 | 5~10 | 186<br>32.5级 | — | 837 | 0.45 | 1080 | 5.7 | 8.7 |
| LC5 | 1100 | 上海 | 粘土陶粒 | 800 | 5~16 | 200<br>32.5级 | — | 800 | 0.37 | 1150 | 5.8 | 9.0 |
| LC7.5 | 1200 | 上海 | 粘土陶粒 | 800 | 5~16 | 231<br>42.5级 | — | 838 | 0.33 | 1200 | 8.3 | 11.4 |

**附表 A.3.6-2　　大孔轻骨料混凝土小型空心砌块应用实例**

| 砌块强度等级 | 砌块密度等级 | 轻粗骨料 | | | | 混凝土原材料用量 | | | 净水胶比 | 小型空心砌块 | |
|---|---|---|---|---|---|---|---|---|---|---|---|
| | | 产地 | 品种 | 密度等级 | 粒级(mm) | 32.5级水泥(kg) | 粉煤灰(kg) | 粗骨料(kg) | | 干表观密度($kg/m^3$) | 抗压强度(MPa) |
| 1.5 | 600 | 黑龙江 | 页岩陶粒 | 500 | 5~16 | 246 | 62 | 489 | 0.43 | 518 | 1.6 |
| 1.5 | 600 | 黑龙江 | 页岩陶粒 | 600 | 5~16 | 238 | 60 | 600 | 0.38 | 590 | 2.0 |
| 2.5 | 700 | 黑龙江 | 页岩陶粒 | 700 | 5~16 | 231 | 58 | 720 | 0.33 | 650 | 2.8 |

注：1. 小砌块的规格尺寸 390mm×290mm×190mm；
2. 小砌块空心率 35%；
3. 允许用煤渣取代部分页岩陶粒，但其取代量应通过试验确定，且不宜超过 30%。

# 附录B　泵送轻骨料混凝土

20世纪90年代，我国商品混凝土得到迅猛发展，泵送混凝土的技术水平有了很大提高；同时，泵送轻骨料混凝土也在我国得到应用，并取得了较好的技术经济效益。为了进一步推广泵送轻骨料混凝土在建筑工程中的应用，充分发挥其优越性，保证工程质量，特编制本附录。

## B.1　一 般 规 定

**B.1.1**　全轻混凝土一般因空隙太大，含水率高，泵送时易产生严重离析。根据国内外经验，除个别采用高密度等级作轻砂外，泵送施工时一般都是采用砂轻混凝土。

**B.1.2**　因为轻骨料孔隙率和吸水率比普通骨料大，所以，轻骨料混凝土的泵送比普通混凝土困难得多。在泵送压力下，轻骨料会急剧吸收拌和物中的水分，使泵送管道内的拌和物坍落度明显下降，和易性变差，影响泵送，甚至发生堵泵现象。当压力消失后，轻骨料内部吸收的水分又会释放出来，影响轻骨料混凝土的凝结和硬化后的性能。为解决这些问题，在轻骨料混凝土泵送工艺中规定了轻粗骨料在泵送前要预湿处理。

条文中只推荐了一种预湿方法。工程说明这种方法较方便，也较实用。在有条件时，也可采用真空法、压力法等。

## B.2　原 材 料

**B.2.1**　规定了泵送轻骨料混凝土所用水泥应符合本规程第3.1.1条的要求。

**B.2.2**　密度等级太低的轻骨料混凝土拌和物易产生离析，因此不宜泵送。根据工程调研，轻粗骨料一般不低于600级。为防止泵送施工中的离析、轻骨料上浮等现象，当轻骨料混凝土密度较小时，轻粗骨料公称最大粒径不宜大于16mm。轻粗骨料的粒型系数会影响拌和物的泵送性能，若粒型系数太大，易造成堵泵现象，因此，控制粒型系数以2.0为宜。

**B.2.3**　为保证泵送轻骨料混凝土拌和物的质量，规定了宜用的轻粗骨料颗粒级配和粒型系数。

**B.2.4**　砂的质量对泵送性能也有较大的影响。宜使用中砂，且较细部分（0.315mm通过量）应占有一定比例，否则影响拌和物的和易性。

## B.3　配 合 比 设 计

**B.3.1**　本条提出了泵送轻骨料混凝土的技术要求。

**B.3.2**　混凝土含气量太大会降低泵送效率，严重时会引起堵泵现象，参照有关规程，轻骨料混凝土的含气量不宜大于5%。

**B.3.3**　本条规定了试配时泵送轻骨料混凝土坍落度的计算方法。

**B.3.4**　本条规定了泵送轻骨料混凝土的最小水泥用量。

**B.3.5**　泵送混凝土的砂率应比非泵送的高，体积砂率宜为40%～50%。

为提高拌和物的和易性，可掺加外加剂和矿物掺和料。由于其品种较多，因此，除应符合现行有关标准要求外，还要通过试验确定品种和用量。

**B.3.6** 本条规定了泵送轻骨料混凝土配合比设计、试验和调整方法。指明与普通混凝土不同的是，其轻粗骨料的吸水率应按 24h 取用。

## B.4 施 工 工 艺

**B.4.1** 泵送轻骨料混凝土施工工艺及其设备除应符合本规程外，尚应符合《混凝土泵送施工技术规程》JGJ/T10 的相关要求。

**B.4.2** 本条规定了轻骨料预湿后的注意事项，以保证搅拌时混凝土拌和用水量的严格控制。

**B.4.3** 本条规定了泵送轻骨料混凝土搅拌时的投料顺序和搅拌时间的要求。

**B.4.4** 为减少泵送阻力，除在泵型方面应有所选择外，还应尽量选用钢管，少用胶管，减少弯管数量。此外，浇注速度也应适当放慢。

泵送混凝土用轻骨料的最大粒径变化较小，对输送管道的管径大小影响不大。根据国外的经验，一般不宜小于 125mm。

## B.5 质量控制与验收

**B.5.1** 本条规定了泵送轻骨料混凝土施工时质量的控制、检验与验收的要求。

**B.5.2** 本条规定了对泵送轻骨料混凝土各项性能指标的试验方法应按本规程第 7 章的要求进行。

中华人民共和国行业标准

# 普通混凝土用砂质量标准及检验方法

JGJ 52-92

主编单位:中国建筑科学研究院
批准部门:中华人民共和国建设部
施行日期:1993年10月1日

## 关于发布行业标准《普通混凝土用砂质量标准及检验方法》的通知

建标〔1992〕930号

根据建设部(89)建标计字第8号文的要求,由中国建筑科学研究院主编的《普通混凝土用砂质量标准及检验方法》,业经审查,现批准为行业标准,编号JGJ52－92,自1993年10月1日起施行。原部标准《普通混凝土用砂质量标准及检验方法》(JGJ52－79)同时废止。

本标准由建设部建筑工程标准技术归口单位中国建筑科学研究院归口管理,由中国建筑科学研究院负责解释,由建设部标准定额研究所组织出版。

中华人民共和国建设部
1992年12月30日

# 目 次

# 1 总 则

**1.0.1** 为合理选择和使用天然砂，保证所配制混凝土的质量，制定本标准。

**1.0.2** 本标准适用于一般工业与民用建筑和构筑物中普通混凝土用砂的质量检验。

特细砂混凝土及山砂混凝土用砂的质量要求，尚应遵照有关的专门标准执行。

**1.0.3** 砂的质量检验，除应符合本标准外，尚应符合国家现行有关标准的规定。

# 2 术语、符号

## 2.1 术 语

**2.1.1** 天然砂——由自然条件作用而形成的，粒径在 5mm 以下的岩石颗粒。按其产源不同，可分为河砂、海砂和山砂。

**2.1.2** 含泥量——砂中粒径小于 0.080mm 颗粒的含量。

**2.1.3** 泥块含量——砂中粒径大于 1.25mm，经水洗、手捏后变成小于 0.630mm 颗粒的含量。

**2.1.4** 坚固性——砂在气候、环境变化或其它物理因素作用下抵抗破裂的能力。

**2.1.5** 轻物质——砂中相对密度小于 $2000kg/m^3$ 的物质。

**2.1.6** 碱活性集料——能与水泥或混凝土中的碱发生化学反应的集料。

**2.1.7** 表观密度——集料颗粒单位体积(包括内封闭孔隙)的质量。

**2.1.8** 堆积密度——集料在自然堆积状态下单位体积的质量。

**2.1.9** 紧密密度——集料按规定方法颠实后单位体积的质量。

## 2.2 符 号

**2.2.1** $m_r$——试样在一个筛上的剩留量。

**2.2.2** $\mu_f$——细度模数。

**2.2.3** $\rho$——表观密度。

**2.2.4** $\omega_{wa}$，$\omega_{wc}$——吸水率，含水率。

**2.2.5** $\rho_1$，$\rho_c$——堆积密度，紧密密度。

**2.2.6** $\omega_c$，$\omega_{c,l}$——含泥量，泥块含量。

**2.2.7** $\omega_m$——云母含量。

**2.2.8** $\omega_l$——轻物质含量。

**2.2.9** $\omega_{cl}$——氯离子含量。

**2.2.10** $\varepsilon_t$——试件在 t 天龄期的膨胀率。

## 3 质量要求

**3.0.1** 砂的粗细程度按细度模数 $\mu_f$ 分为粗、中、细三级，其范围应符合以下规定：

粗砂：$\mu_f=3.7\sim3.1$

中砂：$\mu_f=3.0\sim2.3$

细砂：$\mu_f=2.2\sim1.6$

**3.0.2** 砂按 0.630mm 筛孔的累计筛余量(以重量百分率计，下同)，分成三个级配区(见表 3.0.2)。砂的颗粒级配应处于表 3.0.2 中的任何一个区以内。

**砂颗粒级配区　　表 3.0.2**

| 级配区 / 累计筛余(%) / 筛孔尺寸(mm) | Ⅰ区 | Ⅱ区 | Ⅲ区 |
|---|---|---|---|
| 10.0 | 0 | 0 | 0 |
| **5.00** | **10～0** | **10～0** | **10～0** |
| 2.50 | 35～5 | 25～0 | 15～0 |
| 1.25 | 65～35 | 50～10 | 25～0 |
| **0.630** | **85～71** | **70～41** | **40～16** |
| 0.315 | 95～80 | 92～70 | 85～55 |
| 0.160 | 100～90 | 100～90 | 100～90 |

砂的实际颗粒级配与表 3.0.2 中所列的累计筛余百分率相比，除 5.00mm 和 0.630mm(表 3.0.2 中黑体所标数值)外，允许稍有超出分界线，但其总量百分率不应大于 5%。

配制混凝土时宜优先选用Ⅱ区砂。当采用Ⅰ区砂时，应提高砂率，并保持足够的水泥用量，以满足混凝土的和易性；当采用Ⅲ区砂时，宜适当降低砂率，以保证混凝土强度。

对于泵送混凝土用砂，宜选用中砂。

当砂颗粒级配不符合第3.0.2条的要求时，应采取相应措施，经试验证明能确保工程质量，方允许使用。

**3.0.3** 砂中含泥量应符合表3.0.3的规定。

**砂中含泥量限值** **表3.0.3**

| 混凝土强度等级 | 大于或等于C30 | 小于C30 |
|---|---|---|
| 含泥量(按重量计%) | ≤3.0 | ≤5.0 |

对有抗冻、抗渗或其它特殊要求的混凝土用砂，含泥量应不大于3.0%。

对C10和C10以下的混凝土用砂，根据水泥标号，其含泥量可予以放宽。

**3.0.4** 砂中的泥块含量应符合表3.0.4的规定。

**砂中的泥块含量** **表3.0.4**

| 混凝土强度等级 | 大于或等于C30 | 小于C30 |
|---|---|---|
| 含泥量(按重量计%) | ≤1.0 | ≤2.0 |

对于有抗冻、抗渗或其它特殊要求的混凝土用砂，其泥块含量应不大于1.0%。

对于C10和C10以下的混凝土用砂，应根据水泥标号，其泥块含量可予以放宽。

**3.0.5** 砂的坚固性用硫酸钠溶液检验，试样经5次循环后其重量损失应符合表3.0.5规定。

**砂的坚固性指标** **表3.0.5**

| 混凝土所处的环境条件 | 循环后的重量损失(%) |
|---|---|
| 在严寒及寒冷地区室外使用并经常处于潮湿或干湿交替状态下的混凝土 | ≤8 |
| 其它条件下使用的混凝土 | ≤10 |

对于有抗疲劳、耐磨、抗冲击要求的混凝土用砂或有腐蚀介质作用或经常处于水位变化区的地下结构混凝土用砂，其坚固性重量损失率应小于8%。

**3.0.6** 砂中如含有云母、轻物质、有机物、硫化物及硫酸盐等有害物质，其含量应符合表3.0.6的规定。

**砂中的有害物质限值** **表3.0.6**

| 项目 | 质量指标 |
|---|---|
| 云母含量(按重量计%) | ≤2.0 |
| 轻物质含量(按重量计%) | ≤1.0 |
| 硫化物及硫酸盐含量(折算成$SO_3$按重量计%) | ≤1.0 |
| 有机物含量(用比色法试验) | 颜色不应深于标准色，如深于标准色，则应按水泥胶砂强度试验方法，进行强度对比试验，抗压强度比不应低于0.95。 |

有抗冻、抗渗要求的混凝土，砂中云母含量不应大于1.0%。

砂中如发现含有颗粒状的硫酸盐或硫化物杂质时，则要进行专门检验，确认能满足混凝土耐久性要求时，方能采用。

**3.0.7** 对重要工程混凝土使用的砂，应采用化学法和砂浆长度法进行集料的碱活性检验。经上述检验判断为有潜在危害时，应采取下列措施：

**3.0.7.1** 使用含碱量小于0.6%的水泥或采用能抑制碱——集料反应的掺合料；

**3.0.7.2** 当使用含钾、钠离子的外加剂时，必须进行专门试验。

**3.0.8** 采用海砂配制混凝土时，其氯离子含量应符合下列规定：

**3.0.8.1** 对素混凝土，海砂中氯离子含量不予限制；

**3.0.8.2** 对钢筋混凝土，海砂中氯离子含量不应大于0.06%（以干砂重的百分率计，下同）；

**3.0.8.3** 对预应力混凝土不宜用海砂。若必须使用海砂时，则应经淡水冲洗，其氯离子含量不得大于0.02%。

# 4 验收、运输和堆放

**4.0.1** 供货单位应提供产品合格证或质量检验报告。购货单位应按同产地同规格分批验收。用大型工具（如火车、货船、汽车）运输的，以400$m^3$或600t为一验收批。用小型工具（如马车等）运输的，以200$m^3$或300t为一验收批。不足上述数量者以一批论。

**4.0.2** 每验收批至少应进行颗粒级配、含泥量和泥块含量检验。如为海砂，还应检验其氯离子含量。对重要工程或特殊工程应根据工程要求，增加检测项目。如对其它指标的合格性有怀疑时，应予以检验。

当质量比较稳定、进料量又较大时，可定期检验。

使用新产源的砂时，应由供货单位按第3章的质量要求进行全面检验。

**4.0.3** 使用单位的质量检测报告内容应包括：委托单位；样品编号；工程名称；样品产地和名称；代表数量；检测条件；检测依据；检测项目；检测结果；结论等。检测报告格式可参照附录A。

**4.0.4** 砂的数量验收，可按重量或体积计算。

测定重量可用汽车地量衡或船舶吃水线为依据。测定体积可按车皮或船的容积为依据。用其它小型工具运输时，可按量方确定。

**4.0.5** 砂在运输、装卸和堆放过程中，应防止离析和混入杂质，并应按产地、种类和规格分别堆放。

# 5 取样与缩分

## 5.1 取样

**5.1.1** 每验收批取样方法应按下列规定执行：

**5.1.1.1** 在料堆上取样时，取样部位应均匀分布。取样前先将取样部位表层铲除。然后由各部位抽取大致相等的砂共8份，组成一组样品；

**5.1.1.2** 从皮带运输机上取样时，应在皮带运输机机尾的出料处用接料器定时抽取砂4份组成一组样品；

**5.1.1.3** 从火车、汽车、货船上取样时，从不同部位和深度抽取大致相等的砂8份，组成一组样品。

**5.1.2** 若检验不合格时，应重新取样。对不合格项，进行加倍复验，若仍有一个试样不能满足标准要求，应按不合格品处理。

注：如经观察，认为各节车皮间（汽车、货船间）所载的砂质量相差甚为悬殊时，应对质量有怀疑的每节列车（汽车、货船）分别取样和验收。

**5.1.3** 每组样品的取样数量。对每一单项试验，应不小于表5.1.3所规定的最少取样数量；须作几项试验时，如确能保证样品经一项试验后不致影响另一项试验的结果，可用同组样品进行几项不同的试验。

**5.1.4** 每组样品应妥善包装，避免细料散失及防止污染。并附样品卡片，标明样品的编号、取样时间、代表数量、产地、样品量、要求检验项目及取样方式等。

**每一试验项目所需砂的最少取样数量　　表5.1.3**

| 试验项目 | 最少取样数量(g) |
| --- | --- |
| 筛分析 | 4400 |
| 表观密度 | 2600 |
| 吸水率 | 4000 |
| 紧密密度和堆积密度 | 5000 |
| 含水率 | 1000 |
| 含泥量 | 4400 |
| 泥块含量 | 10000 |
| 有机质含量 | 2000 |
| 云母含量 | 600 |
| 轻物质含量 | 3200 |
| 坚固性 | 分成5.00～2.50；2.50～1.25；1.25～0.630；0.630～0.315mm四个粒级，各需100g。 |
| 硫化物及硫酸盐含量 | 50 |
| 氯离子含量 | 2000 |
| 碱活性 | 7500 |

## 5.2 样品的缩分

**5.2.1** 样品的缩分可选择下列二种方法之一：

**5.2.1.1** 用分料器（见图5.2.1）：将样品在潮湿状态下拌和均匀，然后使样品通过分料器。留下接料斗中的其中一份。用另一份再次通过分料器，重复上述过程，直至把样品缩分到试验所需量为止。

**5.2.1.2** 人工四分法缩分：将所取每组样品置于平板上，在潮湿状态下拌和均匀，并堆成厚度约为20mm的“圆饼”。然后沿互相垂直的两条直径把“圆饼”分成大致相等的四份，取其对角的两

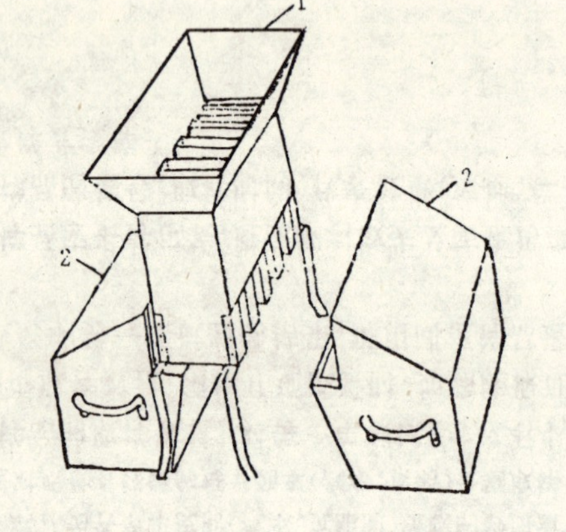


图 5.2.1 分料器

1—分料漏斗 2—接料斗

份重新拌匀，再堆成"圆饼"。重复上述过程，直至缩分后的材料量略多于进行试验所必需的量为止。

**5.2.2** 对较少的砂样品(如作单项试验时)，可采用较干的原砂样，但应经仔细拌匀后缩分。

砂的堆积密度和紧密密度及含水率检验所用的试样可不经缩分，在拌匀后直接进行试验。

# 6 检验方法

## 6.1 砂的筛分析试验

**6.1.1** 本方法适用于测定普通混凝土用天然砂的颗粒级配及细度模数。

**6.1.2** 筛分析试验应采用下列仪器设备：

(1) 试验筛——孔径为10.0、5.00、2.50mm的圆孔筛和孔径为1.25、0.630、0.315、0.160mm的方孔筛，以及筛的底盘和盖各一只，筛框为300mm或200mm。其产品质量要求应符合现行的国家标准《试验筛》的规定；

(2) 天平——称量1000g，感量1g；

(3) 摇筛机；

(4) 烘箱——能使温度控制在105±5℃；

(5) 浅盘和硬、软毛刷等。

**6.1.3** 试样制备应符合下列规定：

按第5.2节的缩分方法进行缩分，用于筛分析的试样，颗粒粒径不应大于10mm。试验前应先将来样通过10mm筛，并算出筛余百分率。然后称取每份不少于550g的试样两份，分别倒入两个浅盘中，在105±5℃的温度下烘干到恒重。冷却至室温备用。

注：恒重系指相邻两次称量间隔时间不大于3h的情况下，前后两次称量之差小于该项试验所要求的称量精度(下同)。

**6.1.4** 筛分析试验应按下列步骤进行：

**6.1.4.1** 准确称取烘干试样500g，置于按筛孔大小(大孔在上、小孔在下)顺序排列的套筛的最上一只筛(即5mm筛孔筛)上；将套筛装入摇筛机内固紧，筛分时间为10min左右；然后取出套筛，再按筛孔大小顺序，在清洁的浅盘上逐个进行手筛，直至每分钟的筛出量不超过试样总量的 0.1%时为止，通过的颗粒并入下一个筛，并和下一个筛中试样一起过筛，按这样顺序进行，直至每个筛全部筛完为止；

注：①试样为特细砂时，在筛分时增加 0.080 的方孔筛一只。

②如试样含泥量超过 5%，则应先用水洗，然后烘干至恒重，再进行筛分。

③无摇筛机时，可改用手筛。

**6.1.4.2** 仲裁时，试样在各号筛上的筛余量均不得超过(6.1.4−1)式的量：

$$m_r=\frac{A\sqrt{d}}{300} \quad (6.1.4-1)$$

生产控制检验时不得超过 6.1.4−2 的量：

$$m_r=\frac{A\sqrt{d}}{200} \quad (6.1.4-2)$$

式中： $m_r$——在一个筛上的剩留量(g)；

d——筛孔尺寸(mm)；

A——筛的面积($mm^2$)；

否则应将该筛余试样分成两份，再次进行筛分，并以其筛余量之和作为筛余量。

**6.1.4.3** 称取各筛筛余试样的重量(精确至 1g)，所有各筛的分计筛余量和底盘中剩余量的总和与筛分前的试样总量相比，其相差不得超过 1%。

**6.1.5** 筛分析试验结果应按下列步骤计算：

**6.1.5.1** 计算分计筛余百分率(各筛上的筛余量除以试样总量的百分率)，精确至 0.1%；

**6.1.5.2** 计算累计筛余百分率(该筛上的分计筛余百分率与大于该筛的各筛上的分计筛余百分率之总和)，精确至 1%；

**6.1.5.3** 根据各筛的累计筛余百分率评定该试样的颗粒级配分布情况；

**6.1.5.4** 按下式计算砂的细度模数 $\mu_f$(精确至 0.01)；

$$\mu_f=\frac{(\beta_2+\beta_3+\beta_4+\beta_5+\beta_6)-5\beta_1}{100-\beta_1} \quad (6.1.5.4)$$

式中： $\beta_1$、$\beta_2$、$\beta_3$、$\beta_4$、$\beta_5$、$\beta_6$ 分别为 5.00、2.50、1.25、0.630、0.315、0.160mm各筛上的累计筛余百分率；

**6.1.5.5** 筛分试验应采用两个试样平行试验。细度模数以两次试验结果的算术平均值为测定值(精确至 0.1)。如两次试验所得的细度模数之差大于 0.20 时，应重新取试样进行试验。

## 6.2 砂的表观密度试验(标准方法)

**6.2.1** 本方法适用于测定砂的表观密度。

**6.2.2** 表观密度试验应采用下列仪器设备：

(1) 天平——称量 1000g，感量 1g；

(2) 容量瓶——500mL；

(3) 干燥器、浅盘、铝制料勺、温度计等；

(4) 烘箱——能使温度控制在 105±5℃；

(5) 烧杯——500mL。

**6.2.3** 试样制备应符合下列规定：

将缩分至 650g 左右的试样在温度为 105±5℃的烘箱中烘干至恒重，并在干燥器内冷却至室温。

**6.2.4** 表观密度试验应按下列步骤进行：

**6.2.4.1** 称取烘干的试样 300g($m_0$)，装入盛有半瓶冷开水的容量瓶中；

**6.2.4.2** 摇转容量瓶，使试样在水中充分搅动以排除气泡，塞紧瓶塞，静置 24h 左右。然后用滴管添水，使水面与瓶颈刻度线平齐，再塞紧瓶塞，擦干瓶外水分，称其重量($m_1$)；

**6.2.4.3** 倒出瓶中的水和试样，将瓶的内外表面洗净，再向瓶内注入与第 6.2.4.2 款水温相差不超过 2℃的冷开水至瓶颈刻度线。塞紧瓶塞，擦干瓶外水分，称其重量($m_2$)。

注：在砂的表观密度试验过程中应测量并控制水的温度，试验的各项称量可以在

15℃～25℃的温度范围内进行。从试样加水静置的最后 2h 起直至试验结束，其温度相差不应超过 2℃。

**6.2.5** 表观密度 $\rho$ 应按下式计算（精确至 $10kg/m^3$）：

$$\rho=(\frac{m_0}{m_0+m_2-m_1}-\alpha_t)\times 1000(kg/m^3) \quad (6.2.5)$$

式中：$m_0$——试样的烘干重量($g$)；

$m_1$——试样、水及容量瓶总重($g$)；

$m_2$——水及容量瓶总重($g$)；

$\alpha_t$——考虑称量时的水温对水相对密度影响的修正系数，见表 6.2.5。

**不同水温下砂的表观密度温度修正系数　　表 6.2.5**

| 水温℃ | 15 | 16 | 17 | 18 | 19 | 20 |
|---|---|---|---|---|---|---|
| $\alpha_t$ | 0.002 | 0.003 | 0.003 | 0.004 | 0.004 | 0.005 |
| 水温℃ | 21 | 22 | 23 | 24 | 25 | |
| $\alpha_t$ | 0.005 | 0.006 | 0.006 | 0.007 | 0.008 | |

以两次试验结果的算术平均值作为测定值，如两次结果之差大于 $20kg/m^3$ 时，应重新取样进行试验。

## 6.3 砂的表观密度试验（简易方法）

**6.3.1** 本方法适用于测定砂的表观密度。

**6.3.2** 用本方法测定表观密度应采用下列仪器设备：

（1）天平——称量 100g，感量 0.1g；

（2）李氏瓶——容量 250mL；

（3）其它仪器设备参照第 6.2.2 条。

**6.3.3** 试样制备应符合下列规定：

将样品在潮湿状态下用四分法缩分至 120g 左右，在 105±5℃的烘箱中烘干至恒重，并在干燥器中冷却至室温，分成大致相等的两份备用。

**6.3.4** 用本方法测定表观密度应按下列步骤进行：

**6.3.4.1** 向李氏瓶中注入冷开水至一定刻度处，擦干瓶颈内部附着水，记录水的体积($V_1$)；

**6.3.4.2** 称取烘干试样 50g($m_0$)，徐徐装入盛水的李氏瓶中；

**6.3.4.3** 试样全部入瓶中后，用瓶内的水将粘附在瓶颈和瓶壁的试样洗入水中，摇转李氏瓶以排除气泡，静置约 24h 后，记录瓶中水面升高后的体积($V_2$)。

注：在砂的表观密度试验过程中应测量并控制水的温度，允许在 15～25℃的温度范围内进行体积测定，但两次体积测定（指 $V_1$ 和 $V_2$）的温差不得大于 2℃。从试样加水静置的最后 2h 起，直至记录完瓶中水面高升时止，其温度相差不应超过 2℃。

**6.3.5** 表观密度 $\rho$ 应按下式计算（精确至 $10kg/m^3$）：

$$\rho=(\frac{m_0}{V_2-V_1}-\alpha_t)\times 1000(kg/m^3) \quad (6.3.5)$$

式中：$m_0$——试样的烘干重量(g)；

$V_1$——水的原有体积(mL)；

$V_2$——倒入试样后水和试样的体积(mL)；

$\alpha_t$——考虑称量时的水温对水相对密度影响的修正系数，见表 6.2.5。

以两次试验结果的算术平均值作为测定值，如两次结果之差大于 $20kg/m^3$ 时，应重新取样进行试验。

## 6.4 砂的吸水率试验

**6.4.1** 本方法适用于测定砂的吸水率，即测定以烘干重量为基准的饱和面干吸水率。

**6.4.2** 含水率试验应采用下列仪器设备：

（1）天平——称量 1000g，感量 1g；

（2）饱和面干试模及重量约 340±15g 的钢制捣棒（见图 6.4.2）；

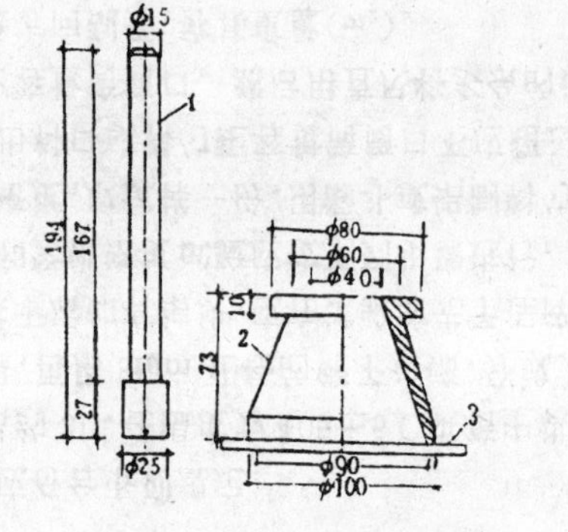


图 6.4.2 饱和面干试模及其捣棒(单位:mm)

1—捣棒;2—试模;3—玻璃板

(3) 干燥器、吹风机(手提式)、浅盘、铝制料勺、玻璃棒、温度计等;

(4) 烧杯——500mL;

(5) 烘箱——能使温度控制在105±5℃。

**6.4.3** 试样制备应符合下列规定:

饱和面干试样的制备,是将样品在潮湿状态下用四分法缩分至约1000g,拌匀后分成两份,分别装于浅盘或其它合适的容器中,注入清水,使水面高出试样表面20mm左右(水温控制在20±5℃)。用玻璃棒连续搅拌5min,以排除气泡。静置24h以后,细心地倒去试样上的水,并用吸管吸去余水。再将试样在盘中摊开,用手提吹风机缓缓吹入暖风,并不断翻拌试样,使砂表面的水分在各部位均匀蒸发。然后将试样松散地一次装满饱和面干试模中,捣25次,捣棒端面距试样表面不超过10mm,任其自由落下,捣完后,留下的空隙不用再装满,从垂直方向徐徐提起试模。如试模呈6.4.3—(a)形状时,则说明砂中尚含有表面水,应继续按上述方法用暖风干燥,并按上述方法进行试验,直至试模提起后试样呈图6.4.3—(b)的形状为止。如试模提起后,试样呈图6.4.3—(c)的形状,则说明试样已干燥过分,此时应将试样洒水约55mL,充分拌匀,并静置于加盖容器中30min后,再按上述方法进行试验,直至试样达到如图6.4.3—(b)的形状为止。

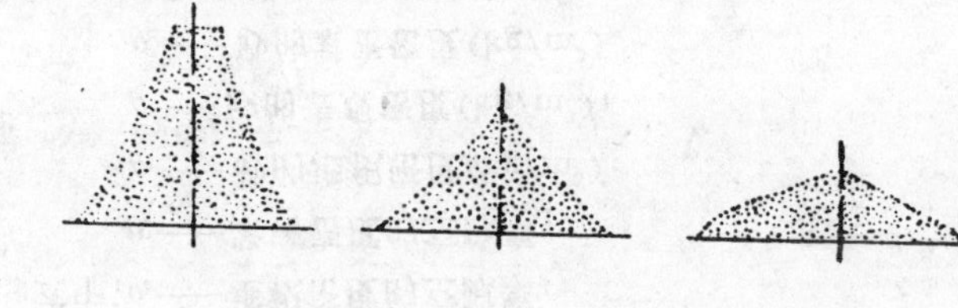

(a)—尚有表面水　(b)—饱和面干状态　(c)—干燥过分

图 6.4.3 试样的塌陷情况

**6.4.4** 吸水率试验应按下列步骤进行:

立即称取饱和面干试样500g,放入已知重量($m_1$)的杯中,于温度为105±5℃的烘箱中烘干至恒重,并在干燥器内冷却至室温后,称取干样与烧杯的总重($m_2$)。

**6.4.5** 吸水率$\omega_{wa}$应按下式计算(精确至0.1%):

$$\omega_{wa}=\frac{500-(m_2-m_1)}{m_2-m_1}\times100(\%) \tag{6.4.5}$$

式中: $m_1$——烧杯的重量(g);

$m_2$——烘干的试样与烧杯的总重(g)。

以两次试验结果的算术平均值作为测定值,如两次结果之差值大于0.2%,应重新取样进行试验。

## 6.5 砂的堆积密度和紧密密度试验

**6.5.1** 本方法适用于测定砂的堆积密度、紧密密度及空隙率。

**6.5.2** 堆积密度和紧密密度试验应采用下列仪器设备:

(1) 案秤——称量 5000g,感量 5g;

(2) 容量筒——金属制、圆柱形、内径 108mm,净高 109mm,筒壁厚 2mm,容积约为 1L,筒底厚为 5mm;

(3) 漏斗(见图 6.5.2)或铝制料勺;

(4) 烘箱——能使温度控制在 105±5℃;

(5) 直尺、浅盘等。

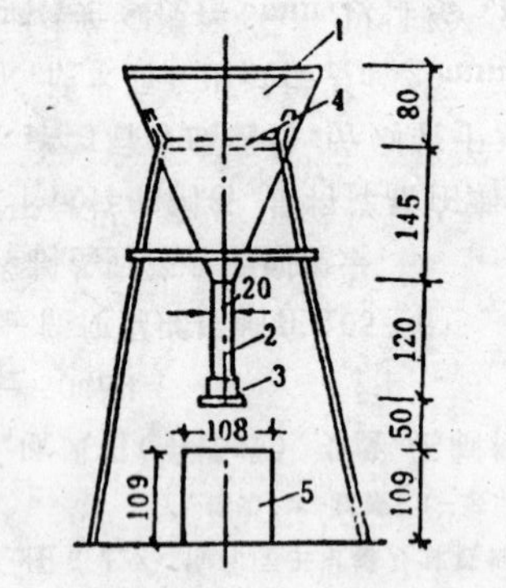


图 6.5.2 标准漏斗(单位:mm)

1—漏斗; 2—∅20mm 管子; 3—活动门; 4—筛; 5—金属量筒。

**6.5.3** 试样制备应符合下列规定:

用浅盘装样品约 3L,在温度为 105±5℃烘箱中烘干至恒重,取出并冷却至室温,再用 5mm 孔径的筛子过筛,分成大致相等的两份备用。试样烘干后如有结块,应在试验前先予捏碎。

**6.5.4** 堆积密度和紧密密度试验应按下列步骤进行:

**6.5.4.1** 堆积密度:取试样一份,用漏斗或铝制料勺,将它徐徐装入容量筒(漏斗出料口或料勺距容量筒筒口不应超过 50mm)直至试样装满并超出容量筒筒口。然后用直尺将多余的试样沿筒口中心线向两个相反方向刮平,称其重量($m_2$)。

**6.5.4.2** 紧密密度:取试样一份,分二层装入容量筒。装完一层后,在筒底垫放一根直径为 10mm 的钢筋,将筒按住,左右交替颠击地面各 25 下,然后再装入第二层;第二层装满后用同样方法颠实(但筒底所垫钢筋的方向应与第一层放置方向垂直);二层装完并颠实后,加料直至试样超出容量筒筒口,然后用直尺将多余的试样沿筒口中心线向两个相反方向刮平,称其重量($m_2$)。

**6.5.5** 试验结果计算应符合下列规定:

**6.5.5.1** 堆积密度($\rho_l$)及紧密密度($\rho_c$),按下式计算(精确至 $10kg/m^3$);

$$\rho_l(\rho_c)=\frac{m_2-m_1}{V}\times 1000(kg/m^3) \quad (6.5.5-1)$$

式中:$m_1$——容量筒的重量(kg);

$m_2$——容量筒和砂总重(kg);

$V$——容量筒容积(L)。

以两次试验结果的算术平均值作为测定值。

**6.5.5.2** 空隙率按下式计算(精确至 1%):

$$空隙率 \upsilon_l=(1-\frac{\rho_l}{\rho})\times 100(\%) \quad (6.5.5-2)$$

$$\upsilon_c=(1-\frac{\rho_c}{\rho})\times 100(\%) \quad (6.5.5-3)$$

式中:$\upsilon_l$——堆积密度的空隙率;

$\upsilon_c$——紧密密度的空隙率;

$\rho_l$——砂的堆积密度($kg/m^3$);

$\rho$——砂的表观密度($kg/m^3$);

$\rho_c$——砂的紧密密度($kg/m^3$)。

**6.5.6** 容量筒容积的校正方法:

以温度为 20±2℃的饮用水装满容量筒,用玻璃板沿筒口滑移,使其紧贴水面。擦干筒外壁水分,然后称重。用下式计算筒的容积:

$$V=m'_2-m'_1 \quad (6.5.6)$$

式中:$m'_1$——容量筒和玻璃板重量(kg);

$m'_2$——容量筒、玻璃板和水总重量(kg)。

## 6.6　砂的含水率试验(标准方法)

**6.6.1**　本方法适用于测定砂的含水率。

**6.6.2**　砂的含水率试验应采用下列仪器设备：

(1) 烘箱——能使温度控制在105±5℃；

(2) 天平——称量2000g，感量2g；

(3) 容器——如浅盘等。

**6.6.3**　含水率试验应按下列步骤进行：

由样品中取各重约500g的试样两份，分别放入已知重量的干燥容器($m_1$)中称重，记下每盘试样与容器的总重($m_2$)。将容器连同试样放入温度为105±5℃的烘箱中烘干至恒重，称量烘干后的试样与容器的总重($m_3$)。

**6.6.4**　砂的含水率$\omega_{wc}$按下式计算(精确至0.1%)：

$$\omega_{wc}=\frac{m_2-m_3}{m_3-m_1}\times 100(\%) \tag{6.6.4}$$

式中：$m_1$——容器重量(g)；

$m_2$——未烘干的试样与容器的总重(g)；

$m_3$——烘干后的试样与容器的总重(g)；

以两次试验结果的算术平均值作为测定值。

## 6.7　砂的含水率试验(快速方法)

**6.7.1**　本方法适用于快速测定砂的含水率。对含泥量过大及有机杂质含量较多的砂不宜采用。

**6.7.2**　砂的含水率试验(快速法)应采用下列仪器设备：

(1) 电炉(或火炉)；

(2) 天平——称量1000g，感量1g；

(3) 炒盘(铁制或铝制)；

(4) 油灰铲、毛刷等。

**6.7.3**　含水率快速法试验应按下列步骤进行：

**6.7.3.1**　向干净的炒盘中加入约500g试样，称取试样与炒盘的总重($m_2$)；

**6.7.3.2**　置炒盘于电炉(或火炉)上，用小铲不断地翻拌试样，到试样表面全部干燥后，切断电流(或移出火外)，再继续翻拌1min，稍予冷却(以免损坏天平)后，称干样与炒盘的总重($m_3$)。

**6.7.4**　砂的含水率$\omega_{wc}$应按下式计算(精确至0.1%)：

$$\omega_{wc}=\frac{m_2-m_3}{m_3-m_1}\times 100(\%) \tag{6.7.4}$$

式中：$m_1$——容器重量(g)；

$m_2$——未烘干的试样与容器的总重(g)；

$m_3$——烘干后的试样与容器的总重(g)；

以两次试验结果的算术平均值作为测定值。各次试验前来样应予密封，以防水分散失。

## 6.8　砂的含泥量试验(标准方法)

**6.8.1**　本方法适用于测定砂中的含泥量。

**6.8.2**　含泥量试验应采用下列仪器设备：

(1) 天平——称量1000g，感量1g；

(2) 烘箱——能使温度控制在105±5℃；

(3) 筛——孔径为0.080mm及1.25mm各一个；

(4) 洗砂用的容器及烘干用的浅盘等。

**6.8.3**　试样制备应符合下列规定：

将样品在潮湿状态下用四分法缩分至约1100g，置于温度为105±5℃的烘箱中烘干至恒重，冷却至室温后，立即称取各为400g($m_0$)的试样两份备用。

**6.8.4**　含泥量试验应按下列步骤进行：

**6.8.4.1**　取烘干的试样一份置于容器中，并注入饮用水，使水面高出砂面约150mm充分拌混均匀后，浸泡2h，然后，用手在水中淘洗试样，使尘屑、淤泥和粘土与砂粒分离，并使之悬浮或溶于水中。缓缓地将浑浊液倒入 1.25mm 及 0.080mm 的套筛（1.25mm 筛放置上面）上，滤去小于 0.080mm 的颗粒。试验前筛子的两面应先用水润湿，在整个试验过程中应注意避免砂粒丢失；

**6.8.4.2** 再次加水于筒中，重复上述过程，直到筒内洗出的水清澈为止；

**6.8.4.3** 用水冲洗剩留在筛上的细粒。并将 0.080mm 筛放在水中（使水面略高出筛中砂粒的上表面）来回摇动，以充分洗除小于 0.080mm 的颗粒。然后将两只筛上剩留的颗粒和筒中已经洗净的试样一并装入浅盘，置于温度为 105±5℃的烘箱中烘干至恒重。取出来冷却至室温后，称试样的重量（$m_1$）。

**6.8.5** 砂的含泥量 $\omega_c$ 应按下式计算（精确至 0.1%）：

$$\omega_c=\frac{m_0-m_1}{m_0}\times100(\%) \quad (6.8.5)$$

式中：$m_0$——试验前的烘干试样重量（g）；

$m_1$——试验后的烘干试样重量（g）。

以两个试样试验结果的算术平均值作为测定值。两次结果的差值超过 0.5%时，应重新取样进行试验。

## 6.9 砂的含泥量试验（虹吸管方法）

**6.9.1** 本方法适用于测定砂中的含泥量。

**6.9.2** 含泥量试验（虹吸管法）应采用下列仪器设备：

（1）虹吸管——玻璃管的直径不大于 5mm，后接胶皮弯管；

（2）玻璃的或其它容器——高度不小于 300mm，直径不小于 200mm。

**6.9.3** 试样制备应按本标准第 6.8.3 条的规定采用。

**6.9.4** 含泥量试验应按下列步骤进行：

**6.9.4.1** 称取烘干的试样约 500g（$m_0$），置于容器中，并注入饮用水，使水面高出砂面约 150mm，浸泡 2h，浸泡过程中每隔一段时间搅拌一次，使尘屑、淤泥和粘土与砂分离；

**6.9.4.2** 用搅拌棒搅拌约 1min（单方向旋转），以适当宽度和高度的闸板闸水，使水停止旋转。经 20—25s 后取出闸板，然后，从上到下用虹吸管细心地将浑浊液吸出，虹吸管吸口的最低位置应距离砂面不少于 30mm；

**6.9.4.3** 再倒入清水，重复上述过程，直到吸出的水与清水的颜色基本一致为止；

**6.9.4.4** 最后将容器中的清水吸出，把洗净的试样倒入浅盘并在 105±5℃的烘箱中烘干至恒重，取出，冷却至室温后称砂重（$m_1$）。

**6.9.5** 砂的含泥量 $\omega_c$ 应按下式计算（精确至 0.1%）：

$$\omega_0=\frac{m_0-m_1}{m_0}\times100(\%) \quad (6.9.5)$$

式中：$\omega_0$——试验前的烘干试样重量（g）；

$m_1$——试验后的烘干试样重量（g）。

以两个试样试验结果的算术平均值作为测定值。两次结果的差值超过 0.5%时，应重新取样进行试验。

## 6.10 砂的泥块含量试验

**6.10.1** 本方法适用于测定砂中泥块含量。

**6.10.2** 泥块含量试验应采用下列仪器设备：

（1）天平——称量 2000g，感量 2g；

（2）烘箱——温度控制在 105±5℃；

（3）试验筛——孔径为 0.630mm 及 1.25mm 各一个；

（4）洗砂用的容器及烘干用的浅盘等。

**6.10.3** 试样制备应符合下列规定：

将样品在潮湿状态下用四分法缩分至约 3000g，置于温度为 105±5℃的烘箱中烘干至恒重，冷却至室温后，用 1.25mm 筛筛分，取筛上的砂 400g 分为两份备用。

**6.10.4** 泥块含量试验应按下列步骤进行：

**6.10.4.1** 称取试样 200g($m_1$)置于容器中，并注入饮用水，使水面高出砂面约 150mm。充分拌混均匀后，浸泡 24h，然后用手在水中碾碎泥块，再把试样放在 0.630mm 筛上，用水淘洗，直至水清澈为止。

**6.10.4.2** 保留下来的试样应小心地从筛里取出，装入浅盘后，置于温度为 105±5℃烘箱中烘干至恒重，冷却后称重($m_2$)。

**6.10.5** 砂中泥块含量 $\omega_{c,l}$ 应按下式计算(精确至 0.1%)：

$$\omega_{c,l}=\frac{m_1-m_2}{m_1}\times100(\%) \qquad (6.10.5)$$

式中：$\omega_{c,l}$——泥块含量(%)；

$m_1$——试验前的干燥试样重量(g)；

$m_2$——试验后的干燥试样重量(g)。

取两次试样试验结果的算术平均值作为测定值。两次结果的差值超过 0.4%时，应重新取样进行试验。

## 6.11 砂中有机物含量试验

**6.11.1** 本方法适用于近似地测定天然砂中的有机物含量是否达到影响混凝土质量的程度。

**6.11.2** 有机物含量试验应采用下列仪器设备：

(1) 天平——称量 100g，感量 0.01g；称量 500g，感量 0.5g，各一台；

(2) 量筒——2500mL，100mL 和 10mL；

(3) 烧杯、玻璃棒和孔径为 5.00mm 的筛；

(4) 氢氧化钠溶液——氢氧化钠与蒸馏水之重量比为 3：97；

(5) 鞣酸、酒精等。

**6.11.3** 试样的制备应符合下列规定：

筛去样品中的 5mm 以上的颗粒，用四分法缩分至约 500g，风干备用。

**6.11.4** 有机物含量试验应按下列步骤进行：

**6.11.4.1** 向 250mL 量筒中倒入试样至 130mL 刻度处，再注入浓度为 3%的氢氧化钠溶液至 200mL 刻度处，剧烈摇动后静置 24h；

**6.11.4.2** 比较试样上部溶液和新配制标准溶液的颜色，盛装标准溶液与盛装试样的重量容积应一致。

注：标准溶液的配制方法：取 2g 鞣酸粉溶解于 98mL 的 10%酒精溶液中，即得所需的鞣酸溶液后取该溶液 2.5mL，注入 97.5mL 浓度为 3%的氢氧化钠溶液中，加塞后剧烈摇动，静置 24h 即得标准溶液。

**6.11.5** 结果评定应按下列方法进行：

若试样上部的溶液颜色浅于标准溶液的颜色，则试样的有机质含量鉴定合格。如两种溶液的颜色接近，则应将该试样(包括上部溶液)倒入烧杯中放在温度为 60℃～70℃的水浴锅中加热 2～3h，然后再与标准溶液比色。

如溶液的颜色深于标准色，则应按下法进一步试验：

取试样一份，用 3%氢氧化钠溶液洗除有机杂质，再用清水淘洗干净，至试样用比色法试验时溶液的颜色浅于标准色，然后用洗除有机质和未洗除的试样分别按现行的国家标准《水泥胶砂强度试验方法》配制两种水泥砂浆，测定 28d 的抗压强度，如未经洗除的砂的砂浆强度与经洗除有机质后的砂的砂浆强度比，不低于 0.95 时，则此砂可以采用。

## 6.12 砂中云母含量的试验

**6.12.1** 本方法适用于测定砂中云母的近似百分含量。

**6.12.2** 云母含量试验应采用下列仪器设备：

(1) 放大镜(5 倍左右)；

(2) 钢针；

(3) 天平——称量 100g、感量 0.1g。

**6.12.3** 试样制备应符合下列规定：

称取经缩分的试样 50g，在温度 105±5℃的烘箱中烘干至恒重，冷却至室温后备用。

**6.12.4** 云母含量试验应按下列步骤进行：

先筛去大于 5mm 和小于 0.315mm 的颗粒，然后根据砂的粗细不同称取试样 10～20g($m_0$)，放在放大镜下观察，用钢针将砂中所有云母全部挑出，称取所挑出云母量($m$)。

**6.12.5** 砂中云母含量 $\omega_m$ 应按下式计算(精确至 0.1%)：

$$\omega_m=\frac{m}{m_0}\times 100(\%) \qquad (6.12.5)$$

式中：$m_0$——烘干试样重量(g)

$m$——挑出的云母重量(g)。

## 6.13 砂中轻物质含量试验

**6.13.1** 本方法适用于测定砂中轻物质的近似含量。

**6.13.2** 轻物质含量试验应采用下列仪器设备和试剂：

(1) 烘　箱——能使温度控制在 105±5℃；

(2) 天　平——称量 1000g，感量 1g 及称量 100g，感量 0.1g，各一台；

(3) 量　具——量杯 1000mL、量筒 250mL，烧杯 150mL 各一；

(4) 比重计——测定范围为 1.0～2.0；

(5) 网　篮——内径和高度均约为 70mm，网孔孔径不大于 0.135mm(可用坚固性检验用的网篮，也可用孔径 0.315mm 的筛)；

(6) 氯化锌——化学纯。

**6.13.3** 试样制备及重液配制应符合下列规定：

**6.13.3.1** 称取经缩分的试样约 800g，在温度为 105±5℃的烘箱中烘干至恒重，冷却后将大于 5mm 和小于 0.315mm 的颗粒筛去，然后称取每份为 200g 的试样两份备用；

**6.13.3.2** 配制相对密度为 1950～2000kg/m³ 的重液：向 1000mL 的量杯中加水至 600mL 刻度处，再加入 1500g 氯化锌，用玻璃棒搅拌使氯化锌全部溶解，待冷却至室温后(氯化锌在溶解过程中放出大量热量)将部分溶液倒入 250mL 量筒中测其相对密度；

**6.13.3.3** 如溶液相对密度小于要求值，则将它倒回量杯，再加入氯化锌，溶解并冷却后测其相对密度，直至溶液相对密度达到要求数值为止。

**6.13.4** 轻物质含量试验应按下列步骤进行：

**6.13.4.1** 将上述试样一份($m_0$)倒入盛有重液(约 500mL)的量杯中，用玻璃棒充分搅拌，使试样中的轻物质与砂分离，静置 5min 后，将浮起的轻物质连同部分重液倒入网篮中，轻物质留在网篮上，而重液通过网篮流入另一容器，倾倒重液时应避免带出砂粒，一般当重液表面与砂表面相距约 20～30mm 时即停止倾倒，流出的重液倒回盛试样的量杯中，重复上述过程，直至无轻物质浮起为止；

**6.13.4.2** 用清水洗净留存于网篮中的物质，然后将它倒入烧杯，在 105±5℃的烘箱中烘干至恒重，用感量为 0.1g 的天平称取轻物质与烧杯的总重($m_1$)。

**6.13.5** 砂中轻物质的含量 $\omega_l$ 应按下式计算(精确至 0.1%)：

$$\omega_l=\frac{m_1-m_2}{m_0}\times 100(\%) \qquad (6.13.5)$$

式中：$m_1$——烘干的轻物质与烧杯的总量(g)；

$m_2$——烧杯的重量(g)；

$m_0$——试验前烘干的试样重量(g)。

以两份试验结果的算术平均值作为测定值。

## 6.14 砂的坚固性试验

**6.14.1** 本方法适用于用硫酸钠饱和溶液渗入形成结晶时的裂张

力对砂的破坏程度，来间接地判断其坚固性。

**6.14.2** 坚固性试验应采用下列仪器设备和试剂：

（1）烘箱——能使温度控制在105±5℃；

（2）天平——称量200g，感量0.2g；

（3）筛——孔径为0.315、0.630、1.25、2.50、5.00mm试验筛各一个；

（4）容器——搪瓷盆或瓷缸，容量不小于10L；

（5）三脚网篮——内径及高均为70mm，由铜丝或镀锌铁丝制成，网孔的孔径不应大于所盛试样粒级下限尺寸的一半；

（6）试剂——无水硫酸钠或10水结晶硫酸钠（工业用）；

（7）比重计。

**6.14.3** 溶液的配制及试样制备应符合下列规定：

**6.14.3.1** 硫酸钠溶液的配制按下述方法：

取一定数量的蒸馏水（多少取决于试样及容器大小，加温至30℃～50℃），每1000mL蒸馏水加入无水硫酸钠（$Na_2SO_4$）300～350g或10水硫酸钠（$Na_2SO_4 \cdot 10H_2O$）700～1000g，用玻璃棒搅拌，使其溶解并饱和，然后冷却至20～25℃，在此温度下静置两昼夜，其相对密度应保持在1151～1174kg/m$^3$范围内；

**6.14.3.2** 将试样浸泡水，用水冲洗干净，在105±5℃的温度下烘干冷却至室温备用。

**6.14.4** 坚固性试验应按下列步骤进行：

**6.14.4.1** 称取粒级分别为0.315～0.630mm；0.630～1.25mm；1.25～2.50mm和2.50～5.00mm的试样各约100g，分别装入网篮并浸入盛有硫酸钠溶液的容器中，溶液体积应不小于试样总体积的5倍，其温度应保持在20℃～25℃范围内。三脚网篮浸入溶液时应先上下升降25次以排除试样中的气泡。然后静置于该容器中，此时，网篮底面应距容器底面约30mm（由网篮脚高控制），网篮之间的间距应不小于30mm，试样表面至少应在液面以下30mm。

**6.14.4.2** 浸泡20h后，从溶液中提出网篮，放在温度为105±5℃的烘箱中烘烤4h，至此，完成了第一次试验循环。待试样冷却至20℃～25℃后，即开始第二次循环，从第二次循环开始，浸泡及烘烤时间均为4h。

**6.14.4.3** 第五次循环完后，将试样置于20℃～25℃的清水中洗净硫酸钠，再在105±5℃的烘箱中烘干至恒重，取出并冷却至室温后，用孔径为试样粒级下限的筛，过筛并称量各粒级试样试验后的筛余量。

注：试样中硫酸钠是否洗净，可按下法检验：取洗试样的水数毫升，滴入少量氯化钡（$B_aCl_2$）溶液，如无白色沉淀，则说明硫酸钠已被洗净。

**6.14.5** 试验结果计算应符合下列规定：

**6.14.5.1** 试样中各粒级颗粒的分计重量损失百分率$\delta_{ji}$应按下式计算：

$$\delta_{ji}=\frac{m_i-m'_i}{m_i}\times 100(\%) \tag{6.14.5-1}$$

式中：$m_i$——每一粒级试样试验前的重量（g）；

$m'_i$——经硫酸钠溶液试验后，每一粒级筛余颗粒的烘干重量（g）。

**6.14.5.2** 0.315～5.00mm粒级试样的总量损失百分率$\delta_j$应按下式计算（精确至1%）：

$$\delta_j=\frac{\alpha_1\delta_{j1}+\alpha_2\delta_{j2}+\alpha_3\delta_{j3}+\alpha_4\delta_{j4}}{\alpha_1+\alpha_2+\alpha_3+\alpha_4}(\%) \tag{6.14.5-2}$$

式中：$\alpha_1$、$\alpha_2$、$\alpha_3$、$\alpha_4$——分别为0.315～0.630mm；0.630～1.25mm；1.25～2.50mm；2.50～5.00mm粒级在筛除小于0.315mm及大于5.00mm颗粒后的原试样中所占的百分率。

$\delta_{j1}$、$\delta_{j2}$、$\delta_{j3}$、$\delta_{j4}$——分别为0.135～0.630；0.630～1.25；1.25～2.50；2.50～5.00mm各粒级的分计重量损失百分率按公式（6.14.5-1）

算得。

### 6.15 砂中硫酸盐、硫化物含量试验

**6.15.1** 本方法适用于测定砂中的硫酸盐、硫化物含量（按 $SiO_3$ 百分含量计算）。

**6.15.2** 硫酸盐、硫化物试验应采用下列仪器设备和试剂：

(1) 天　平——称量1kg，感量1g；称量100g，感量为0.1g各一台；

(2) 高温炉——最高温度1000℃；

(3) 试验筛——孔径0.080mm；

(4) 瓷坩锅；

(5) 其　他——烧瓶、烧杯等；

(6) 10%(*W/V*)氯化钡溶液——10g氯化钡溶于100mL蒸馏水中；

(7) 盐酸(1+1)——浓盐酸溶于同体积的蒸馏水中；

(8) 1%(*W/V*)硝酸银溶液——1g硝酸银溶液于100mL蒸馏水中，并加入5—10mL硝酸，存于棕色瓶中。

**6.15.3** 试样制备应符合下列规定：取风干砂用四分法缩分至约10g，粉磨全部通过0.080mm筛，烘干备用。

**6.15.4** 硫酸盐、硫化物含量试验应按下列步骤进行：

**6.15.4.1** 精确称取砂粉试样1g，放入300mL的烧杯中，加入30～40mL蒸馏水及10mL的盐酸(1+1)，加热至微沸，并保持微沸5min，使试样充分分解后取下，以中速滤纸过滤，用温水洗涤10～12次；

**6.15.4.2** 调整滤液体积至200mL，煮沸，搅拌滴加10mL10%氯化钡溶液，并将溶液煮沸数分钟，然后移至温热处静置至少 1h（此时溶液体积应保持在200mL），用慢速滤纸过滤，以温水洗到无氯根反应（用硝酸银溶液检验）；

**6.15.4.3** 将沉淀及滤纸一并移入已灼烧恒量的瓷坩埚($m_1$)中，灰化后在800℃的高温炉内灼烧30min。取出坩埚，置于干燥器中冷至室温，称量，如此反复灼烧，直至恒重($m_2$)。

**6.15.5** 水溶液性硫化物、硫酸盐含量（以 $SO_3$ 计）应按下式计算（精确至0.01%）：

$$\omega_{SO_3}=\frac{(m_2-m_1)\times 0.343}{m}\times 100(\%) \qquad (6.15.5)$$

式中：$\omega_{SO_3}$——硫酸盐含量(%)；

$m$——试样重量(g)；

$m_1$——瓷坩锅的重量(g)；

$m_2$——瓷坩埚重量和试样总重(g)；

0.343——$B_aSO_4$ 换算成 $SO_3$ 的系数。

取两次试验的算术平均值作为测定值，若两次试验结果之差大于0.15%时，须重做试验。

### 6.16 砂中氯离子含量试验

**6.16.1** 本方法适用于测定海砂中的氯离子含量。

**6.16.2** 氯离子含量试验应采用下列仪器设备和试剂：

(1) 天　　平——称量2kg，感量2g；

(2) 带塞磨口瓶——1L；

(3) 三　角　瓶——300mL；

(4) 滴　定　管——10mL或25mL；

(5) 容　量　瓶——500mL；

(6) 移　液　管——容量50mL，2mL；

(7) 5%(*W/V*)铬酸钾指示剂溶液；

(8) 0.01mol/L 氯化钠标准溶液；

(9) 0.01mol/L 硝酸银标准溶液。

**6.16.3** 氯离子含量试验应按下列步骤进行：

**6.16.3.1** 取海砂2kg先烘至恒重，经四分法缩至500g($m$)，装入带塞磨口瓶中，用容量瓶取500mL蒸馏水，注入磨口瓶内，加上

塞子，摇动一次后，放置 2h，然后每隔 5min 摇动一次，共摇动 3 次，使氯盐充分溶解。将磨口瓶上部已澄清的溶液过滤，然后用移液管吸取 50mL 滤液，注入到三角瓶中，再加入浓度为 5%的（$W/V$）铬酸钾指示剂 1mL，用 0.01mol/L 硝酸银标准溶液滴定至呈现砖红色为终点，记录消耗的硝酸银标准溶液的毫升数（$V_1$）；

**6.16.3.2** 空白试验：用移液管准确吸取 50mL 蒸馏水到三角瓶内。加入 5%铬酸钾指示剂，并用 0.01mol/L 硝酸银标准溶液滴定至溶液呈现砖红为止，记录此点消耗的硝酸银标准溶液的毫升数（$V_2$）

**6.16.4** 砂中氯离子含量应按下式计算（精确至 0.001%）：

$$\omega_{Cl}=\frac{C_{AgNO_3}(V_1-V_2)\times 0.0355\times 10}{m}\times 100(\%) \qquad (6.16.4)$$

式中：$C_{AgNO_3}$——硝酸银标准溶液的浓度（mol/L）；

$V_1$——样品滴定时消耗的硝酸银标准溶液的体积（mL）；

$V_2$——空白试验时消耗的硝酸银标准溶液的体积（mL）；

$m$——试样重量（g）。

## 6.17 砂的碱活性试验（化学方法）

**6.17.1** 本方法适用于检验碱溶液和集料反应溶出的二氧化硅浓度及碱度降低值，借以判断集料在使用高碱水泥的混凝土中是否产生有危害性的反应。本方法适用于鉴定由硅质集料引起的碱活性反应，不适用于含碳酸盐的集料。

**6.17.2** 化学法碱活性试验应采用下列仪器设备和试剂：

（1）反应器——容量 50～70mL，用不锈钢或其它耐热抗碱材料制成，并能密封不透气漏水，其形式、尺寸如图 6.17.2；

（2）抽滤装置——10L/min 的真空泵或其它效率相同的抽气装置，500mL 抽滤瓶等；

（3）分光光度计（如不用比色法测定二氧化硅的含量就不需此仪器）；

（4）研磨设备——小型破碎机和粉磨机，能把骨料粉碎成粒径 0.160～0.315mm；

（5）试验筛——孔径分别为 0.160mm、0.315mm；

（6）天平——称量 100（或 200）g，感量 0.1mg；

（7）恒温水浴——能在 24h 内保持 80±1℃；

（8）高温炉——最高温度 1000℃；

（9）试剂均为分析纯。

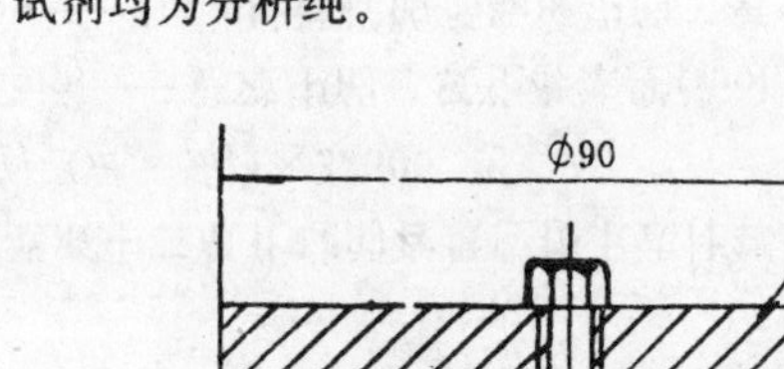
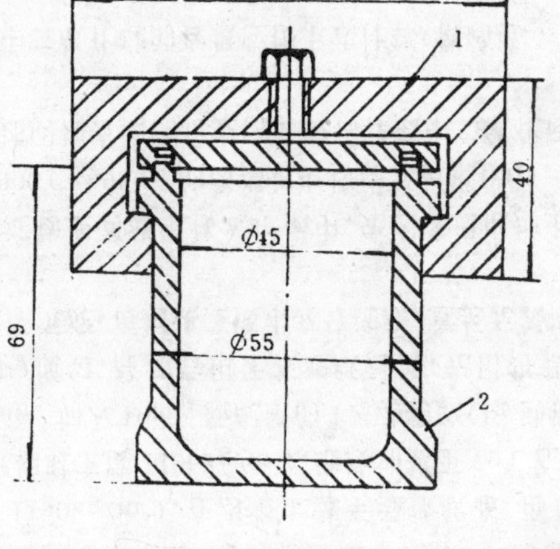


图 6.17.2 反应容器

1—反应容器盖；2—反应容器筒体

**6.17.3** 溶液的配制和试样制备应符合下列规定：

**6.17.3.1** 配制 1.000mol/L 氢氧化钠溶液：称取 40g 分析纯氢氧化钠，溶于 100mL 新煮沸并经冷却的蒸馏水中摇匀，贮于装有钠石灰干燥管的聚乙烯瓶中。配制后的氢氧化钠溶液应用邻苯二钾酸氢钾标定，准确至 0.001mol/L；

**6.17.3.2** 取有代表性的砂样品 500g，用破碎机及粉磨机破碎后，在0.160mm和0.315mm的筛子上过筛，弃除通过0.160mm筛的颗料，留在0.315mm筛上的颗料需反复破碎，直到全部通过0.315mm筛为止，然后用磁铁吸除破碎样品时带入的铁屑。为了保证小于0.160mm的颗粒全部弃除，应将样品放在0.160mm的筛上，先用自来水冲洗，再用蒸馏水冲洗，一次冲洗的样品不多于100g，洗涤过的样品，放在105±5℃烘箱中烘20±4h，冷却后，再用0.160mm筛筛去细屑，制成试样。

**6.17.4** 化学法碱活性试验应按下列步骤进行：

**6.17.4.1** 称取备好的试样25±0.05g三份；

**6.17.4.2** 将试样放入反应器中，再用移液管加入25mL经标定的浓度为1.000mol/L氢氧化钠溶液，另取2～3个反应器，不放样品加入同样氢氧化钠溶液作为空白试验；

**6.17.4.3** 将反应器的盖子盖上(带橡皮垫圈)，轻轻旋转摇动反应器，以排出粘附在试样上的空气，然后加夹具密封反应器；

**6.17.4.4** 将反应器放在80±1℃恒温水浴中24h，然后取出，将其放在流动的自来水中冷却15±2min，立即开盖，用瓷质古氏坩埚过滤(坩埚内应放一块大小与坩埚底相吻合的快速滤纸)。过滤时，将坩埚放在带有橡皮坩埚套的巴氏漏斗上，巴氏漏斗装在抽滤瓶上，抽滤瓶上放一支容量35～50mL的干燥试管，用以收集滤液；

注：为避免氢氧化钠溶液与玻璃器皿发生反应，影响试验的精度，建议采用塑料漏斗和塑料试管，或在玻璃漏斗和试管上涂上一层石蜡。

**6.17.4.5** 开动抽气系统，将少量溶液倾入坩埚中润湿滤纸，使之紧贴在坩埚底部，然后继续倾入溶液，不要搅动反应器内的残渣。待溶液全部倾出后，停止抽气，用不锈钢或塑料小勺将残渣移入坩埚中并压实，然后再抽气，调节气压在380mm水银柱，直至每10s滤出溶液一滴为止；

注：同一组试样及空白试验的过滤条件都应当相同。

**6.17.4.6** 过滤完毕，立即将滤液摇匀，用移液管吸取10mL滤溶液移入200mL容量瓶中，稀释至刻度，摇匀，以备测定溶解的二氧化硅含量和碱度降低值用；

注：此稀释液应在4h内进行分析，否则应移入清洁、干燥的聚乙烯容器中密封保存。

**6.17.4.7** 用重量法、容量法或比色法测定溶液中的可溶性二氧化硅含量($C_{sio_2}$)；

**6.17.4.8** 用单终点法和双终点法测定溶液的碱度降低值。

**6.17.4.9** 用重量法测定可溶性二氧化硅含量试验应按下列步骤进行：

(1) 吸取100mL稀释液，移入蒸发皿中，加入5～10mL浓盐酸(相对密度1190kg/m³)，在水浴上蒸至湿盐状态，再加入5～10mL浓盐酸(相对密度1190kg/m³)，继续加热至70℃左右，保温并搅拌3～5min。加入10mL新配制的1%动物胶(1g动物胶溶于100mL热水中)搅匀，冷却后用无灰滤纸过滤，先用每升含5mL盐酸的热水洗涤沉淀，再用热蒸馏水充分洗涤，直至无氯离子反应为止；

(2) 将沉淀物连同滤纸移入坩埚中，先在普通电炉上烘干并碳化，再放在900℃～950℃的高温炉中灼烧至恒重($m_2$)；

(3) 用上述同样方法测定空白试验稀释液中二氧化硅的含量($m_1$)；

(4) 滤液中二氧化硅的含量应按下式计算(精确至0.001)；

$$C_{sio_2}=(m_2-m_1)\times 3.300 \quad (6.17.4-1)$$

式中：$C_{sio_2}$——滤液中的二氧化硅浓度(mol/L)；

$m_1$——100mL试样的稀释液中的二氧化硅含量(g)；

$m_2$——100mL空白试验的稀释液中二氧化硅的含量(g)

**6.17.4.10** 用容量法测定可容性二氧化硅含量应按下列步骤进行：

(1) 配制15%(W/V)氟化钾——称取30g氟化钾，置于聚四氟乙烯杯中，加入150mL水，再加入硝酸和盐酸各25mL，并加入氯化钾至饱和，放置半小时后，用涂蜡漏斗过滤置于聚乙烯瓶中备用。

(2) 乙醇洗液——将无水乙醇与水(+)混合，加入氯化钾至饱和。

(3) 0.1mol/L 氢氧化钠溶液——以 4g 氢氧化钠溶于 1000mL 新煮沸并冷却后的蒸馏水中，摇匀，贮于装有钠石灰干燥管的聚乙烯瓶中。配制后的氢氧化钠溶液应以邻苯二甲酸氢钾标定，准确至 0.001mol/L。

(4) 吸取 10～50mL 稀释液(视二氧化硅的含量而定)，放入 300mL 聚四氟乙烯杯中，加入蒸馏水，控制溶液的体积在 50mL 以内。加入浓硝酸 3mL，用塑料棒搅拌溶液并加入氯化钾至饱和，再慢慢加入 15%氟化钾溶液 10～12mL，继续搅拌 1min 后，放置 15min，用塑料或涂蜡漏斗和中速滤纸过滤。用乙醇洗液洗沉淀物及烧杯 2～3 次，将沉淀连同滤纸取出放入原烧杯中，用 10mL 乙醇洗液淋洗烧杯壁，加入 15 滴酚酞指示剂，用滴定管滴入 0.1mol/L 氢氧化钠溶液，用塑料棒仔细搅动滤纸并擦洗杯壁，以中和未洗去的酸，直至红色不退，然后加入 100mL 刚煮沸的蒸馏水(此水应先加入数滴酚酞指示剂并用氢氧化钠溶液滴至微红色)。在搅拌中用氢氧化钠溶液滴定至呈微红色。

(5) 用同样方法测定空白试验的稀释液。

(6) 滤液中二氧化硅的浓度按下式计算(精确至 0.001)：

$$C_{SiO_2}=\frac{20(V_2-V_1)C_{NaOH}}{V_0}\times\frac{15.02}{60.06} \quad (6.17.4-2)$$

式中：$C_{SiO_2}$——滤液中的二氧化硅浓度(mol/L)；

$C_{NaOH}$——氢氧化钠溶液的浓度(mol/L)；

$V_2$——测定试样的稀释液消耗氢氧化钠溶液量(mL)；

$V_1$——测定空白的稀释液消耗氢氧化钠溶液量(mL)；

$V_0$——测定时吸取的稀释液(mL)；

**6.17.4.11** 用比色法测定可溶性二氧化硅含量应按下列步骤进行：

(1) 配制钼兰显色剂——将 20g 草酸，15g 硫酸亚铁铵溶于 1000mL 浓度为 1.5mol/L 的硫酸中。

(2) 二氧化硅标准溶液——称取二氧化硅保证试剂 0.1000g，置于铂坩埚中，加入无水碳酸钠 2.5～3.0g 混匀，于 900～950℃下熔融 20～30min，取出冷却。在烧杯中加 400mL 热水，搅拌至全部溶解后，移入 1000mL 容量瓶中，稀释至刻度，摇匀。此溶液每毫升含二氧化硅 0.1mg(必要时可用重量法校准)；

(3) 10%(W/V)钼酸铵溶液——100g 钼酸铵溶于 400mL 热水中，过滤后稀释至 1000mL；

注：以上溶液贮存在聚乙烯瓶中可保存一个月。

(4) 0.01mol/L 高锰酸钾溶液；

(5) 5%(W/V)盐酸；

(6) 标准曲线的绘制——吸取 0.5、1.0、2.0、3.0、4.0mL 二氧化硅标准溶液，分别装入 100mL 容量瓶中，用水稀释至 30mL。各依次加入 5%(W/V)盐酸 5mL，10%(W/V)钼酸铵溶液 2.5mL，0.01mol/L 高锰酸钾一滴，摇匀放置 10～20min。再加入钼兰显色剂 20mL，立即摇匀并用水稀释至刻度，摇匀。5min 后，在分光光度计上用波长为 660mm 的光测其消光值。以浓度为横坐标，消光值为纵坐标，绘制标准曲线。

(7) 稀释液中二氧化硅含量的测定——吸取稀释液 5mL 置于 100mL 容量瓶中，按二氧化硅标准溶液的操作方法显色并测定其消光值。根据消光值，即可在标准曲线上查出相应的二氧化硅含量。

(8) 用同样方法测定空白试验的稀释液。

注：钼兰比色法测定二氧化硅具有很高的灵敏度，测定时吸取稀释液的毫升数应根据二氧化硅含量而定，使其消光值落在标准曲线中段为宜。

(9) 滤液中的二氧化硅含量应按下式计算(精确至 0.001)：

$$C_{SiO_2}=\frac{20(m_2-m_1)}{V_0}\times\frac{1000}{60.06} \quad (6.17.4-3)$$

式中：$C_{SiO_2}$——滤液中的二氧化硅浓度(mol/L)；

$m_1$——试样中的稀释液中二氧化硅的含量(g)；

$m_2$——空白试验稀释液中的二氧化硅的含量(g)；

$V_0$——吸取稀释液的数量(mL)。

**6.17.4.12** 用单终点法测定碱度降低值($\delta_R$)按下列试验步骤进行：

(1) 配制 0.05mol/L 盐酸标准溶液——量取 4.2mL 浓盐酸(相对密度 $1190kg/m^3$)稀释至 1000mL；

(2) 配制碳酸钠标准溶液——称取 0.05g(准确至 0.1mg)无水碳酸钠(首先须经 180℃烘箱烘 2h，冷却后称重)，置于 125mL 的锥形瓶中，用新煮沸的热蒸馏水溶解，以甲基橙为指示剂，标定盐酸并计算至 0.0001mol/L；

(3) 甲基橙指示剂——取 0.1g 甲基橙溶解于 100mL 蒸馏水中；

(4) 吸取 20mL 稀释液置于 125mL 的锥形瓶中，加入酚酞指示剂 2～3 滴，用 0.05mol/L 盐酸标准溶液滴定至无色；

(5) 用同样的方法滴定空白试验的稀释液；

(6) 碱度降低值按下式计算(精确至 0.001)；

$$\delta_R=(20C_{HCl}/V_1)(V_3-V_2) \qquad (6.17.4-4)$$

式中：$\delta_R$＝碱度降低值(mol/L)；

$C_{HCl}$——盐酸标准溶液的浓度(mol/L)；

$V_1$——吸取稀释液数量(mL)；

$V_2$——滴定空白稀释液消耗盐酸标准液量(mL)；

$V_3$——滴定试样的稀释液消耗盐酸标准溶液量(mL)。

**6.17.4.13** 双终点测定碱度降低值应按下列步骤进行：

用单终点法到达酚酞终点后，记下所消耗的盐酸标准液的毫升数，然后加入 2～3 滴甲基橙指示剂继续滴定至溶液呈橙色，此时(6.17.4—4)式中的 $V_2$ 或 $V_3$ 按(6.17.4—5)式计算：

$$V_2 \text{ 或 } V_3=2V_p-V_t\cdots\cdots \qquad (6.17.4-5)$$

式中：$V_p$——滴定至酚酞终点消耗盐酸标准液量(mL)；

$V_t$——滴定至甲基橙终点消耗盐酸标准液量(mL)；

将 $V_2$ 或 $V_3$ 值代入(6.17.4—4)式即得双终点法的碱度降低值。

**6.17.5** 试验结果处理应符合下列规定：

以 3 个试样测值的平均值作为试验结果，单个测值与平均值之差不得大于下述范围：

**6.17.5.1** 当平均值等于或小于 0.100mol/L 时，差值不得大于 0.012mol/L；

**6.17.5.2** 当平均值大于 0.100mol/L 时，差值不得大于平均值的 12%。

误差超过上述范围的测值需剔除，取其余两个测值的平均值作为试验结果，如一组试验的测值少于 2 个时，须重做试验。

**6.17.6** 当试验结果出现以下两种情况的任一种时，则还应进行砂浆长度法试验：

**6.17.6.1** $\delta_R>0.070$ (6.17.6—1)

并 $C_{SiO_2}>\delta_R$ (6.17.6—2)

**6.17.6.2** $\delta_R<0.070$ (6.17.6—3)

并 $C_{SiO_2}>0.035+\delta_R/2$ (6.17.6—4)

如果不出现上述情况，则判定为无潜在危害。

## 6.18 砂的碱性活性试验(砂浆长度方法)

**6.18.1** 本方法适用于鉴定硅质集料与水泥(混凝土)中的碱产生潜在反应的危害性。本方法不适用于碳酸盐集料。

**6.18.2** 砂浆长度法碱活性试验应采用下列仪器设备：

(1) 试验筛——应符合本标准第 6.1.2.1 款筛孔尺寸的要求；

(2) 水泥胶砂搅拌机——应符合现行国家标准《水泥物理检验仪器胶砂搅拌机》的规定；

(3) 镘刀及截面为14×13mm，长120～150mm的钢制捣棒；

(4) 量筒、秒表、跳桌等；

(5) 试模和测头——金属试模，规格为40×40×160mm；试模两端正中有小孔，以便测头在此固定埋入砂浆。测头以不锈金属制成；

(6) 养护筒——用耐腐材料制成，应不漏水，不透气，加盖后放在养护室中能确保筒内空气相对湿度为95%以上，筒内设有试件架，架下盛有水，试件垂直立于架上并不与水接触；

(7) 测长仪——测量范围160～185mm，精度0.01mm；

(8) 室温为40±2℃的养护室。

**6.18.3** 试件制作：

**6.18.3.1** 制作试件的材料应符合下列规定：

(1) 水泥——在做一般集料活性鉴定，应使用高碱水泥，含碱量为1.2%。低于此值时，掺浓度为10%的氧化钠溶液，将系统碱含量，调至水泥量的1.2%，对于具体工程，如该工程拟用水泥的含碱量高于此值，则用工程所使用的水泥；

注：水泥含碱量以氧化钠($Na_2O$)计，氧化钾($K_2O$)换算为氧化钠时乘以换算系数0.658。

(2) 砂——将样品缩分成约5kg，按表6.18.3中所示级配及比例组合成试验用料，并将试样洗净晾干。

**6.18.3.2** 制作试件用的砂浆配合比应符合下列规定：

砂浆配合比——水泥与砂的重量比为1∶2.25。一组3个试件共需水泥600g，砂1350g，砂浆用水量按现行国家标准《水泥胶砂流动度测定方法》选定，但跳桌跳动次数改为6s跳动10次，以流动度在105～120mm为准。

**砂料级配表** 表6.18.3

| 筛孔尺寸 mm | 5.00～2.50 | 2.50～1.25 | 1.25～0.630 | 0.630～0.315 | 0.315～0.160 |
| --- | --- | --- | --- | --- | --- |
| 分级重量 (%) | 10 | 25 | 25 | 25 | 15 |

**6.18.3.3** 砂浆长度法试验所用试件应按下列方法制作：

(1) 成型前24h，将试验所用材料(水泥、砂、拌合用水等)放入20±2℃的恒温室中；

(2) 先将称好的水泥与砂倒入搅拌锅内，开动搅拌机，拌合5s后徐徐加水，20～30s加完，自开动机器起搅拌180±5s停车，将粘在叶片上的砂浆刮下，取下搅拌锅；

(3) 砂浆分两层装入试模内，每层捣20次；注意测头周围应填实，浇捣完毕后用镘刀刮除多余砂浆，抹平表面并标明测定方向。

**6.18.4** 砂浆长度法试验应按下列步骤进行：

**6.18.4.1** 试件成型完毕后，带模放入标准养护室，养护24±4h后脱模(当试件强度较低时，可延至48h脱模)，脱模后立即测量试件的长度。此长度为试件的基准长度。测长应在20±2℃的恒温室中进行，每个试件至少重复测试两次，取差值在仪器精度范围内的2个读数的平均值作为长度测定值。待测的试件须用湿布覆盖，以防止水份蒸发；

**6.18.4.2** 测量后将试件放入养护筒中，盖严后放入40±2℃养护室里养护(一个筒内的品种应相同)；

**6.18.4.3** 测长龄期自测基长后算起2周、4周、8周、3个月、6个月，如有必要还可适当延长。在测长前一天，应把养护筒从40±2℃的养护室中取出，放入20±2℃的恒温室。试件的测长方法与测基长时相同，测量完毕后，应将试件调头放入养护筒中，盖好筒盖，放回40±2℃的养护室继续养护到下一测试龄期。

**6.18.4.4** 在测量时应对试件进行观察，内容包括试件变形，裂缝，渗出物，特别要注意有无胶体物质，并作详细记录。

**6.18.5** 试件的膨胀率应按下式计算(精确至 0.01%)：

$$\varepsilon_t=\frac{l_t-l_0}{l_0-2l_d}\times100(\%) \qquad (6.18.5)$$

式中：$\varepsilon_t$——试件在 t 天龄期的膨胀率(%)；

$l_t$——试件在 $t$ 天龄期的长度(mm)；

$l_0$——试件的基准长度(mm)；

$l_d$——测头(即埋钉)的长度(mm)。

以三个试件膨胀率的平均值作为某一龄期膨胀率的测定值。

任一试件膨胀率与平均值之差不得大于下述范围：

**6.18.5.1** 当平均膨胀率小于或等于 0.05%时，其差值均应小于 0.01%；

**6.18.5.2** 当平均膨胀率大于 0.05%时，其差值均应小于平均值的 20%；

**6.18.5.3** 当三根的膨胀值均超过 0.10%时，无精度要求；

**6.18.5.4** 当不符合上述要求时去掉膨胀率最小的，用剩余二根的平均值作为该龄期的膨胀值。

**6.18.6** 结果评定应符合下列规定：

对于砂料，当砂浆半年膨胀率小于 0.10%或 3 个月的膨胀率小于 0.05%(只有在缺少半年膨胀率时才有效)时，则判为无潜在危害。反之，如超过上述数值，则判为有潜在危害。

## 附录 A 砂检测报告表

报告日期： **砂检测报告表** № **表 A**

| 委托单位 | | | 样品编号 | | |
|---|---|---|---|---|---|
| 工程名称 | | | 代表数量 | | |
| 样品产地、名称 | | | 收样日期 | 年 月 日 | |
| 检测条件 | | | 检测依据 | | |
| 检测项目 | 检测结果 | 附 记 | 检测项目 | 检测结果 | 附 记 |
| 表观密度($kg/m^3$) | | | 有机物含量 | | |
| 堆积密度($kg/m^3$) | | | 云母含量 | | |
| 紧密密度($kg/m^3$) | | | 轻物质含量(%) | | |
| 含泥量(%) | | | 坚固性 | | |
| 泥块含量(%) | | | 硫酸盐硫化物(%) | | |
| 氯盐含量(%) | | | 碱活性 | | |
| 含水率(%) | | | | | |
| 吸水率(%) | | | | | |

| 颗 粒 级 配 | | | | | | | | | |
|---|---|---|---|---|---|---|---|---|---|
| 筛孔尺寸(mm) | | 10.0 | 5.00 | 2.50 | 1.25 | 0.63 | 0.315 | 0.160 | 检测结果 |
| 砂级颗配粒区 | Ⅰ区 | 0 | 10～0 | 35～5 | 65～35 | 85～71 | 95～80 | 100～90 | 细度模数 |
| | Ⅱ区 | 0 | 10～0 | 25～0 | 50～10 | 70～41 | 92～70 | 100～90 | |
| | Ⅲ区 | 0 | 10～0 | 15～0 | 25～0 | 40～16 | 85～55 | 100～90 | 级配区属 |
| 实际累计筛余(%) | | | | | | | | | 区 砂 |

| 结论 | | 备注 | |
|---|---|---|---|

技术负责人： 校核： 检验： 检测单位：(盖章)

# 附录B　本标准用词说明

B.0.1　为便于在执行本规范条文时，区别对待对要求严格程度不同的用词说明如下：

B.0.1.1　表示很严格，非这样做不可的用词：

正面词采用“必须”；

反面词采用“严禁”。

B.0.1.2　表示严格，在正常情况下均应这样做的用词：

正面词采用“应”；

反面词采用“不应”或“不得”。

B.0.1.3　表示允许稍有选择，在条件许可时首先应这样做的用词：

正面词采用“宜”或“可”；

反面词采用“不宜”。

B.0.2　条文中指明应按其它有关标准、规范执行的写法为“应按……执行”或“应符合……要求（或规定）”，非必须按所指定的标准、规范执行的写法为“可参照……的要求（或规定）”。

# 附加说明

## 本标准主编单位、参加单位和主要起草人名单

**主编单位：**中国建筑科学研究院

**参加单位：**陕西省建筑科学研究设计院
黑龙江省低温建筑研究所
中建四局科研设计所
四川省建筑科学研究设计院
福建省建筑科研所
上海市建筑工程材料公司
山东省建筑科学研究院
冶金部建筑研究总院
河南建材研究设计院

**主要起草人：**陆建雯　田桂茹　张　招
周运灿　熊宗铭　李素兰
何希铨　沈　益　耿家义
白云汉　吴瑞锦

中华人民共和国行业标准

# 普通混凝土用砂质量标准及检验方法

JGJ 52-92

## 条 文 说 明

## 前 言

根据建设部(89)建标计字第8号文的要求，由中国建筑科学研究院主编，陕西省建筑科学研究设计院、黑龙江省低温建筑科学研究所、四川省建筑科学研究院等单位参加共同编制的《普通混凝土用砂质量标准及检验方法》(JGJ52－92)，经建设部1992年12月30日以930文批准，业以发布。

为便于广大设计、施工、科研、学校等单位的有关人员在使用本标准时能正确理解和执行条文规定，《普通混凝土用砂质量标准及检验方法》编制组按章、节、条的顺序编制了本标准的条文说明，供国内使用者参考。

在使用中如发现本条文说明有欠妥之处，请将意见函寄中国建筑科学研究院《普通混凝土用砂质量标准及检验方法》编制组。

本条文说明由建设部标准定额研究所组织出版，仅供国内使用，不得擅自外传和翻印。

# 目　次

# 1 总　　则

**1.0.1** 为在工程上合理地选择和使用天然砂，保证所配制的普通混凝土的质量制定本标准。因已制定《建筑用砂》国家标准（产品标准），因此本标准修订删去了原标准对生产及供应两部分的内容。

**1.0.2** 本标准适用于一般工业与民用建筑和构筑物中的普通混凝土用砂质量检验（既包括质量指标又包括检验方法）。本标准不适用于特细砂和山砂，其质量要求按有关标准执行。

对于特殊用途的混凝土用砂（如港工、水工、道路）各行业均有相应标准，因此本标准中删去了“水利、港口及道路工程混凝土用砂的质量检验，可参照本标准执行”的内容。

**1.0.3** 砂的质量检验，除应遵守本标准外，还应符合现行的其它有关国家标准。

对于原标准第3条，对质量不符合本标准的砂，在一定程度上放宽质量标准，规定：“根据混凝土工程质量要求，结合本地区的具体情况，采取相应措施，又经济又较合理时，方可采用”。本次修订将此条分别在各项有关的指标中予以叙述，对不同的指标采取不同的措施。

# 2 术语、符号

本标准中有关的术语统一在本章中予以解释。术语包括天然砂、含泥量、泥块含量、坚固性、轻物质、碱活性集料等。

## 3 质量要求

**3.0.1** 本标准制定的细度模数是衡量砂的粗细程度的。以细度模数作为划分粗、中、细的依据。本标准将细度模数($\mu_f$)3.1～1.6的砂分为粗、中、细三级。$\mu_f$等于小于1.6的特细砂因有规程，在本标准中不包括。

**3.0.2** 本标准颗粒级配指标维持原标准不变，经调查证明，符合级配要求的占83%，满足大部分使用要求。

本条规定了对不符合本标准颗粒级配的砂"采取相应措施，经试验证明，能确保工程质量方允许使用"。因我国幅员辽阔，资源情况不一，有些地区砂子级配较差，但经采取一些措施如调整水泥用量，砂率等可满足混凝土稠度要求及工程质量，且经济又较合理时，允许使用。

本标准总结了长期的使用经验，对不同级配区配制混凝土的适宜性作了相应的规定，以利使用。

对泵送混凝土用砂，规定宜用中砂。

**3.0.3** 砂的含泥量指的是粒径小于0.080mm的颗粒含量。实践应用证明原标准指标是合理的，因此本次修订仍保持原有指标：大于或等于C30的混凝土含泥量不大于3%，小于C30的混凝土不大于5%。对于低于C10的应根据水泥标号予以放宽。

**3.0.4** 本条为本标准的增加项目。因泥块对混凝土的抗压、抗渗、抗冻及收缩等性能均有不同程度的影响，尤其是包裹型的泥尤为严重。泥遇水成浆状，胶结在一颗或数颗砂子表面，不易分离。在混凝土中与水泥起着隔离作用，影响到水泥石的粘结力，因此国外先进国家均对泥块含量有限制。

本标准对砂中允许含泥块量的指标是参照了美国、日本现行标准。经试验验证表明，工程中使用的砂基本能满足。

泥块含量对于小于C10的混凝土影响很小，应根据水泥标号予以放宽。

**3.0.5** 砂的坚固性是指砂在气候、外力或其它外界因素作用下抵抗破碎的能力。原标准规定硫酸钠溶液法5次循环重量损失不大于10%。根据我国几个重点地区的调查，坚固性合格率为97%。由于我国地区辽阔，使用环境变化较大，因此将砂的指标与石子的分类相同。分为"在严寒及寒冷地区室外使用，并经常处于潮湿或干湿交替状态下的混凝土，循环后的重量损失为≤8%，其它条件下使用的混凝土为≤10%"。考虑砂子与石子都用在相同的环境和工程上，使坚固性好的砂子用在重要工程上，以确保工程质量。严寒地区和寒冷地区的定义按有关建筑气候区域划分的标准作了修改。寒冷地区指一月份月平均温度低于0℃的地区。严寒地区指一月份月平均温度低于－10℃的地区。

对于抗疲劳、耐磨、抗冲击的混凝土或处于水中含有腐蚀介质并经常处于水位变化区的地下结构混凝土，环境条件和使用条件较恶劣，坚固性要求均较严，因此其集料重量损失率应小于8%。

**3.0.6** 有害物质含量的各项指标，经十几年使用，均能保证混凝土的质量。因此保留原条文，将原标准的二个注变为正文。

对有机物含量一项考虑到验证的统一性，明确规定了砂浆对比试验的方法及指标。

**3.0.7** 对于碱——集料反应引起的工程事故，国外较多。因此，国外比较重视，曾进行了大量的研究工作。但至今也还尚未提出具体的质量指标要求作为国家标准。

近年来，我国在一些建筑工程中也开始出现此类工程事故，这主要与水泥中碱度偏高，每立方米混凝土的水泥用量增大，含有钾、钠离子的外加剂的掺入，使混凝土中总含碱量上升有关。此外，经初步了解我国的集料部分是属于活性集料，此问题已引起我国建筑部门的重视。因此本标准规定对重要工程的混凝土所使用的砂，应进行集料的碱活性检验。

本标准主要参照美国与日本标准，及我国水工标准，提出了活性集料的判定标准，以及抑制碱—集料反应的措施。

检验方法主要参照美国标准：化学法、砂浆长度法。这两种方法主要是用于检验碱——硅反应，现国际上是公认的，并普遍采用的。一般先用化学法检验。化学法操作简单速度快，适合于施工单位的要求，由于化学法易受某些因素的干扰如：碳酸盐、氧化铝等，因此当用化学法判定为有潜在危害时，或砂中含有碳酸盐、氧化铝等成份时，需进行砂浆长度法试验，最后作了结论。长度法的优点是直观，缺点是周期较长。

当通过砂浆长度法检验判定为砂料有潜在危害时，则应采取预防措施。现国内外一般用含碱量低的水泥和在混凝土中掺能抑制碱集料反应的掺合料。本标准规定了“使用含碱量小于0.6%的水泥”。这一指标是国际公认的。国外对碱——集料反应长期研究表明，掺入40%矿渣或30%粉煤灰或10%硅灰可以起到抑制碱——集料反应的作用。另外，因混合材品质有差异，一般应进行试验研究后才能确定。当砂料有潜在危害时，使用“含钾、钠离子的混凝土外加剂”应进行混凝土中含碱量试验，才能决定其是否可以使用。因我国目前使用的早强剂、防冻剂、膨胀剂等均含有硫酸钠等无机盐，使混凝土中含碱量剧增，引发碱集料反应。

**3.0.8** 我国的海砂分布很广，蕴藏量大。海砂一般属于中砂，颗粒坚硬、级配好、含泥量少，在沿海地区使用越来越广泛。海砂中的氯盐，必须根据混凝土的不同使用要求，予以控制。

在执行原标准十几年，证明原订指标适合于我国实际工程使用情况。因此本次修订对于素混凝土和钢筋混凝土指标不作改动，只将原氯盐含量“以全部氯离子换算成氯化钠”，改为“以氯离子”计。$\frac{氯离子}{氯化钠}=\frac{35.5}{58.6}=0.605\approx0.6$，因此在原有的指标上乘以0.6系数。

对预应力混凝土结构，原标准规定“海砂中的氯盐含量应从严要求”，无具体指标。国内外均对混凝土氯离子含量做了严格的限制，美国ASTM ACI318－83规定：“混凝土拌和物中水泥重的0.06%”；英国BS882－83规定：“集料重的0.02%”；西德DIN4226－83规定：“对后张法的为集料重的0.04%，先张法的为集料重的0.02%”；日本JASS5《钢筋混凝土工程》规定：“为集料重的0.02%（以NaCl计）”。我国《海港预应力混凝土结构防腐技术规定》(JTJ228－86)规定：“混凝土拌合物中水泥重的0.06%”。综上所述，各国标准均对预应力混凝土中氯离子含量限制较严，但都有具体的指标。因此本次修订增加了海砂用于预应力混凝土中的具体限制为干砂重的0.02%，以利使用，同时规定应经淡水冲洗。

# 4 验收、运输和堆放

**4.0.1** 是原标准中12条及第四章16条的修订。原有关生产单位的取样,检验部分予以删去。把原第16条分批方法,综合到此条,作为验收批量。

**4.0.2** 规定了常规检验项目,并提出对重点工程或有特殊工程要求的混凝土用砂应增加检测项目,主要是考虑其长期性及耐久性,应增加的检验项目如:碱——集料反应、坚固性等。

**4.0.3** 对检测报告内容做了详细规定,以便使用。

**4.0.4** 验收方法,保留原条文。

**4.0.5** 对运输与堆放提出的要求。保留原条文。

# 5 取样与缩分

## 5.1 取样

**5.1.1** 取样方法。不同运输工具情况下的取样方式、取样份数都是在试验和调查的基础上订出的,其目的在于不致出现大的误差。本次修订将火车、汽车、货船三种不同运输工具的取样合并为一条。

**5.1.2** 增加了对不合格项目的复验规定。取消了原有的注。

**5.1.3** 本标准规定的最低取样重量是根据试验验证及根据国内外有关资料、标准和习惯做法提出的。本次修订增加了泥块含量、硫酸盐测定、氯离子测定和碱活性试验方法,因此相应的增加了此四项的最小取样量。其它项目保持原取样量。

**5.1.4** 试样包装。一般规定,本标准规定在试样卡片中增添了取样的时间、代表数量、试样重量等内容。

## 5.2 样品的缩分

**5.2.1** 规定了用分料器缩分的具体方法,以提高工作效率。人工四分法,保留原条文。

**5.2.2** 将原条文的两个注变为正文。

# 6　检验方法

## 6.1　砂的筛分析试验

本试验方法参照ISO6274－1982《混凝土——集料的筛分析》进行适当的修订。

（1）根据ISO标准规定“试验的最少干燥重量公斤数应为集料最大公称粒径毫米数的0.2倍”。即试验量为1000g。经试验验证：试样量1000g、500g、200g用t检验，证明细度模数没有显著性差异，细度模数的标准差随试样量的增大而减少。因此保持原有试验用量，即采用500g的试验用量。

（2）ISO6274－1982标准规定，试样在各号筛上的筛余量不得超过“$m_r=\frac{A\sqrt{d}}{300}$”，现场检验不得超过“$m_r=\frac{A\sqrt{d}}{300}$”，根据筛孔尺寸及筛孔面积不同，其筛余量不同。原标准规定无论多大颗粒均为200g，不尽合理，因此本次修订改成与ISO相同。

（3）根据$m_r=\frac{A\sqrt{d}}{300}$的公式，若用∅200mm框的筛子，几乎所有砂子在0.315mm、0.160mm的筛上均需分二次或三至四次，因此标准中规定框为“∅300或∅200mm，”用∅300将只有少数细砂的砂样需分二次筛分。

（4）细度模数计算要求精确至0.01。质量要求中细度模数要求准确至0.1。原标准在计算中出现二次连续修约，违反了修约规定。现规定计算试验结果的算术平均值时精确至0.1，以避免原标准二次修约的问题。

## 6.2　砂的表观密度试验(标准方法)

砂的表观密度(原称砂的视比重)系指集料颗粒单位体积(包括内部封闭孔隙)的质量。本次修订将原视比重符号“γ”改为表观密度符号“ρ”，原“$g/cm^3$”，单位改为国际单位制“$kg/m^3$”，具体试验步骤保留原条文。

## 6.3　砂的表观密度试验(简易方法)

同6.2。

## 6.4　砂的吸水率试验

参照ISO7033－1987《混凝土粗细集料的颗粒体积密度和吸水率测定》方法，对原标准的具体试验步骤作了一些细小的改动，如原“分二层装模，每层捣13下”，现修订为“一次装模，捣25次”；原需“装满试模，刮平模口”，现修订为“留下的空隙不用再装满”。经试验表明，两种不同的装模方法，其饱和面干状态差异不大。

## 6.5　砂的堆积密度和紧密密度试验

现行国家标准《建筑结构设计通用符号，计算单位和基本术语》中对密度的定义为：**单位体积材料的质量。在自然堆积状态下单位体积的质量称作堆积密度；**

按规定方法施实后单位体积的质量称作紧密密度。原容重符号“γ”改为密度符号“ρ”。参照ISO/DIS 6782－80《混凝土集料——密度测定》本次修订增加了筒底厚；容量筒容积的校正方法中温度原“20±5℃”，改为“20±2℃”。

## 6.6　砂的含水率试验(标准方法)

保留原条文，将原符号“w”，改为“$\omega_{wc}$”。

## 6.7 砂的含水率试验(快速方法)

原标准的“酒精燃烧法”删去,此方法准确度、精确度与标准法和炒干法相比,不如上述两种方法高,因此本次修订予以删去。快速法保留了炒干法。

## 6.8 砂的含泥量试验(标准方法)

保留原条文,将原符号“$w_n$”.改为“$\omega_c$”。

## 6.9 砂的含泥量试验(虹吸管方法)

保留原条文,将原符号“$w_n$”.改为“$\omega_c$”。

## 6.10 砂的泥块含量试验

本试验方法是参照 ASTM C142－84《集料中土块和易碎颗粒含量的标准试验方法》和 JISA 1137－1989《集料中粘土块含量的试验方法》制定的。

(1) 试样量的选择:美国标准要求细集料在 1.18mm 筛上的颗粒组成重量不小于 25g,日本标准要求 500g。试样量的多少,对泥块含量是否有显著影响,我们试验结果如下:

| 试样量(g) | 225 | 175 | 125 | 75 | 25 |
|---|---|---|---|---|---|
| 泥块含量(%) | 4.5 | 4.4 | 4.5 | 4.3 | 4.0 |

试验证明≤75g 对试验结果有影响。因此我们选择了 200g。

(2) 试样的浸泡时间,美国与日本标准均为 24h,我们试验验证曲线如下:

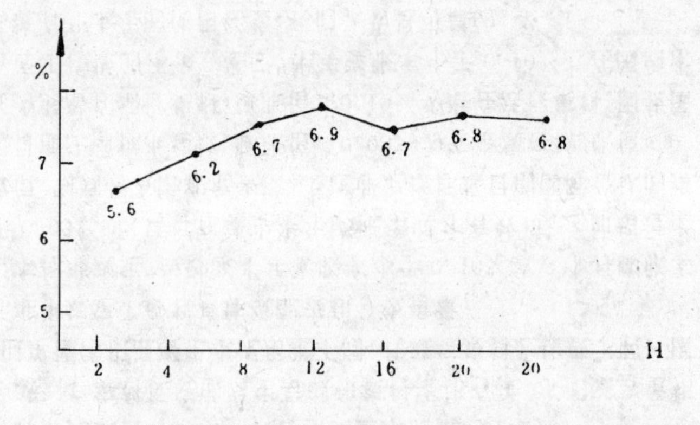


浸水 8h,曲线逐步趋于平缓。因此 24h 对于任何土质的泥都能泡开。

(3) 洗泥块时,标准规定用水淘洗而不是冲洗,两种方法试验相差甚远。

## 6.11 砂中有机物含量试验

现国内外均采用比色法,本次修订未作变动。只是对砂浆对比试验考虑到验证的统一性。对原文中:“分别以相同的配合比配成流动性基本相同的两种水泥砂浆……”修改为“分别按现行国家标准《水泥胶砂强度检验方法》配制两种水泥砂浆”。

## 6.12 砂中云母含量的试验

保留原条文。

## 6.13 砂中轻物质含量的试验

保留原条文。

### 6.14 砂的坚固性试验

砂的坚固性试验仍采用硫酸钠法五次循环。本次修订增加了“第 6.14.3.2 款将试样浸泡 2h，用水冲洗干净；在 105±5℃的温度下烘干冷却至室温备用”。以避免砂中的含泥量被计算入重量百分率，造成坚固性指标增大。

### 6.15 砂中的硫酸盐、硫化物含量试验

原标准未规定方法，只规定“按常规化学分析方法进行”。为了使用方便，本次修订将具体分析方法列入标准。本方法参照了现行国家标准《水泥化学分析法》中三氧化硫的测定，用硫酸钡重量法。

### 6.16 砂中氯离子含量试验

原标准中未规定此方法。同硫酸盐、硫化物试验方法一样，为了使用方便，特将具体方法列入本标准。

### 6.17 砂的碱活性试验（化学方法）

本方法是参照 ASTM C289－87 和我国水工的试验方法。化学法是在规定的溶液浓度、颗粒粒径、温度及时间下，测定碱溶液和集料反应溶出的二氧化硅浓度及碱度降低值，借以判断集料在使用高碱水泥的混凝土中是否产生危害性的反应。本方法不适用于含碳酸盐的集料。化学法速度快、操作简单，但不能直接反映出集料反应引起的膨胀率大小。其测定结果易受其它因素的干扰而产生误差。如含有碳酸盐、氧化铝等的集料测定结果往往有误差。因此含有上述化学成份时不能用化学法。用此方法检验评定为有害集料时，还需进行砂浆长度法试验，最后作结论。

本方法中根据国际单位制浓度均用符号“C”，将“当量浓度N”均改为“C”。

式 6.17.4－1 中 $3.33=\frac{1000}{5}\times\frac{1}{60.06}$（60.06 为二氧化硅的式量）因单位由原“毫克分子/升”改为“摩尔/升”，所以乘以 1000。式 6.17.4－2 中 15.02 即二氧化硅的克当量。

结果评定的依据参照：美国 ASTM 标准及日本 JISA 标准及我国水工标准，将原计量单位“毫克分子/升”改为“摩尔/升”。

### 6.18 砂的碱活性试验（砂浆长度方法）

当化学法判定为有潜在危害反应时，需进行砂浆长度法试验，本方法参照 ASTM C227－87 和 JISA5038－86 附录 8 的方法及我国水工试验方法。试件采用了 40×40×160mm 的试件，与水泥砂浆试体相同。此方法的优点是直观，缺点是周期较长。

对于试验中水泥的碱含量要求各有不同，美国标准规定大于 0.69%，我国水工标准规定大于 0.8%，加拿大标准规定混凝土中碱含量为 1.25%，日本标准为 1.2±0.05%。众所周知，水泥碱含量愈大，一般说来膨胀值愈大。鉴于我国目前水泥碱含量不少高于 1.0%，因此试验时将系统碱含量调至水泥量的 1.2%。

碱——集料反应的发生与碱和集料之比有关，水泥碱含量相同，但单位体积混凝土水泥用量不同，其碱与集料之比就不同。因此标准中规定了砂料具体级配表和分级重量。

本标准规定“当砂浆半年膨胀率小于 0.10%或 3 个月膨胀率小于 0.05%时（只有在缺少半年膨胀率时才有效）反之如超过上述数值，则判为有潜在危害”。上述评定指标是目前国际公认的指标。目前法国标准建议：膨胀值≤0.08%为安全集料，膨胀值≤0.10%为弱潜在活性集料，膨胀值>0.10%为潜在活性集料。因我国这方面工作做的不多。鉴于“半年膨胀率小于 0.10%”，在国内水工系统有几十年的使用经验，我们认为是可靠的。

中华人民共和国行业标准

# 普通混凝土用碎石或卵石质量标准及检验方法

**JGJ 53-92**

主编单位:中国建筑科学研究院
批准部门:中华人民共和国建设部
施行日期:1993年9月1日

## 关于发布行业标准《普通混凝土用碎石或卵石质量标准及检验方法》的通知

建标〔1992〕931号

根据建设部(89)建标计字第8号文的要求,由中国建筑科学研究院主编的《普通混凝土用碎石或卵石质量标准及检验方法》,业经审查,现批准为行业标准,编号JGJ53—92,自1993年9月1日起施行。原部标准《普通混凝土用碎石和卵石质量标准及检验方法》(JGJ53—79)同时废止。

本标准由建设部建筑工程标准技术归口单位中国建筑科学研究院负责归口管理,具体解释等工作由主编单位负责。由建设部标准定额研究所组织出版。

**中华人民共和国建设部**
1992年12月30日

# 目　次

# 1 总 则

**1.0.1** 为合理使用碎石或卵石、保证普通混凝土的质量，制订本标准。

**1.0.2** 本标准适用于一般工业与民用建筑和构筑物中制作普通混凝土用最大粒径不大于 80mm 的碎石或卵石的质量检验。

**1.0.3** 碎石或卵石的质量检验，除应符合本标准外，尚应符合国家现行有关标准的规定。

# 2 术语、符号

## 2.1 术语

**2.1.1** 碎石——由天然岩石或卵石经破碎、筛分而得的粒径大于 5mm 的岩石颗粒。

**2.1.2** 卵石——由自然条件作用而形成的，粒径大于 5mm 的岩石颗粒。

**2.1.3** 针、片状颗粒——凡岩石颗粒的长度大于该颗粒所属粒级的平均粒径 2.4 倍者为针状颗粒；厚度小于平均粒径 0.4 倍者为片状颗粒。平均粒径指该粒级上、下限粒径的平均值。

**2.1.4** 含泥量——粒径小于 0.080mm 颗粒的含量。

**2.1.5** 泥块含量——集料中粒径大于 5mm，经水洗、手捏后变成小于 2.5mm 的颗粒的含量。

**2.1.6** 压碎指标值——碎石或卵石抵抗压碎的能力。

**2.1.7** 坚固性——碎石或卵石在气候、环境变化或其他物理因素作用下抵抗碎裂的能力。

**2.1.8** 碱活性集料——能与水泥或混凝土中的碱发生化学反应的集料。

**2.1.9** 表观密度——集料颗粒单位体积（包括内部封闭空隙）的质量。

**2.1.10** 堆积密度——集料在自然堆积状态下单位体积的质量。

**2.1.11** 紧密密度——集料按规定方法颠实后单位体积的质量。

## 2.2 符号

**2.2.1** $\rho$——表观密度。

**2.2.2** $\omega_{wc}$, $\omega_{wa}$——含水率，吸水率。

**2.2.3** $\rho_l$, $\rho_c$——堆积密度，紧密密度。

**2.2.4** $\omega_c$, $\omega_{c,l}$——含泥量及泥块含量。

**2.2.5** $\omega_p$——碎石或卵石中针、片状颗粒含量。

**2.2.6** $\delta_a$——碎石或卵石的压碎指标值。

**2.2.7** $\varepsilon_t$——试件在 t 天龄期的膨胀率。

**2.2.8** $\varepsilon_{st}$——试件浸泡 t 天的长度变化率。

# 3 质量要求

**3.0.1** 碎石或卵石的颗粒级配，应符合表 3.0.1 的要求。

碎石或卵石的颗粒级配范围 表 3.0.1

| 级配情况 | 公称粒级 (mm) | 累计筛余 按重量计(%) | | | | | | | | | | | |
|---|---|---|---|---|---|---|---|---|---|---|---|---|---|
| | | 筛孔尺寸(圆孔筛)(mm) | | | | | | | | | | | |
| | | 2.50 | 5.00 | 10.0 | 16.0 | 20.0 | 25.0 | 31.5 | 40.0 | 50.0 | 63.0 | 80.0 | 100 |
| 连续粒级 | 5～10 | 95～100 | 80～100 | 0～15 | 0 | — | — | — | — | — | — | — | — |
| | 5～16 | 95～100 | 90～100 | 30～60 | 0～10 | 0 | — | — | — | — | — | — | — |
| | 5～20 | 95～100 | 90～100 | 40～70 | — | 0～10 | 0 | — | — | — | — | — | — |
| | 5～25 | 95～100 | 90～100 | — | 30～70 | — | 0～5 | 0 | — | — | — | — | — |
| | 5～31.5 | 95～100 | 90～100 | 70～90 | — | 15～45 | — | 0～5 | 0 | — | — | — | — |
| | 5～40 | — | 95～100 | 75～90 | — | 30～65 | — | — | 0～5 | 0 | — | — | — |
| 单粒级 | 10～20 | — | 95～100 | 85～100 | — | 0～15 | 0 | — | — | — | — | — | — |
| | 16～31.5 | — | 95～100 | — | 85～100 | — | — | 0～10 | 0 | — | — | — | — |
| | 20～40 | — | — | 95～100 | — | 80～100 | — | — | 0～10 | 0 | — | — | — |
| | 31.5～63 | — | — | — | 95～100 | — | — | 75～100 | 45～75 | — | 0～10 | 0 | — |
| | 40～80 | — | — | — | — | 95～100 | — | — | 70～100 | — | 30～60 | 0～10 | 0 |

注：公称粒级的上限为该粒级的最大粒径。

单粒级宜用于组合成具有要求级配的连续粒级，也可与连续粒级混合使用，以改善其级配或配成较大粒度的连续粒级。不宜用单一的单粒级配制混凝土。如必须单独使用，则应作技术经济分析，并应通过试验证明不会发生离析或影响混凝土的质量。

颗粒级配不符合表 3.0.1 要求时，应采取措施并经试验证实能确保工程质量，方允许使用。

**3.0.2** 碎石或卵石中针、片状颗粒含量应符合表 3.0.2 的规定。

**针、片状颗粒含量** **表 3.0.2**

| 混凝土强度等级 | 大于或等于 C30 | 小于 C30 |
|---|---|---|
| 针、片状颗粒含量，按重量计(%) | ≤15 | ≤25 |

等于及小于 C10 级的混凝土，其针、片状颗粒含量可放宽到 40%。

**3.0.3** 碎石或卵石中的含泥量应符合表 3.0.3 的规定。

**碎石或卵石中的含泥量** **表 3.0.3**

| 混凝土强度等级 | 大于或等于 C30 | 小于 C30 |
|---|---|---|
| 含泥量按重量计(%) | ≤1.0 | ≤2.0 |

对有抗冻、抗渗或其它特殊要求的混凝土，其所用碎石或卵石的含泥量不应大于 1.0%。如含泥基本上是非粘土质的石粉时，含泥量可由表 3.0.3 的 1.0%、2.0%，分别提高到 1.5%、3.0%；等于及小于 C10 级的混凝土用碎石或卵石，其含泥量可放宽到 2.5%。

**3.0.4** 碎石或卵石中的泥块含量应符合表 3.0.4 的规定。

**碎石或卵石中的泥块含量** **表 3.0.4**

| 混凝土强度等级 | 大于或等于 C30 | 小于 C30 |
|---|---|---|
| 泥块含量按重量计(%) | ≤0.5 | ≤0.7 |

有抗冻、抗渗和其它特殊要求的混凝土，其所用碎石或卵石的泥块含量应不大于 0.5%；对等于或小于 C10 级的混凝土用碎石或卵石其泥块含量可放宽到 1.0%。

**3.0.5** 碎石的强度可用岩石的抗压强度和压碎指标值表示。岩石强度首先应由生产单位提供．工程中可采用压碎指标值进行质量控制，碎石的压碎指标值宜符合表 3.0.5—1 的规定。混凝土强度等级为 C60 及以上时应进行岩石抗压强度检验，其他情况下如有怀疑或认为有必要时也可进行岩石的抗压强度检验。岩石的抗压强度与混凝土强度等级之比不应小于 1.5，且火成岩强度不宜低于 80MPa，变质岩不宜低于 60MPa，水成岩不宜低于 30MPa。

**碎石的压碎指标值** **表 3.0.5—1**

| 岩石品种 | 混凝土强度等级 | 碎石压碎指标值(%) |
|---|---|---|
| 水成岩 | C55～C40 | ≤10 |
| | ≤C35 | ≤16 |
| 变质岩或深成的火成岩 | C55～C40 | ≤12 |
| | ≤C35 | ≤20 |
| 火成岩 | C55～C40 | ≤13 |
| | ≤C35 | ≤30 |

注：水成岩包括石灰岩、砂岩等。变质岩包括片麻岩、石英岩等。深成的火成岩包括花岗岩、正长岩、闪长岩和橄榄岩等。喷出的火成岩包括玄武岩和辉绿岩等。

卵石的强度用压碎指标值表示。其压碎指标值宜按表 3.0.5—2 的规定采用。

**卵石的压碎指标值　　表 3.0.5—2**

| 混凝土强度等级 | C55～C40 | ≤C35 |
|---|---|---|
| 压碎指标值(%) | ≤12 | ≤16 |

**3.0.6**　碎石和卵石的坚固性用硫酸钠溶液法检验，试样经 5 次循环后，其重量损失应符合表 3.0.6 的规定。

**碎石或卵石的坚固性指标　　表 3.0.6**

| 混凝土所处的环境条件 | 循环后的重量损失(%) |
|---|---|
| 在严寒及寒冷地区室外使用，并经常处于潮湿或干湿交替状态下的混凝土 | ≤8 |
| 在其它条件下使用的混凝土 | ≤12 |

有腐蚀性介质作用或经常处于水位变化区的地下结构或有抗疲劳、耐磨、抗冲击等要求的混凝土用碎石或卵石，其为重量损失应不大于 8%。

**3.0.7**　碎石或卵石中的硫化物和硫酸盐含量，以及卵石中有机杂质等有害物质含量应符合表 3.0.7 的规定。

**碎石或卵石中的有害物质含量　　表 3.0.7**

| 项　目 | 质量要求 |
|---|---|
| 硫化物及硫酸盐含量（折算成 $SO_3$，按重量计）(%) | ≤1.0 |
| 卵石中有机质含量（用比色法试验） | 颜色应不深于标准色。如深于标准色，则应配制成混凝土进行强度对比试验，抗压强度比应不低于 0.95 |

如发现有颗粒状硫酸盐或硫化物杂质的碎石或卵石，则要求进行专门检验，确认能满足混凝土耐久性要求时方可采用。

**3.0.8**　对重要工程的混凝土所使用的碎石或卵石应进行碱活性检验。

进行碱活性检验时，首先应采用岩相法检验碱活性集料的品种、类型和数量(也可由地质部门提供)。若集料中含有活性二氧化硅时，应采用化学法和砂浆长度法进行检验；若含有活性碳酸盐集料时，应采用岩石柱法进行检验。

经上述检验，集料判定为有潜在危害时，属碱——碳酸盐反应的，不宜作混凝土集料，如必须使用，应以专门的混凝土试验结果作出最后评定。

潜在危害属碱——硅反应的，应遵守以下规定方可使用：

**3.0.8.1**　使用含碱量小于 0.6%的水泥或采用能抑制碱——集料反应的掺合料；

**3.0.8.2**　当使用含钾、钠离子的混凝土外加剂时，必须进行专门试验。

# 4　验收、运输和堆放

**4.0.1**　供货单位应提供产品合格证及质量检验报告。

购货单位应按同产地同规格分批验收。用大型工具(如火车、货船或汽车)运输的，以 $400m^3$ 或 600t 为一验收批，用小型工具(如马车等)运输的，以 $200m^3$ 或 300t 为一验收批。不足上述数量者以一验收批论。

**4.0.2**　每验收批至少应进行颗粒级配、含泥量、泥块含量及针、片状颗粒含量检验。对重要工程或特殊工程应根据工程要求增加检测项目。对其它指标的合格性有怀疑时应予检验。

当质量比较稳定、进料量又较大时，可定期检验。

当使用新产源的石子时，应由供货单位按第 3 章的质量要求进行全面检验。

**4.0.3**　使用单位的质量检测报告内容应包括：委托单位、样品编号、工程名称、样品产地、类别、代表数量、检测依据、检测条件、检测项目、检测结果、结论等。检测报告格式可参照附录 A。

**4.0.4**　碎石或卵石的数量验收，可按重量计算，也可按体积计算。测定重量可用汽车地量衡或船舶吃水线为依据。测定体积可按车皮或船舶的容积为依据。用其它小型运输工具运输时，可按量方确定。

**4.0.5**　碎石或卵石在运输、装卸和堆放过程中，应防止颗粒离析和混入杂质，并应按产地、种类和规格分别堆放。堆料高度不宜超过 5m，但对单粒级或最大粒径不超过 20mm 的连续粒级，堆料高度可以增加到 10m。

# 5　取样与缩分

## 5.1　取样

**5.1.1**　每验收批的取样应按下列规定进行：

**5.1.1.1**　在料堆上取样时，取样部位应均匀分布。取样前先将取样部位表面铲除，然后由各部位抽取大致相等的石子 15 份(在料堆的顶部、中部和底部各由均匀分布的五个不同部位取得)组成一组样品；

**5.1.1.2**　从皮带运输机上取样时，应在皮带运输机机尾的出料处用接料器定时抽取 8 份石子，组成一组样品；

**5.1.1.3**　从火车、汽车、货船上取样时，应从不同部位和深度抽取大致相同的石子 16 份，组成一组样品。

注：如经观察，认为各节车皮间(车辆间、船只间)材料质量相差甚为悬殊时，应对质量有怀疑的每节车皮(车辆、船只)分别取样和验收。

**5.1.2**　若检验不合格，应重新取样，对不合格项进行加倍复验，若仍有一个试样不能满足标准要求，应按不合格品处理。

**5.1.3**　每组样品的取样数量，对每单项试验，应不小于表 5.1.3 所规定的最少取样量。须作几项试验时，如确能保证样品经一项试验后不致影响另一项试验的结果，也可用同一组样品进行几项不同的试验。

**5.1.4**　每组样品应妥善包装，以避免细料散失及遭受污染。并应附有卡片标明样品名称、编号、取样的时间、产地、规格、样品所代表的验收批的重量或体积数、要求检验的项目及取样方法等。

每一试验项目所需碎石或卵石的最少取样数量(kg) 表 5.1.3

| 试验项目 | 最大粒径(mm) | | | | | | | |
|---|---|---|---|---|---|---|---|---|
| | 10 | 16 | 20 | 25 | 31.5 | 40 | 63 | 80 |
| 筛分析 | 10 | 15 | 20 | 20 | 30 | 40 | 60 | 80 |
| 表观密度 | 8 | 8 | 8 | 8 | 12 | 16 | 24 | 24 |
| 含水率 | 2 | 2 | 2 | 2 | 3 | 3 | 4 | 6 |
| 吸水率 | 8 | 8 | 16 | 16 | 16 | 24 | 24 | 32 |
| 堆积密度、紧密密度 | 40 | 40 | 40 | 40 | 80 | 80 | 120 | 120 |
| 含泥量 | 8 | 8 | 24 | 24 | 40 | 40 | 80 | 80 |
| 泥块含量 | 8 | 8 | 24 | 24 | 40 | 40 | 80 | 80 |
| 针、片状含量 | 1.2 | 4 | 8 | 8 | 20 | 40 | — | — |
| 硫化物、硫酸盐 | 1.0 | | | | | | | |

注：有机物含量、坚固性、压碎指标值及碱集料反应检验，应按试验要求的粒级及数量取样。

### 5.2 样品的缩分

**5.2.1** 将每组样品置于平板上，在自然状态下拌混均匀，并堆成锥体，然后沿互相垂直的两条直径把锥体分成大致相等的四份，取其对角的两份重新拌匀，再堆成锥体，重复上述过程，直至缩分后的材料量略多于进行试验所必需的量为止。

**5.2.2** 碎石或卵石的含水率、堆积密度、紧密密度检验所用的试样，不经缩分，拌匀后直接进行试验。

# 6 检验方法

### 6.1 碎石或卵石的筛分析试验

**6.1.1** 本方法适用于测定碎石或卵石的颗粒级配。

**6.1.2** 筛分析试验应采用下列仪器设备：

（1） 试验筛——孔径为100、80.0、63.0、50.0、40.0、31.5、25.0、20.0、16.0、10.0、5.00和2.50mm的圆孔筛，以及筛的底盘和盖各一只，其规格和质量要求应符合GB6003——85《试验筛》的规定(筛框内径均为300mm)；

（2） 天平或案秤——精确至试样量的0.1%左右；

（3） 烘箱——能使温度控制在105±5C；

（4） 浅盘。

**6.1.3** 试样制备应符合下列规定：

试验前，用四分法将样品缩分至略重于表6.1.3所规定的试样所需量，烘干或风干后备用。

筛分析所需试样的最小重量 表 6.1.3

| 最大公称粒径(mm) | 10.0 | 16.0 | 20.0 | 25.0 | 31.5 | 40.0 | 63.0 | 80.0 |
|---|---|---|---|---|---|---|---|---|
| 试样重量不少于(kg) | 2.0 | 3.2 | 4.0 | 5.0 | 6.3 | 8.0 | 12.6 | 16.0 |

**6.1.4** 筛分析试验应按下列步骤进行：

**6.1.4.1** 按表6.1.3的规定称取试样；

**6.1.4.2** 将试样按筛孔大小顺序过筛，当每号筛上筛余层的厚度大于试样的最大粒径值时，应将该号筛上的筛余分成两份，再次进行筛分，直至各筛每分钟的通过量不超过试样总量的 0.1%；

注：当筛余颗粒的粒径大于 20mm 时，在筛分过程中，允许用手指拨动颗粒。

**6.1.4.3** 称取各筛筛余的重量，精确至试样总重量的 0.1%。在筛上的所有分计筛余量和筛底剩余的总和与筛分前测定的试样总量相比，其相差不得超过 1%。

**6.1.5** 筛分析试验结果应按下列步骤计算：

**6.1.5.1** 由各筛上的筛余量除以试样总重量计算得出该号筛的分计筛余百分率（精确至 0.1%）；

**6.1.5.2** 每号筛计算得出的分计筛余百分率与大于该筛筛号各筛的分计筛余百分率相加，计算得出其累计筛余百分率（精确至 1%）；

**6.1.5.3** 根据各筛的累计筛余百分率，评定该试样的颗粒级配。

## 6.2 碎石或卵石的表观密度试验（标准方法）

**6.2.1** 本方法适用于测定碎石或卵石的表观密度。

**6.2.2** 表观密度试验应采用下列仪器设备：

（1） 天平——称量 5kg，感量 1g，其型号及尺寸应能允许在臂上悬挂盛试样的吊篮，并在水中称重；

（2） 吊篮——径和高度均为 150mm，由孔径为 1～2mm 的筛网或钻有 2～3mm 孔洞的耐锈蚀金属板制成；

（3） 盛水容器——有溢流孔；

（4） 烘箱——能使温度控制在 105±5℃；

（5） 试验筛——孔径为 5mm；

（6） 温度计——0～100℃；

（7） 带盖容器、浅盘、刷子和毛巾等。

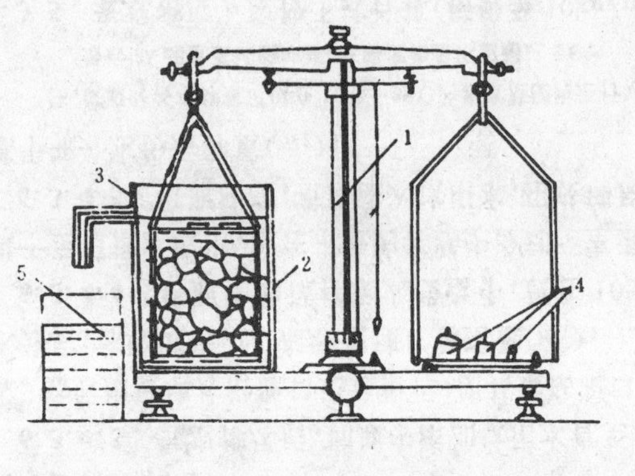


图 6.2.2 液体天平

1—5kg 天平；2—吊篮；3—带有溢流孔的金属容器；4—砝码；5—容器

**6.2.3** 试样制备应符合下列规定：

试验前，将样品筛去 5mm 以下的颗粒，并缩分至略重于表 6.2.3 所规定的数量，刷洗干净后分成两份备用。

**表观密度试验所需的试样最少重量** 表 6.2.3

| 最大粒径（mm） | 10.0 | 16.0 | 20.0 | 31.5 | 40.0 | 63.0 | 80.0 |
|---|---|---|---|---|---|---|---|
| 试样最少重量（kg） | 2 | 2 | 2 | 3 | 4 | 6 | 6 |

**6.2.4** 表观密度试验应按下列步骤进行：

**6.2.4.1** 按表 6.2.3 的规定称取试样（$m_o$）；

**6.2.4.2** 取试样一份装入吊篮，并浸入盛水的容器中，水面至少高出试样 50mm；

**6.2.4.3** 浸水 24h 后，移放到称量用的盛水容器中，并用上下升降吊篮的方法排除气泡（试样不得露出水面）。吊篮每升降一次约为 1s，升降高度为 30～50mm；

6.2.4.4 测定水温后（此时吊篮应全浸在水中），用天平称取吊篮及试样在水中的重量（$m_2$）。称量时盛水容器中水面的高度由容器的溢流孔控制；

6.2.4.5 提起吊篮，将试样置于浅盘中，放入 105±5℃的烘箱中烘干至恒重。取出来放在带盖的容器中冷却至室温后，称重（$m_o$）；

注：恒重系指相邻两次称量间隔时间大于 3h 的情况下，其前后两次称量之差小于该项试验所要求的称量精度。下同。

6.2.4.6 称取吊篮在同样温度的水中重量（$m_1$），称量时盛水容器的水面高度仍应由溢流口控制。

注：试验的各项称重可以在 15℃～25℃的温度范围内进行，但从试样加水静置的最后 2h 起直至试验结束，其温度相差不应超过 2℃。

6.2.5 表观密度 $\rho$ 应按下式计算（精确至 $10kg/m^3$）：

$$\rho=\left(\frac{m_o}{m_o+m_1-m_2}-\alpha_t\right)\times 1000(kg/m^3) \quad (6.2.5)$$

式中：$m_o$——试样的烘干重量（g）；

$m_1$——吊篮在水中的重量（g）；

$m_2$——吊篮及试样在水中的重量（g）；

$\alpha_t$——考虑称量时的水温对表观密度影响的修正系数，见表 6.2.5。

不同水温下碎石或卵石的表观密度温度修正系数 表 6.2.5

| 水温（℃） | 15 | 16 | 17 | 18 | 19 | 20 | 21 | 22 | 23 | 24 | 25 |
|---|---|---|---|---|---|---|---|---|---|---|---|
| $\alpha_t$ | 0.002 | 0.003 | 0.003 | 0.004 | 0.004 | 0.005 | 0.005 | 0.006 | 0.006 | 0.007 | 0.008 |

以两次试验结果的算术平均值作为测定值。如两次结果之差值大于 $20kg/m^3$ 时，应重新取样进行试验。对颗粒材质不均匀的试样，如两次试验结果之差超过规定时，可取四次测定结果的算术平均值作为测定值。

## 6.3 碎石或卵石表观密度试验（简易方法）

6.3.1 本方法适用于测定碎石或卵石的表观密度。不宜用于最大粒径超过 40mm 的碎石或卵石。

6.3.2 用本方法测定表观密度应采用下列仪器设备：

(1) 烘箱——能使温度控制在 105±5℃；

(2) 天平——称量 5kg，感量 5g；

(3) 广口瓶——1000mL，磨口，并带玻璃片；

(4) 试验筛——孔径为 5mm；

(5) 毛巾、刷子等。

6.3.3 试样制备应符合下列规定：

试验前，将样品筛去 5mm 以下的颗粒，用四分法缩分至不少于 2kg，洗刷干净后，分成两份备用。

6.3.4 用本方法测定表观密度应按下列步骤进行：

6.3.4.1 按表 6.2.3 规定的数量称取试样；

6.3.4.2 将试样浸水饱和，然后装入广口瓶中。装试样时，广口瓶应倾斜放置，注入饮用水，用玻璃片覆盖瓶口，以上下左右摇晃的方法排除气泡；

6.3.4.3 气泡排尽后，向瓶中添加饮用水直至水面凸出瓶口边缘。然后用玻璃片沿瓶口迅速滑行，使其紧贴瓶口水面。擦干瓶外水分后，称取试样、水、瓶和玻璃片总重量（$m_1$）；

6.3.4.4 将瓶中的试样倒入浅盘中，放在 105±5℃的烘箱中烘干至恒重。取出，放在带盖的容器中冷却至室温后称重（$m_o$）；

6.3.4.5 将瓶洗净，重新注入饮用水，用玻璃片紧贴瓶口水面，擦干瓶外水份后称重（$m_2$）；

注：试验时各项称重可以在 15℃～25℃的温度范围内进行，但从试样加水静置的最后 2h 起直至试验结束，其温度相差不应超过 2℃。

6.3.5 表观密度 $\rho$ 应按下式计算（精确至 $10kg/m^3$）

$$\rho = \left(\frac{m_c}{m_o + m_2 - m_1} - \alpha_t\right) \times 1000(\mathrm{kg/m^3}) \quad (6.3.5)$$

式中：$m_o$——烘干后试样重量(g)；

$m_1$——试样、水、瓶和玻璃片的共重(g)；

$m_2$——水、瓶和玻璃片共重(g)；

$\alpha_t$——考虑称量时的水温对表观密度影响的修正系数，见表 6.2.5。

以两次试验结果的算术平均值作为测定值，两次结果之差应小于 20kg/m³，否则重新取样进行试验。对颗粒材质不均匀的试样，如两次试验结果之差值超过 20kg/m³，可取四次测定结果的算术平均值作为测定值。

## 6.4 碎石或卵石的含水率试验

**6.4.1** 本方法适用于测定碎石或卵石的含水率。

**6.4.2** 含水率试验应采用下列仪器设备：

(1) 烘箱——能使温度控制在 105±5℃；

(2) 天平——称量 5kg，感量 5g；

(3) 容器——如浅盘等。

**6.4.3** 含水率试验应按下列步骤进行：

**6.4.3.1** 取重量约等于表 5.1.3 所要求的试样，分成两份备用；

**6.4.3.2** 将试样置于干净的容器中，称取试样和容器的共重($m_1$)，并在 105±5℃的烘箱中烘干至恒重；

**6.4.3.3** 取出试样，冷却后称取试样与容器的共重($m_2$)。

**6.4.4** 含水率 $\omega_{wc}$ 应按下式计算(精确至 0.1%)

$$\omega_{wc} = \frac{m_1 - m_2}{m_2 - m_3} \times 100(\%) \quad (6.4.4)$$

式中：$m_1$——烘干前试样与容器共重(g)；

$m_2$——烘干后试样与容器共重(g)；

$m_3$——容器重量(g)。

以两次试验结果的算术平均值作为测定值。

注：碎石或卵石含水率简易测定法可采用“炒干法”。

## 6.5 碎石或卵石的吸水率试验

**6.5.1** 本方法适用于测定碎石或卵石的吸水率，即测定以烘干重量为基准的饱和面干吸水率。

**6.5.2** 吸水率试验应采用下列仪器设备：

(1) 烘箱——能使温度控制在 105±5℃；

(2) 天平——称量 5kg，感量 5g；

(3) 试验筛——孔径为 5mm；

(4) 容器、浅盘、金属丝刷和毛巾等。

**6.5.3** 试样的制备应符合下列要求：

试验前，将样品筛去 5mm 以下的颗粒，然后用四分法缩分至表 6.5.3 所规定的重量，分成两份，用金属丝刷刷净后备用。

**吸水率试验所需的试样最少重量** 表 6.5.3

| 最大粒径(mm) | 10 | 16 | 20 | 25 | 31.5 | 40 | 63 | 80 |
|---|---|---|---|---|---|---|---|---|
| 试样最少重量(kg) | 2 | 2 | 4 | 4 | 4 | 6 | 6 | 8 |

**6.5.4** 吸水率试验应按下列步骤进行：

**6.5.4.1** 取试样一份置于盛水的容器中，使水面高出试样表面 5mm 左右，24h 后从水中取出试样，并用拧干的湿毛巾将颗粒表面的水分拭干，即成为饱和面干试样。然后，立即将试样放在浅盘中称重($m_2$)，在整个试验过程中，水温须保持在 20±5℃；

**6.5.4.2** 将饱和面干试样连同浅盘置于 105±5℃的烘箱中烘干至恒重。然后取出，放入带盖的容器中冷却 0.5～1h，称取烘干试样与浅盘的总重($m_1$)。称取浅盘的重量($m_3$)。

**6.5.5** 吸水率 $\omega_{wa}$ 应按下式计算(精确至 0.01%)：

$$\omega_{wa} = \frac{m_2 - m_1}{m_1 - m_3} \times 100(\%) \quad (6.5.5)$$

式中：$m_1$——烘干试样与浅盘共重(g)；

$m_2$——烘干前饱和面干试样与浅盘共重(g)；

$m_3$——浅盘重量(g)。

以两次试验结果的算术平均值作为测定值。

## 6.6 碎石或卵石的堆积密度和紧密密度试验

**6.6.1** 本方法适用于测定碎石或卵石的堆积密度、紧密密度及空隙率。

**6.6.2** 堆积密度和紧密密度试验应采用下列仪器设备：

(1) 案秤——称量 50kg，感量 50g，及称量 100kg，感量 100g 各一台；

(2) 容量筒——金属制，其规格见表 6.6.2；

(3) 平头铁锹；

(4) 烘箱——能使温度控制在 105±5℃。

**容量筒的规格要求** **表 6.6.2**

| 碎石或卵石的最大粒径(mm) | 容量筒容积(L) | 容量筒规格(mm) | | 筒壁厚度(mm) |
|---|---|---|---|---|
| | | 内径 | 净高 | |
| 10.0;16.0;20.0;25.0 | 10 | 208 | 294 | 2 |
| 31.5;40.0 | 20 | 294 | 294 | 3 |
| 63.0;80.0 | 30 | 360 | 294 | 4 |

注：测定紧密密度时，对最大粒径为 31.5、40.0mm 的集料，可采用 10L 的容量筒，对最大粒径为 63.0、80.0mm 的集料，可采用 20L 的容量筒。

**6.6.3** 试样的制备应符合下列要求：

试验前，取重量约等于表 5.1.3 所规定的试样放入浅盘，在 105±5℃的烘箱中烘干，也可以摊在清洁的地面上风干，拌匀后分成两份备用。

**6.6.4** 堆积密度和紧密密度试验应按以下步骤进行：

**6.6.4.1** 堆积密度：取试样一份，置于平整干净的地板(或铁板)上，用平头铁锹铲起试样，使石子自由落入容量筒内。此时，从铁锹的齐口至容量筒上口的距离应保持为 50mm 左右。装满容量筒并除去凸出筒口表面的颗粒，并以合适的颗粒填入凹陷部分，使表面稍凸起部分和凹陷部分的体积大致相等，称取试样和容量筒共重($m_2$)。

**6.6.4.2** 紧密密度：取试样一份，分三层装入容量筒。装完一层后，在筒底垫放一根直径为 25mm 的钢筋，将筒按住并左右交替颠击地面各 25 下，然后装入第二层。第二层装满后，用同样方法颠实(但筒底所垫钢筋的方向应与第一层放置方向垂直)然后再装入第三层，如法颠实。待三层试样装填完毕后，加料直到试样超出容量筒筒口，用钢筋沿筒口边缘滚转，刮下高出筒口的颗粒，用合适的颗粒填平凹外，使表面稍凸起部分和凹陷部分的体积大致相等。称取试样和容量筒共重($m_2$)。

**6.6.5** 堆积密度、紧密密度及空隙率应按以下规定进行计算：

**6.6.5.1** 堆积密度($\rho_1$)或紧密密度($\rho_c$)按 6.6.5—1 式计算(精确至 $10kg/m^3$)

$$\rho_1(\rho_c) = \frac{m_2 - m_1}{V} \times 1000(kg/m^3) \qquad (6.6.5\text{—}1)$$

式中：$m_1$——容量筒的重量(kg)；

$m_2$——容量筒和试样共重(kg)；

$V$——容量筒的容积(L)。

以两次试验结果的算术平均值作为测定值；

**6.6.5.2** 空隙率($\upsilon_1$、$\upsilon_c$)按 6.6.5—2 及 6.6.5—3 计算(精确至 1%)

$$\upsilon_1 = (1 - \frac{\rho_1}{\rho}) \times 100(\%) \qquad (6.6.5\text{—}2)$$

$$\upsilon_c = (1 - \frac{\rho_c}{\rho}) \times 100(\%) \qquad (6.6.5\text{—}3)$$

式中：$\rho_1$——碎石或卵石的堆积密度($kg/m^3$)；

$\rho_c$——碎石或卵石的紧密密度(kg/m³)；

$\rho$——碎石或卵石的表观密度(kg/m³)。

**6.6.6** 容量筒容积的校正应以20±5℃的饮用水装满容量筒，用玻璃板沿筒口滑移，使其紧贴水面，擦干筒外壁水分后称重。用下式计算筒的容积(V)：

$$V = m'_2 - m'_1 \quad (L) \tag{6.6.6}$$

式中：$m'_1$——容量筒和玻璃板重量(kg)；

$m'_2$——容量筒、玻璃板和水总重(kg)。

## 6.7 碎石或卵石的含泥量试验

**6.7.1** 本方法适用于测定碎石或卵石中的含泥量。

**6.7.2** 含泥量试验应采用下列仪器设备：

(1) 案秤——称量10kg，感量10g。对最大粒径小于15mm的碎石或卵石应用称量为5kg感量为5g的天平；

(2) 烘箱——能使温度控制在105±5℃；

(3) 试验筛——孔径为1.25mm及0.080mm筛各一个；

(4) 容器——容积约10L的瓷盘或金属盒；

(5) 浅盘。

**6.7.3** 试样制备应符合下列规定：

试验前，将来样用四分法缩分至表6.7.3所规定的量(注意防止细粉丢失)，并置于温度为105±5℃的烘箱内烘干至恒重，冷却至室温后分成两份备用。

**含泥量试验所需的试样最小重量　　表6.7.3**

| 最大粒径(mm) | 10.0 | 16.0 | 20.0 | 25.0 | 31.5 | 40.0 | 63.0 | 80.0 |
|---|---|---|---|---|---|---|---|---|
| 试样量不少于(kg) | 2 | 2 | 6 | 6 | 10 | 10 | 20 | 20 |

**6.7.4** 含泥量试验应按下列步骤进行：

**6.7.4.1** 称取试样一份($m_o$)装入容器中摊平，并注入饮用水，使水面高出石子表面150mm；用手在水中淘洗颗粒，使尘屑、淤泥和粘土与较粗颗粒分离，并使之悬浮或溶解于水。缓缓地将浑浊液倒入1.25mm及0.080mm的套筛(1.25mm筛放置上面)上，滤去小于0.080mm的颗粒。试验前筛子的两面应先用水湿润。在整个试验过程中应注意避免大于0.080mm的颗粒丢失。

**6.7.4.2** 再次加水于容器中，重复上述过程，直至洗出的水清澈为止。

**6.7.4.3** 用水冲洗剩留在筛上的细粒，并将0.080mm筛放在水中(使水面略高出筛内颗粒)来回摇动，以充分洗除小于0.080mm的颗粒。然后，将两只筛上剩留的颗粒和筒中已洗净的试样一并装入浅盘，置于温度为105±5℃的烘箱中烘干至恒重。取出冷却至室温后，称取试样的重量($m_1$)。

**6.7.5** 碎石或卵石的含泥量 $\omega_c$ 应按下式计算(精确至0.1%)：

$$\omega_c = \frac{m_o - m_1}{m_o} \times 100(\%) \tag{6.7.5}$$

式中：$m_o$——试验前烘干试样的重量(g)；

$m_1$——试验后烘干试样的重量(g)。

以两个试样试验结果的算术平均值作为测定值。如两次结果的差值超过0.2%，应重新取样进行试验。

## 6.8 碎石或卵石中泥块含量试验方法

**6.8.1** 本方法适用于测定碎石或卵石中泥块的含量。

**6.8.2** 泥块含量试验应采用下列仪器设备：

(1) 案秤——称量20kg、感量20g；称量10kg、感量10g；

(2) 天平——称量5kg、感量5g；

(3) 试验筛——孔径2.50mm及5.00mm筛各一个；

(4) 洗石用水筒及烘干用的浅盘等。

**6.8.3** 试样制备应符合下列规定：

试验前，将样品用四分法缩分至略大于表6.7.3所示的量，缩分应注意防止所含粘土块被压碎。缩分后的试样在105±5℃烘箱内烘至恒重,冷却至室温后分成两份备用。

**6.8.4** 泥块含量试验应按下列步骤进行:

**6.8.4.1** 筛去5mm以下颗粒,称重($m_1$);

**6.8.4.2** 将试样在容器中摊平,加入饮用水使水面高出试样表面,24h后把水放出,用手碾压泥块,然后把试样放在2.5mm筛上摇动淘洗,直至洗出的水清澈为止。

**6.8.4.3** 将筛上的试样小心地从筛里取出,置于温度为105±5℃烘箱中烘干至恒重。取出冷却至室温后称重($m_2$)。

**6.8.5** 泥块含量$\omega_{c,l}$应按下式计算(精确至0.1%):

$$\omega_{c,l}=\frac{m_1-m_2}{m_1}\times 100(\%) \qquad (6.8.5)$$

式中:$m_1$——5.00$mm$筛筛余量(g);

$m_2$——试验后烘干试样的量(g)。

以两个试样试验结果的算术平均值作为测定值。如两次结果的差值超过0.2%,应重新取样进行试验。

## 6.9 碎石或卵石中针状和片状颗粒的总含量试验

**6.9.1** 本方法适用于测定碎石或卵石中针状和片状颗粒的总含量。

**6.9.2** 针、片状颗粒含量试验应采用下列仪器设备:

(1) 针状规准仪和片状规准仪(见图6.9.2),或游标卡尺;

(2) 天平——称量2kg,感量2g;

(3) 案秤——称量10kg,感量10g;

(1) 试验筛——孔径分别为5.00、10.0、20.0、25.0、31.5、40.0、63.0、80.0mm,根据需要选用;

(5) 卡尺。

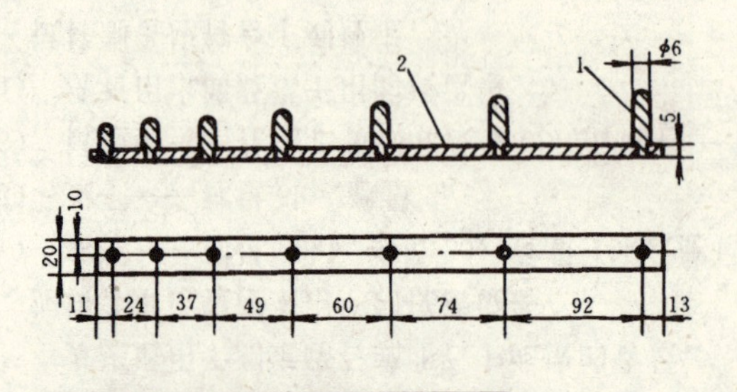


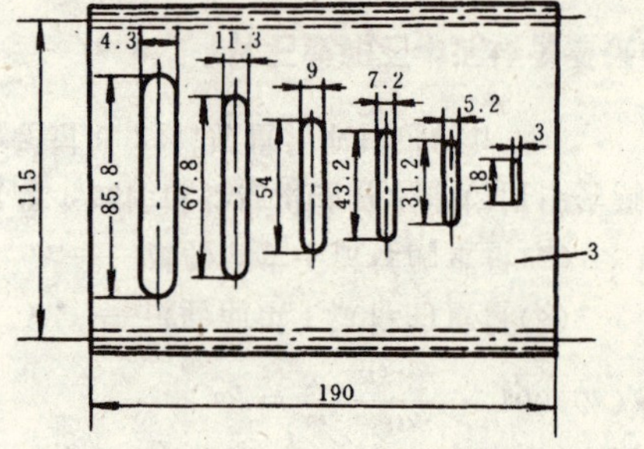


图6.9.2 针片状规准仪

1—针状规准档柱;2—针状规准仪底板;3—片状规准仪

**6.9.3** 试样制备应符合下列规定:

试验前,将来样在室内风干至表面干燥,并用四分法缩分至表6.9.3—1规定的数量,称量($m_o$),然后筛分成表6.9.3—2所规定的粒级备用。

针、片状试验所需的试样最少重量　　表6.9.3—1

| 最大粒径(mm) | 10.0 | 16.0 | 20.0 | 25.0 | 31.5 | 40.0以上 |
|---|---|---|---|---|---|---|
| 试样最少重量(kg) | 0.3 | 1 | 2 | 3 | 5 | 10 |

针、片状试验的粒级划分及其相应的规准仪孔宽或间距　表 6.9.3—2

| 粒级(mm) | 5～10 | 10～16 | 16～20 | 20～25 | 25～31.5 | 31.5～40 |
|---|---|---|---|---|---|---|
| 片状规准仪上相对应的孔宽(mm) | 3 | 5.2 | 7.2 | 9 | 11.3 | 14.3 |
| 针状规准仪上相对应的间距(mm) | 18 | 31.2 | 43.2 | 54 | 67.8 | 85.8 |

**6.9.4**　针、片状含量试验应按下列步骤进行：

**6.9.4.1**　按表 6.9.3—2 所规定的粒级用规准仪逐粒对试样进行鉴定，凡颗粒长度大于针状规准仪上相对应间距者，为针状颗粒。厚度小于片状规准仪上相应孔宽者，为片状颗粒；

**6.9.4.2**　粒径大于 40mm 的碎石或卵石可用卡尺鉴定其针片状颗粒，卡尺卡口的设定宽度应符合表 6.9.4 的规定。

大于 40mm 粒级颗粒卡尺卡口的设定宽度　表 6.9.4

| 粒　级(mm) | 40～63 | 63～80 |
|---|---|---|
| 鉴定片状颗粒的卡口宽度　(mm) | 20.6 | 28.6 |
| 鉴定针状颗粒的卡口宽度　(mm) | 123.6 | 171.6 |

**6.9.4.3**　称量由各粒级挑出的针状和片状颗粒的总重量($m_1$)。

**6.9.5**　碎石或卵石中针、片状颗粒含量 $\omega_p$ 应按下式计算(精确至 0.1%)：

$$\omega_p = \frac{m_1}{m_0} \times 100(\%) \qquad (6.9.5)$$

式中：$m_1$——试样中所含针、片状颗粒的总重量(g)；

$m_0$——试样总重量(g)。

## 6.10　卵石中有机物含量试验

**6.10.1**　本方法适用于近似地测定卵石中的有机物含量是否达到影响混凝土质量的程度。

**6.10.2**　有机物含量试验应采用下列仪器、设备和试剂：

(1)　天平——称量 2kg，感量 2g；称量 100g，感量 0.1g 各一台；

(2)　量筒——100mL、250mL、1000mL；

(3)　烧杯、玻璃棒和孔径为 20mm 的试验筛；

(4)　氢氧化钠溶液——氢氧化钠与蒸馏水之重量比为3:97；

(5)　鞣酸、酒精等。

**6.10.3**　试样的制备应符合下列规定：

试验前，筛去试样中 20mm 以上的颗粒，用四分法缩分至约 1kg，风干后备用。

**6.10.4**　有机物含量试验应按下列步骤进行：

**6.10.4.1**　向 1000mL 量筒中，倒入干试样至 600mL 刻度处，再注入浓度为 3%的氢氧化钠溶液至 800mL 刻度处，剧烈搅动后静置 24h；

**6.10.4.2**　比较试样上部溶液和新配制标准溶液的颜色，盛装标准溶液与盛装试样的量筒容积应一致。

注：标准溶液的配制方法，取 2g 鞣酸粉溶解于 98mL10%的酒精溶液中，即得所需的鞣酸溶液，然后取该溶液 2.5mL，注入 97.5ml 浓度为 3%的氢氧化钠溶液中，加塞后剧烈摇动，静置 24h 即得标准溶液。

**6.10.5**　结果评定应符合下列规定：

若试样上部的溶液颜色浅于标准溶液的颜色，则试样的有机质含量鉴定合格；如两种溶液的颜色接近，则应将该试样(包括上部溶液)倒入烧杯中放在温度为 60～70℃的水浴锅中加热 2～3h，然后再与标准溶液比色。

如溶液的颜色深于标准色，则应配制成混凝土作进一步检验。

其方法为：取试样一份，用浓度3%氢氧化钠溶液洗除有机杂质，再用清水淘洗干净，至试样用比色法试验时，溶液的颜色浅于标准色；然后用洗除有机质的和未经清洗的试样用相同的水泥、砂配成配合比相同，坍落度基本相同的两种混凝土，测其28d抗压强度。如未经洗除有机质的卵石混凝土强度与经洗除有机质的混凝土强度的比不低于0.95时，则此卵石可以使用。

## 6.11 碎石或卵石的坚固性试验

**6.11.1** 本方法适用于以硫酸钠饱和溶液法间接地判断碎石或卵石的坚固性。

**6.11.2** 坚固性试验应采用下列仪器、设备及试剂：

(1) 烘箱——能使温度控制在105±5℃；

(2) 天平——称量5kg，感量1g；

(3) 试验筛——根据试样粒级，按表6.11.2选用；

(4) 容器——搪瓷盆或瓷盆，容积不小于50L；

(5) 三脚网篮——网篮的外径为100mm，高为150mm，采用孔径不大于2.5mm的网和铜丝制成。检验40～80mm的颗粒时，应采用外径和高均为150mm的网篮；

(6) 试剂——无水硫酸钠或10水结晶硫酸钠（工业用）。

**6.11.3** 硫酸钠溶液的配制及试样的制备应符合下列规定：

**6.11.3.1** 硫酸钠溶液的配制：取一定数量的蒸馏水（多少取决于试样及容器的大小），加温至30℃～50℃，每1000mL蒸馏水加入无水硫酸钠（$Na_2SO_4$）300～350g或10水硫酸钠（$Na_2SO_4 \cdot 10H_2O$）700～1000g，用玻璃棒搅拌，使其溶解并饱和，然后冷却至20℃～25℃。在此温度下静置两昼夜。其相对密度应保持在1151～1174kg/m³范围内。

**6.11.3.2** 试样的制备：将试样按表6.11.2的规定分级，并分别擦洗干净，放入105℃～110℃烘箱内烘24h，取出并冷却至室温，然后按表6.11.2对各粒级规定的量称取试样（$m_1$）。

坚固性试验所需的各粒级试样量　　　表6.11.2

| 粒级(mm) | 5～10 | 10～20 | 20～40 | 40～63 | 63～80 |
|---|---|---|---|---|---|
| 试样重(g) | 500 | 1000 | 1500 | 3000 | 3000 |

注：①粒级为10～20mm的试样中，应含有10～16mm粒级颗粒40%，16～20mm颗粒60%。

②粒级为20～40mm的试样中，应含有20～31.5mm粒级颗粒40%，31.5～40mm粒级颗粒60%。

**6.11.4** 坚固性试验应按下列步骤进行：

**6.11.4.1** 将所称取的不同粒级的试样分别装入三脚网篮并浸入盛有硫酸钠溶液的容器中。溶液体积应不小于试样总体积的5倍，其温度保持在20～25℃的范围内。三脚网篮浸入溶液时应先上下升降25次以排除试样中的气泡，然后静置于该容器中。此时，网篮底面应距容器底面约30mm（由网篮脚高控制），网篮之间的间距应不小于30mm，试样表面至少应在溶液以下30mm；

**6.11.4.2** 浸泡20h后，从溶液中提出网篮，放在105±5℃的烘箱中烘4h。至此，完成了第一个试验循环。待试样冷却至20～25℃后，即开始第二次循环。从第二次循环开始，浸泡及烘烤时间均可为4h；

**6.11.4.3** 第五次循环完后，将试样置于25～30℃的清水中洗净硫酸钠，再在105±5℃的烘箱中烘至恒重。取出冷却至室温后，用筛孔孔径为试样粒级下限的筛过筛，并称取各粒级试样试验后的筛余量（$m_i'$）；

注：试样中硫酸钠是否洗净，可按下法检验，即：取洗试样的水数毫升，滴入少量氯化钡（$BaCl_2$）溶液，如无白色沉淀，即说明硫酸钠已被洗净。

**6.11.4.4** 对粒径大于20mm的试样部分，应在试验前后记录其颗粒数量，并作外观检查，描述颗粒的裂缝、开裂、剥落、掉边和掉角等情况所占颗粒数量，以作为分析其坚固性时的补充依据。

**6.11.5** 试样中各粒级颗粒的分计重量损失百分率（$\delta_{ji}$）应按下式计算：

$$\delta_{ji} = \frac{m_i - m'_i}{m_i} \times 100(\%) \qquad (6.11.5\text{—}1)$$

式中：$m_i$——各粒级试样试验前的烘干重量(g)；

$m_i'$——经硫酸钠溶液法试验后，各粒级筛余颗粒的烘干重量(g)。

试样的总重量损失百分率 $\delta_j$ 应按下式计算(精确至1%)

$$\delta_j = \frac{\alpha_1\delta_{j1} + \alpha_2\delta_{j2} + \alpha_3\delta_{j3} + \alpha_4\delta_{j4} + \alpha_5\delta_{j5}}{\alpha_1 + \alpha_2 + \alpha_3 + \alpha_4 + \alpha_5}(\%) \qquad (6.11.5\text{—}2)$$

式中：$\alpha_1$、$\alpha_2$、$\alpha_3$、$\alpha_4$、$\alpha_5$——试样中 5.00～10.0mm；10.0～20.0mm；20.0～40.0mm；40.0～64.0mm；63.0～80.0mm 各粒级颗粒的分计百分含量；

$\delta_{j1}$、$\delta_{j2}$、$\delta_{j3}$、$\delta_{j4}$、$\delta_{j5}$——各粒级的分计重量损失百分率(按 6.11.5——1 式算得)。

## 6.12 岩石的抗压强度试验

**6.12.1** 本方法适用于测定碎石的原始岩石在水饱和状态下的抗压强度。

**6.12.2** 岩石的抗压强度试验应采用下列设备：

(1) 压力试验机——荷载 1000kN；

(2) 石材切割机或钻石机；

(3) 岩石磨光机；

(4) 游标卡尺，角尺等。

**6.12.3** 试样制作应符合下列规定：

试验时，取有代表性的岩石样品用石材切割机切割成边长为 50mm 的立方体，或用钻石机钻取直径与高度均为 50mm 的圆柱体。然后用磨光机把试件与压力机压板接触的两个面磨光并保持平行，试件形状须用角尺检查。

**6.12.4** 至少应制作六个试块。对有显著层理的岩石，应取两组试件(12 块)分别测定其垂直和平行于层理的强度值。

**6.12.5** 岩石抗压强度试验应按下列步骤进行：

**6.12.5.1** 用游标卡尺量取试件的尺寸(精确至 0.1mm)，对于立方体试件，在顶面和底面上各量取其边长，以各个面上相互平行的两个边长的算术平均值作为宽或高，由此计算面积。对于圆柱体试件，在顶面和底面上各量取相互垂直的两个直径，以其算术平均值计算面积。取顶面和底面面积的算术平均值作为计算抗压强度所用的截面积；

**6.12.5.2** 将试件置于水中浸泡 48h，水面应至少高出试件顶面 20mm；

**6.12.5.3** 取出试件，擦干表面，放在压力机上进行强度试验。试验时加压速度应为每秒钟 0.5～1MPa。

**6.12.6** 岩石的抗压强度 $f$ 应按下式计算(精确至 1MPa)：

$$f = \frac{F}{A}(\text{MPa}) \qquad (6.12.6)$$

式中：$F$——破坏荷载(N)；

$A$——试件的截面积($mm^2$)。

**6.12.7** 结果评定应符合下列规定：

取六个试件试验结果的算术平均值作为抗压强度测定值，如六个试件中的两个与其它四个试件抗压强度的算术平均值相差三倍以上时，则取试验结果相接近的四个试件的抗压强度算术平均值作为抗压强度测定值。

对具有显著层理的岩石，其抗压强度应为垂直于层理及平行于层理的抗压强度的平均值。

## 6.13 碎石或卵石的压碎指标值试验

**6.13.1** 本方法适用于测定碎石或卵石抵抗压碎的能力，以间接地推测其相应的强度。

6.13.2 压碎指标值试验应采用下列仪器设备。

(1) 压力试验机，荷载 300kN；

(2) 压碎指标值测定仪(图 6.13.2)；

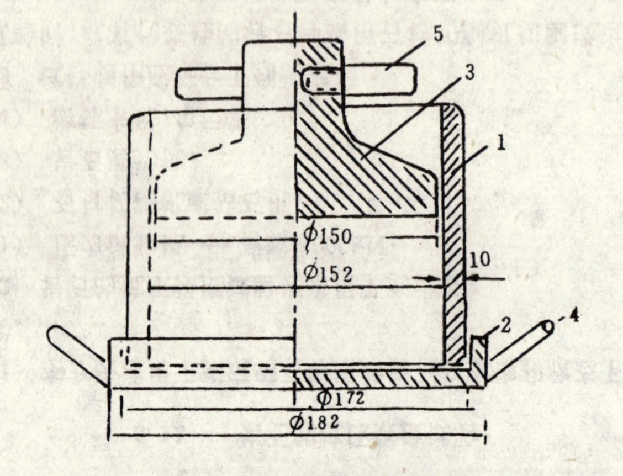


图 6.13.2 压碎指标值测定仪

1—圆筒；2—底盘；3—加压头；4—手把；5—把手

6.13.3 试样制备应符合下列规定：

标准试样一律应采用 10～20mm 的颗粒，并在气干状态下进行试验。

注：对多种岩石组成的卵石，如其粒径大于 20mm 颗粒的岩石矿物成分与 10～20mm 颗粒有显著差异时，对大于 20mm 的颗粒应经人工破碎后筛取 10～20mm 标准粒级另外进行压碎指标值试验。

试验前，先将试样筛去 10mm 以下及 20mm 以上的颗粒，再用针状和片状规准仪剔除其针状和片状颗粒，然后称取每份 3kg 的试样 3 份备用。

6.13.4 压碎指标值试验应按下列步骤进行：

6.13.4.1 置圆筒于底盘上，取试样一份，分二层装入筒内。每装完一层试样后，在底盘下面垫放一直径为 10mm 的圆钢筋，将筒按住，左右交替颠击地面各 25 下。第二层颠实后，试样表面距盘底的高度应控制为 100mm 左右；

6.13.4.2 整平筒内试样表面，把加压头装好(注意应使加压头保持平正)，放到试验机上在 160～300s 内均匀地加荷到 200kN，稳定 5s，然后卸荷，取出测定筒。倒出筒中的试样并称其重量($m_0$)，用孔径为 2.50mm 的筛筛除被压碎的细粒，称量剩留在筛上的试样重量($m_1$)。

6.13.5 碎石或卵石的压碎指标值 $\delta_a$，应按下式计算(精确至 0.1%)：

$$\delta_a = \frac{m_0 - m_1}{m_0} \times 100(\%) \qquad (6.13.5—1)$$

式中：$m_0$——试样的重量(g)；

$m_1$——压碎试验后筛余的试样重量(g)。

对多种岩石组成的卵石，如对 20mm 以下和 20mm 以上的标准粒级(10～20mm)分别进行检验，则其总的压碎指标值 $\delta_a$ 应按下式计算：

$$\delta_a = \frac{a_1\delta_{a1} + a_2\delta_{a2}}{a_1 + a_2} (\%) \qquad (6.13.5—2)$$

式中：$a_1$、$a_2$——试样中 20mm 以下和 20mm 以上两粒级的颗粒含量百分率；

$\delta_{a1}$、$\delta_{a2}$——两粒级以标准粒级试验的分计压碎指标值(%)。

以三次试验结果的算术平均值作为压碎指标测定值。

## 6.14 碎石或卵石中硫化物和硫酸盐含量的试验

6.14.1 本方法适用于测定碎石或卵石中硫酸盐、硫化物含量(按 $SO_3$ 百分含量计)。

6.14.2 硫酸盐和硫化物含量试验应采用下列仪器、设备及试剂：

(1) 天 平——称量 2kg、感量 2g；称量 1000g、感量 0.1g 各一台；

(2) 高温炉——最高温度1000℃；

(3) 试验筛——孔径0.080mm；

(4) 烧瓶、烧杯等；

(5) 10%氯化钡溶液——10g氯化钡溶于100mL蒸馏水中；

(6) 盐酸(1+1)——浓盐酸溶于同体积的蒸馏水中；

(7) 1%硝酸银溶液——1g硝酸银溶于100mL蒸馏水中，并加入5—10mL硝酸，存于棕色瓶中。

**6.14.3** 试样制作应符合下列规定：

试验前，取粒径40mm以下的风干碎石或卵石约1000g，按四分法缩分至约200g，磨细使全部通过0.080mm筛，仔细拌匀，烘干备用。

**6.14.4** 硫酸盐和硫化物含量试验应按下列步骤进行：

**6.14.4.1** 精确称取石粉试样约1g($m$)放入300mL的烧杯中，加入30～40mL蒸馏水及10mL的盐酸(1+1)，加热至微沸，并保持微沸5min，使试样充分分解后取下，以中速滤纸过滤，用温水洗涤10～12次；

**6.14.4.2** 调整滤液体积至200mL，煮沸，边搅拌边滴加10mL氯化钡溶液(10%)，并将溶液煮沸数分钟，然后移至温热处至少静置4h(此时溶液体积应保持在200mL)，用慢速滤纸过滤，以温水洗至无氯根反应(用硝酸根溶液检验)；

**6.14.4.3** 将沉淀及滤纸一并移入已灼烧至恒重($m_1$)的瓷坩埚中，灰化后在800℃的高温炉内灼烧30min。取出坩埚，置于干燥器中冷却至室温，称重。如此反复灼烧，直至恒重($m_2$)。

**6.14.5** 水溶性硫化物硫酸盐含量(以$SO_3$计)($\omega_{SO_3}$)应按下式计算(精确至0.01%)。

$$\omega_{SO_3} = \frac{(m_2 - m_1) \times 0.343}{m} \times 100(\%) \qquad (6.14.5)$$

式中：$m$——试样重量(g)；

$m_2$——沉淀物与坩埚共重(g)；

$m_1$——坩埚重量(g)；

0.343——$BaSO_4$换算成$SO_3$系数。

**6.14.6** 取二次试验的算术平均值作为评定指标，若两次试验结果之差大于0.15%，应重做试验。

## 6.15 碎石或卵石碱活性试验(岩相方法)

**6.15.1** 本方法适用于鉴定碎石、卵石的岩石种类、成份，检验集料中活性成分的品种和含量。

**6.15.2** 岩相法试验应采用下列仪器设备：

(1) 试验筛——孔径为80.0、40.0、20.0、5.00mm的圆孔筛以及筛的底盘和盖各一只；

(2) 案称——称量100kg，感量100g；

(3) 天平——称量1kg，感量1g；

(4) 切片机、磨片机；

(5) 实体显微镜、偏光显微镜。

**6.15.3** 试样制备应符合下列规定：

试验前，先将样品风干，并按表6.15.3的规定筛分、称取试样。

**岩相试验试样最少重量** 表6.15.3

| 粒 径(mm) | 40～80 | 20～40 | 5～20 |
|---|---|---|---|
| 试样最少重量(kg) | 150 | 50 | 10 |

注：①大于80mm的颗粒，按照40～80mm一级进行试验；

②试样最少数量也可以颗粒计，每级至少300颗。

**6.15.4** 岩相试验应按下列步骤进行：

**6.15.4.1** 用肉眼逐粒观察试样，必要时将试样放在砧板上用地质锤击碎(注意应使岩石碎片损失最小)，观察颗粒新鲜断面。将试样按岩石品种分类；

6.15.4.2 每类岩石先确定其品种及外观品质，包括矿物成分、风化程度、有无裂缝、坚硬性、有无包裹体及断口形状等；

6.15.4.3 每类岩石均应制成若干薄片，在显微镜下鉴定矿物组成、结构等，特别应测定其隐晶质、玻璃质成分的含量。测定结果填入表 6.15.4 中。

**集料活性成分含量测定表** **表 6.15.4**

| 委托单位 | | 样品编号 | |
|---|---|---|---|
| 样品产地、名称 | | 检测条件 | |
| 粒径(mm) | 40～80 | 20～40 | 5.0～20 |
| 重量百分数(%) | | | |
| 岩石名称及外观品质 | | | |
| 碱活性矿物 品种及占本级配试样的重量百分含量(%) | | | |
| 碱活性矿物 占试样总重的百分含量(%) | | | |
| 碱活性矿物 合计 | | | |
| 结论 | | 备注 | |

技术负责： 校核： 检测： 检测单位：

注：①硅酸类活性矿物包括蛋白石、火山玻璃体、玉髓、玛瑙、鳞石英、磷石英、方石英、微晶石英、燧石、具有严重波状消光的石英；

②碳酸盐类活性矿物为具有细小菱形白云石晶体。

6.15.5 结果处理应符合下列规定：

根据岩相鉴定结果，对于不含活性矿物的岩石，可评定为非碱活性集料。

如评定为碱活性集料或可疑时，应按第 3.0.8 条规定进行进一步鉴定。

## 6.16 碎石或卵石的碱活性试验（化学方法）

6.16.1 本方法是在规定条件下，测定碱溶液和集料反应溶出的二氧化硅浓度及碱度降低值，借以判断集料在使用高碱水泥的混凝土中是否会产生危害性的反应。本方法适用于鉴定由硅质集料引起的碱活性反应，不适用于含碳酸盐的集料。

6.16.2 化学法碱活性试验应采用下列仪器、设备和试剂：

(1) 反应器——容量 50～70mL，用不锈钢或其他耐热抗碱材料制成，并能密封，不透气漏水。其形式、尺寸如图 6.16.2；

(2) 抽滤装置——10L 的真空泵或其他效率相同的抽气装置，50mL 抽滤瓶等；

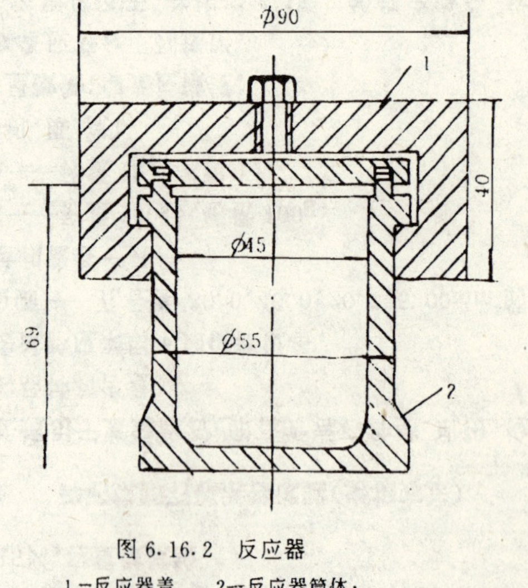


图 6.16.2 反应器

1—反应器盖 2—反应器筒体；

(3) 分光光度计——如不用比色法时不需此仪器；

(4) 研磨设备——小型破碎机和粉磨机，能把集料粉碎成粒径 0.160～0.315mm；

（5） 试验筛——0.160、0.315mm 筛各一个；

（6） 天平——称量 100（或 200）g、感量 0.1mg；

（7） 恒温水浴——能在 24h 内保持 80±1℃；

（8） 高温炉——最高温度 1000℃；

（9） 试剂——均为分析纯。

**6.16.3** 溶液的配制与试样制备应符合下列规定：

**6.16.3.1** 配制 1.000mol/L 氢氧化钠溶液：称取 40g 分析纯氢氧化钠，溶于 1000mL 新煮沸并经冷却的蒸馏水中摇匀，贮于装有钠石灰干燥管的聚乙烯瓶中。配制后的氢氧化钠溶液应用邻苯二钾酸氢钾标定，准确至 0.001mol/L。

**6.16.3.2** 准备试样：取有代表性的集料样品约 500g，破碎后，在 0.160 和 0.315mm 的筛子上过筛，弃去通过 0.160mm 筛的颗粒。留在 0.315mm 筛上的颗粒需反复破碎，直到全部通过 0.315mm 筛为止。然后用磁铁吸除破碎样品时带入的铁屑。为了保证小于 0.160mm 的颗粒全部弃除，应将样品放在 0.160mm 的筛上，先用自来水冲洗，再用蒸馏水冲洗。一次冲洗的样品不多于 100g，洗涤过的样品，放在 105±5℃烘箱中烘 20±4h，冷却后，再用 0.160mm 筛筛去细屑，制成试样。

**6.16.4** 化学法碱活性试验应按下列步骤进行：

**6.16.4.1** 称取备好的试样 25±0.05g 三份；

**6.16.4.2** 将试样放入反应器中，用移液管加入 25mL 经标定浓度为 1.000mol/L 的氢氧化钠溶液，另取 2～3 个反应器不放样品，加入同样的氢氧化钠溶液作为空白试验；

**6.16.4.3** 将反应器的盖子盖上（带橡皮垫圈），轻轻旋转摇动反应器，以排出粘附在试样上的空气，然后加夹具密封反应器；

**6.16.4.4** 将反应器放在 80±1℃的恒温水浴中 24h，然后取出，将其放在流动的自来水中冷却 15±2min，立即开盖，用瓷质古氏坩埚过滤（坩埚内应放一块大小与坩埚底相吻合的快速滤纸）。过滤时，将坩埚放在带有橡皮坩埚套的巴氏漏斗上，巴氏漏斗装在抽滤瓶上。抽滤瓶中放一支容量 35～50mL 的干燥试管，用以收集滤液。

注：为避免氢氧化钠溶液与玻璃器皿发生反应，影响试验的精度，建议采用塑料漏斗和塑料试管，或在玻璃漏斗和试管上涂一层石蜡。

**6.16.4.5** 开动抽气系统，将少量溶液倾入坩埚中润湿滤纸，使之紧贴在坩埚底部，然后继续倾入溶液，不要搅动反应器内的残渣。待溶液全部倾出后，停止抽气，用不锈钢或塑料小勺将残渣移入坩埚中并压实，然后再抽气。调节气压在 380mm 水银柱，直至每 10s 滤出溶液一滴为止。

注：同一组试样及空白试验的过滤条件都应当相同。

**6.16.4.6** 过滤完毕，立即将滤液摇匀，用移液管吸取 10mL 滤液移入 200mL 容量瓶中，稀释至刻度，摇匀，以备测定溶解的二氧化硅含量和碱度降低值用。

注：此稀释液应在 4h 内进行分析，否则应移入清洁、干燥的聚乙烯容器中密封保存。

**6.16.4.7** 用重量法、容量法或比色法测定溶液中的可溶性二氧化硅含量（$C_{sio_2}$）。

**6.16.4.8** 用单终点法或双终点法测定溶液的碱度降低值。

**6.16.4.9** 用重量法测定可溶性二氧化硅含量时其测定步骤应为：

（1） 吸取 100mL 稀释液，移入蒸发皿中，加入 5～10mL 浓盐酸（相对密度 1190kg/m$^3$）在水浴上蒸至湿盐状态，再加入 5～10mL 浓盐酸（密度 1190kg/m$^3$），继续加热至 70℃左右，保温并搅拌 3～5min。加入 10mL 新配制的 1%动物胶（1g 动物胶溶于 100mL 热水中）搅匀，冷却后用无灰滤纸过滤。先用每升含 5mL 盐酸的热水洗涤沉淀，再用热蒸馏水充分洗涤，直至无氯离子反应为止。

（2） 将沉淀物连同滤纸移入坩埚中，先在普通电炉上烘干并碳化，再放在 900℃～950℃的高温炉中灼烧至恒重（$m_2$）。

（3） 用上述同样方法测定空白试验稀释液中二氧化硅的含量($m_1$)。

（4） 滤液中二氧化硅的含量按下式计算(精确至0.001)

$$C_{SiO_2}=(m_2-m_1)\times 3.33 \qquad (6.16.4-1)$$

式中：$C_{SiO_2}$——滤液中的二氧化硅浓度(mol/L)

$m_2$——100mL试样的稀释液中二氧化硅含量(g)；

$m_1$——100mL空白试验的稀释液中二氧化硅的含量(g)。

**6.16.4.10** 用容量法测定可溶性二氧化硅含量时其测定步骤应为：

（1） 配制15%氟化钾试剂：称取30g氟化钾，置于聚四氟乙烯杯中，加入150mL水，再加入硝酸和盐酸各25mL，并加入氯化钾至饱和。放置半小时后，用涂蜡漏斗过滤置于聚乙烯瓶中备用。

（2） 配制乙醇洗液：将无水乙醇与水1:1混合，加入氯化钾至饱和。

（3） 配制0.1mol/L氢氧化钠溶液：以4g氢氧化钠溶于1000mL新煮沸并冷却后的蒸馏水中，摇匀，贮于装有钠石灰干燥管的聚乙烯瓶中。配制后的氢氧化钠溶液应以邻苯二甲酸氢钾标定，准确至0.001mol/L。

（4） 吸取10～50mL稀释液(视二氧化硅的含量而定)，放入300mL聚四氟乙烯杯中，加入蒸馏水，控制溶液的体积在50mL以内。加入浓硝酸3mL，用塑料棒搅拌溶液并加入氯化钾至饱和，再慢慢加入15%氟化钾溶液10～12mL，继续搅拌1min后，放置15min，用塑料或涂蜡漏斗和中速滤纸过滤。用乙醇洗液洗沉淀及烧杯2～3次，将沉淀连同滤纸取出放入原烧杯中，用10mL乙醇洗液淋洗烧杯壁，加入15滴酚酞指示剂，用滴定管滴入0.1mol/L氢氧化钠溶液，用塑料棒仔细搅动滤纸并擦洗杯壁，以中和未洗去的酸，直至红色不退。然后加入100mL刚煮沸的蒸馏水(此水应先加入数滴酚酞指示剂并用NaOH溶液滴至微红色)。在搅拌中用氢氧化钠溶液滴定呈微红色。

（5） 用同样方法测定空白试验的稀释液。

（6） 滤液中二氧化硅的含量按下式计算(精确至0.001)

$$C_{SiO_2}=\frac{20(V_2-V_1)C_{NaOH}}{V}\times\frac{15.02}{60.06} \qquad (6.16.4-2)$$

式中：$C_{SiO_2}$——滤液中的二氧化硅浓度(mol/L)；

$C_{NaOH}$——氢氧化钠溶液的浓度(mol/L)；

$V_2$——测定试样稀释液时消耗的氢氧化钠溶液量(mL)；

$V_1$——测定空白稀释液时消耗的氢氧化钠溶液量(mL)；

$V$——测定时吸取的稀释液(mL)。

**6.16.4.11** 用比色法测定可溶性二氧化硅含量时其测定步骤应为：

（1） 配制钼兰显色剂：将20g草酸，15g硫酸亚铁铵溶于1000L浓度为1.5mol/L的硫酸中。

（2） 配制二氧化硅标准溶液：称取二氧化硅保证试剂0.1000g置于铂坩埚中，加入无水碳酸钠2.5～3.0g，混匀，于900℃～950℃下熔融20～30min，取出冷却。在烧杯中加400mL热水，搅拌至全部溶解后，移入1000mL容量瓶中，稀释至刻度，摇匀。此溶液每毫升含二氧化硅0.1mg(必要时可用重量法校准)。

（3） 配制10%钼酸铵溶液：将100g钼酸铵溶于400mL热水中，过滤后稀释至1000mL。

注：以上溶液贮存在聚乙烯瓶中可保存一个月。

（4） 配制0.01mol/L：高锰酸钾溶液及5%盐酸。

（5） 标准曲线的绘制：吸取0.5、1.0、2.0、3.0、4.0mL二氧化硅标准溶液，分别装入100mL容量瓶中，用水稀释至30mL。各依次加入5%盐酸5mL，10%钼酸铵溶液2.5mL，0.01mol/L高锰酸钾一滴，摇匀并用水稀释至刻度，摇匀。5min后，在分光光度计上用波长为660mm的光测其消光值，以浓度为横座标，消光值为纵座标，绘制标准曲线。

（6） 稀释液中二氧化硅含量的测定：吸取稀释液 5mL 置于 100mL 容量瓶中，按二氧化硅标准溶液的操作方法显色并测定其消光值。根据消光值，即可在标准曲线上查出相应的二氧化硅含量。

（7） 用同样方法测定空白试验的稀释液。

注：钼兰比色法测定二氧化硅具有很高的灵敏度，测定时吸取稀释液的毫升数应根据二氧化硅含量而定，使其消光值落在标准曲线中段为宜。

（8） 滤液中的二氧化硅浓度按下式计算（精确至 0.001）

$$C_{sio_2} = \frac{20(m_2 - m_1)}{V_o} \times \frac{1000}{60.06} \quad (6.16.4—3)$$

式中：$C_{sio_2}$——滤液中的二氧化硅浓度（mol/L）；

$m_2$——试样的稀释液中二氧化硅的含量（g）；

$m_1$——空白试验稀释液中二氧化硅的含量（g）；

$V_o$——吸取稀释液的数量（mL）。

**6.16.4.12** 单终点法碱度降低值（$\delta_R$）的测定步骤应符合下列规定：

（1） 配制 0.05mol/L 盐酸标准溶液：量取 4.2mL 浓盐酸（密度 1190kg/m³）稀释至 1000mL；

（2） 配制碳酸钠标准溶液：称取 0.05g（准确至 0.1mg）无水碳酸钠（首先须经 180℃烘箱内烘 2h，冷却后称重），置于 125mL 的锥形瓶中，用新煮沸的蒸馏水溶解。以甲基橙为指示剂，标定盐酸并计算精确至 0.0001mol/L。

（3） 配制甲基橙指示剂：取 0.1g 甲基橙溶解于 100mL 蒸馏水中。

（4） 吸取 20mL 稀释液置于 125mL 的锥形瓶中，加入酚酞指示剂 2～3 滴，用 0.05mol/L 盐酸标准溶液滴定至无色。

（5） 用同样的方法滴定空白试验的稀释液。

（6） 碱度降低值按下式计算（精确至 0.001）

$$\delta_R = (20C_{HCL}/V_1)(V_3 - V_2) \quad (6.16.4—4)$$

式中：$\delta_R$——碱度降低值（mol/L）；

$C_{HCL}$——盐酸标准溶液的浓度（mol/L）；

$V_1$——吸取稀释液数量（mL）；

$V_2$——滴定试样的稀释液消耗盐酸标准溶液量（mL）；

$V_3$——滴定空白稀释液消耗盐酸标准液量（mL）。

**6.16.4.13** 双终点法碱度降低值（$\delta_R$）的测定步骤应符合下列规定：

用单终点法到达酚酞终点后，记下所消耗的盐酸标准液的毫升数，然后加入 2～3 滴甲基橙指示剂，继续滴定至溶液呈橙色，此时（6.16.4—4）式中的 $V_2$ 或 $V_3$ 按（6.16.4—5）式计算：

$$V_2 \text{或} V_3 = 2V_p - V_t \quad (6.16.4—5)$$

式中：$V_p$——滴定至酚酞终点消耗盐酸标准液量（mL）；

$V_t$——滴定至甲基橙终点消耗盐酸标准液量（mL）。

将 $V_2$ 值代入（6.16.4—4）式即得双终点法的碱度降低值。

**6.16.5** 以 3 个试样测值的平均值作为试验结果。单个测值与平均值之差不得大于下述范围：

**6.16.5.1** 当平均值大于 0.100mol/L 时，差值不得大于 0.012mol/L；

**6.16.5.2** 当平均值等于或小于 0.100mol/L 时，差值不得大于平均值的 12%，误差超过上述范围的测值需剔除，取其余两个测值的平均值作为试验结果。如一组试验的测值少于 2 个时，须重做试验。

**6.16.6** 当试验结果出现以下两种情况的任一种时，则还应进行砂浆长度法试验：

**6.16.6.1** $\delta_R > 0.070$ (6.16.6—1)

并 $C_{sio_2} > \delta_R$ (6.16.6—2)

**6.16.6.2** $\delta_R < 0.070$ (6.16.6—3)

并 $C_{sio_2} > 0.035 + \delta_R/2$ (6.16.6—4)

如果不出现上述情况，则可判定为无潜在危害。

## 6.17 碎石或卵石碱活性试验(砂浆长度方法)

**6.17.1** 本方法适用于鉴定硅质集料与水泥(混凝土)中的碱产生潜在反应的危险性，本方法不适用于碳酸盐集料。

**6.17.2** 砂浆长度法碱活性试验应采用下列仪器设备：

(1) 试验筛——0.160、0.315、0.630、1.25、2.50、5.00mm筛；

(2) 胶砂搅拌机——应符合现行国家标准《水泥物理检验仪器、胶砂搅拌机》的规定；

(3) 镘刀及截面为14×13mm，长120～150mm的钢制捣棒；

(4) 量筒、秒表、跳桌等；

(5) 试模和测头(埋钉)——金属试模，规格为40×40×160mm，试模两端板正中有小洞，以便测头在此固定埋入砂浆。测头以不锈钢金属制成；

(6) 养护筒——用耐腐材料(如塑料)制成，应不漏水、不透气，加盖后在养护室能确保筒内空气相对湿度为95%以上，筒内设有试件架，架下盛有水，试件垂直立于架上并不与水接触；

(7) 测长仪——测量范围160～185mm，精度0.01mm；

(8) 恒温箱(室)——温度为40±2℃。

**6.17.3** 试件制作。

**6.17.3.1** 制作试件的材料应符合下列规定：

(1)水泥：水泥含碱量为1.2%，低于此值可掺浓度10%的NaOH溶液，将系统的碱含量调至水泥量的1.2%，对具体工程如所用水泥含碱量高于此值，则用工程所使用的水泥。

注：水泥含碱量以氧化钠($Na_2O$)计，氧化钾($K_2O$)换算为氧化钠时乘以换算系数0.658。

(2)集料：将试样缩分至约5kg，破碎筛分后，各粒级都要在筛上用水冲净粘附在集料上的淤泥和细粉，然后烘干备用。集料按表6.17.3的级配配成试验用料。

**集料级配表** **表6.17.3**

| 筛孔尺寸(mm) | 5.00—2.50 | 2.50—1.25 | 1.25—0.630 | 0.630—0.315 | 0.315—0.160 |
|---|---|---|---|---|---|
| 分级重量(%) | 10 | 25 | 25 | 25 | 15 |

**6.17.3.2** 制作试件用的砂浆配合比应符合下列规定：

水泥与集料的重量比为1:2.25。一组3个试件共需水泥600g，集料1350g。砂浆用水量按GB2419"水泥胶砂流动度测定方法"选定，但跳桌跳动次数改为6s跳动10次，以流动度在105～120mm为准。

**6.17.3.3** 砂浆长度法试验所用试件应按下列方法制作：

(1) 成型前24h，将试验所用材料(水泥、集料、拌合用水等)放入20±2℃的恒温室中；

(2) 集料水泥浆制备：先将称好的水泥、集料倒入搅拌锅内，开动搅拌机，拌合5s后，徐徐加水，20～30s加完，自开动机器起搅拌120s，将粘在叶片上的料刮下，取下搅拌锅；

(3) 砂浆分两层装入试模内，每层捣20次；注意测头周围应捣实，浇捣完毕后用镘刀刮除多余砂浆，抹平表面并编号，并标明测定方向。

**6.17.4** 砂浆长度法试验应按下列步骤进行：

**6.17.4.1** 试件成型完毕后，带模放入标准养护室，养护24h后，脱模(当试件强度较低时，可延至48h脱模)。脱模后立即测量试件的长度，此长度为试件的基准长度。测长应在20±3℃的恒温室中进行，每个试件至少重复测试两次，取差值在仪器精度范围内的2个读数的平均值作为长度测定值。待测的试件须有湿布覆盖，以防止水份蒸发。

**6.17.4.2** 测量后将试件放入养护筒中，盖严筒盖放入40±2℃的养护室里养护(同一筒内的试件品种应相同)。

**6.17.4.3** 测长龄期自测量基准长度时算起，周期为2周、4周、8周、3个月、6个月，如有必要还可适当延长。在测长前一天，应把养护筒从40±2℃的养护室取出，放入20±2℃的恒温室。试件的测长方法与测基准长度相同，测量完毕后，应将试件调头放入养护筒中。盖好筒盖，放回40±2℃的养护室继续养护到下一测试龄期。

**6.17.4.4** 在测量时应对试件进行观察，内容包括试件变形，裂缝、渗出物等，特别要注意有无胶体物质，并作详细记录。

**6.17.5** 试件的膨胀率应按下式计算(精确至0.01%)

$$\varepsilon_t = \frac{l_t - l_0}{l_0 - 2l_d} \times 100(\%) \quad (6.17.5)$$

式中：$\varepsilon_t$——试件在t天龄期的膨胀率(%)；

$l_t$——试件在t天龄期的长度(mm)；

$l_0$——试件的基准长度(mm)；

$l_d$——测头(即埋钉)的长度(mm)。

以三个试件膨胀率的平均值作为某一龄期膨胀率的测定值。任一试件膨胀率与平均值之差不得大于下述范围：

(1) 当平均膨胀率小于或等于0.05%时，其差值均应小于0.01%；

(2) 当平均膨胀率大于0.05%时，单个测值与平均值的差值均应小于平均值的20%；

(3) 当三根的膨胀率均超过0.10%时，无精度要求；

(4) 当不符合上述要求时，去掉膨胀率最小的，用剩余二根的平均值作为该龄期的膨胀率。

**6.17.6** 结果评定应符合下列规定：

对于石料，当砂浆半年膨胀率低于0.10%时，或3个月膨胀率低于0.05%时(只有在缺半年膨胀率资料时才有效)，可判为无潜在危害。反之，如超过上述数值，应判为具有潜在危害。

## 6.18 碳酸盐集料的碱活性试验(岩石柱方法)

**6.18.1** 本方法适用于检验碳酸盐岩石是否具有碱活性。

**6.18.2** 岩石柱法试验应采用下列仪器、设备和试剂：

(1) 钻机——配有小圆筒钻头；

(2) 锯石机、磨片机；

(3) 试件养护瓶——耐碱材料制成，能盖严以避免溶液变质和改变浓度；

(4) 测长仪——量程25～50mm，精度0.01mm；

(5) 氢氧化钠溶液——40±1g氢氧化钠(化学纯)溶于1L蒸馏水中。

**6.18.3** 岩石柱法试验应按下列步骤进行：

**6.18.3.1** 在同块岩石的不同岩性方向取样，如岩石层理不清，则应在三个相互垂直的方向上各取一个试件；

**6.18.3.2** 钻取的圆柱体试件直径为9±1mm，长度为35±5mm，试件两端面应磨光、互相平行且与试件的主轴线垂直，试件加工时应避免表面变质而影响碱溶液渗入岩样的速度；

**6.18.3.3** 试件编号后，放入盛有蒸馏水的瓶中，置于20±2℃的恒温室内，每隔24h取出擦干表面水份，进行测长，直至试件前后两次测得的长度变化率之差不超过0.02%为止(一般需2～5d)以最后一次测得的试件长度为基准长度；

**6.18.3.4** 将测完基长的试件浸入盛有浓度为1mol/L氢氧化钠溶液的瓶中，液面应超过试件顶面10mm以上，每个试件的平均液量至少应为50mL。同一瓶中不得浸泡不同品种的试件。盖严瓶盖，置于20±2℃的恒温室中。溶液每六个月更换一次；

**6.18.3.5** 在20±2℃的恒温室中进行测长。每个试件测长的方向应始终保持一致。测量时，试件从瓶中取出，先用蒸馏水洗涤，将表面水擦干后测长，测长龄期从试件泡入碱液时算起，在7、14、21、28、56、84d时进行测量，如有需要以后每4周测一次，一年后，每12周测一次；

**6.18.3.6** 试件在浸泡期间，应观测其形态的变化，如开裂、弯曲、断裂等，并作记录。

**6.18.4** 试件长度变化应按下式计算（精确至0.001%）：

$$\varepsilon_{st}=\frac{l_t-l_o}{l_o}\times 100(\%) \qquad (6.18.4)$$

式中：$\varepsilon_{st}$——试件浸泡t天后的长度变化率；

$l_t$——试件浸泡t天后的长度(mm)；

$l_o$——试件的基准长度(mm)。

注：测量精度要求为同一试验人员，同一仪器，测量同一试件其误差不应超过±0.02%；不同试验人员，同一仪器测量同一试件，其误差不应超过±0.03%。

**6.18.5** 结果评定应符合下列规定：

同块岩石所取的试样中以其膨胀率最大的一个测值作为分析该岩石碱活性的依据，其余数据不予考虑。

试件浸泡84d的膨胀率如超过0.10%，则该岩样应评为具有潜在碱活性危害。必要时应以混凝土试验结果作出最后评定。

# 附录A 碎石或卵石检测报告表

**碎石或卵石检测报告**

报告日期： NO. 表A

<table>
<tr><td>委托单位</td><td colspan="4"></td><td colspan="3">来样编号</td><td colspan="4"></td></tr>
<tr><td>工程名称</td><td colspan="4"></td><td colspan="3">代表数量</td><td colspan="4"></td></tr>
<tr><td>样品产地、名称</td><td colspan="4"></td><td colspan="3">收样日期</td><td colspan="4">年 月 日</td></tr>
<tr><td>检测条件</td><td colspan="4"></td><td colspan="3">检测依据</td><td colspan="4"></td></tr>
<tr><td>检测项目</td><td colspan="2">检测结果</td><td colspan="2">附记</td><td colspan="3">检测项目</td><td colspan="2">检测结果</td><td colspan="2">附记</td></tr>
<tr><td>表观密度(kg/m³)</td><td colspan="2"></td><td colspan="2"></td><td colspan="3">有机物含量</td><td colspan="2"></td><td colspan="2"></td></tr>
<tr><td>堆积密度(kg/m³)</td><td colspan="2"></td><td colspan="2"></td><td colspan="3">坚固性</td><td colspan="2"></td><td colspan="2"></td></tr>
<tr><td>紧密密度(kg/m³)</td><td colspan="2"></td><td colspan="2"></td><td colspan="3">岩石强度(N/mm²)</td><td colspan="2"></td><td colspan="2"></td></tr>
<tr><td>吸水率 (%)</td><td colspan="2"></td><td colspan="2"></td><td colspan="3">压碎指标值(%)</td><td colspan="2"></td><td colspan="2"></td></tr>
<tr><td>含水率 (%)</td><td colspan="2"></td><td colspan="2"></td><td colspan="3">SO₃含量(%)</td><td colspan="2"></td><td colspan="2"></td></tr>
<tr><td>含泥量 (%)</td><td colspan="2"></td><td colspan="2"></td><td colspan="3">碱活性</td><td colspan="2"></td><td colspan="2"></td></tr>
<tr><td>泥块含量(%)</td><td colspan="2"></td><td colspan="2"></td><td colspan="3"></td><td colspan="2"></td><td colspan="2"></td></tr>
<tr><td>针、片状颗粒含量(%)</td><td colspan="2"></td><td colspan="2"></td><td colspan="3"></td><td colspan="2"></td><td colspan="2"></td></tr>
<tr><td colspan="12">颗粒级配</td></tr>
<tr><td>筛孔尺寸(mm)</td><td>80.0</td><td>63.0</td><td>50.0</td><td>40.0</td><td>31.5</td><td>25.0</td><td>20.0</td><td>16.0</td><td>10.0</td><td>5.00</td><td>2.50</td></tr>
<tr><td>标准颗粒级配范围累积筛余(%)</td><td></td><td></td><td></td><td></td><td></td><td></td><td></td><td></td><td></td><td></td><td></td></tr>
<tr><td>实际累计筛余(%)</td><td></td><td></td><td></td><td></td><td></td><td></td><td></td><td></td><td></td><td></td><td></td></tr>
<tr><td>检验结果</td><td colspan="11"></td></tr>
<tr><td>结论</td><td colspan="3"></td><td colspan="2">备注</td><td colspan="6"></td></tr>
</table>

技术负责： 校核： 检验： 检测单位(盖章)：

## 附录B 本标准用词说明

B.0.1 为便于在执行本标准条文时区别对待，对于要求严格程度不同的用词说明如下：

B.0.1.1 表示很严格，非这样做不可的用词：

正面词采用"必须"，反面词采用"严禁"。

B.0.1.2 表示严格，在正常情况下均应这样做的用词：

正面词采用"应"，反面词采用"不应"或"不得"。

B.0.1.3 表示允许稍有选择，在条件许可时首先应这样做的用词：

正面词采用"宜"或"可"，反面词采用"不宜"。

B.0.2 条文中指明必须按其他有关标准执行的写法为，"应按……执行"或"应符合……要求(或规定)"。非必须按所指定的标准执行的写法为，"可参照……的要求(或规定)"。

## 附加说明

### 本标准主编单位、参加单位和主要起草人

**主编单位**：中国建筑科学研究院

**参加单位**：陕西省建筑科学研究设计院
黑龙江省低温建筑研究所
四川省建筑科学研究设计院
中建四局科研设计所
上海市建筑工程材料公司
福建省建筑科研所
山东省建筑科学研究设计院
冶金部建筑科学研究总院
河南建材研究设计院

**主要起草人**：田桂茹 陆建雯 张招 周运灿
李素兰 熊宗铭 沈益 何希铨
耿家义 白云汉 吴瑞锦

中华人民共和国行业标准

# 普通混凝土用碎石或卵石质量标准及检验方法

JGJ 53-92

## 条文说明

## 前　言

根据建设部(89)建标计字第8号文的要求,由中国建筑科学研究院主编,陕西省建筑科学研究设计院、黑龙江省低温建筑科学研究所、四川省建筑科学研究院等单位参加共同编制的《普通混凝土用碎石或卵石质量标准及检验方法》(JGJ53-92),经建设部1992年12月30日以建标〔1992〕931号文批准,业已发布。

为便于广大设计、施工、科研、学校等单位的有关人员在使用本标准时能正确理解和执行条文规定,《普通混凝土用碎石或卵石质量标准及检验方法》编制组按章、节、条的顺序编制了本标准的条文说明,供国内使用者参考。

在使用中如发现本条文说明有欠妥之处,请将意见函寄中国建筑科学研究院《普通混凝土用碎石或卵石质量标准及检验方法》编制组。

本条文说明由建设部标准定额研究所组织出版,仅供国内使用,不得擅自外传和翻印。

# 目　次

# 1 总 则

**1.0.1** 标准制订的目的是为合理地选择、使用及保证所配制的普通混凝土用碎石或卵石的质量。由于将要制订《建筑用卵石、碎石》产品标准，故修订本标准时删去了原标准中有关生产、供应的内容。

**1.0.2** 标准的适用范围为一般工业与民用建筑和构筑物的普通混凝土用碎石或卵石的质量检验。质量检验包括质量标准和检验方法。普通混凝土用碎石或卵石的粒径一般均不大于80mm，且本标准试验方法也适用在此粒径范围内，依据审定会专家意见，将此粒径范围写入标准，因而更明确和便于使用。

鉴于特殊用途的混凝土用碎石或卵石，有关部门已制订相应标准，故删去原标准中“水利、港口及道路工程用碎石或卵石的质量检验可参照本标准执行”的内容。

**1.0.3** 与本标准有关的应遵守的标准名称。

删掉了原标准第3条款的内容，即“当碎石或卵石的质量不能符合本标准规定时，应根据混凝土工程的质量要求，结合本地区的具体情况，采取相应措施，经过试验证实能确保工程质量，且经济又合理时，方允许采用”。

原标准条文，对保证工程质量，充分利用资源起到一定作用。但在执行中曾产生忽视质量指标的现象，选择使用碎石或卵石，仅以其配制的混凝土强度作为判断碎石或卵石能否使用的片面现象。修订后采取对不符合质量指标要求时，分别在各项质量要求中，具体制订放宽的具体规定，而不是在总则中笼统地提出要求，这样既可保证工程质量又可根据各项质量要求的重要性，做出适当的规定，达到合理利用资源的目的。

原标准第4条的规定是不言而喻的，予以删掉。

# 2 术语、符号

## 2.1 术语

为了使标准更加精炼通顺，将分散在各章中的术语定义集中在本章解释。术语包括碎石、卵石、针片状颗粒、含泥量、泥块含量、压碎指标值、坚固性及碱活性集料等。

# 3 质量要求

**3.0.1** 颗粒级配，根据我国工业与民用建筑和构筑物对混凝土粗集料的粒度要求，以及对我国各地区施工使用的碎石或卵石的质量调查，原标准中颗粒级配的规定是适宜的，但随着建筑业施工技术的现代化，需增加5～25mm的连续级配的集料，根据我国泵送混凝土和大流动性混凝土的施工实践，制订了该级配的指标范围，该级配指标与日本JISA5005—87基本一致，修订后把碎石、卵石划分成六种连续粒级和五种单粒级。

颗粒级配中的筛孔尺寸较原标准有一些变动。原标准的筛孔尺寸为：2.5、5、10、16、20、25、30、40、50、60、80、100mm，修订后的筛孔尺寸为：2.50、5.00、10.0、16.0、20.0、25.0、31.5、40.0、50.0、63.0、80.0、100mm。修订后的筛孔尺寸符合国家现行标准GB6003《试验筛》和ISO3310、2—1982《试验筛——技术要求和试验第二部分：金属穿孔板试验筛》的规定，使得筛孔尺寸与国际标准、国标一致。

颗粒级配的范围是经过专门试验得出的。由于我国的幅员辽阔，砂石生产厂家的水平不一，试验结果认为粗集料的级配对和易性有显著的影响，对强度在所试验的条件范围内影响不显著。可以用改变砂率、提高水泥用量等方法，在一定范围内能配制所要求的和易性和性能的混凝土。在标准中提出当颗粒级配不合格时，应采取措施，经试验证实能确保工程质量，允许使用的条文。

**3.0.2** 针片状颗粒含量的限值仍按原标准，只是混凝土标号变换为混凝土强度等级，原标准的注解变为正文。

**3.0.3** 含泥量。碎石或卵石中的含泥量系指粒径小于0.080mm

的颗粒的含量。含泥量严重影响集料与水泥石的粘结，降低和易性、增加用水量，影响混凝土的干缩和抗冻性。

实际应用证明原标准按不同混凝土标号规定的指标是合理的。修订后仍维持原标准。大于、等于C30的混凝土含泥量不应大于1.0%，小于C30的混凝土不应大于2.0%。

试验表明，含泥量低于1.0%时。对混凝土的性能影响不大，而超过1.0%时，混凝土的抗冻、抗掺等性能均急剧下降。因此，对有抗冻、抗渗或其它特殊要求的混凝土，其含泥量规定不应超过1.0%。

**3.0.4** 泥块含量。碎石或卵石中的泥块是指原颗粒大于5mm，经水洗手捏后变成小于2.5mm的颗粒。从定义可得出，泥块包括颗粒大于5mm的纯泥组成的泥块，也包括含有砂、石屑的泥团以及不易筛除的包裹在碎石、卵石表面的泥。

原标准中只规定不宜含块状粘土，而无具体的指标。实际上包裹型的裹砂泥与块状粘土对混凝土性能的影响是相近的，故修订后采用了如上定义。

试验表明泥块含量对混凝土性能的影响较含泥量大，特别对抗拉、抗渗、收缩的影响更为显著，一般对高强度等级混凝土的影响比对低强度等级混凝土的影响大，所以根据强度等级的高低规定了泥块含量的控制指标。

试验表明，当泥块含量低于0.5%时，混凝土的强度、抗拉、抗渗、收缩性能的降低不大，而含量超过0.5%时，混凝土的物理力学性能下降明显，因此对高强度等级及对有抗冻、抗渗和其它特殊要求的混凝土，其泥块含量规定不应超过0.5%。

试验表明，泥块含量等于或超过1.0%时，混凝土的抗渗性能急剧下降，收缩显著增加。对低强度等级的混凝土，其泥块含量规定不应超过0.7%。

根据施工用碎石或卵石的质量检验验证，泥块含量要求等于大于C30的混凝土不大于0.5%，小于C30的混凝土不大于0.7%是适宜的。

**3.0.5** 强度。原标准中规定碎石或卵石强度，可用岩石立方体强度和压碎指标两种方法表示。修订后碎石仍用以上两种方法表示，卵石只采用压碎指标值表示。

碎石的强度用两种方法表示。岩石的立方体抗压强度比较直观，但检测较复杂，应由生产单位提供，工程中一般采用压碎指标值进行质量控制。当有怀疑或必要时，或C60以上的高强混凝土，应采用岩石抗压强度做检验。不同的岩石品种，其岩石的抗压强度等级分别给出了指标。根据调研一般火成岩强度均高于80MPa，变质岩不低于60MPa，水成岩不低于30MPa。

卵石用单一的压碎指标值表示是适宜的。由于卵石加工成立方体比较复杂，有时无法加工，且同一采石场中卵石的岩石品种往往不是单一的，而是由多种岩石组成，测定的样品难以具有代表性，用抗压强度来控制卵石的质量是不适宜的。原标准是按岩石品种规定了不同的压碎指标值。而实际上是多种岩石混杂，指标按岩种分起不到控制质量的作用，修订后按混凝土强度等级给出控制值，因此较为合理。

碎石或卵石的压碎指标是根据近十几年的统计数据并参照国外有关标准修订的。我国大部分地区的粗集料可满足要求，碎石、卵石的压碎值与混凝土强度等级之间的关系较为复杂，目前还没有足够的试验数据，因此标准中规定的限值可作为一般的控制值。

**3.0.6** 坚固性。碎石或卵石的坚固性是检验其在气候、环境变化或其它物理因素作用下，抵抗碎裂的能力。原标准采用硫酸钠法测定其坚固性，经过十多年的实践表明，此方法循环次数少、周期短、设备简单、适合我国国情，在此次修订中仍继续采用。

原标准按环境条件分为三类，在修编后改为二类。一方面由于原标准的严寒地区与寒冷地区都属于对混凝土有冻融要求的地区。据气象资料，寒冷地区的冻融次数较严寒地区多，但冻胀引起的应力和变形却比严寒地区小，两种环境条件对混凝土的冻融破坏各有不利的因素，将两类环境归为同一要求是合理的。根据建筑气候区域划分国家标准，寒冷地区是指一月份月平均温度低于0℃的地区，严寒地区指一月份月平均温度低于－10℃的地区。另一方面原标准对干燥条件下使用的混凝土有指标要求，而对非寒冷条件潮湿或干湿交替下的混凝土却没有要求，是不全面的，修订后就弥补了这一缺欠。对碎石或卵石坚固性的要求，原订为严寒条件下，5次循环失重不大于3.0%。根据调研表明，有将近一半的粗集料达不到要求，黑龙江省也有1/3的满足不了标准要求，而这一地区一直采用当地粗集料进行混凝土施工未发现因集料的坚固性不良造成的质量事故。又根据国外一些标准，将指标适当放宽，寒冷及严寒地区室外使用，并经常处于潮湿或干湿交替状态下的混凝土，循环后的重量损失不大于8%，其它条件下使用的混凝土，仍保留为不大于12%。

修订中增加了对有腐蚀性介质作用或经常处于水位变化区的地下结构用碎石、卵石的坚固性要求，重量损失应不大于8%。

普通混凝土所用碎石、卵石绝大部分都能满足上述指标要求。调查资料表明，约80%的粗集料重量损失小于8%；约2%大于12%，达不到标准要求。

**3.0.7** 有害物质含量。硫化物、硫酸盐含量原规定为不宜大于1.0%。在工程中曾出现因误用硫酸盐岩石造成的质量事故，因此证明规定粗集料中硫酸盐含量的限值是必要的，故修订后仍保留原条款。

有机物含量原标准规定“颜色不应深于标准色，如深于标准色，则应以混凝土进行强度对比试验予以复核”，没有具体提出指标。修订后为“……，如深于标准色，则应进行强度对比试验。抗压强度比应不低于0.95”。

**3.0.8 集料的碱活性检验**

原标准规定，当怀疑碎石或卵石中因含有无定形二氧化硅而可能引起碱——集料反应时，根据其使用条件，进行专门试验，以确定是否可用。由于只原则性的提醒注意，因此执行中没能引起足够的重视。

碱——集料反应半个世纪以来已在世界各地造成混凝土工程的严重破坏，包括大坝、桥梁、立交桥、港口建筑、工业与民用建筑，其后果是耗费巨额维修重建费用。

国内外学者近年来的研究表明，我国的部分地区存在碱活性集料。且近十几年来水泥含碱量增加，及混凝土中含碱外加剂的应用，使得混凝土含碱量剧增，从而因碱——集料反应造成混凝土破坏的问题，应该引起足够的重视。修编中，对集料的碱活性问题进行了充实，具体内容如下：

(1)鉴于碱集料反应对混凝土建筑物破坏的危险性，质量要求中提出对重要工程的混凝土所使用的碎石或卵石应进行碱活性检验。

(2)碱活性集料的检验，首先用岩相法判断集料的种类(硅酸类、碳酸盐类)和碱活性集料矿物的有无及品种。

对含有活性二氧化硅的，修订后的标准提出了化学法和砂浆长度法两个检验方法，以上两种方法是国际上公认的经典方法，同时在我国水工混凝土中应用了几十年，实践证明起到了保证工程质量的作用。化学法速度快，砂浆长度法速度慢。先用化学法检验，若判断为无害，且集料中不含有三氧化二铝或碳酸盐等的干扰，可不进行砂浆长度法检验；若化学法检验为有害或有潜在危害时，必须再用砂浆长度法进行检验。用砂浆长度法检验为有害时，不管化学法的结果如何，均应判断为有害。

对含有活性碳酸盐集料的应采用岩石柱法检验。

(3)对检验为有潜在危害的集料提出了应采取的措施。

碱是产生碱——集料反应的必要条件。各国对使用具有碱——硅反应潜在危害集料的混凝土为防止碱集料反应限定的混凝土碱含量不同，多数国家限定为3kg/m³，也有的为2.5kg/m³或1.8kg/m³，我国在这方面还有待进一步研究。本标准提出抑制措施一是使用含碱量小于0.6%的水泥，水泥的碱含量按氧化钠当量计($Na_2O+0.658K_2O$)。这个碱含量的限值是国际上公认的安全指标。另外国内外的研究与实践均证明某些混凝土掺合料有抑制碱——硅反应的作用，故标准中又提出另一个抑制碱集料反应的方法是采用抑制碱集料反应的材料，一般认为掺30%粉煤灰，或40%矿渣，或10%硅灰可以抑制碱集料反应。但由于混合材的材料品质有较大差异，混凝土使用状况不同，使用混合材的品种、掺量要进行试验研究后才能确定。

对属碱——硅反应的集料标准中还指出当使用含钾、钠离子外加剂时，必须进行专门试验。一些混凝土外加剂虽含有钾、钠离子，但含量较少，不会对混凝土产生危害。但我国目前使用的早强剂、防冻剂、膨胀剂一般均含硫酸钠、硝酸钠(钾)、亚硝酸钠、碳酸钾(钠)、硫酸铝钾等无机盐，且掺量也较高，含碱外加剂的掺入，使混凝土中的含碱量剧增，大大超过了引发碱集料反应的临界值，应禁止使用。故提出必须进行专门试验。

对具有碱——碳酸盐潜在危害的集料，由于目前还没有抑制方法，不宜用做混凝土集料，如必须使用，应以专门的混凝土试验结果做出最后评定。

## 4 验收、运输和堆放

**4.0.1** 规定了对产品的验收和分批方法。要求供货单位提供产品合格证或检验报告，分批规则仍采用原标准的要求。删掉了原标准中的生产部门的分批取样及检验项目等项条款。

**4.0.2** 规定了碎石或卵石的必检项目为颗粒级配、含泥量、泥块含量及针片状颗粒含量。修订后增加了对重要工程或特殊工程，根据工程要求增加检验项目，对其它指标的合格性有怀疑时应予以检验。这样规定更为科学、合理。

**4.0.3** 规定了检测报告应包括的内容，以便使用。

**4.0.4、4.0.5** 保留原标准数量验收、运输、装卸和堆放的条款内容。

## 5　取样与缩分

### 5.1　取样

**5.1.1**　规定了不同运输工具及料堆上的取样方法、数量，为简明把原不同运输工具上取样合并为一条。

**5.1.2**　增加了对不合格项目复验及结果处理的规定。

**5.1.3**　规定了最少取样数量。根据试验方法的变动，对某些试验如筛分析、含泥量试验，取样量进行了适当调整。本次修订增加了泥块含量、硫化物和硫酸盐含量及集料碱活性的试验方法，因此相应增加了以上各项的最少取样量。

**5.1.4**　试样的包装。做了一般规定，在原标准基础上增加了取样的时间、代表数量、试样重量等内容。

### 5.2　样品的缩分

**5.2.1**　删去用分料器缩分的内容，其余保留原条文。在实际应用中采用分料器的很少，因分料器体积大，使用不方便，原标准中规定有条件的单位可用分料器缩分，修订后去掉分料器缩分方法是适宜的。

**5.2.2**　此条为原标准的注释。

## 6　试验方法

### 6.1　碎石或卵石筛分析试验

本试验方法参照ISO标准进行了适当修订。修订内容如下：

1. 试验筛：根据ISO3310.1—1982《试验筛——技术要求和试验第一部分：金属丝网试验筛》；ISO3310.2—1982《试验筛——技术要求和试验第二部分：金属穿孔板试验筛》；以及GB6003—85《试验筛》中对试验筛提出的技术要求，以及改革开放的需要，将原标准规定的筛孔尺寸2.50、5.00、15.0、20.0、25.0、30.0、40.0、50.0、60.0、70.0、80.0、100mm直径的圆孔筛改变为孔径为2.50、5.00、10.0、16.0、20.0、25.0、31.5、40.0、50.0、63.0、80.0、100mm直径的圆孔筛，筛框直径由250mm改变为300mm。

2. 筛分试验所需试样的最少重量：原标准偏大，劳动强度较大，且ISO6274—1982《混凝土——集料的筛分析》（我国投了赞成票）标准规定，试样的最少干燥重量公斤数为集料最大公称粒径毫米数的0.2倍。具体数量如表1

**筛分试验所需试样的最少重量**　　**表1**

| 最大公称粒径(mm) | 10 | 16 | 20 | 25 | 31.5 | 40 | 63 | 80 |
|---|---|---|---|---|---|---|---|---|
| 试样重量不少于(kg) | 2.0 | 3.2 | 4.0 | 5.0 | 6.0 | 8.0 | 12.0 | 16.0 |

3. 试验结果计算精度：分计筛余百分率的计算仍与原标准相同，即各筛上的筛余量除以试样总重的百分率，精确至0.1%。

累计筛余百分率即该筛上的分计筛余百分率与大于该号筛的各号筛上的分计筛余之总和，精确至1%。原标准为精确至0.1%。评定颗粒级配的精度为1%，造成二次修约，因此予以更正。

### 6.2、6.3　碎石或卵石的表观密度试验

碎石或卵石的表观密度试验仍采用标准方法及简易方法两种方法。根据ISO3898及GBJ83—85《建筑结构设计通用符号、计量单位和基本术语》做了以下几点变动。

1. 将原标准的视比重命名为表观密度；
2. 表观密度及重量符号改为$\rho$及$m$；
3. 表观密度计量单位由原标准的$g/cm^3$改为$kg/m^3$。

### 6.4　碎石或卵石的含水率试验

含水率试验方法仍保留原方法，只是将含水率及重量的符号改为$\omega_{wc}$及$m$。

### 6.5　碎石或卵石的吸水率试验

吸水率试验方法仍保留原方法，只是将吸水率及重量的符号改为$\omega_{wa}$及$m$。

### 6.6　碎石或卵石的堆积密度和紧密密度试验

根据GBJ83—85《建筑结构设计通用符号、计量单位和基本术语》的密度的定义为：单位体积材料的质量(原称容重)。因此将原标准中的松散容重及紧密容重分别命名为堆积密度、紧密密度，其表示符号由原标准的$\gamma_0$分别改为$\rho_1$、$\rho_c$，单位$g/cm^3$改为$kg/m^3$。空隙率分别表示为$\upsilon_1$、$\upsilon_c$。

根据ISO/DIS6782—80《混凝土集料——密度的测定》容量筒容积校正温度由原标准20±5℃改为20±2℃。

### 6.7　碎石或卵石的含泥量试验

含泥量试验方法仍采用原方法，取样量做了适当调整。公式中的含泥量及重量符号分别用$\omega_c$及$m$表示。

### 6.8　碎石或卵石中泥块含量试验

泥块含量试验是本次修订标准中增加的试验方法。主要参考了日本JISA1137—1989《集料中粘土块含量的试验方法》制订的。

根据碎石或卵石中泥块的定义，首先要将样品过5.00mm的筛，取筛余部分进行浸水淘洗过2.50mm筛、烘干等步骤。

关于浸水时间，日本标准为24h，试验的统计结果也证明，浸水2h、6h、12h、18h及24h，浸水时间小于12h泥块试验含量显著偏低，18h后试验结果趋于平稳。2h及24h的结果有显著差异，故浸水时间定为24h。

试验表明，用水冲洗会造成试验误差增大，标准规定用淘洗的方法。

泥块含量试验中，首先要筛去5mm以下的颗粒，水洗后过2.50mm的筛，当存在大于5mm的含泥砂团(石子团)时，其中粒径小于2.50mm的砂(石)，就计入泥块含量了。含泥量试验是水洗后过0.080mm的筛。这时可能出现泥块含量大于含泥量的情况，实际上，裹泥砂(石)对混凝土的影响与泥块的影响是类似的。当泥块均为泥土时，泥块含量一般是小于含泥量的。

### 6.9　碎石或卵石中针状和片状颗粒的总含量试验

针状与片状颗粒含量试验方法与原标准相同。由于筛孔尺寸的变动、试验的粒级划分及相应的规准仪孔宽、间距也相应变化。

对粒径大于40mm的颗粒，提出用卡尺鉴定的方法。

## 6.10 卵石中有机物含量试验

卵石中有机物含量试验国内外均采用比色法，本次修订未作改动。只是当溶液的颜色深于标准色时，修订后为试验的统一性，指出应配成配合比相同、坍落度基本相同的两种混凝土，测其28d抗压强度。

## 6.11 碎石或卵石的坚固性试验

碎石或卵石的坚固性试验仍采用原标准方法。

## 6.12 岩石的抗压强度试验

岩石抗压强度试验仍采用原标准方法。

## 6.13 碎石或卵石的压碎指标值试验

碎石或卵石的压碎指标值试验仍采用原方法。

## 6.14 碎石或卵石中硫化物和硫酸盐含量的试验

原标准未给出碎石或卵石中硫化物和硫酸盐含量的试验方法，为方便应用修订后给出具体分析方法。检验方法参照了GB176—86《水泥化学分析法》中三氧化硫的硫酸钡重量测定法。

## 6.15 碎石或卵石碱活性试验（岩相法）

岩石的碱活性检验首先要区分是属于硅酸类岩石还是碳酸盐类岩石。采用肉眼逐粒观察。然后每类岩石制成薄片，在显微镜下鉴别矿物组成、结构。尤其是活性矿物的品种含量。在条文中表6.15.4的注中所列矿物是依碱活性从大到小的顺序排列的。

根据岩相鉴定结果，判断出岩石是属于碱——硅酸活性集料，碱——碳酸盐活性集料，还是非碱活性集料。

## 6.16 碎石或卵石碱活性试验（化学法）

碎石或卵石的碱活性化学测定方法是修订后增加的方法。该方法适用于评定硅质集料与硅酸盐水泥混凝土中的碱的潜在反应危险性，本方法不适用于含碳酸盐的集料。

本方法是国际上公认的方法，参照了ASTMC289—87和我国水工混凝土的检验方法。

化学法是取一定量的集料和一定浓度的氢氧化钠反应，在规定条件下，测定溶出的二氧化硅浓度 $C_{sio_2}$ 及溶液的碱度降低值 $\delta_R$，以此判断集料是否具有碱活性。当 $\delta_R>0.070$，并 $C_{sio_2}>\delta_R$ 或者 $\delta_R<0.070$ 而 $C_{sio_2}>\delta_R$ 或者 $\delta_R<0.070$ 而 $C_{sio_2}>0.035+\delta_R/2$ 该试样可评为具有潜在有害反应。但不作为最后结论，还需进行砂浆长度法试验。如果不出现上述情况，则评为非活性集料，并作为最后结论。

检测溶出二氧化硅的含量，共介绍了三种方法，重量法、容量法或比色法可任选一种方法。

公式6.16.4—1中的3.33是由 $3.33=\frac{100}{5\times60.06}$ 而得，式中5为试样的重量5g，60.06为二氧化硅的式量。

公式6.16.4—2中的15.02为二氧化硅的克当量。

检测碱度降低值介绍了单终点或双终点两种方法。

化学法的优点是可以在较短时间内得到检验结果。因此，为迅速查明集料的碱活性，集料先进行化学法的检验，当检验结果为无害时，可不进行砂浆长度法试验。如化学法检验有潜在危害，再进行砂浆长度法试验，最后做出判断。

化学法的缺点是当集料中含有碳酸盐或三氧化二铝等可溶于碱的成分时，试验结果受到干扰。

## 6.17 碎石或卵石碱活性试验（砂浆长度法）

碎石或卵石碱活性砂浆长度法是修订后增加的检测方法。该方法适用于集料与水泥中的碱反应所引起的膨胀是否具有潜在危害。适用于碱——硅酸和碱——硅酸盐反应，不适用于碱——碳酸盐反应。

本方法参考了ASTMC227—87《水泥集料混合物潜在碱性反应标准试验方法》，JISA5308—86《预拌混凝土》附录8及我国水工混凝土试验方法。

集料的活性与水泥的含碱量关系密切。美国ASTM规定采用使用中典型的含碱量最高的水泥，我国水工混凝土试验方法中规定采用含碱量高于0.8%的水泥，因水工使用含碱量低的大坝水泥，而一般建筑工程中使用水泥的含碱量差异大，一般均小于1.2%，本标准规定采用的水泥含碱量为1.2%，低于此值要调整到1.2%，与日本工业标准规定相同。由于水泥中的碱与外加碱对集料的作用会有差别，应尽量选用含碱量高的水泥进行试验，水泥的含碱量按$Na_2O$计。

集料的粒径大小也影响检测结果。规定将集料破碎，按重量百分比配成不同粒径的集料，集料的配比与美国、日本、水工是一致的。5.00～2.50mm，10%；2.50～1.25mm，25%；1.25～0.630mm，25%；0.630～0.315mm，25%；0.315～0.160mm，15%。

试件尺寸与日本规定相同为40×40×160mm。

按规定温度、湿度进行养护，按规定龄期测定其长度。当半年膨胀率低于0.10%或3个月膨胀率低于0.05%（只有缺半年膨胀率资料时才有效）则判为无潜在危害。否则可判为有潜在危害。

用砂浆长度法评定碎石或卵石的碱活性比较直观，但试验龄期较长。

国内外的有关标准提供了测定集料潜在的活性反应的方法，但均未涉及到工程使用中的效果。在水工混凝土试验方法中提出，若有必要应根据混凝土的试验结果做最后判断。由于到目前我国还没有判断集料碱活性的混凝土试验方法，同时在本标准的技术要求中已提供了抑制碱——集料反应的措施，故在本标准中没有提供混凝土试验方法。

### 6.18 碳酸盐集料的碱活性试验（岩石柱法）

碳酸盐集料碱活性试验方法（岩石柱法）是修订后增加的检验方法。本方法适用于检验碳酸盐集料的碱活性，不适用于检验硅酸类集料的碱活性。

对集料的碱——碳酸盐反应，到目前还没有有效的预防和抑制措施，采用低碱水泥和掺加混合材均没有抑制作用，虽然有碱—碳酸盐反应的岩石较少，但由于无法抑制，其危害是不容忽视的，故修订后提出了检验方法。

据目前的研究得知，具有碱活性的碳酸盐集料，一般是具有结晶细小的泥质石灰质白云石，而质地纯正的石灰石、白云石、菱镁矿是没有碱活性的。

本方法参考了ASTMC586《集料的碳酸盐岩石的潜在碱性反应标准试验方法》（岩石圆柱体法）和我国水工混凝土试验方法。

检验采用加工成一定大小、形状的岩石试样，在一定浓度、一定温度下浸泡，定期测量试样的长度变化，当浸泡84天试样的膨胀率大于0.1%时，该岩样应评为具有潜在危害，不宜用作混凝土集料。必要时应以混凝土试验结果最后评定集料。

中华人民共和国行业标准

# 普通混凝土配合比设计规程

Specification for mix proportion design
of ordinary concrete

**JGJ 55—2000**

主编单位：中国建筑科学研究院
批准部门：中华人民共和国建设部
施行日期：2001年4月1日

## 关于发布行业标准《普通混凝土配合比设计规程》的通知

建标［2000］302号

根据建设部《关于印发“一九九九年工程建设城建、建工行业标准制订、修订计划”的通知》（建标［1999］309号）的要求，由中国建筑科学研究院主编的《普通混凝土配合比设计规程》，经审查，批准为行业标准，编号JGJ55—2000，自2001年4月1日起施行。原行业标准《普通混凝土配合比设计规程》（JGJ/T55—96）同时废止。

本标准由建设部建筑工程标准技术归口单位中国建筑科学研究院负责管理，中国建筑科学研究院负责具体解释，建设部标准定额研究所组织中国建筑工业出版社出版。

**中华人民共和国建设部**
2000年12月28日

# 前　言

根据建设部建标［1999］309号文《关于印发“一九九九年工程建设城建、建工行业标准制订、修订计划”的通知》的要求，标准编制组在广泛调查研究，认真总结实践经验，参考有关国际标准和国外先进标准，并在广泛征求意见基础上，对原行业标准《普通混凝土配合比设计规程》（JGJ/T55—96）进行了修订。

本规程的主要技术内容是：1．总则；2．术语、符号；3．混凝土配制强度的确定；4．混凝土配合比设计中的基本参数；5．混凝土配合比的计算；6．混凝土配合比的试配、调整与确定；7．有特殊要求的混凝土配合比设计。

修订的主要内容是：1．根据现行国家标准《建筑结构设计术语和符号标准》（GB/T 50083）的要求，修改了有关符号和术语；2．与1996年以后颁布的相关标准规范进行了协调配套，并借鉴了国际先进经验；3．在全国六个大区进行了大量的水泥和混凝土强度试验的基础上，与实施的水泥新标准相适应，修改了混凝土强度公式中的回归系数 $\alpha_a$（A）和 $\alpha_b$（B）；4．增加了混凝土配合比使用过程的调整和重新进行配合比设计条件的规定；5．增加了采用快测强度或早龄期强度推定28d强度等规定。

本规程由建设部建筑工程标准技术归口单位中国建筑科学研究院归口管理。授权由主编单位负责具体解释。

本规程主编单位是：中国建筑科学研究院（地址：北京市北三环东路30号中国建筑科学研究院，邮编100013）。

本规程参加单位是：北京建工集团有限责任公司、北京城建集团有限责任公司混凝土公司、沈阳北方建设集团、上海徐汇区建工质量监督站、上海建工材料工程有限公司、山西四建集团有限公司、中建三局建筑技术研究设计院、北京住总构件厂、深圳安托山混凝土有限公司、中国建筑材料科学研究院、广东省建筑科学研究院、四川省建筑科学研究院和陕西省建筑科学研究设计院。

本规程主要起草人员是：韩素芳、许鹤力、艾永祥、路来军、张秀芳、徐欣、丁整伟、陈尧亮、佘振阳、魏荣华、韩秉刚、朱艾路、杨晓梅、陈社生、李玮、刘树财、白显明。

## 目　次



# 1　总　则

**1.0.1**　为统一普通混凝土配合比设计方法，满足设计和施工要求，确保混凝土工程质量且达到经济合理，制定本规程。

**1.0.2**　本规程适用于工业与民用建筑及一般构筑物所采用的普通混凝土的配合比设计。

**1.0.3**　普通混凝土的配合比应根据原材料性能及对混凝土的技术要求进行计算，并经试验室试配、调整后确定。

**1.0.4**　进行普通混凝土配合比设计时，除应遵守本规程的规定外，尚应符合国家现行有关强制性标准的规定。

# 2 术语、符号

## 2.1 术 语

**2.1.1** 普通混凝土 ordinary concrete

干密度为2000～2800 $kg/m^3$的水泥混凝土。

**2.1.2** 干硬性混凝土 stiff concrete

混凝土拌合物的坍落度小于10mm且须用维勃稠度（s）表示其稠度的混凝土。

**2.1.3** 塑性混凝土 plastic concrete

混凝土拌合物坍落度为10～90mm的混凝土。

**2.1.4** 流动性混凝土 pasty concrete

混凝土拌合物坍落度为100～150mm的混凝土。

**2.1.5** 大流动性混凝土 flowing concrete

混凝土拌合物坍落度等于或大于160mm的混凝土。

**2.1.6** 抗渗混凝土 impermeable concrete

抗渗等级等于或大于P6级的混凝土。

**2.1.7** 抗冻混凝土 frost-resistant concrete

抗冻等级等于或大于F50级的混凝土。

**2.1.8** 高强混凝土 high-strength concrete

强度等级为C60及其以上的混凝土。

**2.1.9** 泵送混凝土 pumped concrete

混凝土拌合物的坍落度不低于100mm并用泵送施工的混凝土。

**2.1.10** 大体积混凝土 mass concrete

混凝土结构物实体最小尺寸等于或大于1m，或预计会因水泥水化热引起混凝土内外温差过大而导致裂缝的混凝土。

## 2.2 符 号

$f_{cu,0}$——混凝土配制强度（MPa）；

$f_{cu,k}$——混凝土立方体抗压强度标准值（MPa）；

$f_{ce}$——水泥28d抗压强度实测值（MPa）；

$f_{ce,g}$——水泥强度等级值（MPa）；

$m_{wa}$——掺外加剂时每立方米混凝土中的用水量（kg）；

$m_{c0}$——基准配合比混凝土每立方米的水泥用量（kg）；

$m_{g0}$——基准配合比混凝土每立方米的粗骨料用量（kg）；

$m_{s0}$——基准配合比混凝土每立方米的细骨料用量（kg）；

$m_{w0}$——基准配合比混凝土每立方米的用水量（kg）；

$m_c$——每立方米混凝土的水泥用量（kg）；

$m_g$——每立方米混凝土的粗骨料用量（kg）；

$m_s$——每立方米混凝土的细骨料用量（kg）；

$m_w$——每立方米混凝土的用水量（kg）；

$m_{cp}$——每立方米混凝土拌合物的假定重量（kg）；

$\gamma_c$——水泥强度等级值的富余系数；

$\beta$——外加剂的减水率（%）；

$\beta_s$——砂率（%）；

$\rho_c$——水泥密度（$kg/m^3$）；

$\rho_g$——粗骨料的表观密度（kg/m$^3$）；
$\rho_s$——细骨料的表观密度（kg/m$^3$）；
$\rho_w$——水的密度（kg/m$^3$）；
$\alpha$——混凝土的含气量百分数；
$\rho_{c,t}$——混凝土表观密度实测值（kg/m$^3$）；
$\rho_{c,c}$——混凝土表观密度计算值（kg/m$^3$）；
$\delta$——混凝土配合比校正系数。

# 3 混凝土配制强度的确定

**3.0.1** 混凝土配制强度应按下式计算：

$$f_{cu,0} \geqslant f_{cu,k} + 1.645\sigma \tag{3.0.1}$$

式中 $f_{cu,0}$——混凝土配制强度（MPa）；
$f_{cu,k}$——混凝土立方体抗压强度标准值（MPa）；
$\sigma$——混凝土强度标准差（MPa）。

**3.0.2** 遇有下列情况时应提高混凝土配制强度：

1 现场条件与试验室条件有显著差异时；

2 C30级及其以上强度等级的混凝土，采用非统计方法评定时。

**3.0.3** 混凝土强度标准差宜根据同类混凝土统计资料计算确定，并应符合下列规定：

1 计算时，强度试件组数不应少于25组；

2 当混凝土强度等级为C20和C25级，其强度标准差计算值小于2.5MPa时，计算配制强度用的标准差应取不小于2.5MPa；当混凝土强度等级等于或大于C30级，其强度标准差计算值小于3.0MPa时，计算配制强度用的标准差应取不小于3.0MPa；

3 当无统计资料计算混凝土强度标准差时，其值应按现行国家标准《混凝土结构工程施工及验收规范》（GB50204）的规定取用。

# 4 混凝土配合比设计中的基本参数

**4.0.1** 每立方米混凝土用水量的确定，应符合下列规定：

1 干硬性和塑性混凝土用水量的确定：

1）水灰比在 0.40 ~ 0.80 范围时，根据粗骨料的品种、粒径及施工要求的混凝土拌合物稠度，其用水量可按表 4.0.1-1、4.0.1-2 选取。

**表 4.0.1-1 干硬性混凝土的用水量**（kg/m³）

| 拌合物稠度 | | 卵石最大粒径（mm） | | | 碎石最大粒径（mm） | | |
|---|---|---|---|---|---|---|---|
| 项目 | 指标 | 10 | 20 | 40 | 16 | 20 | 40 |
| 维勃稠度（s） | 16 ~ 20 | 175 | 160 | 145 | 180 | 170 | 155 |
| | 11 ~ 15 | 180 | 165 | 150 | 185 | 175 | 160 |
| | 5 ~ 10 | 185 | 170 | 155 | 190 | 180 | 165 |

**表 4.0.1-2 塑性混凝土的用水量**（kg/m³）

| 拌合物稠度 | | 卵石最大粒径（mm） | | | | 碎石最大粒径（mm） | | | |
|---|---|---|---|---|---|---|---|---|---|
| 项目 | 指标 | 10 | 20 | 31.5 | 40 | 16 | 20 | 31.5 | 40 |
| 坍落度（mm） | 10 ~ 30 | 190 | 170 | 160 | 150 | 200 | 185 | 175 | 165 |
| | 35 ~ 50 | 200 | 180 | 170 | 160 | 210 | 195 | 185 | 175 |
| | 55 ~ 70 | 210 | 190 | 180 | 170 | 220 | 205 | 195 | 185 |
| | 75 ~ 90 | 215 | 195 | 185 | 175 | 230 | 215 | 205 | 195 |

注：1. 本表用水量系采用中砂时的平均取值。采用细砂时，每立方米混凝土用水量可增加 5 ~ 10kg；采用粗砂时，则可减少 5 ~ 10kg。
2. 掺用各种外加剂或掺合料时，用水量应相应调整。

2）水灰比小于 0.40 的混凝土以及采用特殊成型工艺的混凝土用水量应通过试验确定。

2 流动性和大流动性混凝土的用水量宜按下列步骤计算：

1）以本规程表 4.0.1-2 中坍落度 90mm 的用水量为基础，按坍落度每增大 20mm 用水量增加 5kg，计算出未掺外加剂时的混凝土的用水量；

2）掺外加剂时的混凝土用水量可按下式计算：

$$m_{wa} = m_{w0}(1-\beta) \quad (4.0.1)$$

式中 $m_{wa}$——掺外加剂混凝土每立方米混凝土的用水量（kg）；

$m_{w0}$——未掺外加剂混凝土每立方米混凝土的用水量（kg）；

$\beta$——外加剂的减水率（%）。

3）外加剂的减水率应经试验确定。

**4.0.2** 当无历史资料可参考时，混凝土砂率的确定应符合下列规定：

1 坍落度为 10 ~ 60mm 的混凝土砂率，可根据粗骨料品种、粒径及水灰比按表 4.0.2 选取。

**表 4.0.2 混凝土的砂率**（%）

| 水灰比（W/C） | 卵石最大粒径（mm） | | | 碎石最大粒径（mm） | | |
|---|---|---|---|---|---|---|
| | 10 | 20 | 40 | 16 | 20 | 40 |
| 0.40 | 26 ~ 32 | 25 ~ 31 | 24 ~ 30 | 30 ~ 35 | 29 ~ 34 | 27 ~ 32 |
| 0.50 | 30 ~ 35 | 29 ~ 34 | 28 ~ 33 | 33 ~ 38 | 32 ~ 37 | 30 ~ 35 |
| 0.60 | 33 ~ 38 | 32 ~ 37 | 31 ~ 36 | 36 ~ 41 | 35 ~ 40 | 33 ~ 38 |
| 0.70 | 36 ~ 41 | 35 ~ 40 | 34 ~ 39 | 39 ~ 44 | 38 ~ 43 | 36 ~ 41 |

注：1. 本表数值系中砂的选用砂率，对细砂或粗砂，可相应地减少或增大砂率；
2. 只用一个单粒级粗骨料配制混凝土时，砂率应适当增大；
3. 对薄壁构件，砂率取偏大值；
4. 本表中的砂率系指砂与骨料总量的重量比。

2 坍落度大于 60mm 的混凝土砂率，可经试验确定，也可在表 4.0.2 的基础上，按坍落度每增大 20mm，砂率增大 1%的幅度予以调整。

3 坍落度小于 10mm 的混凝土，其砂率应经试验确定。

**4.0.3** 外加剂和掺合料的掺量应通过试验确定，并应符合国家现行标准《混凝土外加剂应用技术规范》（GBJ119）、《粉煤灰在混凝土和砂浆中应用技术规程》（JGJ28）、《粉煤灰混凝土应用技术规程》（GBJ146）、《用于水泥与混凝土中粒化高炉矿渣粉》（GB/T18046）等的规定。

**4.0.4** 当进行混凝土配合比设计时，混凝土的最大水灰比和最小水泥用量，应符合表 4.0.4 中的规定。

**表 4.0.4 混凝土的最大水灰比和最小水泥用量**

| 环境条件 | | 结构物类别 | 最大水灰比 | | | 最小水泥用量（kg） | | |
|---|---|---|---|---|---|---|---|---|
| | | | 素混凝土 | 钢筋混凝土 | 预应力混凝土 | 素混凝土 | 钢筋混凝土 | 预应力混凝土 |
| 1. 干燥环境 | | ·正常的居住或办公用房屋内部件 | 不作规定 | 0.65 | 0.60 | 200 | 260 | 300 |
| 2. 潮湿环境 | 无冻害 | ·高湿度的室内部件<br>·室外部件<br>·在非侵蚀性土和（或）水中的部件 | 0.70 | 0.60 | 0.60 | 225 | 280 | 300 |
| | 有冻害 | ·经受冻害的室外部件<br>·在非侵蚀性土和（或）水中且经受冻害的部件<br>·高湿度且经受冻害的室内部件 | 0.55 | 0.55 | 0.55 | 250 | 280 | 300 |
| 3. 有冻害和除冰剂的潮湿环境 | | ·经受冻害和除冰剂作用的室内和室外部件 | 0.50 | 0.50 | 0.50 | 300 | 300 | 300 |

注：1. 当用活性掺合料取代部分水泥时，表中的最大水灰比及最小水泥用量即为替代前的水灰比和水泥用量。
2. 配制 C15 级及其以下等级的混凝土，可不受本表限制。

**4.0.5** 长期处于潮湿和严寒环境中的混凝土，应掺用引气剂或引气减水剂。引气剂的掺入量应根据混凝土的含气量并经试验确定，混凝土的最小含气量应符合表 4.0.5 的规定；混凝土的含气量亦不宜超过 7%。混凝土中的粗骨料和细骨料应作坚固性试验。

**表 4.0.5 长期处于潮湿和严寒环境中混凝土的最小含气量**

| 粗骨料最大粒径（mm） | 最小含气量（%） |
|---|---|
| 40 | 4.5 |
| 25 | 5.0 |
| 20 | 5.5 |

注：含气量的百分比为体积比。

## 5 混凝土配合比的计算

**5.0.1** 进行混凝土配合比计算时，其计算公式和有关参数表格中的数值均系以干燥状态骨料为基准。当以饱和面干骨料为基准进行计算时，则应做相应的修正。

注：干燥状态骨料系指含水率小于0.5%的细骨料或含水率小于0.2%的粗骨料。

**5.0.2** 混凝土配合比应按下列步骤进行计算：

1 计算配制强度 $f_{cu,0}$ 并求出相应的水灰比；

2 选取每立方米混凝土的用水量，并计算出每立方米混凝土的水泥用量；

3 选取砂率，计算粗骨料和细骨料的用量，并提出供试配用的计算配合比。

**5.0.3** 混凝土强度等级小于C60级时，混凝土水灰比宜按下式计算：

$$W/C = \frac{\alpha_a \cdot f_{ce}}{f_{cu,0} + \alpha_a \cdot \alpha_b \cdot f_{ce}} \tag{5.0.3-1}$$

式中 $\alpha_a$、$\alpha_b$——回归系数；

$f_{ce}$——水泥28d抗压强度实测值（MPa）。

1 当无水泥28d抗压强度实测值时，公式（5.0.3-1）中的 $f_{ce}$ 值可按下式确定：

$$f_{ce} = \gamma_c \cdot f_{ce,g} \tag{5.0.3-2}$$

式中 $\gamma_c$——水泥强度等级值的富余系数，可按实际统计资料确定；

$f_{ce,g}$——水泥强度等级值（MPa）。

2 $f_{ce}$ 值也可根据3d强度或快测强度推定28d强度关系式推定得出。

**5.0.4** 回归系数 $\alpha_a$ 和 $\alpha_b$ 宜按下列规定确定：

1 回归系数 $\alpha_a$ 和 $\alpha_b$ 应根据工程所使用的水泥、骨料，通过试验由建立的水灰比与混凝土强度关系式确定；

2 当不具备上述试验统计资料时，其回归系数可按表5.0.4采用。

**表5.0.4 回归系数 $\alpha_a$、$\alpha_b$ 选用表**

| 系数 \ 石子品种 | 碎 石 | 卵 石 |
|---|---|---|
| $\alpha_a$ | 0.46 | 0.48 |
| $\alpha_b$ | 0.07 | 0.33 |

**5.0.5** 每立方米混凝土的用水量（$m_{w0}$）可按本规程第4.0.1条的规定确定。

**5.0.6** 每立方米混凝土的水泥用量（$m_{c0}$）可按下式计算：

$$m_{c0} = \frac{m_{w0}}{W/C} \tag{5.0.6}$$

**5.0.7** 混凝土的砂率可按本规程第4.0.2条的规定选取。

**5.0.8** 粗骨料和细骨料用量的确定，应符合下列规定：

1 当采用重量法时，应按下列公式计算：

$$m_{c0} + m_{g0} + m_{s0} + m_{w0} = m_{cp} \tag{5.0.8-1}$$

$$\beta_s = \frac{m_{s0}}{m_{g0} + m_{s0}} \times 100\% \tag{5.0.8-2}$$

式中 $m_{c0}$——每立方米混凝土的水泥用量（kg）；

$m_{g0}$——每立方米混凝土的粗骨料用量（kg）；

$m_{s0}$——每立方米混凝土的细骨料用量（kg）；

$m_{w0}$——每立方米混凝土的用水量（kg）；

$\beta_s$——砂率（%）；

$m_{cp}$——每立方米混凝土拌合物的假定重量（kg），其值可取 2350～2450kg。

2 当采用体积法时，应按下列公式计算：

$$\frac{m_{c0}}{\rho_c} + \frac{m_{g0}}{\rho_g} + \frac{m_{s0}}{\rho_s} + \frac{m_{w0}}{\rho_w} + 0.01\alpha = 1 \quad (5.0.8\text{-}3)$$

$$\beta_s = \frac{m_{s0}}{m_{g0} + m_{s0}} \times 100\% \quad (5.0.8\text{-}4)$$

式中 $\rho_c$——水泥密度（$kg/m^3$），可取 2900～3100$kg/m^3$；

$\rho_g$——粗骨料的表观密度（$kg/m^3$）；

$\rho_s$——细骨料的表观密度（$kg/m^3$）；

$\rho_w$——水的密度（$kg/m^3$），可取 1000$kg/m^3$；

$\alpha$——混凝土的含气量百分数，在不使用引气型外加剂时，$\alpha$ 可取为 1。

3 粗骨料和细骨料的表观密度（$\rho_g$、$\rho_s$）应按现行行业标准《普通混凝土用碎石或卵石质量标准及检验方法》（JGJ53）和《普通混凝土用砂质量标准及检验方法》（JGJ52）规定的方法测定。

# 6 混凝土配合比的试配、调整与确定

## 6.1 试 配

**6.1.1** 进行混凝土配合比试配时应采用工程中实际使用的原材料。混凝土的搅拌方法，宜与生产时使用的方法相同。

**6.1.2** 混凝土配合比试配时，每盘混凝土的最小搅拌量应符合表 6.1.2 的规定；当采用机械搅拌时，其搅拌量不应小于搅拌机额定搅拌量的 1/4。

**表 6.1.2 混凝土试配的最小搅拌量**

| 骨料最大粒径（mm） | 拌合物数量（L） |
| --- | --- |
| 31.5 及以下 | 15 |
| 40 | 25 |

**6.1.3** 按计算的配合比进行试配时，首先应进行试拌，以检查拌合物的性能。当试拌得出的拌合物坍落度或维勃稠度不能满足要求，或粘聚性和保水性不好时，应在保证水灰比不变的条件下相应调整用水量或砂率，直到符合要求为止。然后提出供混凝土强度试验用的基准配合比。

**6.1.4** 混凝土强度试验时至少应采用三个不同的配合比。当采用三个不同的配合比时，其中一个应为本规程第 6.1.3 条确定的基准配合比，另外两个配合比的水灰比，宜较基准配合比分别增加和减少 0.05；用水量应与基准配合比相同，砂率可分别增加和减少 1%。

当不同水灰比的混凝土拌合物坍落度与要求值的差超过允许偏差时，可通过增、减用水量进行调整。

**6.1.5** 制作混凝土强度试验试件时，应检验混凝土拌合物的坍落度或维勃稠度、粘聚性、保水性及拌合物的表观密度，并以此结果作为代表相应配合比的混凝土拌合物的性能。

**6.1.6** 进行混凝土强度试验时，每种配合比至少应制作一组（三块）试件，标准养护到28d时试压。

需要时可同时制作几组试件，供快速检验或较早龄期试压，以便提前定出混凝土配合比供施工使用。但应以标准养护28d强度或按现行国家标准《粉煤灰混凝土应用技术规程》(GBJ146)、现行行业标准《粉煤灰在混凝土和砂浆中应用技术规程》(JGJ28) 等规定的龄期强度的检验结果为依据调整配合比。

## 6.2 配合比的调整与确定

**6.2.1** 根据试验得出的混凝土强度与其相对应的灰水比($C/W$)关系，用作图法或计算法求出与混凝土配制强度($f_{cu,0}$) 相对应的灰水比，并应按下列原则确定每立方米混凝土的材料用量：

1 用水量（$m_w$）应在基准配合比用水量的基础上，根据制作强度试件时测得的坍落度或维勃稠度进行调整确定；

2 水泥用量（$m_c$）应以用水量乘以选定出来的灰水比计算确定；

3 粗骨料和细骨料用量（$m_g$ 和 $m_s$）应在基准配合比的粗骨料和细骨料用量的基础上，按选定的灰水比进行调整后确定。

**6.2.2** 经试配确定配合比后，尚应按下列步骤进行校正：

1 应根据本规程第6.2.1条确定的材料用量按下式计算混凝土的表观密度计算值 $\rho_{c,c}$：

$$\rho_{c,c} = m_c + m_g + m_s + m_w \tag{6.2.2-1}$$

2 应按下式计算混凝土配合比校正系数 $\delta$：

$$\delta = \frac{\rho_{c,t}}{\rho_{c,c}} \tag{6.2.2-2}$$

式中 $\rho_{c,t}$——混凝土表观密度实测值（$kg/m^3$）；

$\rho_{c,c}$——混凝土表观密度计算值（$kg/m^3$）。

3 当混凝土表观密度实测值与计算值之差的绝对值不超过计算值的2%时，按本规程第6.2.1条确定的配合比即为确定的设计配合比；当二者之差超过2%时，应将配合比中每项材料用量均乘以校正系数 $\delta$，即为确定的设计配合比。

**6.2.3** 根据本单位常用的材料，可设计出常用的混凝土配合比备用；在使用过程中，应根据原材料情况及混凝土质量检验的结果予以调整。但遇有下列情况之一时，应重新进行配合比设计：

1 对混凝土性能指标有特殊要求时；

2 水泥、外加剂或矿物掺合料品种、质量有显著变化时；

3 该配合比的混凝土生产间断半年以上时。

# 7 有特殊要求的混凝土配合比设计

## 7.1 抗渗混凝土

**7.1.1** 抗渗混凝土所用原材料应符合下列规定：

1 粗骨料宜采用连续级配，其最大粒径不宜大于40mm，含泥量不得大于1.0%，泥块含量不得大于0.5%；

2 细骨料的含泥量不得大于3.0%，泥块含量不得大于1.0%；

3 外加剂宜采用防水剂、膨胀剂、引气剂、减水剂或引气减水剂；

4 抗渗混凝土宜掺用矿物掺合料。

**7.1.2** 抗渗混凝土配合比的计算方法和试配步骤除应遵守本规程第5章和第6章的规定外，尚应符合下列规定：

1 每立方米混凝土中的水泥和矿物掺合料总量不宜小于320kg；

2 砂率宜为35%～45%；

3 供试配用的最大水灰比应符合表7.1.2的规定。

**表 7.1.2　抗渗混凝土最大水灰比**

| 抗渗等级 | 最大水灰比 | |
|---|---|---|
| | C20～C30混凝土 | C30以上混凝土 |
| P6 | 0.60 | 0.55 |
| P8～P12 | 0.55 | 0.50 |
| P12以上 | 0.50 | 0.45 |

**7.1.3** 掺用引气剂的抗渗混凝土，其含气量宜控制在3%～5%。

**7.1.4** 进行抗渗混凝土配合比设计时，尚应增加抗渗性能试验；并应符合下列规定：

1 试配要求的抗渗水压值应比设计值提高0.2MPa；

2 试配时，宜采用水灰比最大的配合比作抗渗试验，其试验结果应符合下式要求：

$$P_t \geq \frac{P}{10} + 0.2 \qquad (7.1.4)$$

式中 $P_t$——6个试件中4个未出现渗水时的最大水压值（MPa）；

$P$——设计要求的抗渗等级值。

3 掺引气剂的混凝土还应进行含气量试验，试验结果应符合本规程第7.1.3条的规定。

## 7.2 抗冻混凝土

**7.2.1** 抗冻混凝土所用原材料应符合下列规定：

1 应选用硅酸盐水泥或普通硅酸盐水泥，不宜使用火山灰质硅酸盐水泥；

2 宜选用连续级配的粗骨料，其含泥量不得大于1.0%，泥块含量不得大于0.5%；

3 细骨料含泥量不得大于3.0%，泥块含量不得大于1.0%；

4 抗冻等级F100及以上的混凝土所用的粗骨料和细骨料均应进行坚固性试验，并应符合现行行业标准《普通混凝土用碎石或卵石质量标准及检验方法》（JGJ53）及《普通混凝土用砂质量标准及检验方法》（JGJ52）的规定；

5 抗冻混凝土宜采用减水剂，对抗冻等级F100及以上的混凝土应掺引气剂，掺用后混凝土的含气量应符合本规程第4.0.5条的规定。

**7.2.2** 抗冻混凝土配合比的计算方法和试配步骤除应遵守本规程第5章和第6章的规定外，供试配用的最大水灰比尚应符合表7.2.2的规定。

**7.2.3** 进行抗冻混凝土配合比设计时，尚应增加抗冻融性能试验。

**表7.2.2 抗冻混凝土的最大水灰比**

| 抗冻等级 | 无引气剂时 | 掺引气剂时 |
|---|---|---|
| F50 | 0.55 | 0.60 |
| F100 | — | 0.55 |
| F150及以上 | — | 0.50 |

## 7.3 高强混凝土

**7.3.1** 配制高强混凝土所用原材料应符合下列规定：

1 应选用质量稳定、强度等级不低于42.5级的硅酸盐水泥或普通硅酸盐水泥；

2 对强度等级为C60级的混凝土，其粗骨料的最大粒径不应大于31.5mm，对强度等级高于C60级的混凝土，其粗骨料的最大粒径不应大于25mm；针片状颗粒含量不宜大于5.0%，含泥量不应大于0.5%，泥块含量不宜大于0.2%；其他质量指标应符合现行行业标准《普通混凝土用碎石或卵石质量标准及检验方法》（JGJ53）的规定；

3 细骨料的细度模数宜大于2.6，含泥量不应大于2.0%，泥块含量不应大于0.5%。其他质量指标应符合现行行业标准《普通混凝土用砂质量标准及检验方法》（JGJ52）的规定；

4 配制高强混凝土时应掺用高效减水剂或缓凝高效减水剂；

5 配制高强混凝土时应掺用活性较好的矿物掺合料，且宜复合使用矿物掺合料。

**7.3.2** 高强混凝土配合比的计算方法和步骤除应按本规程第5章规定进行外，尚应符合下列规定：

1 基准配合比中的水灰比，可根据现有试验资料选取；

2 配制高强混凝土所用砂率及所采用的外加剂和矿物掺合料的品种、掺量，应通过试验确定；

3 计算高强混凝土配合比时，其用水量可按本规程第4章的规定确定；

4 高强混凝土的水泥用量不应大于550kg/m$^3$；水泥和矿物掺合料的总量不应大于600kg/m$^3$。

**7.3.3** 高强混凝土配合比的试配与确定的步骤应按本规程第6章的规定进行。当采用三个不同的配合比进行混凝土强度试验时，其中一个应为基准配合比，另外两个配合比的水灰比，宜较基准配合比分别增加和减少0.02～0.03；

**7.3.4** 高强混凝土设计配合比确定后，尚应用该配合比进行不少于6次的重复试验进行验证，其平均值不应低于配制强度。

## 7.4 泵送混凝土

**7.4.1** 泵送混凝土所采用的原材料应符合下列规定：

1 泵送混凝土应选用硅酸盐水泥、普通硅酸盐水泥、矿渣硅酸盐水泥和粉煤灰硅酸盐水泥，不宜采用火山灰质硅酸盐水泥；

2 粗骨料宜采用连续级配，其针片状颗粒含量不宜大于10%；粗骨料的最大粒径与输送管径之比宜符合表7.4.1的规定；

**表7.4.1　粗骨料的最大粒径与输送管径之比**

| 石子品种 | 泵送高度（m） | 粗骨料最大粒径与输送管径比 |
|---|---|---|
| 碎　石 | <50 | ≤1:3.0 |
| | 50~100 | ≤1:4.0 |
| | >100 | ≤1:5.0 |
| 卵　石 | <50 | ≤1:2.5 |
| | 50~100 | ≤1:3.0 |
| | >100 | ≤1:4.0 |

3 泵送混凝土宜采用中砂，其通过0.315mm筛孔的颗粒含量不应少于15%；

4 泵送混凝土应掺用泵送剂或减水剂，并宜掺用粉煤灰或其他活性矿物掺合料，其质量应符合国家现行有关标准的规定。

**7.4.2** 泵送混凝土试配时要求的坍落度值应按下式计算：

$$T_t = T_p + \Delta T \quad (7.4.2)$$

式中 $T_t$——试配时要求的坍落度值；

$T_p$——入泵时要求的坍落度值；

$\Delta T$——试验测得在预计时间内的坍落度经时损失值。

**7.4.3** 泵送混凝土配合比的计算和试配步骤除应按本规程第5章和第6章规定进行外，尚应符合下列规定：

1 泵送混凝土的用水量与水泥和矿物掺合料的总量之比不宜大于0.60；

2 泵送混凝土的水泥和矿物掺合料的总量不宜小于300kg/m$^3$；

3 泵送混凝土的砂率宜为35%~45%；

4 掺用引气型外加剂时，其混凝土含气量不宜大于4%。

## 7.5 大体积混凝土

**7.5.1** 大体积混凝土所用的原材料应符合下列规定：

1 水泥应选用水化热低和凝结时间长的水泥，如低热矿渣硅酸盐水泥、中热硅酸盐水泥、矿渣硅酸盐水泥、粉煤灰硅酸盐水泥、火山灰质硅酸盐水泥等；当采用硅酸盐水泥或普通硅酸盐水泥时，应采取相应措施延缓水化热的释放；

2 粗骨料宜采用连续级配，细骨料宜采用中砂；

3 大体积混凝土应掺用缓凝剂、减水剂和减少水泥水化热的掺合料。

**7.5.2** 大体积混凝土在保证混凝土强度及坍落度要求的前提下，应提高掺合料及骨料的含量，以降低每立方米混凝土的水泥用量。

**7.5.3** 大体积混凝土配合比的计算和试配步骤应按本规程第5章和第6章的规定进行，并宜在配合比确定后进行水化热的验算或测定。

## 本规程用词说明

1. 为便于在执行本规程条文时区别对待，对要求严格程度不同的用词说明如下：

1）表示很严格，非这样做不可的：

正面词采用“必须”；反面词采用“严禁”。

2）表示严格，在正常情况下均应这样做的：

正面词采用“应”；反面词采用“不应”或“不得”。

3）表示允许稍有选择，在条件许可时首先应这样做的：

正面词采用“宜”；反面词采用“不宜”。

表示有选择，在一定条件下可以这样做的，采用“可”。

2. 条文中指定按其他有关标准执行的写法为“应按……执行”或“应符合……的规定”。

中华人民共和国行业标准

# 普通混凝土配合比设计规程

JGJ 55—2000

## 条 文 说 明

# 前　言

《普通混凝土配合比设计规程》（JGJ55-2000），经建设部2000年12月28日以建标［2000］302号文批准，业已发布。

为便于广大设计、施工、科研、学校等单位的有关人员在使用本规程时能正确理解和执行条文规定，本规程修订组按章、节、条的顺序编制了条文说明，供国内使用者参考。

在使用中如发现本条文说明有欠妥之处，请将意见函寄中国建筑科学研究院《普通混凝土配合比设计规程》修订组。

# 目　次

# 1 总　　则

**1.0.3** 本条提出了配合比设计的步骤和要求，配合比设计必须要经过计算、试配和调整三个阶段，以根据所使用的原材料实际品质，科学地确定合理的配合比。

# 2 术语、符号

## 2.1 术　　语

本节给出了各种混凝土的定义，它们是：

**2.1.1** 普通混凝土的干密度范围是与国际上的 CEB-FIP 模式规范（混凝土结构）相一致的。凡用普通砂、石制作的混凝土，其干密度均不会超出 2000～2800kg/m$^3$这一范围。

根据我国砂、石情况统计分析，规定的 2000～2800kg/m$^3$的范围在我国是合适的。

**2.1.6** 抗渗混凝土的定义给出了需作抗渗试验的最小抗渗等级，P6 以下的抗渗要求对普通混凝土来说比较容易满足，作为特殊要求的混凝土，进行配合比设计时应当从 P6 开始。

**2.1.7** 抗冻混凝土的定义给出了需作抗冻试验的最小抗冻等级，F50 以下的抗冻要求，一般混凝土很容易满足，在配合比设计方面不用增加特殊的要求或步骤。

**2.1.8** 高强混凝土的等级规定是参照 CEB-FIP 模式规范的规定和目前我国混凝土技术发展水平订定的。在 CEB-FIP 模式规范中明确定义高强混凝土为“具有特征强度高于 50MPa 的混凝土”。这个定义用的标准试件为 $\phi$150mm×300mm 圆柱体，如果换算成以边长 150mm 的立方体试件为基准，它相当于特征强度高于 60MPa 的混凝土，本规程将 C60 及以上强度等级的混凝土定为高强混凝土。

**2.1.9** 泵送混凝土的定义规定了泵送时的最小坍落度不低于 100mm，是参考新修订的《混凝土外加剂应用技术规范》

而修改的。

**2.1.10** 大体积混凝土的定义增加了“实体最小尺寸”的“部位”概念，使某些开孔的或变截面结构能比较确切地予以判别，并增加了在最小尺寸达不到1m，但预计会因水泥水化热引起混凝土内外温差较大而导致裂缝的结构也应按大体积混凝土考虑。

# 3 混凝土配制强度的确定

**3.0.1** 为了使所配制的混凝土在工程中使用时，其强度标准值具有不小于95%的强度保证率，配合比设计时的混凝土配制强度应比设计要求的强度标准值为高，本条根据混凝土强度等级的定义以及其他规范、标准的规定提出了配制强度的取值及计算方法。

**3.0.2** 本条是指配制强度计算公式中的“大于”符号的使用条件。

**3.0.3** 本条是与3.0.1条相辅的，它提出了计算混凝土配制强度所必需的强度标准差的确定原则。

## 4 混凝土配合比设计中的基本参数

**4.0.1** JGJ55-81 中就给出了混凝土用水量选用表，经近二十年的应用，证明基本上符合实际。本次修订增加了粗骨料最大粒径为 31.5mm 的塑性混凝土的用水量。

**4.0.3** 随着混凝土技术的发展，外加剂和掺合料的应用日益普遍。因此，其掺量也是混凝土配合比设计时需要选定的一个重要参数，但因外加剂的型号、品种甚多，性能各异，掺合料的品种逐渐增加，有的正在制定标准，无法在本规程中统一规定。本条仅作原则规定，具体掺量按有关产品标准或专门的应用规程中的规定确定。

**4.0.4** JGJ55-81 规定没有反映混凝土配合比设计中的耐久性问题。近年来人们对这一问题的认识日益提高，国外各标准中也均把耐久性问题列为混凝土的一个重要性能指标。已经认为不是对特殊要求的混凝土才要考虑耐久性，而应对所有混凝土均应予以考虑。因此，本条规定所有混凝土在配合比设计时都应当按该混凝土使用时所处的环境条件，考虑其满足耐久性要求所必要的水灰比及水泥用量值。

表 4.0.4 是采用了欧洲混凝土协会（CEB）和国际预应力混凝土协会（FIP）1990 年模式规范中的规定，它分类细致、科学，控制指标合理。在 CEB-FIP 模式规范中，对混凝土所处的环境分为 5 类 9 级，并就每级环境对混凝土提出了相应的要求（最大水灰比和最小水泥用量限值）。本规程仅规定了其中的 3 类 4 级，即（1）干燥环境，（2）潮湿环境（分 2 级）和（3）有冻害和除冰剂的潮湿环境。另外的 2 类 5 级，即（4）海水环境（分 2 级），（5）侵蚀性化学环境（分 3 级），因已超出普通混凝土的范畴，应在各有关专业标准中予以规定。

**4.0.5** 引气剂能提高混凝土的耐久性（抗冻性和抗渗性），但其掺量必须适量，掺用量过小，混凝土中形成的封闭微孔过少，起不到改善耐久性的作用；掺用量过大，则会降低混凝土的强度，对耐久性也会产生相反的影响。本条规定的最大及最小含气量与《混凝土外加剂应用技术规范》（GBJ119）的规定是一致的。

## 5 混凝土配合比的计算

**5.0.1** 混凝土配合比可以以干燥状态骨料为基准给出，也可以以饱和面干骨料为基准给出。目前我国绝大多数地区均采用干燥状态骨料为基准的配合比，根据这一情况，本规程也以干燥状态的骨料为基准进行配合比计算，并规定骨料干燥状态的具体指标。

**5.0.3** 当混凝土强度等级大于等于C60级时，灰水比与混凝土强度的线性关系较差，分散性较大，因此，鲍罗米公式仅适合C60级以下的混凝土。$f_{ce}$为水泥的28d实际强度。编制JGJ55-81时，考虑到有时难以取得水泥的实际强度，给出了水泥的强度等级值富余系数$\gamma_c$，并在当时具体情况下建议在无统计资料时，$\gamma_c$可取等于1.13。现普遍反映，目前的水泥质量水平差异甚大，而且不是一个1.13所能概括。因此，本规程保留水泥强度等级值的富余系数$\gamma_c$，$f_{ce}=\gamma_c\cdot f_{ce,g}$，但不给出具体推荐数值，要求各地可按水泥的品种、产地、牌号统计得出。考虑到目前使用3d强度或快测强度公式推定28d强度的情况较多，因此，本规程增加了根据已有的3d强度或快测强度推定28d强度关系式推定$f_{ce}$值，但要注意留足强度富余。

**5.0.4** 由于我国水泥胶砂强度检验方法全面采用国际标准，与原方法测定同一个样本水泥得出的强度不同，这就影响到求混凝土水灰比的鲍罗米公式中的回归系数$\alpha_a$（$A$）和$\alpha_b$（$B$），为此，在全国六个大区：华东、华北、东北、西北、西南和华南组织了三十一个试验单位进行大量试验，共用84个品牌水泥进行了1184次水泥强度和3768次混凝土强度试验，对其28d强度试验结果进行统计分析，求出在使用水泥新标准条件下鲍罗米公式中的回归系数$\alpha_a$和$\alpha_b$，可供全国参考使用。

参加混凝土及水泥试验工作的除参编单位外，还有北京一建商品混凝土公司、北京二建搅拌站、北京六建中心试验室、北京六建商品混凝土公司、中建一局三公司试验室、北京住总水泥公司试验室、北京住总三公司试验室、河北省第四建筑总公司、石家庄建设集团公司、山东省建科院、深圳华泰企业公司、杭州华威混凝土有限公司、浙江省建筑构配件公司、沈阳市三建、辽宁省二建和济南四建集团公司试验室等单位；此外，吴兴祖、王庚林、姚德正、于大忠和赵德光等五位同志在标准编制过程中均给予许多支持和指导，在此一并表示感谢。

# 6 混凝土配合比的试配、调整与确定

## 6.1 试　　配

**6.1.4** 本条规定了试配时采用三个配合比的确定原则。考虑到在该三个配合比中的水灰比变化范围内，其坍落度可能会有变化，此时仅用变动砂率可能调不过来，所以允许适当增、减用水量予以调整。

**6.1.6** 本条规定了以标养28d强度作为调整确定设计配合比的依据。但又考虑到施工生产中，水泥进厂（场）后等待混凝土28d强度试验结果时间较长，目前多数单位以快速试验或较早龄期（3d或7d）试压强度，和对混凝土强度进行动态控制的规律，调整确定混凝土配合比。所以本条增加“需要时可同时制作一组或几组试件，供快速检验或较早龄期试压，以便提前定出混凝土配合比供施工使用”。但此时应考虑快测推定带来的误差，留足强度富余。

## 6.2 配合比的调整与确定

**6.2.1** 本条中的计算法是指用三个（或多个）灰水比与其对应的强度，按线性比例关系求出与按本规程3.0.1条确定的配制强度$f_{cu,0}$对应的灰水比，或选定三个（或多个）强度中的一个所对应的灰水比，该强度值应等于或稍大于混凝土配制强度$f_{cu,0}$。

# 7 有特殊要求的混凝土配合比设计

## 7.1 抗渗混凝土

**7.1.1** 本条对配制抗渗混凝土所用的原材料作了一些特殊的规定，它们是：

取消了水泥强度等级的限制，因为采用水泥新标准后，水泥最低强度等级为32.5级，约相当于原425号水泥，再规定就没有意义了；

骨料含泥及泥块对混凝土抗渗都特别不利，其含量应予以限制；

正确使用防水剂、膨胀剂和引气剂都对提高混凝土的抗渗性能有好处，减水剂在保持要求的混凝土性能前提下，可以减少混凝土的单位用水量，对其抗渗性也有好处，所以推荐使用这些外加剂；

矿物掺合料能改善混凝土的孔结构，提高混凝土耐久性能，故抗渗混凝土都宜掺用矿物掺合料。

**7.1.2** 本条对抗渗混凝土配合比的计算和试配作了一些特殊的规定，它们是：

水泥用量及砂率不宜过小，以避免缺浆而影响混凝土的密实性，本次修订将砂率提高到45%；

抗渗混凝土的灰砂比以前一直规定为1:2.0～1:2.5，但近年来由于混凝土强度等级不断提高，合理灰砂比的范围有所变化，尤其对水泥用量较大的高强混凝土，灰砂比有时会达到1:1.0，而且这类混凝土抗渗性能很好，因此，本次修订取消对灰砂比的限制；

抗渗混凝土配合比设计时，先按常规计算满足强度要求所必需的水灰比，再用表 7.1.2 检验是否满足抗渗要求，其原则是试配用的三个水灰比都要小于表中规定的限制，以便于以后配合比的确定。

**7.1.4** 抗渗混凝土试配时应进行抗渗试验，但试配时采用了三个（或多个）水灰比的配合比，如果都作抗渗试验则显然工作量太大，因此本条规定用水灰比最大的配合比作抗渗试验，如果该配合比能获通过，则其他的配合比就可以认为都能达到要求。如有经验，亦可采用基准配合比的混凝土作抗渗试验。

抗渗混凝土试配时所取的抗渗等级应比设计要求提高(0.2MPa)，即具有必要的富余以保证所确定的配合比在验收时有足够的保证率。

## 7.2 抗冻混凝土

**7.2.1** 本条对配制抗冻混凝土所用的原材料作了一些特殊的规定，它们是：

水泥推荐使用混合材掺量少的硅酸盐水泥或普通硅酸盐水泥，而火山灰质硅酸盐水泥的需水量大，对抗冻性不利，不宜使用；

骨料中含有的泥及泥块均对混凝土抗冻性不利，对其含量应予以限制；

经常有因骨料坚固性不好而影响混凝土抗冻性的情况(尤其是使用一些风化比较严重的骨料)，因此对抗冻要求较高的混凝土，其骨料应作坚固性检验。

**7.2.2** 抗冻混凝土配合比设计时，先按常规计算出满足强度要求所必需的水灰比，再用表 7.2.2 检验是否满足抗冻要求，其原则是试配用的三个水灰比都要小于表中规定的限制，以便于以后配合比的确定。

**7.2.3** 抗冻混凝土试配时应进行抗冻试验，原 JGJ/T55—96 规定试验所用试件是采用水灰比最大的混凝土制作，本次修订取消了对此的限制，主要考虑混凝土的抗冻融性较容易满足要求，若有经验，可用基准配合比混凝土的试件作抗冻试验。

## 7.3 高强混凝土

**7.3.1** 本条对配制高强混凝土所用的原材料作了一些特殊的规定，它们是：

取消了原 JGJ/T55-96 对水泥活性的限制。通过优选优质外加剂和掺合料，应用 42.5 级的硅酸盐水泥或普通硅酸盐水泥，可以配制出高强混凝土；

粗骨料和其他非均质原材料一样，颗粒形状相同的情况下，颗粒强度与粒径成反比，即加工的粒径越小，内部缺陷越少，在混凝土中受力越均匀，颗粒强度越高。粒形越接近圆形，受力状态亦越好。高强混凝土的强度逐渐趋近或超过粗骨料强度，粗骨料粒径应随混凝土的强度提高而减少，针片状含量也应减少；

细骨料的细度模数低于 2.6 时，配制混凝土的需水量会增加，粗细骨料中的含泥量、泥块含量同样会加大用水量和外加剂用量，加大混凝土干缩，降低混凝土耐久性和强度。所以，随着混凝土强度的提高，含泥量和泥块含量限值降低；

高效减水剂是高强混凝土的特征组分，活性矿物掺合料的使用，可调整水泥颗粒级配，起到增密、增塑、减水效果和火山灰效应，改善骨料界面效应，提高混凝土性能。随着混凝土强度的提高，在保持胶结材料不超过限值时必须提高减水剂的减水率。

**7.3.2** 鲍罗米公式（即 5.0.3-1 式）在 C60 及以上等级的混凝土强度，其线性关系较差，离散性也较大，因为这种高强混凝土一般都要采取一些增密措施，其强度变化规律已经与鲍罗米公式相差较远，它们的水灰比只能按现有试验资料确定，然后通过试配予以调整。

高强混凝土因水泥用量较多，其砂率可由试验确定。

**7.3.3** 高强混凝土试配时所用三个配合比的水灰比差值不能保持一般的 0.05，否则其低水灰比值将会到达不可操作区，而高水灰比值则进入了非高强区，均失去了对高强混凝土的代表性。因此，规定这一差值可缩小，但缩小差值后有时三个强度的线性关系不易得到反映，此时就只能按试验结果凭经验确定设计配合比。

**7.3.4** 一些对普通强度等级混凝土影响不大的因素，对高强混凝土强度的影响往往比较显著，因此最后还应经过一定数量的重复试验验证，以确保它的稳定性。

## 7.4 泵送混凝土

**7.4.1** 本条对配制泵送混凝土所用的原材料作了一些特殊的规定，它们是：

水泥不宜采用火山灰质硅酸盐水泥，因为它需水量大，易泌水；

粗骨料最大粒径与输送管径之比与《混凝土泵送施工技术规程》一致；

粉煤灰的掺入能减少混凝土对管壁的摩阻力，改善其可泵性，这在不少工程中已经证实，但掺用的粉煤灰应符合Ⅰ、Ⅱ级的要求，质量差的粉煤灰掺入后会使混凝土用水量增加，对强度和耐久性都不利。

**7.4.2** 在确定试配用坍落度时一定还要考虑坍落度的经时损失，本条规定了具体的修正方法。

**7.4.3** 本条为泵送混凝土配合比计算时的一些要求，它们是：

水灰比不能太大，否则浆体的粘度太小，制成的混凝土容易离析；

水泥用量（含矿物掺合料）不宜过小，否则含浆量不足，即使在同样坍落度情况下，混凝土显得干涩，不利于泵送；

混凝土含气量过大，在泵送时这些空气在混凝土中形成无数细小的可压缩体，吸收泵压达到高峰阶段的能量，降低泵送效率，严重时会引起堵泵；

本条规定对泵送混凝土含气量的限值是 4%，但规定的程度为“不宜”，因为在此限值时对泵送效果虽有影响，但一般情况下还不会引起堵泵，并且目前不少因耐久性要求需要掺用引气剂的混凝土也需要采用泵送施工，故用“不宜”比较合适。

## 7.5 大体积混凝土

**7.5.1** 从配合比设计的角度来说，对大体积混凝土主要采取四条措施：

1 采用水化热低的水泥；

2 采用能降低早期水化热的混凝土外加剂；

3 采用掺合料；

4 采用一切措施增加骨料和掺合料用量，降低水泥用量。

前三项在本条中予以规定，后一项反映在7.5.2条中。

**7.5.3** 大体积混凝土除7.5.1及7.5.2的规定外，配合比设计的其他方法、步骤均无特殊要求。

中华人民共和国城乡建设环境保护部

部　标　准

# 混凝土减水剂质量标准和试验方法

Water Reducing Admixture Used for Concrete——Quality Requirements and Testing Methods

JGJ　56—84

中华人民共和国城乡建设环境保护部　批准
1984—12—25　发布　1985—07—01　实施

## 目　次

# 1.总 则

## 1.1 适 用 范 围

本标准适用于工业、民用建筑及构筑物混凝土用减水剂质量的鉴定。

工程选用减水剂时，可参照本标准（试验时可采用该工程所用的材料）。

## 1.2 定 义 及 分 类

减水剂是在不影响混凝土和易性条件下，具有减水及增强作用的外加剂。按其作用分为普通型减水剂，高效型减水剂，早强型减水剂，缓凝型减水剂和引气型减水剂。

**1.2.1** 普通型减水剂

具有一般减水、增强作用的减水剂。

**1.2.2** 高效型减水剂

具有大幅度减水、增强作用的减水剂。

**1.2.3** 早强型减水剂

兼有早强作用的减水剂。

**1.2.4** 缓凝型减水剂

兼有缓凝作用的减水剂。

**1.2.5** 引气型减水剂

兼有引气作用的减水剂。

# 2. 混凝土减水剂质量标准

## 2.1 混凝土减水剂质量标准

鉴定任何一种减水剂均需测定掺减水剂混凝土的性能，并应满足表2.1混凝土减水剂质量标准之要求。

## 2.2 混凝土试验条件

检测混凝土减水剂质量时，混凝土的试验条件应遵照下列规定：

**2.2.1** 材料

**2.2.1.1** 水泥：应采用熟料中$C_3A$含量在5～8%，并以二水石膏作调凝剂的425号或525号普通硅酸盐水泥，其质量应符合现行的水泥国家标准。若用硬石膏作调凝剂时，其掺量不宜超过调凝剂总量的1/2。

**2.2.1.2** 砂子：采用二区中砂，应符合（JGJ 52—79）《混凝土用砂质量标准及检验方法》。

**2.2.1.3** 石子：采用粒径为5～20mm的卵石或碎石，应符合（JGJ 53—79）《普通混凝土用卵石或碎石质量标准及检验方法》。

**2.2.1.4** 水：采用清洁的饮用水。

**2.2.2** 基准混凝土

**2.2.2.1** 水泥用量305±5kg/$m^3$

**2.2.2.2** 砂率通过试拌，选择基准混凝土最佳砂率。

**2.2.2.3** 坍落度6±1cm。

**2.2.3** 试验混凝土

**2.2.3.1** 水泥、砂子和石子用量与基准混凝土相同。掺引气型减水剂的混凝土的砂率应比基准混凝土的砂率减少1～3%。

**2.2.3.2** 坍落度6±1cm。

**2.2.3.3** 减水剂掺量，按研制单位或生产厂推荐的掺量。

**2.2.4** 试块制作及养护

**2.2.4.1** 搅拌方法：试验混凝土应与基准混凝土在相同条件下搅拌，试验采用机械搅拌，将全部材料及减水剂倒入搅拌机后，搅拌三分钟，出料后在铁板上用人工翻拌二次，拌和量应不少于搅拌机额定搅拌量的四分之一。

**2.2.4.2** 试块制作及养护：试块的成型振捣方法应与含气量测定的成型方法一致。用振动台成型，振动15～20秒；用插入式高频振捣器，振捣10秒。试块成型后应覆盖，以防止水分蒸发，在室温为20±3℃情况下，静置一昼夜，然后编号拆模，拆模后试块立即放在温度为20±3℃，湿度为90%以上的标准养护室中养护。

## 2.3 混凝土减水剂试验项目

**2.3.1** 需进行掺减水剂的混凝土减水率、泌水率、含气量、凝结时间、抗压强度、以及收缩等试验项目。

**2.3.2** 减水剂产品应均匀、稳定。为此，应根据减水剂品种，定期选测下列项目：固体含量或含水量、pH值、比重、密度、松散容重、表面张力、起泡性、氯化物含量、主要成分含量（如硫酸盐含量、还原糖含量、木质素含量等）、钢筋锈蚀快速试验、净浆流动度、净浆减水率，砂浆减水率、砂浆含气量等。

**2.3.3** 掺减水剂的混凝土性能除按表2.1要求的项目外，根据工程要求选测抗冻融性及混凝土中钢筋锈蚀试验等。

# 3. 混凝土减水剂试验方法

## 3.1 减水率

**3.1.1** 仪器设备

*a*.坍落度筒；

*b*. 捣棒；

*c*. 小铲、钢板尺、抹刀等。

**3.1.2** 试验步骤

**3.1.2.1** 测定基准混凝土的塌落度，记录达到该塌落度时的单位用水量（$W_0$）。

**3.1.2.2** 在水泥用量相同，水泥、砂、石比例保持不变的条件下，测定掺减水剂的混凝土达到与基准混凝土相同塌落度时的单位用水量（$W_1$）。

**3.1.3** 试验结果处理

减水率按（3.1）式计算：

$$减水率(\%)=\frac{W_0-W_1}{W_0}\times 100 \quad (3.1)$$

式中 $W_0$——基准混凝土单位用水量（kg/m³）；

$W_1$——掺减水剂的混凝土单位用水量（kg/m³）。

## 3.2 泌水率

**3.2.1** 仪器设备

*a*. 容重筒，取内径18.5cm，高20cm，容积为5升

混凝土减水剂质量标准 表 2.1

| 试验项目 | | 减水剂类别 | | | | |
|---|---|---|---|---|---|---|
| | | 普通型 | 高效型 | 早强型 | 缓凝型 | 引气型 |
| | | 质量标准 | | | | |
| 减水率(%) | | ≥5 | ≥12 | ≥5 | ≥5 | ≥10 |
| 泌水率比(%) | | ≤100 | ≤100 | ≤100 | ≤100 | ≤95 |
| 含气量(绝对值%) | | ≤3.0 | ≤3.0 | ≤3.0 | ≤3.0 | 3.0～5.5 |
| 凝结时间之差（时:分） | 初凝 | －1:00～＋2:00 | －1:00～＋2:00 | －1:00～＋2:00 | ＋2:00～＋6:00 | －1:00～＋2:00 |
| | 终凝 | －1:00～＋2:00 | －1:00～＋2:00 | －1:00～＋2:00 | ＋2:00～＋6:00 | －1:00～＋2:00 |
| 抗压强度比（%） | 1天 | — | ≥135 | ≥125 | — | — |
| | 3天 | ≥110 | ≥125 | ≥125 | ≥100 | ≥110 |
| | 7天 | ≥110 | ≥120 | ≥115 | ≥100 | ≥110 |
| | 28天 | ≥110 | ≥115 | ≥110 | ≥110 | ≥110 |
| | 90天 | ≥100 | ≥100 | ≥100 | ≥110 | ≥100 |
| 收缩(三个月)增加不大于（毫米/米） | | 0.1 | 0.1 | 0.1 | 0.1 | 0.1 |

注：1.表中所列数据为试验混凝土与基准混凝土的差值或比值。

2.自本标准实施之日起，原国家基本建设委员会1980年批准的《木质素磺酸钙减水剂在混凝土中使用的技术规定》的第七条作废。

的容重筒，带盖（或玻璃板）；

**b.** 磅秤：称量50kg、感量50g；

**c.** 具塞量筒：100ml；

**d.** 其它：吸液管、定时钟、铁铲、捣棒及抹刀等。

3.2.2 试验步骤

3.2.2.1 容重筒用湿布润湿，称重$G_0$；

3.2.2.2 将混凝土拌合物一次装入筒中，在振动台上振动二十秒，然后用抹刀将顶面轻轻抹平，试样表面比筒口边低2cm左右。

3.2.2.3 将筒外壁及边缘擦净，称出筒及试样的总重$G_1$，然后将筒静置于地上，加盖，以防止水分蒸发。

3.2.2.4 自抹面开始计算时间，前60分钟每隔10分钟用吸液管吸出泌水一次，以后每隔20分钟吸水一次，直至连续三次无泌水为止。吸出的水注入量筒中，读出每次吸出水的累计值，准确至毫升。

3.2.2.5 每次吸出泌水前5分钟，应将筒底一侧垫高约2厘米，使筒倾斜，便于吸出泌水，取出泌水后仍将筒轻轻放平盖好。

3.2.3 试验结果处理

泌水率按下式计算：

$$B(\%)=\frac{V_W}{(W/G)G_W}\times 100 \quad (3.2\text{-}1)$$

$$G_W=G_1-G_0$$

式中 $B$——泌水率（%）；

$V_W$——泌水总量（g）；

$W$——混凝土拌合物的用水量（g）；

$G$——混凝土拌合物的总重量（g）；

$G_W$——试样重量（g）；

$G_1$——筒及试样重（g）；

$G_0$——筒重（g）。

泌水率值取三个试样的算术平均值。如其中一个与平均值之差大于平均值的20%时，则取二个相近结果的平均值。

泌水率比按下式计算：

$$泌水率比=\frac{掺减水剂的混凝土泌水率}{基准混凝土泌水率} \quad (3.2\text{-}2)$$

## 3.3 含气量（气压法）

参照国标混凝土基本性能试验——拌合物性能试验。

注：检测减水剂成型时，装料和振捣方法与国标不同，应按下列规定：
①混凝土试样一次装满容器，并略高于容器。
②采用振动台成型，振动15～20秒。
③采用插入式高频振捣器（φ34mm，14000次/分）成型，振动10秒，棒头沿试样中心插入，距底约2厘米。

## 3.4 含气量（水压法）

参照国标混凝土基本性能试验——拌合物性能试验。

注：检测减水剂成型时，装料和振捣方法与国标不同，应按下列规定：
①混凝土试样一次装满容器，并略高于容器。
②采用振动台成型，振动15～20秒。
③采用插入式高频振捣器（φ34mm，14000次/分）成型，振动10秒，棒头沿试样中心插入，距底约2厘米。

## 3.5 凝结时间（贯入阻力法）

3.5.1 仪器设备

*a*. 贯入阻力仪：最大负荷为120kg，精度0.5kg，附有可拆装的贯入度试针两个。其断面积分别为1 $cm^2$和0.2 $cm^2$。

*b*. 砂浆容器：容器要求坚实，不透水、不吸水、无油渍，截面为圆形或方形，直径或边长为15cm，高度为15 cm。

*c*. 吸管。

*d*. 筛子：孔径为5mm。

*e*. 计时钟。

**3.5.2** 试验步骤

**3.5.2.1** 试样制备

*a*. 将混凝土拌合物通过5 mm筛，振动筛出的砂浆装在经表面湿润的塑料盆内。

*b*. 充分拌匀筛出砂浆，装入砂浆容器内，在震动台上震2～3秒钟，置于20±2℃室温条件下。

**3.5.2.2** 贯入阻力测试

*a*. 在初次测试贯入阻力前，清除试样表面的泌水，然后测定贯入阻力值，先用断面为1 $cm^2$的贯入度试针，将试针的支承面与砂浆表面接触，在10秒钟内缓慢而均匀地垂直压入砂浆内部2.5cm深度，记录所需的压力和时间（从水泥与水接触开始计算），贯入阻力值达3.5$N/mm^2$（≈35 $kgf/cm^2$）以后，换用断面为0.2$cm^2$的贯入度试针，每次测点应避开前一次的测试孔，其净距为试针直径的2倍，至少不小于1.5cm，试针距容器边缘不小于2.5cm。

*b*. 在20±2℃条件下，普通混凝土贯入阻力初次测试一般在成型后3～4小时开始，以后每隔1小时测定一次。掺早强型减水剂的混凝土一般在成型后1～2小时开始，以后每隔半小时测定一次，掺缓凝型减水剂的混凝土，初测可推迟到成型后4～6小时或更多以后每隔1小时进行一次，直至贯入阻力略大于28$N/mm^2$（≈280$kgf/cm^2$）。

**3.5.3** 试验结果处理

**3.5.3.1** 贯入阻力按（3.5-1）式计算

$$贯入阻力=\frac{P}{A}\times10^{-1}\ (N/mm^2) \qquad 3.5\text{-}1)$$

$$贯入阻力=\frac{P}{A}\ (kg/cm^2)$$

式中 $P$——贯入深度达2.5cm时所需的净压力（kg）；

$A$——贯入度试针断面面积（$cm^2$）。

**3.5.3.2** 以贯入阻力为纵坐标，测试时间为横坐标，绘制贯入阻力与时间关系曲线。

**3.5.3.3** 以3.5$N/mm^2$（≈35$kgf/cm^2$）和28 $N/mm^2$（≈280$kgf/cm^2$）划两条平行横坐标的直线，直线与曲线交点的横坐标值即为初凝和终凝时间。

**3.5.3.4** 试验精度

试验应固定人员及仪器，每盘混凝土拌合物取一个试样，三个试样为一组，凝结时间取三个试样的平均值，试验误差值应不大于平均值的±30分钟，如不符合要求应重做。

## 3.6 立方体抗压强度

参照国标混凝土基本性能试验——基本力学性能试验。

## 3.7 收　　缩

参照国标混凝土基本性能试验——基本力学性能试验。

# 附录 *A*

# 减水剂匀质性试验方法

## （参考件）

### A.1 固体含量或含水量

**A.1.1** 仪器设备

*a*. 扁平式称量瓶（10ml或20ml）；

*b*. 电热鼓风干燥箱0～200℃或电热真空干燥箱；

*c*. 分析天平（称量200g，感量0.1mg）；

*d*. 干燥器（装有硅胶）$\phi$240mm。

**A.1.2** 试验步骤

称取3～5g样品置于洁净恒重的扁平式称量瓶中，在烘箱中以100～105℃烘干或真空干燥至恒重（烘干温度可视减水剂特性而定），然后放入装有硅胶的干燥器中冷却至室温称重。

**A.1.3** 试验结果处理

固体含量按下式计算：

$$固体含量(\%)=\frac{W_2}{W_1}\times 100 \qquad (A.1\text{-}1)$$

含水量按下式计算：

$$含水量(\%)=1-固体含量(\%) \qquad (A.1\text{-}2)$$

式中 $W_1$——干燥前的样品重量（g）；

$W_2$——干燥后的样品重量（g）。

取三个试样测定数据的平均值为试验结果，精确到0.01。

### A.2 pH 值

**A.2.1** 仪器设备

*a*. 酸度计；

*b*. 甘汞电极；

*c*. 玻璃电极；

**A.2.2** 试验步骤

**A.2.2.1** 电极安装

先把电极夹子夹在电极杆上，然后将已在蒸馏水中浸泡24小时的玻璃电极和浸在饱和氯化钾溶液中的甘汞电极夹在电极夹子上，并适当地调整两支电极的高度和距离，将两支电极的插头引出线分别正确地全部插入插孔，以便紧固在接线柱上。

**A.2.2.2** 校正

*a*. 将适量的标准缓冲溶液注入试杯，将两支电极浸入溶液。

*b*. 将温度补偿器调至在被测缓冲液的实际温度位置上。

*c*. 按下读数开关，调节读数校正器，使电表指针指在标准溶液的pH值位置。

*d*. 复按读数开关，使其处在放开位置，电表指针应退回到pH 7处。

*e*. 校正至此结束，以蒸馏水冲洗电极，校正后切勿再旋转校正调节器，否则必须重新校正。

**A.2.2.3** 测量

*a*. 用滤纸将附于电极上的剩余溶液吸干或用被测溶液洗涤电极，然后将电极浸入被测溶液中。

**b.** 温度器拨在被测溶液的温度位置，按下读数开关，电表指针所指示的值即为溶液的pH值。

**c.** 测量完毕后，复按读数开关，使电表指针退回pH位置，用蒸馏水冲洗电极，以待下次测量。

**A.2.2.4** 精度

取三个试样测定数据的平均值为试验结果，精确至0.1。试验在20±2℃条件下进行。

## A.3 比 重

**A.3.1** 仪器设备 PZ-A-5液体比重天平。

**A.3.2** 试验步骤

**A.3.2.1** 天平的安装和调整

使用时先将盒内各种零件顺次取出。将测锤（5）和玻璃量筒（6）用纯水或酒精洗净，再将支柱紧定螺钉（4）旋松，托架（1）升至适当高度后旋紧螺钉。横梁（2）置于托架之玛瑙刀座（3）上，用等重砝码（7）挂于横梁右端之小钩上。调整水平调节螺钉（8），使横梁上的指针与托架指针尖成水平线，以示平衡。如无法调整平衡时，首先将平衡调节器（9）上的定位小螺钉松开，然后略微转动平衡调节器（9），直至平衡止。仍将中间定位螺钉旋紧，严防松动。

将等重砝码取下，换上整套测锤，此时必须保持平衡，但允许有±0.0005的误差存在。

如果天平灵敏度高，则将重心调节器（10）旋低，反之旋高。

**A.3.2.2** 测试步骤

**a.** 将被测试溶液放入玻璃量筒内。

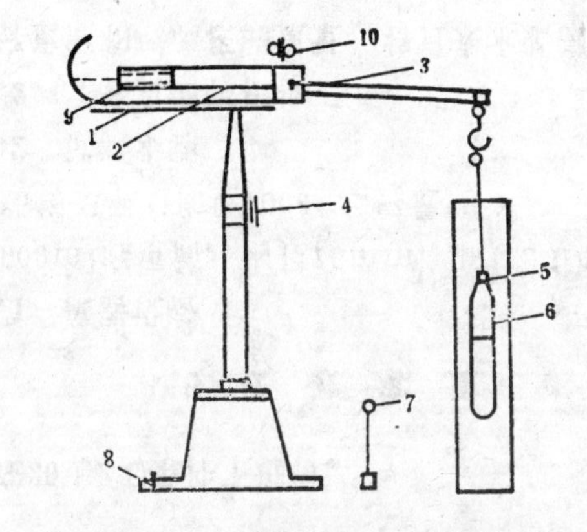


图 A.3 液体比重天平示意图

1—托架；2—横梁；3—玛瑙刀座；4—支柱紧固螺钉；5—测锤；6—玻璃量筒；7—等重砝码；8—水平调节螺钉；9—平衡调节器；10—重心调节器

**b.** 将测锤浸入被测液体中央，这时横梁失去平衡，在横梁V形槽与小钩上加放各种骑码使之恢复平衡，即是测得液体之比重数值。

**c.** 读数方法

横梁上V形槽与各种骑码的关系皆为十进位。

| 砝码放在各个位置上 | 砝码的名义值 | | | |
|---|---|---|---|---|
| | 5 克 | 500毫克 | 50毫克 | 5毫克 |
| | 其代表的数值 | | | |
| 放在第十位(小钩上)时则为 | 1 | 0.1 | 0.01 | 0.001 |
| 放在第九位(横梁V型槽上)时则为 | 0.9 | 0.09 | 0.009 | 0.0009 |
| 放在第八位(横梁V型槽上)时则为 | 0.8 | 0.08 | 0.008 | 0.0008 |

以此类推。

A.3.2.3　注意事项

*a*.　定期进行清洁工作和计量性能检定。

*b*.　天平要移动位置时，应把易于分离的零件、部件及横梁等卸下分离，以免损坏刀刃。

A.3.2.4　精度

取三个试样测定数据的平均值为试验结果，精确到0.001。

试验在20±2°C条件下进行。

## A.4　密　度

A.4.1　仪器设备

*a*.　比重瓶（50ml或100ml）；

*b*.　分析天平（称量200g，感量0.1mg）；

*c*.　干燥器（装有硅胶）φ240或300mm。

A.4.2　试验步骤

A.4.2.1　校正比重瓶的容积

*a*.　依次用水、丙酮、乙醚洗净比重瓶，放入装有硅胶的干燥器内自然干燥至重，称量空瓶重量（$G_0$）。

*b*.　在比重瓶中装入蒸馏水至毛细管上口相平，将它置于干燥器内，24小时后称量比重瓶装水后的重量（$G_1$）。

*c*.　计算比重瓶的校正容积

比重瓶的校正容积按下式计算：

$$V_{校正}=\frac{G_1-G_0}{d} \qquad (A.4\text{-}1)$$

式中　$V_{校正}$——比重瓶的校正容积（ml）；

$G_0$——比重瓶的空瓶重量（g）；

$G_1$——比重瓶装满蒸馏水重量（g）；

$d$——水在20°C时的密度（g/ml）。

A.4.2.2　密度测定

按所需的浓度称取减水剂样品于50ml烧杯中（按照配50ml或100ml来计算）。先加入少量蒸馏水搅拌溶解，装入容积已经过校正的比重瓶中，然后加蒸馏水摇匀，再加少许蒸馏水使溶液上升到毛细管上口相平，摇匀放置于干燥器内，24小时后称量比重瓶装入减水剂溶液后的重量（$G_2$）。

A.4.3　试验结果处理

减水剂溶液的密度按下式（A.4-2）或（A.4-3）计算：

$$\rho=\frac{G_2-G_0}{V_{校正}}\times 10^3 \quad (\mathrm{kg/m^3}) \qquad (A.4\text{-}2)$$

或

$$\rho=\frac{G_2-G_0}{V_{校正}} \quad (\mathrm{g/ml}) \qquad (A.4\text{-}3)$$

式中　$\rho$——减水剂溶液的密度（kg/m³）或（g/ml）；

$G_2$——比重瓶装入减水剂溶液后的重量（g）。

A.4.4　精度

取三个试样测定数据的平均值为试验结果，精确至0.0005。

试验在20±2°C条件下进行。

## A.5　松 散 容 重

A.5.1　仪器设备

*a*.　500ml容重筒，内径75mm，高115mm；

*b*.　药物天平（称量1000g，感量1g）。

A.5.2　试验步骤

A.5.2.1　容重筒容积校正

称取容重筒和玻璃板的重量，将自来水装满容重筒，用玻璃板沿筒口推移使其紧贴水面，盖住筒口（玻璃板和水面间不得带有气泡）。擦干筒外壁的水，然后称其重量。

容重筒的校正容积按下式计算：

$$V_{校正}=\frac{G_3-G_2}{水的密度} \quad (A.5\text{-}1)$$

式中 $V_{校正}$——容重筒的校正容积（ml）；

$G_2$——容重筒及玻璃板总重（g）；

$G_3$——容重筒、玻璃板及水总重（g）。

**A.5.2.2** 松散容重测定

*a*. 称量干燥的500ml空容重筒的重量（$G_0$）。

*b*. 将减水剂在高于容重筒顶面2cm处装入容重 筒内，直至试样超出容重筒口高度。用直尺沿筒口中心向两侧方向轻轻刮平，然后称其重量（$G_1$）。

**A.5.3** 试验结果处理

松散容重按下式（A.5-2）或（A.5-3）计算：

$$d_{松}=\frac{G_1-G_0}{V_{校正}}\times 10^3 \quad (kg/m^3) \quad (A.5\text{-}2)$$

或

$$d_{松}=\frac{G_1-G_0}{V_{校正}} \quad (g/cm^3) \quad (A.5\text{-}3)$$

式中 $d_{松}$——松散容重（$kg/m^3$）或（$g/cm^3$）；

$G_0$——空容重筒重（g）；

$G_1$——容重筒装满减水剂后的重（g）。

取三个试样测定数据的平均值为试验结果，精确至0.01。

## A.6 表面张力（铂环法）

**A.6.1** 仪器设备

*a*.界面张力仪（BZY-180）；

*b*.比重瓶（50ml或100ml）；

*c*.分析天平（称量200g，感量0.1mg）。

**A.6.2** 试样制备

减水剂按在混凝土中推荐掺量的两倍定为被测溶液的百分浓度。

**A.6.3** 试验步骤

**A.6.3.1** 配制试样，测定减水剂溶液的密度。

**A.6.3.2** 将仪器调至水平，用质量法对仪器进行校正（详见产品说明书）。

**A.6.3.3** 把铂金环放在吊杠臂的下末端，调节微调使吊杠臂上的指针与反射镜上的红线重合。

**A.6.3.4** 把被测液倒入盛样皿中（离皿口5～7mm），并将样品座升高，使铂金环浸入液体内5～7mm。

**A.6.3.5** 旋转蜗轮把手.匀速增加钢丝扭力，同时下降样品座，使向上与向下的二个力保持平衡（保持指针与反射镜上的红线重合），直至环被拉脱离开液面，在游标盘读出P值，重复三次。

**A.6.4** 试验结果处理

溶液表面张力$\sigma$按下式（A.6-1）或（A.6-2）计算：

$$\sigma=F\cdot P \quad (mN/m) \quad (A.6\text{-}1)$$

或

$$\sigma=F\cdot P\ (dyn/cm) \quad (A.6\text{-}2)$$

校正因子（$F$）按下式计算：

$$F=0.7250+\sqrt{\frac{0.01452P}{C^2(D-d)}+0.04534-\frac{1.679}{R/r}} \quad (A.6\text{-}3)$$

式中 $\sigma$——表面张力（mN/m或dyn/cm）；

$P$——游标盘上读数（mN/m或dyn/cm）；

$C$——铂金环周长$2\pi R$（cm）；

$R$——铂金环内半径和铂金丝半径之和（cm）；

$d$——上相密度（g/ml）（空气密度）；

$D$——下相密度（g/ml）（被测溶液密度）；

$r$——铂金丝半径（cm）。

A.6.5 注意事项。

A.6.5.1 试验时被测溶液、盛样皿、铂环等须保持相同的温度。试验需在20±0.5℃条件下进行。

A.6.5.2 被测溶液、盛样皿、铂环必须保持清洁，不得沾有污物。

A.6.5.3 铂环在液面上要保持水平，在接近分离点时要保持液面平稳。

A.6.5.4 如果被测样品内有沉淀物，必须过滤去除沉淀后方能测定。

## A.7 表面张力（毛细管法）

A.7.1 仪器设备

a.两端开口的玻璃毛细管；

b.电热鼓风干燥箱0～200℃；

c.比重瓶（50ml或100ml）；

d.分析天平（称量200g，感量0.1mg）。

A.7.2 试样制备

减水剂按在混凝土中推荐掺量的两倍定为被测溶液的百分浓度。

A.7.3 试验步骤

A.7.3.1 配制试样，测定减水剂溶液的密度。

A.7.3.2 将清洗过的干燥的毛细管垂直固定于溶液中，开始时毛细管放得比实验位置低2～3cm，并且在此位置保持几分钟。

A.7.3.3 将毛细管稍稍垂直上提，并固定于支架上，稳定20分钟，让被测溶液在毛细管中自行上升。

A.7.3.4 测量毛细管中液面上升高度（$h$），反复试验两次，读数之差不应大于0.5mm。

A.7.4 试验结果处理

溶液的表面张力按（A.7-1）或（A.7-2）式计算：

$$\sigma=\frac{1}{2}hrdg\ (\mathrm{mN/m}) \qquad (A.7\text{-}1)$$

或

$$\sigma=\frac{1}{2}hrdg\ (\mathrm{dyn/cm}) \qquad (A.7\text{-}2)$$

式中 $\sigma$——表面张力（mN/m或dyn/cm）；

$h$——液面上升高度（cm）；

$r$——毛细管半径（cm）；

$d$——被测溶液密度（g/cm³）；

$g$——地区重力加速度（cm/s²）。

## A.8 起泡性（机摇法）

A.8.1 仪器设备

a.摇泡机（见图A.8）；

b.具塞量筒（100ml）；

c.容量瓶（500ml）；

d.移液管（20ml）；

e.秒表。

A.8.2 试样制备

减水剂按在混凝土中推荐掺量的两倍定为被测溶液的百分浓度。

A.8.3 试验步骤

A.8.3.1 用500ml容量瓶配制所需浓度的减水剂溶液。

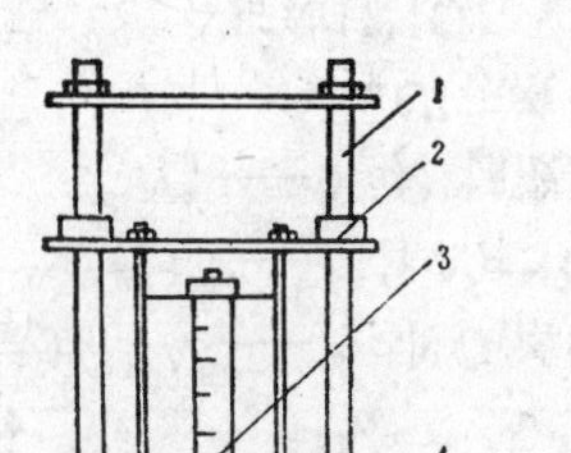

图 A.8 摇泡机示意图

1—主架；2—升降架；3—具塞量筒；4—曲臂；5—减速箱；6—电动机；7—底座

A.8.3.2 在具塞量筒中，沿壁装入一定浓度的减水剂溶液20ml，将具塞量筒固定于摇泡机的样品座上。

A.8.3.3 开动摇泡机，摇30秒（84次）静置，立即迅速量出泡沫最顶点的体积，记录从停机开始到泡沫消退至刚露出水面的时间。

A.8.4 试验结果处理

A.8.4.1 发泡体积等于摇30秒后泡沫最顶点的体积与起始体积（20ml）之差。

A.8.4.2 消泡时间为从停机开始到泡沫消退至刚露出水面所需的时间。

## A.9 起泡性（手摇法）

A.9.1 仪器设备

*a*.具塞量筒（100ml）；

*b*.容量瓶（500ml）；

*c*.移液管（20ml）；

*d*.秒表。

A.9.2 试样制备

减水剂按在混凝土中推荐掺量的两倍定为被测溶液的百分浓度。

A.9.3 试验步骤

A.9.3.1 用500ml容量瓶配制所需浓度的减水剂溶液。

A.9.3.2 在具塞量筒中沿壁装入一定浓度的减水剂溶液40ml。

A.9.3.3 用手强烈摇动20次静置，立即迅速量出泡沫最顶点的体积，记录从静置开始到泡沫消退至刚露出水面的时间。

A.9.4 试验结果处理

A.9.4.1 发泡体积等于摇20次后泡沫最顶点的体积与起始体积（40ml）之差。

A.9.4.2 消泡时间为从停机开始到泡沫消退至刚露出水面所需的时间。

## A.10 氯化物含量

A.10.1 仪器设备

*a*.电位测量仪：直流数字电压表或自动电位滴定计或酸度计；

*b*.（PAg）银离子电极或216型银电极；

*c*.参比电极217型双盐桥饱和甘汞电极；

*d*.电磁搅拌器；

*e*.10ml自动滴定管（下接聚乙烯塑料毛细管）；

*f*.25ml自动滴定管（下接聚乙烯塑料毛细管）；

*g*.400ml烧杯。

A.10.2 试剂

**a**.0.1000*N*氯化钠标准溶液：精确称取5.844g分析纯NaCl，用蒸馏水（或去离子水）溶解并稀释至一升，摇匀（氯化钠应在130～150℃烘干2小时），此溶液即为0.1000*N* NaCl标准溶液。

**b**.0.1*N*硝酸银溶液：称取17g（精确16.9873g）分析纯固体$AgNO_3$，用蒸馏水溶解，放入一升棕色容量瓶中稀释至刻度，摇匀，用0.1000*N* NaCl标准溶液对硝酸银溶液进行标定。

标定0.1*N*硝酸银溶液：

取10ml（0.1000N）NaCl标准溶液于烧杯中，加蒸馏水稀释至200ml，加2ml浓$HNO_3$，用$AgNO_3$溶液滴定，用电位法滴定终点，过等当量点后，在同一溶液中再加入0.1000*N* NaCl标液10ml，滴定至第二个终点，用微商法计算得到$AgNO_3$消耗的体积$V_1$、$V_2$。

$V$为10ml0.1000*N*NaCl消耗$AgNO_3$的体积，按下式计算：

$$V = V_2 - V_1 \qquad (A.10\text{-}1)$$

硝酸银溶液的浓度按下式计算：

$$N = \frac{N_1 V_1}{V} \qquad (A.10\text{-}2)$$

式中 $N$——$AgNO_3$溶液的当量浓度；

$V$——消耗$AgNO_3$溶液的体积（ml）；

$N_1$——NaCl标液当量浓度；

$V_1$——NaCl标液体积（ml）。

*c*.分析纯$HNO_3$；

**d**.分析纯饱和$NH_4NO_3$溶液；

*e*高纯试剂KCl。

**A.10.3** 试验步骤

准确称取减水剂样品0.5000～10.0000g，放入烧杯中，加200ml蒸馏水和2ml浓$HNO_3$，使溶液呈酸性，搅拌至全部溶解，再准确加入10ml0.1*N* NaCl标准溶液，插入银电极和甘汞电极，将电极与PZ-8（或电位滴定计）相连接，电磁搅拌器不断搅动试液，用0.1*N*$AgNO_3$溶液缓慢滴定，记录电势和对应的滴定管读数。由于接近终点电势增加很快，故要定量加入（0.1～0.2ml），反应终点对仪器读数有突跃的变化，得到第一个终点时$AgNO_3$溶液消耗体积$V_1$。在同一溶液中再准确加入0.1*N* NaCl标准溶液10ml（此时溶液电势降低），按上述方法继续用$AgNO_3$标液滴至第二个终点，得到$AgNO_3$溶液消耗的体积$V_2$。

**A.10.4** 试验结果处理

用微商法计算结果，或用差示滴定曲线来计算：以记录每一次$AgNO_3$溶液用量（ml）和毫伏数，计算每毫升$AgNO_3$所上升的毫伏数（mV/ml），然后以此数作纵坐标，加入$AgNO_3$溶液的毫升数作横坐标，绘制差示曲线，曲线峰尖的横坐标值即为滴定终点所需的$AgNO_3$溶液体积，两次加入标准NaCl溶液，可得二个峰尖，取平均值。

减水剂中氯离子所消耗的$AgNO_3$体积（ml）按下式计算：

$$V = \frac{(V_1 - V_{1平}) + (V_2 - V_{2平})}{2} \qquad (A.10\text{-}3)$$

减水剂中氯离子百分含量按下式计算：

$$Cl^-\% = \frac{N \cdot V \cdot 35.45}{W \cdot 1000} \times 100 \qquad (A.10\text{-}4)$$

式中 $V_1$——试样溶液加10ml NaCl标准溶液所消耗

$AgNO_3$溶液体积（ml）；

$V_2$——试样溶液加20ml NaCl标准溶液所消耗$AgNO_3$溶液体积（ml）；

$V$——减水剂中氯离子所消耗$AgNO_3$体积(ml)；

$N$——滴定用$AgNO_3$溶液当量浓度；

$Cl^-$%——减水剂中氯离子百分含量；

$W$——减水剂样品重（g）；

$V_{1平}$——200ml蒸馏水＋2ml浓$HNO_3$＋10ml NaCl标准溶液所消耗$AgNO_3$溶液体积（ml）；

$V_{2平}$——200ml蒸馏水＋2ml浓$HNO_3$＋20ml NaCl标准溶液所消耗$AgNO_3$溶液体积（ml）；

用1.565乘氯离子的含量，即获得减水剂中等当量的无水氯化钙的含量，按下式进行计算：

$$CaCl_2\% = 1.565 \times Cl^-\% \quad (A.10\text{-}5)$$

**A.10.5** 注意事项

**A.10.5.1** 所列分析方法为可溶性氯化物含量的测定。

**A.10.5.2** 使用新的银电极要先用乙醇擦洗，再用蒸馏水泡1天，然后用0.001$N$ $AgNO_3$溶液浸泡20～30分钟，以便将电极活化。若是经常使用的银电极，使用后用蒸馏水清洗，并浸泡在蒸馏水中。使用前再在0.001$N$ $AgNO_3$溶液中活化15分钟。

**A.10.5.3** 甘汞电极应经常添加饱和KCl及更换盐桥内的$NH_4NO_3$。

**A.10.5.4** 实验环境应无氯气。

**A.10.5.5** 加入$AgNO_3$的速度不能太快，近终点时要定量加入。

**A.10.5.6** 电位法测定氯离子必须加足$HNO_3$，保证在酸性条件下进行，否则电位变化范围缩小。

## A.11 硫酸盐含量（重量法）

**A.11.1** 仪器设备

*a*.高温炉（最高温度1000℃）；

*b*.分析天平（称量200g，感量0.1mg）；

*c*.瓷坩埚（18～20ml）

*d*.其它：烧杯(400ml)、紧密定量滤纸、长颈漏斗等。

**A.11.2** 试剂

*a*.5%氯化铵(分析纯)溶液：以氯化铵5g溶于100ml水中。

*b*.10%氯化钡(分析纯)溶液：100g氯化钡溶于1000ml水中过滤后使用。

*c*.0.1%硝酸银(分析纯)溶液：0.1g硝酸银溶于100ml水中保存于棕色瓶中。

*d*.1:1盐酸（分析纯）溶液。

*e*.1%甲基红指示剂溶液。

**A.11.3** 试验步骤

**A.11.3.1** 称取试样0.5g(准确至0.0001g)于400ml烧杯中，加入200ml蒸馏水搅拌溶解，再加入5%氯化铵溶液50ml，加热煮沸后过滤，滤液浓缩在200ml左右，加2～3滴甲基红，用1:1盐酸酸化至刚出现红色，再多加5～10滴盐酸，在不断搅动下加热，趁热滴加10%氯化钡至沉淀完全，在上部清液中再加几滴氯化钡，直至无更多沉淀生成时，再多加2～4ml氯化钡，在水浴上继续加热15～30分钟，取下烧杯，置于加热板上，控制50～60℃静置2～4小时，或常温静置8小时。

**A.11.3.2** 用紧密定量滤纸过滤，烧杯中的沉淀用热蒸馏水洗2～3次后移入滤纸，再洗至无氯离子（用0.1%硝酸银溶液检验），但也不宜过多洗。

**A.11.3.3** 将沉淀和滤纸移入已灼烧恒重的瓷坩埚中，小心烘干，灰化至呈灰白色。

**A.11.3.4** 在800°C高温炉中灼烧20～30分钟，然后在干燥器中冷却至室温（约20～30分钟）称重。再将坩埚灼烧15～20分钟，称量至恒重（两次称量之差小于±0.0002g）。

**A.11.4** 试验结果处理

硫酸根离子含量按下式计算：

$$SO_4^{2-}(\%) = \frac{(G_2 - G_1) \times 0.4116}{G} \times 100 \quad (A.11\text{-}1)$$

硫酸钠含量按下式计算：

$$Na_2SO_4(\%) = 1.4792 \times SO_4^{2-}(\%) \quad (A.11\text{-}2)$$

式中 $G$——试样重（g）；

$G_1$——空坩埚重（g）；

$G_2$——带硫酸钡沉淀坩埚重（g）；

0.4116——由$BaSO_4$换算为$SO_4^{2-}$的系数；

1.4792——由$SO_4^{2-}$换算为$Na_2SO_4$的系数。

取三个试样测定数据的平均值为试验结果。

## A.12 硫酸盐含量（转换法）

**A.12.1** 仪器设备

*a*.离心沉淀机（2000r/min）；

*b*.离心试管（10ml）；

*c*.分析天平（称量200g，感量0.1mg）；

*d*.容量瓶（250ml）；

*e*.三角烧瓶（100ml）；

*f*.移液管（5ml、10ml）；

*g*.微量滴定管（5ml）。

**A.12.2** 试剂

*a*.0.05$N$盐酸；

*b*.0.01$N$氢氧化钠；

*c*.3$M$碳酸钠溶液；

*d*.10%氯化钡溶液；

*e*.10～20%氯化铵溶液；

*f*.0.1$N$硫酸；

*g*.1:1盐酸、

*h*.苯酚红指示剂。

**A.12.3** 试验步骤

**A.12.3.1** 精确称取6.000g减水剂，溶于少量蒸馏水中，再将此溶液移至250ml容量瓶中加水稀释至刻度，摇匀备用。

**A.12.3.2** 用移液管吸取5ml或2lm减水剂溶液，注入10ml离心试管中，加入1～2滴1:1盐酸及1～2滴20%氯化铵溶液，放在水浴中加热，滴加氯化钡溶液（过量），边滴边搅拌，使沉淀完全。在水浴中静停10分钟左右，取出试管趁热离心沉淀，用氯化钡溶液检验清液，若无白色沉淀则表明硫酸钡沉淀完全。弃去清液，用70°C以上热水洗涤沉淀2～3次至无钡离子存在（用0.1$N$硫酸检验）。

**A.12.3.3** 在水浴中，将3$M$碳酸钠溶液7～8ml加入洗涤干净的硫酸钡沉淀中，搅拌，静停2～3分钟，离心淀淀，取清液1ml左右，加入1～2滴氯化钡，则有白色沉淀生成。然后加入1:1盐酸，若白色沉淀部分消失，溶液浑浊，则表明硫酸钡尚未完全转换成碳酸钡。弃去清液，重新在沉淀物中加入新鲜碳酸钠溶液，水浴加热，搅拌，离心沉淀，检验清液，如此过程反复2～3次。当按上述方法检验清液时，若白色沉淀全部消失，溶液透明，则表明硫酸钡已全部转换成碳酸钡，弃去清液。

**A.12.3.4** 用蒸馏水（切忌热水）洗涤碳酸钡沉淀2～3次，取出1～2ml清液加入氯化钡溶液后，若没有白色沉淀出现，则表明碳酸钡沉淀已被洗涤干净。

**A.12.3.5** 在洗涤干净的碳酸钡沉淀中加入0.05$N$经标定的盐酸10ml，溶解碳酸钡，水浴加热驱走二氧化碳（二氧化碳在80℃以上溶解度极小）约10分钟左右。

**A.12.3.6** 将试管中的溶液移至100ml三角烧瓶中，加入1～2滴苯酚红指示剂，冷却至室温，用0.01$N$经标定的氢氧化钠溶液滴定，溶液由黄色变成桃红色即为滴定终点，记录氢氧化钠溶液消耗的毫升数。

**A.12.4** 试验结果处理

硫酸根离子的含量按下式计算：

$$SO_4^{2-}(\%)=\frac{(N'V'-NV)\times 98.5\times 0.4873}{G\times 1000}\times 100 \qquad (A.12\text{-}1)$$

硫酸钠含量按下式计算：

$$Na_2SO_4(\%)=1.4792\times SO_4^{2-}(\%) \qquad (A.12\text{-}2)$$

式中 $G$——所吸取的减水剂样品重（g）；

$N'$——盐酸当量浓度；

$V'$——盐酸加入量（ml）；

$N$——氢氧化钠当量浓度；

$V$——氢氧化钠消耗量（ml）；

98.5——碳酸钡的当量；

0.4873——由$BaCO_3$换算为$SO_4^{2-}$的系数；

1.4792——由$SO_4^{2-}$换算为$Na_2SO_4$的系数。

**A.12.5** 注意事项

**A.12.5.1** 移取溶液，洗涤搅拌棒，弃去清液等操作应十分小心仔细，以防由此而引起误差。

**A.12.5.2** 减水剂中硫酸钠含量约在15～30%左右时，上述取样量为最佳取量。若硫酸钠含量低于下限，配制减水剂溶液时应相应增加其浓度。

**A.12.5.3** 测定蒽系减水剂时，洗涤硫酸钡沉淀时除用热水之外，必须在第二或第三次洗涤时加入1～2滴1:1盐酸和4～5滴20%氯化铵溶液。

## A.13 全还原物含量

**A.13.1** 仪器设备

*a*.磨口具塞量筒（50ml）；

*b*.三角烧瓶（100ml）；

*c*.移液管（5ml、10ml）；

*d*.滴定架及滴定管。

**A.13.2** 试剂

*a*. 20%的醋酸铅溶液：称量中性$(CH_2COO)_2Pb\cdot 3H_2O$ 20g，溶于水，稀至100ml。

*b*. 10%草酸钾、磷酸氢二钠混合液：称取$K_2C_2O_4\cdot H_2O$ 3g，$Na_2HPO_4\cdot 12H_2O$ 7g溶于水稀至100ml。

*c*.斐林氏溶液*A*：称取34.6g硫酸铜$(CuSO_4\cdot 5H_2O)$溶于400毫升水中，煮沸放置一天，然后再煮沸、过滤，稀至1000ml。

*d*.斐林氏溶液*B*：称取酒石酸钾钠（$KNaC_4H_4O_6 \cdot 6H_2O$）173g，氢氧化钠50g，溶于水中稀至1000ml。

*e*.0.25%葡萄糖溶液：称取2.75～2.76g葡萄糖于1升容量瓶中，加盐酸（1.19比重）1毫升，加水稀至刻度。

**A.13.2.1** 1%次甲基蓝指示剂：精确称取1g次甲基蓝，在玛瑙研钵中加少量水研溶后，用水稀至100ml。

**A.13.3** 试验步骤

**A.13.3.1** 精确吸取20±2℃的废液5ml置于50ml具塞量筒中（若是干粉则称5g溶于100ml容量瓶中，取5ml），加入7.5ml20%醋酸铅溶液，混合后再加入10ml 10%草酸钾、磷酸氢二钠混合溶液放置片刻，加水稀至刻度，将量筒颠倒数次，使之混匀后，放置澄清，取上层清液作为试样。

**A.13.3.2** 吸取斐林溶液*A*、*B*各5ml于100ml三角烧瓶中，混合均匀后加水20ml，然后精确吸取试样10ml，置于三角烧瓶中，并加适量的0.25%葡萄糖溶液，在电炉上加热，待沸腾后加一滴次甲基蓝指示剂，再沸腾2分钟，继续用0.25%葡萄糖溶液滴定并不断摇动，保持沸腾状态，直到最后一滴使次甲基蓝退色为止。

**A.13.3.3** 用同样方法做空白试验，消耗0.25%葡萄糖数即为力价。

**A.13.4** 试验结果处理

全还原物含量按（*A*-13）式计算：

$$\text{全还原物（\%）}=\text{（力价一葡萄糖溶液消耗毫升数）}\times 0.25\% \times \frac{1\times 100}{\frac{10}{50}\times 0.25}=\text{（力价一葡萄糖溶液消耗毫升数）}\times 5 \qquad (A.13)$$

**A.13.5** 注意事项

**A.13.5.1** 废液加醋酸铅溶液脱色是为了使还原物等有色物质与铅生成沉淀物。

**A.13.5.2** 加草酸钾、磷酸氢二钠溶液是为了除去溶液中的铅，其用量以保证溶液中无过剩铅为准，若过量也会影响脱色。

**A.13.5.3** 滴定时必须先加适量葡萄糖溶液，使沸腾后滴定消耗量在0.5ml以内，否则终点不明显。

## A.14 木质素含量（盐酸法）

**A.14.1** 仪器设备

*a*.分析天平（称量200g，感量0.1mg）；

*b*.电热鼓风干燥箱0～200℃；

*c*.抽滤瓶（500ml）

*d*.真空泵；

*e*.$G_3$滤杯；

*f*.移液管（5ml、10ml）；

*g*.烧杯（50ml）；

*h*.水浴锅。

**A.14.2** 试剂12%盐酸。

**A.14.3** 试验步骤

吸取10ml样品溶液（精确称取绝干木质素干粉5g溶于100ml容量瓶中）于50ml烧杯中，加入12%HCl（重量比）15ml，搅拌下加热近沸。在沸水浴上保温到溶液澄清，趁热用$G_3$玻璃滤杯过滤，用热水洗涤至无酸性为止（用甲基橙指示剂检验），置于105℃烘箱中干燥，直至恒重。

**A.14.4** 试验结果处理

木质素含量按下式计算：

$$木质素(g/l)=\frac{G_1-G}{V}\times 1000 \quad (A.14)$$

式中 $G_1$——滤杯及HCl沉淀的木质素重量（g）；

$G$——恒重滤杯重量（g）；

$V$——样品体积（ml）。

### A.15 木质素含量（β—萘胺法）

**A.15.1** 仪器设备

*a*.分析天平（称量200g，感量0.1mg）；

*b*.移液管（10ml）；

*c*.水浴锅；

*d*.$G_4$滤杯。

**A.15.2** 试剂

*a*.盐酸：0.3$N$

*b*.β—萘胺盐酸盐溶液（$C_{10}H_7NH_2\cdot HCl$）：溶解7.5gβ—萘胺于250ml0.3$N$盐酸溶液中，若不溶解，可略加热，待溶解后过滤使用。

**A.15.3** 试验步骤

取1.0g木钙粉溶于100ml容量瓶中，用0.3$N$盐酸调节pH至3（刚果红试纸呈蓝色），加β—萘胺盐酸盐溶液10ml，充分搅拌均匀，置于100℃水浴中煮沸一小时，逐渐形成细粒黄色沉淀，慢慢变成桔黄色及褐色，最后形成胶状物。然后用已知重量的$G_4$滤杯过滤，于100±2℃干燥箱中干燥至恒重，在干燥器中冷却至常温称重。

**A.15.4** 试验结果处理

木质素磺酸钙的含量按下式计算：

$$木质素磺酸钙(\%)=\frac{a\times 0.842\times 1.22\times 100}{1.0}=a\times 102.72 \quad (A.15)$$

式中 $a$——沉淀重量（g）；

1.22——修正系数；因在用β—萘胺盐酸盐溶液沉淀时，约有18%的木素磺酸没有被沉淀出来，仍存于溶液中，故以数修正之；

0.842——β—萘胺木素磺酸换算成木质素磺酸钙的系数。

### A.16 钢筋锈蚀快速试验（钢筋在饱和氢氧化钙溶液中阳极极化电位的测定）

**A.16.1** 仪器设备

*a*.恒电位仪（HDV-7型或其它定型产品）；

*b*.铂金电极（213型）或采用与阳极相同的试件；

*c*.甘汞电极（232型或222型）；

*d*.烧杯（300ml、1000ml）；

*e*.塑料桶（10l）或广口玻璃瓶（10l）；

*f*.定时钟；

*g*.有机玻璃盖板。

**A.16.2** 试剂与材料

*a*.氢氧化钙或氧化钙（化学纯）；

*b*.硝酸钾（化学纯）；

*c*.琼脂（生物试剂）；

*d*.铜芯塑料线（型号RV，1×16/0.15mm）；

*e*.绝缘涂料（石蜡：松香＝9:1）。

**A.16.3** 试验步骤

**A.16.3.1** 制作钢筋电极

将Ⅰ级建筑钢筋加工，制成直径7mm，长100mm，光洁度▽6的试件，用汽油、乙醇、丙酮依次浸擦除去油脂，并在一端焊上长130～150mm的导线，再用乙醇仔细擦去焊油，钢筋两端浸涂热熔石腊松香绝缘涂料，使钢筋中间暴露长度为80mm，计算其表面积值。经处理后的钢筋放入干燥器内备用，每组试件三根。

**A.16.3.2** 制备盐桥

0.1M硝酸钾溶液中加3%琼脂在沸水浴上搅拌溶解后灌入□型玻璃管内（直径8mm），冷凝后即可使用（注意管内不可带进气泡）。

**A.16.3.3** 制备电解质溶液

*a*.称取30～50g化学纯氢氧化钙（或氧化钙）试剂，溶于10l常温蒸馏水中，搅拌至充分溶解，稍静置后呈微浑浊状便可使用。

*b*.量取饱和氢氧化钙溶液800ml，将减水剂按推荐掺量的两倍加入饱和氢氧化钙溶液中，充分搅拌使其溶解。

**A.16.3.4** 按照图A.16.1连接试验装置。

**A.16.3.5** 试验装置连接完毕，在未接通外加电流前，1分钟时读出阳极钢筋的自然电位值V。（即阳极钢筋相对于甘汞电极的电位值）。

**A.16.3.6** 接通外加电源，控制电流密度为$30\times10^{-2}$ A/m²（即30μA/cm²），调节电流值，同时计时，依次按1、2、3、4、5、8、10、15、20、25、30分钟记录阳极极化电位值。

**A.16.4** 试验结果处理

**A.16.4.1** 以三个试验电极测量结果的平均值作为钢筋阳极极化电位的测定值，以时间为横坐标，阳极极化电位为纵坐标，绘制电位—时间曲线，如图A.16.2。

**A.16.4.2** 根据电位—时间曲线判断减水剂对钢筋锈蚀的影响。

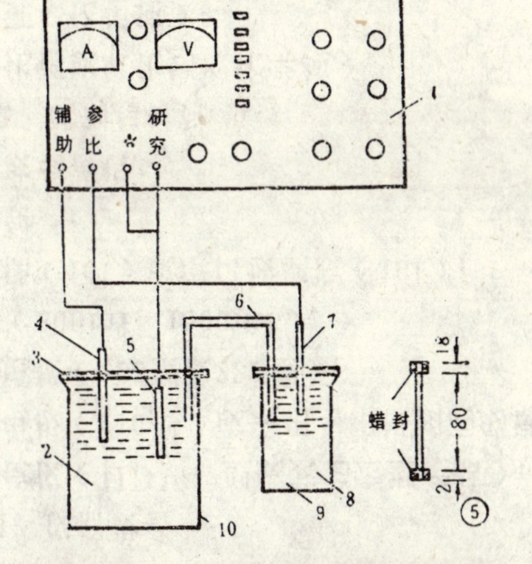


图 A.16.1 阳极极化电位测试装置图

1—HDV—7恒电位仪；2—饱和氢氧化钙溶液；3—有机玻璃盖板；4—铂金电极或钢筋阴极；5—钢筋阳极；6—盐桥；7—甘汞电极；8—饱和氯化钾溶液；9—烧杯300ml；10—烧杯1000ml

*a*.电极通电后，阳极钢筋电位迅速向正方向上升，并在1～5分钟内达到析氧电位值，经30分钟测试，电位值无明显降低。如图A.16.2中的曲线①，则属钝化曲线，表明阳极钢筋表面钝化膜完好无损，则可认为所测减水剂对钢筋是无害的。

*b*.通电后，阳极钢筋电位先向正方向上升，随即又逐渐下降，如图A.16.2中的曲线②，说明钢筋表面钝化膜已部分受损。而图A.16.2中的曲线③属活化曲线，说明钢筋

钝化膜破坏严重。由于饱和溶液测试法未考虑混凝土的保护层和水化的缓蚀作用，出现上述非钝化曲线状态时，则需再作硬化砂浆阳极极化电位的测量，以进一步判别减水剂对钢筋有无锈蚀危害。

## A.17 钢筋锈蚀快速试验（钢筋在新拌砂浆中阳极极化电位的测定）

**A.17.1** 仪器设备

a.恒电位仪（HDV-7型或其它定型产品）；

b.铂金电极（213型）或采用与阳极相同的试件；

c.甘汞电极（232型或222型）或硫酸铜电极；

d.定时钟；

e.电线：铜芯塑料线（型号RV1×16/0.15mm）；

f.绝缘涂料（石腊:松香=9:1）；

g.试模：用木模或塑料有底活动模（尺寸40×100×150mm）。

**A.17.2** 试验步骤

**A.17.2.1** 制作钢筋电极

将I级建筑钢筋加工，制成直径7mm,长度为100mm，光洁度▽6的试件，用汽油、乙醇、丙酮依次浸擦除去油脂，并在一端焊上长130～150mm的导线，再用乙醇仔细擦去焊油，钢筋两端浸涂热熔石腊松香绝缘涂料，使钢筋中间暴露长度为80mm，计算其表面积。经过处理后的钢筋放入干燥器内备用，每组试件三根。

**A.17.2.2** 拌制新鲜砂浆

在无特定要求时，采用水灰比0.5，灰砂比1:2.5配制砂浆，水为蒸馏水，砂为软练标准砂，水泥品种为普通硅酸盐水泥（或按试验要求的配合比配制）。干拌1分钟，湿拌3分钟。检验减水剂时，减水剂按比例随拌合水加入。

**A.17.2.3** 砂浆及电极入模

把拌制好的砂浆浇入试模中，先浇一半（厚2cm左右）。将两根处理好的钢筋电极平行放在砂浆表面，间距4cm，拉出导线，然后灌满砂浆抹平，并轻敲几下侧板，使其密实。

**A.17.2.4** 连接试验仪器

按图A.17连接试验装置。以一根钢筋作为阳极接仪器的[研究]与[*号]接线孔，另一根钢筋为阴极（即辅助电极）接仪器的[辅助]接线孔，再将甘汞电极或硫酸铜电极的下端与钢筋阳极的正中位置对准，与新鲜砂浆表面接触，并垂直于砂浆表面。甘汞电极或硫酸铜电极的导线接仪器的[参比]接线孔。

**A.17.2.5** 测试

a.未通外加电流前，先读出阳极钢筋的自然电位$V$。（即钢筋阳极与硫酸铜电极之间的电位差值）。

b.接通外加电流，并按电流密度$50\times10^{-2}A/m^2$（即$50\mu A/cm^2$）调整$\mu A$表至需要值。同时，开始计算时间，依次按2、4、6、8、10、15、20、25、30分钟，分别记录阳极极化电位值。

**A.17.3** 试验结果处理

**A.17.3.1** 以三个试验电极测量结果的平均值，作为钢筋阳极极化电位的测定值，以时间为横坐标，阳极极化电位为纵坐标，绘制电位-时间曲线（如图A.16.2）。

**A.17.3.2** 根据电位-时间曲线判断砂浆中的水泥、减水剂等对钢筋锈蚀的影响。

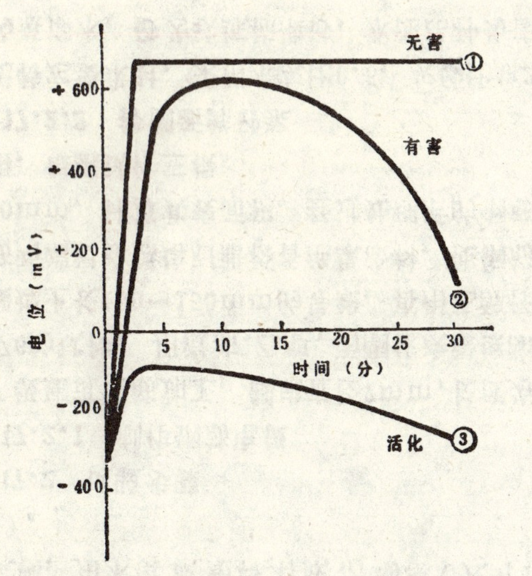


图 A.16.2 恒电流、电位-时间曲线分析图

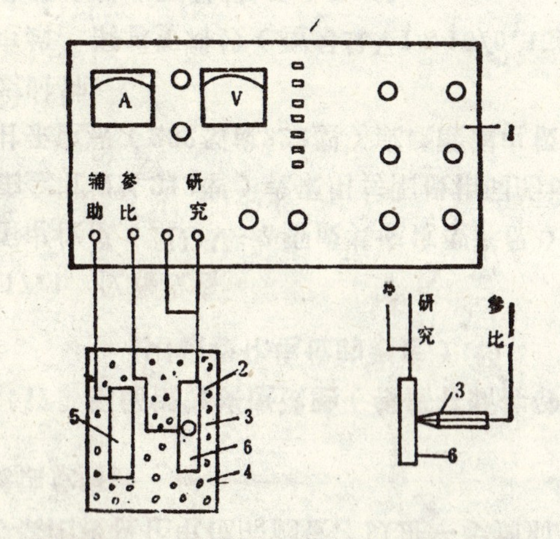


图 A.17 新鲜砂浆极化电位测试装置图

1—HDV-7恒电位仪，2—木模或硬塑料模，3—甘汞电极或硫酸铜电极，4—新拌砂浆，5—钢筋阴极，6—钢筋阳极

*a*.电极通电后，阳极钢筋电位迅速向正方向上升，并在1～5分钟内达到析氧电位值，经30分钟测试，电位值无明显降低。如图*A*.16.2中的曲线①，则属钝化曲线。表明阳极钢筋表面钝化膜完好无损，所测减水剂对钢筋是无害的。

*b*.通电后，阳极钢筋电位先向正方向上升，随即又逐渐下降，如图*A*.16.2中的曲线②，说明钢筋表面钝化膜已部分受损。而图*A*.16.2中的曲线③属活化曲线，说明钢筋钝化膜破坏严重。这两种情况均表明钢筋钝化膜已遭损坏。但这时对试验砂浆中所含的水泥、减水剂对钢筋锈蚀的影响仍不能作出明确的判断，还必须再作硬化砂浆阳极极化电位的测量，以进一步判别减水剂对钢筋有无锈蚀危害。

## A.18 钢筋锈蚀快速试验（钢筋在硬化砂浆中阳极极化电位的测定）

### A.18.1 仪器设备

*a*.恒电位仪（HDV-7型或其它定型产品）；

*b*.铂金电极（213型）或采用与阳极相同的试件；

*c*.甘汞电极（232型或222型）或硫酸铜电极；

*d*.定时钟；

*e*.电线：铜芯塑料线（型号RV1×16/0.15mm）；

*f*.绝缘涂料（石蜡：松香＝9:1）；

*g*.搅拌锅、搅拌铲；

*h*.试模：长95mm，宽和高均为30mm的棱柱体，模板两端中心带有固定钢筋的凹孔，其直径为7.5mm，深2～3mm，半通孔。试模材料可用钢或8mm厚硬PVC塑料板。

## A.18.2 试验步骤

### A.18.2.1 制备埋有钢筋的砂浆电极

**a.** 制备钢筋

采用Ⅰ级建筑钢筋经加工成直径7mm，长度100mm，光洁度▽6的试件，使用汽油、乙醇、丙酮依次浸擦除去油脂，放入干燥器中备用，每组三根。

**b.** 成型砂浆电极

将钢筋插入试模两端板的预留凹孔中，位于正中。按配比拌制砂浆，灰砂比为1:2.5，采用普通硅酸盐水泥，软练标准砂，蒸馏水（用水量按砂浆稠度5～7cm时的加水量而定），减水剂采用推荐掺量。将称好的材料放入搅拌锅内干拌1分钟，湿拌3分钟。将拌匀的砂浆灌入预先安放好钢筋的试模内，置软练砂浆振动台上振5～10秒，然后抹平。

**c.** 砂浆电极的养护及处理

试件成型后盖上玻璃板，移入标准养护室养护，24小时后脱模，用水泥净浆将外露的钢筋两头覆盖，继续标准养护两天。取出试件，除去端部的封闭净浆，仔细擦净外露钢筋头的锈斑。在钢筋的一端焊上长130～150mm的导线，用乙醇擦去焊油，并在试件两端浸涂热熔石蜡松香绝缘，使试件中间暴露长度为80mm，如图A.18.1所示。

### A.18.2.2 进行测试

**a.** 将处理好的硬化砂浆电极置于饱和氢氧化钙溶液中，浸泡2小时左右（浸泡时间以浸透试件所需时间为准，并注意不同类型或不同掺量减水剂的试件不得放置同一容器内浸泡，以防互相干扰）。

**b.** 把一个浸泡后的砂浆电极移入盛有饱和氢氧化钙溶液的玻璃缸内，使电极浸入溶液的深度为8cm，以它作为阳极，以另一个钢筋电极作为阴极（即辅助电极），以甘汞电极或硫酸铜电极作为参比。按图A.18.2要求接好试验线路。

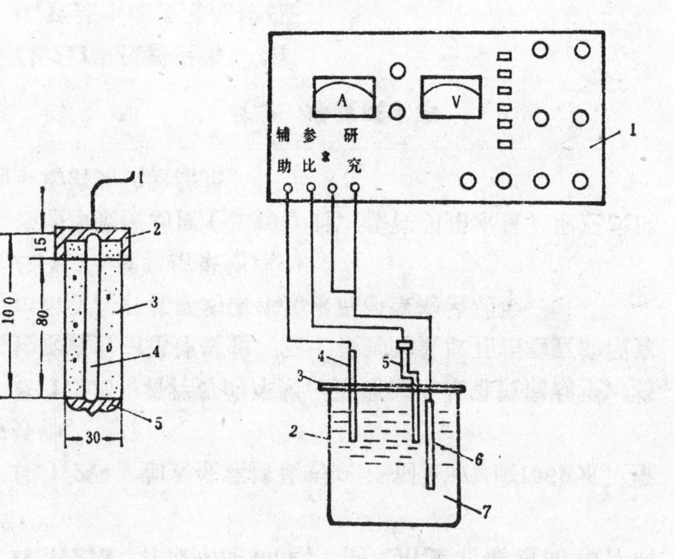


图 A.18.1 钢筋砂浆电极

1—导线；2、5—石蜡；3—砂浆；4—钢筋

图 A.18.2 硬化砂浆极化电位测试装置图

1—HDV-7恒电位仪；2—烧杯1000ml；3—有机玻璃盖；4—铂金电极或钢筋阴极；5—甘汞电极或硫酸铜电极；6—硬化砂浆电极（阳极）；7—饱和氢氧化钙溶液

**c.** 未通外加电流前，先读出阳极（埋有钢筋的砂浆电极）的自然电位$V_0$。

**d.** 接通外加电流，并按电流密度为$50\times10^{-2}$A/m²（即50μA/cm²）调整μA表到需要值。同时开始计算时间，依次按2、4、6、8、10、15、20、25、30分钟，分别记录埋有钢筋的砂浆电极阳极极化电位值。

*A*.18.3 试验结果处理

*A*.18.3.1 取一组三个埋有钢筋的硬化砂浆电极极化电位的测量结果的平均值作为测定值，以极化电位为纵坐标，时间为横坐标，绘制阳极极化电位-时间曲线。

*A*.18.3.2 根据电位-时间曲线判断砂浆中的水泥、减水剂等对钢筋锈蚀的影响。

*a*.电极通电后，阳极钢筋电位迅速向正方向上升，并在1～5分钟内达到析氧电位值，经30分钟测试，电位值无明显降低。如图*A*.16.2中的曲线①，则属钝化曲线。表明阳极钢筋表面钝化膜完好无损，所测减水剂对钢筋是无害的。

*b*.通电后，阳极钢筋电位先向正方向上升，随即又逐渐下降，如图*A*.16.2中的曲线②，说明钢筋表面钝化膜已部分受损，而图*A*.16.2中的曲线③属活化曲线，说明钢筋钝化膜破坏严重。这两种情况均表明钢筋钝化膜已遭破坏，所测减水剂对钢筋是有锈蚀危害的。

## 附录 *B*

## 掺减水剂的净浆及砂浆试验方法

## （参考件）

### *B*.1 水泥净浆流动度

*B*.1.1 仪器设备

*a*.软练水泥净浆搅拌机；

*b*.截锥圆模：上口直径为36mm，下口直径为64mm，高度为60mm，内壁光滑无接缝的金属制品；

*c*.玻璃板直径为350～400mm，

*d*.秒表；

*e*.钢直尺：300mm；

*f*.刮刀；

*g*.药物天平（称量100g，感量0.1g）；

*h*.药物天平（称量1000g，感量1g）。

*B*.1.2 试验步骤

*B*.1.2.1 调整玻璃板至水平位置。

*B*.1.2.2 将锥模置于水平玻璃板上，锥模和玻璃板均用湿布擦过，并将湿布覆盖上面。

*B*.1.2.3 称取水泥300g，倒入用湿布擦过的搅拌锅内。

*B*.1.2.4 加入推荐掺量的减水剂及87g或105g水，搅拌三分钟。

*B*.1.2.5 将拌好的净浆，迅速注人截锥模内刮平，将锥模按垂直方向迅速提起，三十秒钟时量取互相垂直的两直径（mm），取其平均值作为水泥净浆的流动度。

*B*.1.3 试验结果处理

表达净浆流动度（mm）时，需注明用水量。取三次试验的平均值为试验结果。

### *B*.2 净浆减水率

*B*.2.1 仪器设备

*a*.软练水泥净浆搅拌机；

*b*.跳桌（附5mm厚玻璃板）；

*c*.截锥圆模：上口直径为65mm，下口直径为75mm，高为40mm；

*d*.刮刀、捣棒和游标卡尺或钢直尺（300mm）。

**B.2.2** 试验步骤

**B.2.2.1** 将截锥模置于附有玻璃板的跳桌上。（预先用湿布擦过，并用湿布覆盖）。

**B.2.2.2** 称取水泥400g，放入湿布擦过的搅拌锅内，加水搅拌，加入的水量使基准水泥净浆扩散度达140～150mm。搅拌三分钟，迅速装入截锥模内，稍加插捣赶出气泡，并抹平表面，将截锥模垂直向上提起，以每秒一次的速度使跳桌跳动三十次，然后量取互相垂直的两直径，取两个数的平均值，当扩散度为140～150mm时的用水量为基准水泥净浆用水量（$w_0$）。

**B.2.2.3** 再称取水泥400g，以同样的方法测定掺减水剂后水泥净浆扩散度为140～150mm时的用水量即为减水后水泥净浆用水量$w_x$。

**B.2.3** 试验结果处理

净浆减水率按下式计算：

$$净浆减水率（\%）=\frac{w_0-w_x}{w_0}\times 100 \qquad (B.2)$$

式中 $w_0$——基准水泥净浆扩散度为140～150mm时的用水量（g）；

$w_x$——掺减水剂后水泥净浆扩散度为140～150mm时的用水量（g）。

减水率值取三个试样的算术平均值。

## B.3 砂浆减水率

**B.3.1** 仪器设备

*a*.胶砂搅拌机（软练用）；

*b*.跳桌（须加5mm厚玻璃板）；

*c*.圆柱捣棒：由金属材料制成，直径20mm，长约185mm；

*d*.截锥圆模及模套：截锥圆模尺寸，高为60±0.5mm，上口直径φ70±0.5mm，下口直径φ100±0.5mm，模套须与截锥圆模配合，截锥模与模套用金属材料制成；

*e*.直尺（量程300mm）或量程300mm的卡尺；

*f*.抹刀；

*g*.台秤（5kg）。

**B.3.2** 试验步骤

**B.3.2.1** 测出基准砂浆的用水量

*a*.称取300g水泥和750g标准砂倒入搅拌锅内，开动搅拌机，拌和5秒钟后徐徐加水，30秒内加完。自开动机器起搅拌三分钟停止。将粘在叶片上的砂浆刮下，取下搅拌锅。

*b*.在拌和砂浆的同时，用湿布抹擦跳桌台面，捣棒、截锥圆模和模套内壁，并把它们置于玻璃板中心，盖上湿布。

*c*.将拌好的砂浆迅速地分两层装入模内，第一层装至圆锥模高约三分之二，用捣棒自边缘向中心均匀插捣十五次，接着装第二层砂浆，装至高出圆模约二厘米，同样用圆柱棒捣十五次。在装胶砂与捣实时，用手将截锥模按住，以免产生移动。

*d*.捣好后，取下模套，用抹刀将高出截锥圆模的砂浆刮去并抹平，随即将圆模垂直向上轻轻提起。手握手轮摇柄，以每秒一次的速度使跳桌连续跳动三十次。

*e*.跳动完毕，用卡尺测量砂浆底部扩散直径，取互相垂直的两个直径的平均值为该用水量时的砂浆扩散度，用

mm表示。当砂浆基准扩散度为140±5mm时的用水量即为基准砂浆扩散度的用水量。

**B.3.2.2** 按（B.3.2.1）测出掺减水剂砂浆扩散度达140±5mm时的用水量。

**B.3.3** 试验结果处理

砂浆减水率按下式计算：

$$砂浆减水率(\%)=\frac{w_0-w_1}{w_0}\times 100 \qquad (B.3)$$

式中 $w_0$——基准砂浆扩散度为140±5mm时的用水量（g）；

$w_1$——掺减水剂后的砂浆扩散度为140±5mm时的用水量（g）。

减水率值取三个试样的算术平均值。

## B.4 砂浆含气量

**B.4.1** 仪器设备

*a*.水泥胶砂搅拌机（软练用）；

*b*.跳桌（须加5mm厚玻璃板）；

*c*.砂浆计量筒　内径75mm，高115mm，壁厚约5mm的钢制圆筒，20°C时的容积约为500±1ml；

*d*.截锥圆模及模套

截锥圆模尺寸：

高60±0.5mm；

上口内径φ70±0.5mm；

下口内径φ100±0.5mm；

*e*.卡尺量程300mm（或用300mm钢直尺）；

*f*.圆柱捣棒　由圆钢制成，直径20mm，长约185mm；

*g*.长柄刮刀；

*h*.台秤（最大称量5kg）；

*i*.药物天平（称量1000g，感量1g）；

*j*.橡皮锄头；

*k*.100×100×5mm玻璃板一块。

**B.4.2** 试验步骤

**B.4.2.1** 准确测定试验用水泥的比重。

**B.4.2.2** 胶砂的制备按"B.3砂浆减水率"测定方法中所述，取符合砂浆扩散度为140±5mm的砂浆进行含气量的测定。

**B.4.2.3** 砂浆计量筒及工具用湿润布仔细擦过，砂浆分三层装人。每层用刮刀沿边缘向中心均匀插捣15次，刮刀插捣底层时应贯穿整个深度，插捣第二层和顶层时刮刀应插透本层，并使之刚刚插人下面一层。砂浆装完后用橡皮锄头沿计量筒外壁均等的各部位轻敲五下，以排除带人的空气。再用玻璃板沿计量筒边缘推平顶面多余的砂浆，使表面平整无泡，盖上玻璃板以免气泡溢出，仔细擦净计量筒外壁，称其重量（整个操作在两分钟内完成）。

**B.4.3** 试验结果处理

砂浆含气量按下式计算：

$$A(\%)=\frac{T-W}{T}\times 100 \qquad (B.4\text{-}1)$$

式中 $A$——砂浆含气量值；

$W$——所拌砂浆单位体积重量；

$T$——按无含气量的单位体积内砂浆重量，按下式计算

即

$$T=\frac{w_1}{V} \qquad (B.4\text{-}2)$$

式中　$w_1$——砂浆总量（砂重＋水泥重＋水重）；

$V$——砂浆绝对体积，按下式计算

$$V=\frac{水泥重}{水泥比重}+\frac{砂重}{砂比重}+\frac{水重}{水比重} \qquad (B.4\text{-}3)$$

# 附　录　C
# 掺减水剂的混凝土试验方法
# （参考件）

## C.1　塌落度及塌落度损失

**C.1.1**　仪器设备

*a*.塌落筒　用铸铁或薄钢板焊成的截锥体圆筒，上下面须平行并与锥体轴心垂直，筒外两侧焊两只把手，近下端两侧焊脚踏板，锥筒内面应光滑且无凸出或凹陷，塌落筒的内部尺寸为：

底部直径　200±2mm

顶部直径　100±2mm

高　300±2mm

筒壁厚度不应小于1.5mm

*b*.捣棒直径16mm，长600mm，端部磨圆。

*c*.小铲、钢尺、抹刀等。

**C.1.2**　试验步骤

**C.1.2.1**　湿润塌落筒，将它置于平坦的、湿润且不吸水的底板上，然后用脚踩二个脚踏板，使塌落筒在装料时固定位置。把按要求取得的混凝土试样分三层装入筒内，每层捣实后的高度大致为塌落筒高的三分之一。

**C.1.2.2**　每层用捣棒插捣二十五次，各次插捣应在每层截面上均匀分布。插捣底层时，捣棒需稍稍倾斜并贯穿整个深度。插捣第二层时和顶层时捣棒应插透本层，并使之刚插入下面一层。各层插捣时均应把约一半的插捣次数呈螺旋形由外向中心进行。插捣顶层时，应将混凝土灌满到高出塌落筒，如果插捣使混凝土沉落到低于筒口，则应随时添加混凝土，使它自始至终都保持高出塌落筒顶。顶层插捣完后，把混凝土表面抹平。

**C.1.2.3**　刮清塌落度筒的周围底板，并小心地垂直提起塌落筒。塌落筒的提高过程应在5～10秒钟内完成，应平稳地向上提起，并注意混凝土试体不受碰撞或震动。试验时从开始装料到提起塌落筒的整个过程应不间断地进行，并应在不大于150秒钟完成。

**C.1.2.4**　提起塌落筒后，量测筒高与塌落后混凝土试体最高点之间的高度差，此即为该混凝土拌合物的塌落度值。

**C.1.2.5**　在测量塌落度值的同时，应目测检查混凝土的粘聚性及保水性。粘聚性的检查方法，是用捣棒在已塌落的混凝土锥体一侧轻打，如果轻打后锥体渐渐下沉，表示粘聚性良好，如果锥体突然倒塌，部分崩裂或发生石子离析，即表示粘聚性不好。

保水性是以混凝土拌合物中稀浆析出的程度来评定的。塌落筒提起后，如有较多稀浆从底部析出，而混凝土试体则因失浆而骨料外露，则表示此类混凝土拌合物的保水性能不好。如塌落筒提起后无稀浆或仅有少量稀浆自底部析出，而锥体部分混凝土试体含浆饱满，则表示此混凝土拌合物保水性良好。

**C.1.3**　实验结果处理

C.1.3.1 混凝土拌合物塌落度以cm表示，精确至0.5 cm，在记录塌落度值的同时应记录混凝土拌合物的粘聚性和保水性情况。

C.1.3.2 塌落度损失率除按塌落度测定要求外，混凝土每次拌合物最少以12kg水泥计，将出机后的混凝土拌合物，在铁板上用手工拌二次后，立即测定塌落度，余下用塑料布覆盖，测定前取一份翻拌三次后使用。测过塌落度的料不能重复使用。测定混凝土拌合物出机后停放20、30、60分钟时的塌落度，并与出机后的基准混凝土塌落度相比较，按下式计算塌落度损失率。

$$塌落度损失率(\%)=\frac{SL_0-SL_n}{SL_0}\times 100 \quad (C.1)$$

式中 $SL_0$——混凝土拌合物刚出机后的塌落度cm；

$SL_n$——混凝土拌合物出机后停放20、30、60分钟时的塌落度cm。

## C.2 抗冻融性

C.2.1 仪器设备

*a*.冷冻箱（或室）：装在试件后能使箱（室）内温度保持在－15～－20℃的范围以内。

*b*.融解水槽：装有试件后使水温保持15～20℃范围以内。

*c*.框蓝：用钢筋焊成，其尺寸应与所装的试件相应。

*d*.案秤：称量10kg，感量5g。

*e*.压力试验机：精度不低于±2%，量程应能使试件的预期破坏荷载值，不小于全量程的20%，也不大于全量程的80%。

C.2.2 试件

*a*.采用100×100×100mm立方体试件。

*b*.试件组数如表中所示。每组试件为三块。

抗冻试验所需试件最少组数

| 设计抗冻标号 | M25 | M50 | M100 | M150 | M200 |
|---|---|---|---|---|---|
| 检验强度时的冻融循环次数 | 25 | 50 | 50及100 | 100及150 | 150及200 |
| 鉴定28天强度所需试件组数 | 1 | 1 | 1 | 1 | 1 |
| 冻融试件组数 | 1 | 1 | 2 | 2 | 2 |
| 对比试件组数 | 1 | 1 | 2 | 2 | 2 |
| 总计试件组数 | 3 | 3 | 5 | 5 | 5 |

C.2.3 试验步骤

C.2.3.1 如无特殊要求，试件应在28天龄期时进行冻融试验。试验前四天应把冻融试件、对比试件从养护地点取出。做好外观检查，随后放在15～20℃水中浸泡。浸泡时水面应至少没过试件顶部20mm。试件浸泡四天后即进行试验，对比试验浸泡到相当龄期时进行抗压试验。

C.2.3.2 浸泡后，取出试样，用湿布擦除表面水分，称重，按编号放入框篮后，即可放入冷冻箱（室）开始冻融试验，在箱（室）中框篮应架空，试件与框篮接触处应垫以垫条，以保证周围至少留有20mm空隙，框篮中各试件之间应至少保持50mm的空隙。

C.2.3.3 试件在箱内温度到达－15℃时放入。装完试件温度重新降至－15℃时起算冻结时间。每次从装完试件到重新降至－15℃所需的时间不应大于2小时。冷冻箱(室)内的温度均以其中心温度为准。

C.2.3.4 每次循环中试件的冻结时间为4小时，冻结结束后，试件即取出应立即放入15～20°C的水槽中进行融解，试件融解时间不少于4小时，融解完毕即该次冻融循环结束。

**C.2.3.5** 应经常对冻融试件外观进行检查，发现有严重破损时应进行称重，如试件平均失重率超过5%，即可停止冻融循环试验。

**C.2.3.6** 混凝土试件达到表中规定的冻融循环次数后，即应进行抗压强度试验，抗压试验前应称重，并进行外观检查，详细记录试块情况。如试件表面破损严重，应在抗压试验前用早强水泥或快硬水泥浆把试件两承压面修平，修补层厚度不少于2mm。养护三天，第一天保持在潮湿环境，后两天放在温度为15～20°C的水中养护。

**C.2.3.7** 在冻融过程中，如因故中断试验，为避免失水和影响强度，应将试件保存在负温的条件下直至继续进行冻融循环为止。

**C.2.3.8** 对比试件应在水槽中养护到相当龄期时试压。检验用试件的相当龄期按下式计算得出：

当每昼夜进行三次冻融循环时：

$$T_{a}=a+0.2N \text{（冻融各4小时）} \quad (C.2\text{-}1)$$

当每昼夜进行二次冻融循环时：

$$T_{a}=a+0.35N \text{（融2小时）} \quad (C.2\text{-}2)$$

$$T_{a}=a+0.25N \text{（融6小时）} \quad (C.2\text{-}3)$$

当每昼夜进行一次冻融循环时

$$T_{a}=a+0.8N \text{（融20小时）} \quad (C.2\text{-}4)$$

$$T_{a}=a+0.7N \text{（融18小时）} \quad (C.2\text{-}5)$$

式中 $T_a$——换算后的相当龄期（天）；

$a$——试件在冻融试验前的养护天数；

$N$——预定的冻融循环数。

**C.2.4** 试验结果处理

**C.2.4.1** 混凝土冻融后的强度损失按下式计算：

$$K_n=\frac{R_0-R_n}{R_0}\times 100 \quad (C.2\text{-}6)$$

式中 $K_n$——$N$次冻融循环后的混凝土强度损失（%）；

$R_0$——相当龄期试件的抗压强度平均值（MPa）；

$R_n$——经$N$次冻融循环后的试件抗压强度平均值（MPa）。

**C.2.4.2** 混凝土冻融后的重量损失值按下式计算：

$$W_n=\frac{G_0-G_n}{G_0}\times 100 \quad (C.2\text{-}7)$$

式中 $W_n$——$N$次冻融循环后的重量损失率（%）；

$G_0$——冻融循环试验前的试件重量（kg）；

$G_n$——$N$次冻融循环后的试件重量（kg）。

**C.2.4.3** 混凝土抗冻标号同时应满足强度损失不超过25%，重量损失不超过5%的最大循环次数来表示。

## C.3 混凝土中钢筋锈蚀试验

**C.3.1** 仪器设备

**a.**碳化箱：带有密封盖的密闭容器。容器的容积一般应至少为预定进行试验的试件体积的二倍。箱内应有架空试件的铁架，二氧化碳引入口，分析时气体引出口，箱内气体的对流循环装置、温湿度测量以及为保持箱内恒温恒湿所需的设施。必要时并应有玻璃观察口以进行箱内温湿度读数。

**b.**气体分析仪：能分析箱内气体的二氧化碳浓度，精确到1%。

*c*.钢筋定位板：用木质五合板或薄木板锯成，尺寸100×100mm在板上钻有穿插钢筋的圆孔（见图C.3）。

进行混凝土对钢筋保护作用的性能检验时，定位板所控制的钢筋保护层厚度为20mm。如需进行保护层厚度确定试验，可按设计需要改变定位板上的孔径位置。

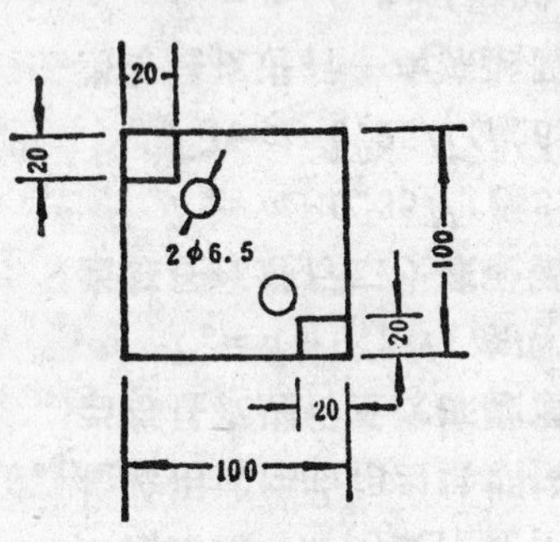


图 C.3 定位板(单位：mm)

*d*.二氧化碳供气装置：包括气瓶、压力表，及流量计。

*e*.100×100×300mm混凝土试模。

*f*.工业天平，称量1kg，感量0.01g。

*g*.其它：烘箱、干燥器、求积仪等。

C.3.2 试验步骤

*a*.试验用钢筋试件采用$\phi$6普通低碳钢热轧圆盘条调直制成，其表面不得有锈坑及其它严重缺陷。每根钢筋的试件长度约为299±1mm。用砂轮将其一端磨出长约30mm的平面，用钢字打上标记。然后用12%盐酸溶液进行酸洗，再用石灰水中和，擦干后在干燥器中至少存放四小时。然后用工业天平称取每根钢筋的初重（精确到0.01g），再存放在干燥器中备用。

*b*.试验用混凝土试件采用100×100×300mm的棱柱体以每组三块。按混凝土配制要求，拌制掺入减水剂的混凝土。在试件成型前应将套有定位板的钢筋放入试模，定位板应紧贴试模的两个端板，此时应防止钢模上的隔离剂沾污钢筋。

将新拌混凝土装入100×100×300mm试模中，在震动台上振15～20秒，压平混凝土表面，试件成型1～2昼夜后编号拆模，然后用钢丝刷将试件两个端部混凝土刷毛，用1:2水泥砂浆抹上20mm的保护层，就地潮湿养护（或用塑料薄膜盖好）一昼夜，移入标准养护室养护。

*c*.试件标准养护到25天龄期取出，自然放置凉干二天后移入烘箱，在60℃（±1℃）的温度下烘干24小时，冷却后放入碳化箱，在二氧化碳浓度为20±3%，相对湿度70±5%，温度20±5℃的条件下碳化28天。

*d*.试件碳化处理后，再移入标准养护室养护。此时，试件间隔的距离应不小于50mm，并应避免试件直接淋水。在潮湿条件下存放56天后破型，检查钢筋情况。

*e*.试件破型时，先沿试件侧面纵向劈开，将试件中段200毫米的区间，分成10等份，测定碳化深度。

（用下式计算出各试验龄期的平均碳化深度$\bar{d}$，计算精确到0.1mm）。

$$\bar{d}=\frac{\sum_{i=1}^{n}d_i}{n} \qquad (C.2)$$

式中 $d_i$——两个侧面上各测点的碳化深度；

$n$——两个侧面上的测点总数。

以在标准条件下（即二氧化碳浓度为20±3%、温度为20±5℃、湿度为70±5%）的三个试件碳化28天的碳化深度平均值作为该混凝土的碳化特征值，以此值来对比各种混凝土的抗碳化能力及对钢筋的保护作用。

以各龄期计算所得碳化深度绘制碳化时间$t$-深度$d$的曲线图，以表示在该条件下混凝土的碳化发展规律。

*f*.取出试件中钢筋，刮去钢筋上沾附的混凝土、用水

彩勾出锈蚀轮廓，然后用描图纸或塑料薄膜描下锈蚀图形，再用求积仪求出锈蚀面积。

描下锈蚀图后，将钢筋用12%盐酸溶液进行酸洗，然后用石灰水中和，揩干后在干燥器中至少存放四小时，用工业天平称重（精确至0.01g）计算锈蚀失重。

**C.3.3 试验结果处理**

试件破型后，记录钢筋锈蚀面积，按（C.3-1）式计算锈蚀率，按（C.3-2）式计算钢筋锈蚀失重率。

$$钢筋锈蚀率(\%)=\frac{F_1}{F}\times 100 \quad (C.3\text{-}1)$$

式中 $F_1$——实测的钢筋锈蚀面积（$cm^2$）；

$F$——钢筋的展开面积（$cm^2$）。

$$钢筋锈蚀失重率(\%)=\frac{g_0-g}{g_0}\times 100 \quad (C.3\text{-}2)$$

式中 $g_0$——钢筋未锈前重量（g）；

$g$——钢筋锈蚀后重量（g）。

计算精确至0.01%。

上述各指标均取3个试件6根钢筋的算术平均值作为试验结果。

---

**附加说明**

本标准由上海市建筑科学研究所归口

本标准由上海市建筑科学研究所、中国建筑科学研究院混凝土所、天津市建筑科学研究所、四川省建筑科学研究所、陕西省建筑科学研究所、北京市建筑工程研究所负责起草。

本标准主要起草人：陆继光、吴菊珍、臧庆珊、陈嫣兮、袁凤娟、符萍芳、张连茹、钱丽冰、赵慧如、雷富恒。

中华人民共和国建设部部标准

# 混凝土拌合用水标准

JGJ 63—89

主编单位 中国建筑科学研究院
批准部门 中华人民共和国建设部
实行日期 1989年10月1日

## 关于发布部标准《混凝土拌合用水标准》的通知

(89)建标字第153号

《混凝土拌合用水标准》业经我部审查批准为部标准，编号JGJ63—89，自一九八九年十月一日起实施。在实施过程中如有问题和意见，请函告本标准主编单位中国建筑科学研究院。

本标准由中国建筑工业出版社出版，各地新华书店发行。

中华人民共和国建设部
1989年3月29日

# 编 制 说 明

本标准是根据原城乡建设环境保护部（86）城科字第263号通知的要求，由中国建筑科学研究院会同北京市市政设计院、北京市第一构件厂共同编制的。

在编制过程中，广泛收集了国内外有关标准及我国的大量水质资料、科研成果，经反复讨论，并征求了全国有关单位的意见，最后由我部组织审查定稿。

本标准共分六章和两个附录。主要内容包括：总则；混凝土拌合用水的类型；技术要求；取样；试验方法和结果及评定等。

在实施本标准的过程中，请各单位注意积累资料，总结经验。将意见及有关资料寄中国建筑科学研究院建材所，以便今后修改时参考。

**中华人民共和国建设部**

1989年3月29日

# 目　次



# 第一章　总　则

**第 1.0.1 条**　为控制混凝土拌合用水的质量，保证混凝土的各项技术性能符合使用要求，特制订本标准。

**第 1.0.2 条**　本标准适用于工业与民用建筑和一般构筑物的普通混凝土拌合用水。标准中的各项指标及试验方法用于判定性质不明和性质可疑的水是否适用于拌制混凝土。

## 第二章 混凝土拌合用水的类型

**第 2.0.1 条** 混凝土拌合用水按水源可分为饮用水、地表水、地下水、海水、以及经适当处理或处置后的工业废水。

**第 2.0.2 条** 符合国家标准的生活饮用水，可拌制各种混凝土。

**第 2.0.3 条** 地表水和地下水首次使用前，应按本标准规定进行检验。

**第 2.0.4 条** 海水可用于拌制素混凝土，但不得用于拌制钢筋混凝土和预应力混凝土。

有饰面要求的混凝土不应用海水拌制。

**第 2.0.5 条** 混凝土生产厂及商品混凝土厂设备的洗刷水，可用作拌合混凝土的部分用水。但要注意洗刷水所含水泥和外加剂品种对所拌合混凝土的影响，且最终拌合水中氯化物、硫酸盐及硫化物的含量应满足3.0.4条的要求。

**第 2.0.6 条** 工业废水经检验合格后可用于拌制混凝土，否则必须予以处理，合格后方能使用。

## 第三章 技术要求

**第 3.0.1 条** 拌合用水所含物质对混凝土、钢筋混凝土和预应力混凝土不应产生以下有害作用：

一、影响混凝土的和易性及凝结；

二、有损于混凝土强度发展；

三、降低混凝土的耐久性，加快钢筋腐蚀及导致预应力钢筋脆断；

四、污染混凝土表面。

**第 3.0.2 条** 用待检验水和蒸馏水（或符合国家标准的生活饮用水）试验所得的水泥初凝时间差及终凝时间差均不得大于30min，其初凝和终凝时间尚应符合水泥国家标准的规定。

**物质含量限值** **表 3.0.4**

| 项目 | 预应力混凝土 | 钢筋混凝土 | 素混凝土 |
|---|---|---|---|
| pH值 | >4 | >4 | >4 |
| 不溶物 mg/L | <2000 | <2000 | <5000 |
| 可溶物 mg/L | <2000 | <5000 | <10000 |
| 氯化物（以$Cl^-$计） mg/L | <500① | <1200 | <3500 |
| 硫酸盐（以$SO_4^{2-}$计）mg/L | <600 | <2700 | <2700 |
| 硫化物（以$S^{2-}$计）mg/L | <100 | — | — |

① 使用钢丝或经热处理钢筋的预应力混凝土氯化物含量不得超过350mg/L。

**第 3.0.3 条** 用待检验水配制的水泥砂浆或混凝土的28d抗压强度(若有早期抗压强度要求时需增加7d抗压强度)不得低于用蒸馏水(或符合国家标准的生活饮用水)拌制的对应砂浆或混凝土抗压强度的90%。

**第 3.0.4 条** 水的pH值、不溶物、可溶物、氯化物、硫酸盐、硫化物的含量应符合表3.0.4的规定。

# 第四章 取 样

**第 4.0.1 条** 采集的水样应具有代表性。井水、钻孔水及自来水水样应放水冲洗管道或排除积水后采集。江河、湖泊和水库水样一般应在中心部位或经常流动的水面下300～500mm处采集。采集时应注意防止人为污染。

**第 4.0.2 条** 采集水样用容器应预先彻底洗净,采集时再用待采集水样冲洗三次后,才能采集水样。水样采集后应加盖蜡封,保持原状。

**第 4.0.3 条** 采集水样应注意季节、气候、雨量的影响,并在取样记录中予以注明。

**第 4.0.4 条** 水质分析用水样不得少于5L。水样采集后,应及时检验。pH值最好在现场测定。硫化物测定用水样应专门采集,并应按检验方法的规定在现场固定。全部水质检验项目应在7d内完成。

**第 4.0.5 条** 测定水泥凝结时间用水样不得小于1L;测定砂浆强度用水样不得少于2L;测定混凝土强度用水样不得少于15L。

## 第五章 试验方法

**第 5.0.1 条** 凝结时间差试验应分别用待检验水与蒸馏水（或符合国家标准的生活饮用水）做拌合水，按现行国家标准《水泥标准稠度用水量、凝结时间、安定性检验方法》测定同一种水泥的初凝和终凝时间，计算终凝时间差与初凝时间差。

**第 5.0.2 条** 砂浆抗压强度比试验应分别用待检验水与蒸馏水（或符合国家标准的生活饮用水）做拌合水，按现行国家标准《水泥胶砂强度检验方法》制作同一种水泥的砂浆试件各一组，测定规定龄期的抗压强度，计算其抗压强度的比值。

混凝土抗压强度比试验应分别用待检验水与蒸馏水（或符合国家标准的生活饮用水）做拌合水，按现行国家标准《混凝土力学性能试验方法》采用相同原材料、相同配合比制作强度等级范围为C20～C30的混凝土立方体试件各一组，测定规定龄期的抗压强度，计算其抗压强度比。

如检验结果不满足第3.0.3条的要求，允许重新取样，加倍试件组数进行复验，取复验时两组试件中组平均值较低者作为评定依据。

**第 5.0.3 条** 水中各类物质含量的检验可选用附录一《混凝土拌合用水的水质检验方法》中的有关方法。如采用其它方法，其准确度和精密度应不低于上述对应方法。

## 第六章 结果及评定

**第 6.0.1 条** 符合国家标准的生活饮用水、海水及混凝土工厂的洗刷水可按第二章的规定使用。其它来源的水均应同时进行化学分析和混凝土（砂浆）试验，并应按第3.0.2条、3.0.3条和3.0.4条判定其适用性。

**第 6.0.2 条** 根据混凝土拌合用水检验结果整理成检验报告。检验报告应包括以下内容：

一、水源和取样地点；

二、水的类型；

三、取样日期；

四、试验日期；

五、试验室名称、试验分析人员、审核人员和试验负责人姓名；

六、水的外观；

七、水的pH值、不溶物、可溶物、氯化物、硫酸盐及硫化物含量；

八、凝结时间差；

九、抗压强度比；

十、结论意见。

检验报告表格见附录二。

# 附录一　混凝土拌合用水的水质检验方法

## 一、pH值（玻璃电极法）

（一）概述

本方法以玻璃电极作指示电极，以饱和甘汞电极作参比电极，用经pH标准缓冲液校准好的pH计（酸度计）直接测定水样的pH值。

（二）仪器

1.pH计（酸度计）：测量范围0～14pH；读数精度不低于0.05pH单位。

2.pH玻璃电极，饱和甘汞电极。

3.烧杯：50mL。

4.温度计：0～100℃。

（三）试剂

下列试剂均应以新煮沸并放冷的纯水配制，配成的溶液应贮存在聚乙烯瓶或硬质玻璃瓶内。此类溶液应于1～2个月内使用。

1.pH标准缓冲液甲：称取10.21g经110℃烘干2h并冷却至室温的苯二甲酸氢钾（$KHC_8H_4O_4$）溶于纯水中，并定容至1000mL。此溶液的pH值在20℃时为4.00。

2.pH标准缓冲液乙：分别称取经110℃烘干2h并冷却至室温的磷酸二氢钾（$KH_2PO_4$）3.40g，磷酸氢二钠（$Na_2HPO_4$）3.55g，一并溶于纯水中，并定容至1000mL。此溶液的pH值在20℃时为6.88。

3.pH标准缓冲液丙：称取3.81g硼砂（$Na_2B_4O_7\cdot10H_2O$），溶于纯水中，并定容至1000mL。此溶液的pH值在20℃时为9.22。

上述标准缓冲液在不同温度条件下的pH值如附表1.1所示。

**标准缓冲液在不同温度下的pH值**　　　**附表 1.1**

| 温度 ℃ | pH标准缓冲液 | | |
|---|---|---|---|
| | 甲 | 乙 | 丙 |
| 5 | 4.00 | 6.95 | 9.39 |
| 10 | 4.00 | 6.92 | 9.33 |
| 15 | 4.00 | 6.90 | 9.28 |
| 20 | 4.00 | 6.88 | 9.22 |
| 25 | 4.01 | 6.86 | 9.18 |
| 30 | 4.01 | 6.85 | 9.14 |
| 35 | 4.02 | 6.84 | 9.10 |
| 40 | 4.03 | 6.84 | 9.07 |
| 45 | 4.04 | 6.83 | 9.04 |
| 50 | 4.06 | 6.83 | 9.01 |
| 55 | 4.07 | 6.83 | 8.98 |
| 60 | 4.09 | 6.84 | 8.96 |

（四）分析步骤

1.电极准备

玻璃电极在使用前，应先放入纯水中浸泡24h以上。

甘汞电极中饱和氯化钾溶液的液面必须高出汞体，在室温下应有少许氯化钾晶体存在，以保证氯化钾溶液的饱和。

2.仪器校准

操作程序按仪器使用说明书进行。先将水样与标准缓冲液调到同一温度，记录测定温度，并将仪器温度补偿旋钮调至该温度上。首先用与水样pH相近的一种标准缓冲液校正仪器。从标准缓冲液中取出电极，用纯水彻底冲洗并用滤纸吸干。再将电极浸入第二种标准缓冲液中，小心摇动，静置，仪器示值与第二种标准缓冲液在该温度时的pH值之差不应超过0.1pH单位，否则就应调节仪器斜率旋钮，必要时应检查仪器、电极或标准缓冲液是否存在问题。重复上述校正工作，直至示值正常时，方可用于测定样品。

3.水样的测定

测定水样时，先用纯水认真冲洗电极，再用水样冲洗，然后将电极浸入水样中，小心摇动或进行搅拌使其均匀，静置，待读数稳定时记录指示值，即为水样pH值。

## 二、不溶物的测定

（一）概述

不溶物系指水样在规定条件下，经过滤可除去的物质。不同的过滤介质可获得不同的测定结果。本方法采用中速定量滤纸作过滤介质。

（二）仪器

1.分析天平：感量0.1mg。

2.电热恒温干燥箱（烘箱）。

3.干燥器：用硅胶作干燥剂。

4.中速定量滤纸及相应玻璃漏斗。

5.量筒：10mL。

（三）分析步骤

1.将滤纸放在105±3℃烘箱内烘干1h，取出，放在干燥器内冷却至室温，用分析天平称重。重复烘干、称重直至恒重。

2.剧烈振荡水样，迅速量取100mL或适量水样(采取的不溶物量最好在20～100mg之间)，并使之全部通过滤纸。

3.将滤纸连同截留的不溶物放在105±3℃烘箱中烘干1h，放入干燥器中冷却至室温并称重。重复烘干、称重直至恒重。

（四）计算

$$不溶物(mg/L)=\frac{(m_2-m_1)\times 10^6}{V} \qquad (附1\text{-}1)$$

式中 $m_1$——滤纸质量，g；

$m_2$——滤纸及不溶物质量，g；

$V$——水样体积，mL。

## 三、可溶物的测定

（一）概述

可溶物系指水样在规定条件下，经过滤并蒸发干燥后留下的物质，包括不易挥发的可溶盐类、有机物以及能通过滤纸的其它微粒。

（二）仪器

1.分析天平：感量0.1mg。

2.水浴锅。

3.电热恒温干燥箱。

4.瓷蒸发皿：75mL。

5.干燥器：用硅胶作干燥剂。

6.中速定量滤纸及相应玻璃漏斗。

7.吸管式量筒。

（三）分析步骤

1.将蒸发皿洗净，放在105±3℃烘箱内烘干1h。取出，放在干燥器内冷却至室温，在分析天平上称重。重复烘干、称重直至恒重。

2.将水样用滤纸过滤。吸取过滤后水样50mL于蒸发皿内。

3.将蒸发皿置于水浴上，蒸发至干。

4.移入105±3°C烘箱内烘干1h，取出并放入干燥器内，冷却至室温，称重。重复烘干、称重至恒重。

（四）计算

$$可溶物(mg/L)=\frac{(m_2-m_1)\times10^6}{V} \quad (附1\text{-}2)$$

式中 $m_1$——蒸收皿质量，g；

$m_2$——蒸发皿和可溶物质量，g；

$V$——水样体积，mL。

## 四、氯化物的测定（硝酸银容量法）

（一）概述

本方法以铬酸钾作指示剂，在中性或弱碱性条件下，用硝酸银标准液滴定水样中的氯化物。

（二）试剂

1.1%酚酞指示剂（95%乙醇溶液）。

2.10%铬酸钾指示剂。

3.0.05mol/L硫酸溶液。

4.0.1mol/L氢氧化钠溶液。

5.30%过氧化氢（$H_2O_2$）溶液。

6.氯化钠标准溶液（1.00mL含1.00mg氯离子）：准确称取1.649g优级纯氯化钠试剂(预先在500～600°C灼烧0.5h或在105～110°C烘干2h，置于干燥器中冷至室温），溶于纯水并定容至1000mL。

7.硝酸银标准溶液：称取5.0g硝酸银，溶于纯水并定容至1000mL，用氯化钠标准溶液进行标定，方法如下：

准确吸取10.00mL氯化钠标准溶液，置于250mL锥形瓶中，瓶下垫一块白色瓷板并置于滴定台上，加纯水稀释至100mL，并加2～3滴1%酚酞指示剂。若显红色，用0.05mol/L硫酸溶液中和恰至无色；若不显红色，则用0.1mol/L氢氧化钠溶液中和至红色，然后以0.05mol/L硫酸溶液回滴恰至无色。再加1mL10%铬酸钾指示剂，用待标定的硝酸银溶液（盛于棕色滴定管）滴定至橙色终点。另取100mL纯水作空白试验（除不加氯化钠标准溶液和稀释用纯水外，其它步骤同上）。

硝酸银溶液的滴定度（$mgCl^-/mL$）按式（附1-3）计算：

$$T=\frac{10.00}{V_c-V_b} \quad (附1\text{-}3)$$

式中 $T$——硝酸银溶液的滴定度，$mgCl^-/mL$；

$V_c$——标定时硝酸银溶液用量，mL；

$V_b$——空白试验时硝酸银溶液用量，mL；

10.00——10.00mL氯化钠标准溶液中氯离子的含量，mg。

最后按计算调整硝酸银溶液浓度，使其成为1.00mL相当于1.00mg氯离子的标准溶液（即滴定度为1.00 $mgCl^-/mL$）。

（三）分析步骤

1.吸取水样（必要时取过滤后水样）100mL，置于250mL锥形瓶中。

2.加2～3滴酚酞指示剂，按本附录二·7有关步骤以硫酸和氢氧化钠溶液调节至水样恰由红色变为无色。

3.加入1mL10%铬酸钾指示剂，用硝酸银标准溶液滴定至橙色终点。同时取100mL纯水按分析步骤2和3作空白试验。

4.若水样含亚硫酸盐或硫离子在5mg/L以上时，所取水样需先加入1mL30%过氧化氢溶液，再按分析步骤2和3进行滴定。

5.若水样中氯化物含量大于100mg/L时，可少取水样（氯离子量不大于10mg）并用纯水稀释至100mL后进行滴定。

（四）计算

$$C_{c1}=\frac{(V_2-V_1)T}{V}\times 1000 \qquad (附1-4)$$

式中 $C_{c1}$——水样中氯化物（以$Cl^-$计）含量，mg/L；

$V_1$——空白试验用硝酸银标准溶液量，mL；

$V_2$——水样测定用硝酸银标准溶液量，mL；

$V$——水样体积，mL；

$T$——硝酸银标准溶液的滴定度，$mgCl^-/mL$。

五、硫酸盐的测定（硫酸钡比浊法）

（一）概述

本方法采用氯化钡晶体为试剂，该试剂和水样中硫酸盐反应生成细微的硫酸钡结晶，而使水样混浊。其混浊程度在一定范围内和水样中硫酸盐含量呈正比关系，据此测定硫酸盐含量。

（二）仪器

1.分光光度计：420～720nm。

2.电磁搅拌器。

（三）试剂

1.硫酸盐标准溶液：准确称取1.4786g无水硫酸钠（$Na_2SO_4$）或1.8141g无水硫酸钾（$K_2SO_4$），溶于少量纯水并定容至1000mL。此溶液的硫酸盐浓度（按$SO_4^{2-}$计）为1mg/mL。

2.稳定溶液：称取75g氯化钠（NaCl），溶于300mL纯水中，加入30mL盐酸，50mL甘油和100mL95%乙醇，混合均匀。

3.氯化钡晶体（$BaCl_2\cdot 2H_2O$）：20～30目。

（四）分析步骤

1.调节电磁搅拌器转速，使溶液在搅拌时不外溅，并能使0.2g氯化钡在10～30s间溶解。转速确定后，在整批测定中不能改变。

2.将水样过滤。吸取50mL过滤水样置于100mL烧杯中。若水样中硫酸盐含量超过40mg/L，可少取水样（$SO_4^{2-}$不大于2mg）并用纯水稀释至50mL。

3.加入2.5mL稳定溶液，并将烧杯置于电磁搅拌器上。

4.搅拌稳定后加入1小勺（约0.2g）氯化钡晶体，并立即计时，搅拌1min±5s（由加入氯化钡后开始计算），放置10min，立即用分光光度计（波长420nm，采用3cm比色皿），以加有稳定溶液的过滤水样作参比，测定吸光度。

5.标准曲线的绘制：

取同型100mL烧杯6个，分别加入硫酸盐标准溶液0.00、0.25、0.50、1.00、1.50和2.00mL。各加纯水至50mL。其硫酸盐（$SO_4^{2-}$）含量分别为0.00、0.25、0.50、1.00、1.50及2.00mg。依3和4步骤进行，但在测定吸光度时，改用纯水作参比。以吸光度为纵坐标、硫酸盐含量（mg）为横坐标绘制标准曲线。

6.由标准曲线查出测定水样中的硫酸盐含量（mg）

（五）计算

$$C_{SO_4}=\frac{m_{SO_4}\times 1000}{V} \tag{附1-5}$$

式中 $C_{SO_4}$——水样中硫酸盐（$SO_4^{2-}$）含量，mg/L；

$m_{SO_4}$——由标准曲线查出的测定水样中硫酸盐的含量，mg；

$V$——水样体积，mL。

## 六、硫酸盐的测定（重量法）

（一）概述

本方法采用在酸性条件下，硫酸盐与氯化钡溶液反应生成白色硫酸钡沉淀，将沉淀过滤、灼烧至恒重。根据硫酸钡的准确重量计算硫酸盐的含量。

（二）仪器

1.高温炉：最高温度1000℃；

2.天平：称量100（或200）g、感量0.1mg；

3.瓷坩埚

4.干燥器

5.其它：容量瓶、烧杯、致密定量滤纸。

（三）试剂

1.1%硝酸银（分析纯）溶液；

2.10%氯化钡（分析纯）溶液；

3.1:1盐酸（分析纯）溶液；

4.1%甲基红指示剂溶液。

（四）分析步骤

1.吸取水样200mL，置于400mL烧杯中，加2～3滴甲基红，用1:1盐酸酸化至刚出现红色，再多加5～10滴盐酸，在不断搅动下加热，趁热滴加10%氯化钡至上部清液中不再产生沉淀时，再多加2～4mL氯化钡。温热至60～70℃，静置2～4h。

2.用致密定量滤纸过滤，烧杯中的沉淀用热水洗2～3次后移入滤纸，再洗至无氯离子（用1% $AgNO_3$检验），但也不宜过多洗。

3.将沉淀和滤纸移入已灼烧恒重的坩埚中，小心烤干，灰化至灰白色，移入800℃高温炉中灼烧20～30min，然后在干燥中冷却至室温称重。再将坩埚灼烧15～20min，称量至恒重（两次称重之差小于±0.0002g）。

4.取200mL纯水，按本节规定的分析步骤1～3作空白试验。

5.每种水样作平行测定。

注：

①沉淀在微酸性溶液中进行，以防止某些阴离子如碳酸根、重碳酸根和氢氧根等与钡离子发生共沉淀现象。

②硫酸钡沉淀同滤纸灰化时，应保证有充分的空气。否则沉淀易被滤纸烧成的碳所还原：$BaSO_4+C\rightarrow BaS+CO$，当发生这种现象时，沉淀呈灰色和黑色，此时可在冷却后的沉淀中加入2～3滴浓硫酸，然后小心加热至三氧化硫白烟不再发生为止，再在800℃的温度下灼烧至恒重。炉温不能过高，否则$BaSO_4$开始分解。

（五）计算

$$C_{SO_4}(mg/L)=\frac{(m_1-m_0)\times 0.4116\times 10^6}{V} \qquad (附1\text{-}6)$$

式中 $m_1$——水样的硫酸钡质量，g；

$m_0$——空白试验的硫酸钡质量，g；

$V$——水样体积，mL；

0.4116——由硫酸钡($BaSO_4$)换算成硫酸根($SO_4^{2-}$)的系数。

以两次测值的平均值作为试验结果。

## 七、硫化物的测定（碘量法）

（一）概述

本方法采用醋酸锌与水样中硫化物反应生成硫化锌白色沉淀，将其溶于酸中，加入过量碘液，碘在酸性条件下和硫化物作用而被消耗，剩余的碘用硫代硫酸钠滴定，从而计算水样中硫化物的含量。

测定硫化物的水样必须在现场固定。

（二）试剂

1.醋酸锌溶液：称取220g醋酸锌[$Zn(C_2H_3O_2)_2\cdot 2H_2O$]溶于纯水并稀释至1000mL。

2.0.0250mol/L硫代硫酸钠标准溶液：将近期标定过的硫代硫酸钠溶液用适量煮沸放冷的纯水稀释成0.0250mol/L。

硫代硫酸钠溶液的配制和标定方法如下：

称取25g硫代硫酸钠($Na_2S_2O_3\cdot 5H_2O$)溶于1000mL煮沸放冷的纯水中，此溶液浓度约为0.1mol/L。加入0.4g氢氧化钠，贮存于棕色瓶内，一周后按下法进行标定。

将碘酸钾($KIO_3$)在105℃下烘干1h，置于干燥器中冷却至室温。准确称取2份，各约0.15g，分别放入250mL碘量瓶中，每瓶中各加入100mL纯水，使碘酸钾溶解，再各加3g碘化钾及10mL冰醋酸，在暗处静置5min。用待标定的硫代硫酸钠溶液分别进行滴定，直至溶液呈淡黄色时，加入1mL10.5%淀粉指示剂。继续滴定至恰使蓝色褪去为终点，记录用量。按（附1-7）分别计算硫代硫酸钠溶液浓度。

$$C_S=\frac{m_{KIO_3}}{V_{Na_2S_2O_3}\times\frac{214.00}{6000}}=\frac{m_{KIO_3}}{V_{Na_2S_2O_3}\times 0.03567} \qquad (附1\text{-}7)$$

式中 $C_S$——硫代硫酸钠溶液浓度，mol/L；

$m_{KIO_3}$——碘酸钾的重量，g；

$V_{Na_2S_2O_3}$——硫代硫酸钠溶液的消耗量，mL。

两个平行样品的计算结果相对标准偏差不应超过0.2%，其算术平均值即为硫代硫酸钠溶液浓度。

3.0.0125mol/L碘溶液：称取10g碘化钾(KI)，溶于50mL纯水中，加入3.2g碘，完全溶解后用纯水稀释至1000mL。

4.淀粉指示剂：将0.5g可溶性淀粉用少量纯水调成糊状，溶于100mL刚煮沸的纯水中，冷却后，加入0.1g水杨酸保存。

（三）分析步骤

1.供分析用水在现场取样后应进行现场固定，其方法是：吸取2mL醋酸钠溶液于1L细口瓶中，再量取1000mL水样装入瓶中，加塞保存，运回化验室。

2.将已固定水样过滤，并将底部硫化锌沉淀全部转移到滤纸上，用纯水洗涤3～4次。

3.将沉淀连同滤纸全部移入250mL碘量瓶中，用玻璃棒捣碎滤纸，并加入50mL纯水。

4.加入10.00mL0.0125mol/L碘溶液，5mL浓盐酸，加塞后摇匀，于暗处静置5min，用0.0250mol/L硫代硫酸钠标准溶液滴定。当溶液呈淡黄色时，加入1mL淀粉指示剂，继续滴定至蓝色恰好消失，记录硫代硫酸钠标准溶液用量。

5.另取滤纸一张于250mL碘量瓶中，加纯水50mL，用玻璃棒捣碎滤纸，作为空白，按分析步骤4进行。

（四）计算

$$C_S=\frac{(V_1-V_2)\times C_{Na_2S_2O_3}\times 16.03\times 1000}{V_3}$$

$$=(V_1-V_2)\times 0.4007 \qquad (附1-8)$$

式中 $C_S$——水样中硫化物($S^{2-}$)含量，mg/L；

$V_1$——滴定空白时硫代硫酸钠标准溶液用量，mL；

$V_2$——滴定水样时硫代硫酸钠标准溶液用量，mL；

$V_3$——经现场固定的采样体积，mL；（本方法定为1000mL）；

$C_{Na_2S_2O_3}$——硫代硫酸钠标准溶液浓度，mol/L；（本方法定为0.0250mol/L）；

16.03——二分之一摩尔的硫离子（$S^{2-}$）质量，g。

## 附录二　混凝土拌合用水检验用表

报告日期　　　　　　　　　　　　　　　　　　编号

<table>
<tr><td colspan="2">委托单位</td><td colspan="2"></td><td>送样日期</td><td></td><td>水样类型</td><td></td></tr>
<tr><td colspan="2">取样编号</td><td colspan="2"></td><td>取样日期</td><td></td><td>取样地点</td><td></td></tr>
<tr><td colspan="2">试验编号</td><td colspan="2"></td><td>试验日期</td><td></td><td>水样外观</td><td></td></tr>
<tr><td colspan="2" rowspan="2">水质分析</td><td>pH 值</td><td>不溶物(mg/L)</td><td>可溶物(mg/L)</td><td>氯化物(Cl⁻mg/L)</td><td>硫酸盐($SO_4^{2-}$mg/L)</td><td>硫化物($S^{2-}$mg/L)</td></tr>
<tr><td></td><td></td><td></td><td></td><td></td><td></td></tr>
<tr><td rowspan="3">凝结时间(min)</td><td>样品名称</td><td colspan="2">待检验水</td><td colspan="2">蒸馏水</td><td colspan="2">凝结时间差(min)</td></tr>
<tr><td>初凝</td><td colspan="2"></td><td colspan="2"></td><td colspan="2"></td></tr>
<tr><td>终凝</td><td colspan="2"></td><td colspan="2"></td><td colspan="2"></td></tr>
<tr><td rowspan="3">抗压强度(N/mm²)</td><td>样品名称</td><td colspan="2">待检验水</td><td colspan="2">蒸馏水</td><td colspan="2">抗压强度比(%)</td></tr>
<tr><td>天</td><td colspan="2"></td><td colspan="2"></td><td colspan="2"></td></tr>
<tr><td>天</td><td colspan="2"></td><td colspan="2"></td><td colspan="2"></td></tr>
<tr><td colspan="2">结果评定</td><td colspan="3"></td><td>备注</td><td colspan="2"></td></tr>
</table>

负责　　　　　　审核　　　　　　测试　　　　　　单位（盖章）

主要起草人：田桂茹、陆建雯、武桂、刘希曾
钟炯垣。

## 附录三　本规范用词说明

一、执行本规范条文时，对于要求严格程度的用词说明如下，以便在执行中区别对待：

1.表示很严格，非这样作不可的用词：

正面词采用“必须”；

反面词采用“严禁”。

2.表示严格，在正常情况下均应这样作的用词：

正面词采用“应”；

反面词采用“不应”或“不得”。

3.表示允许稍有选择，在条件许可时，首先应这样作的用词：

正面词采用“宜”或“可”；

反面词采用“不宜”。

二、条文中指明必须按其它有关标准和规范执行的写法为，“应按……执行”或“应符合……要求或规定”。非必须按所指定的标准和规范执行的写法为，“可参照……”。

---

**附加说明：**

本标准主编单位、参加单位和主要起草人名单

主编单位：中国建筑科学研究院

参加单位：北京市市政设计院研究所
　　　　　北京市第一建筑构件厂

中华人民共和国行业标准

# 建筑砂浆基本性能试验方法

**JGJ 70—90**

主编单位：陕西省建筑科学研究设计院
批准部门：中华人民共和国建设部
施行日期：1991年7月1日

## 关于发布行业标准《建筑砂浆基本性能试验方法》的通知

（90）建标字第693号

各省、自治区、直辖市建委（建设厅），计划单列市建委，国务院有关部、委：

根据原城乡建设环境保护部（86）城科字第263号文的要求，由陕西省建筑科学研究设计院主编的《建筑砂浆基本性能试验方法》业经审查，现批准为行业标准，编号JGJ 70—90，自一九九一年七月一日起施行。

本标准由建设部建筑工程标准技术归口单位中国建筑科学研究院归口管理，其具体解释等工作由陕西省建筑科学研究设计院负责。

中华人民共和国建设部

一九九〇年十二月三十日

# 目　次

# 主要符号

$\rho$　砂浆拌合物质量密度（kg/m²）；

$A_p$　贯入度试针截面面积（mm²）；

$N_p$　贯入深度至25mm时的静压力（N）；

$f_p$　贯入阻力值（MPa）；

$A$　试件承压面积（mm²）；

$f_{m,cu}$　砂浆立方体抗压强度（MPa）；

$N_u$　破坏压力（N）；

$f_{mc}$　砂浆轴心抗压强度（MPa）；

$E_m$　砂浆静弹性模量（MPa）；

$\Delta l$　弹性模量试验时最后一次加荷的变形差（mm）；

$\Delta f_m$　砂浆试件冻融后强度损失率（%）；

$\Delta m_m$　砂浆试件冻融后质量损失率（%）；

$\varepsilon_{st}$　相应为 $t$ 时的砂浆试件自然干燥收缩值。

# 第一章　总　则

**第 1.0.1 条**　为在确定建筑砂浆性能特征值、检验或控制现场拌制砂浆的质量时采用统一的试验方法，特制定本标准。

**第 1.0.2 条**　本标准适用于以水泥、砂、石灰和掺合料等为主要材料，用于房屋建筑及一般构筑物中砌筑、抹灰等用途的建筑砂浆的基本性能试验。

**第 1.0.3 条**　在按本标准进行砂浆性能试验时，除遵守本标准有关规定外，尚应符合现行有关标准的要求。

## 第二章　拌合物取样及试样制备

**第 2.0.1 条**　建筑砂浆试验用料应根据不同要求，可从同一盘搅拌机或同一车运送的砂浆中取出；在试验室取样时，可从机械或人工拌合的砂浆中取出。

**第 2.0.2 条**　施工中取样进行砂浆试验时，其取样方法和原则按相应的施工验收规范执行。应在使用地点的砂浆槽、砂浆运送车或搅拌机出料口，至少从三个不同部位集取。所取试样的数量应多于试验用料的1～2倍。

**第 2.0.3 条**　试验室拌制砂浆进行试验时，拌合用的材料要求提前运入室内，拌合时试验室的温度应保持在20±5℃。

注：需要模拟施工条件下所用的砂浆时，试验室原材料的温度宜保持与施工现场一致。

**第 2.0.4 条**　试验用水泥和其它原材料应与现场使用材料一致。水泥如有结块应充分混合均匀，以0.9mm筛过筛。砂也应以5mm筛过筛。

**第 2.0.5 条**　试验室拌制砂浆时，材料应称重计量。称量的精确度：水泥、外加剂等为±0.5%；砂、石灰膏、粘土膏、粉煤灰和磨细生石灰粉为±1%。

**第 2.0.6 条**　试验室用搅拌机搅拌砂浆时，搅拌的用量不宜少于搅拌机容量的20%，搅拌时间不宜少于2min。

**第 2.0.7 条**　砂浆拌合物取样后，应尽快进行试验。现场取来的试样，在试验前应经人工再翻拌，以保证其质量均匀。

## 第三章　稠度试验

**第 3.0.1 条**　本方法适用于确定配合比或施工过程中控制砂浆的稠度，以达到控制用水量为目的。

**第 3.0.2 条**　稠度试验所用仪器应符合下列规定：

一、砂浆稠度仪　由试锥，容器和支座三部分组成（见图3.0.2）。试锥由钢材或铜材制成，试锥高度为145mm、锥底直径为75mm、试锥连同滑杆的重量应为300g；盛砂浆容器由钢板制成，筒高为180mm，锥底内径为150mm；支座分底座、支架及稠度显示三个部分，由铸铁、钢及其它金属制成；

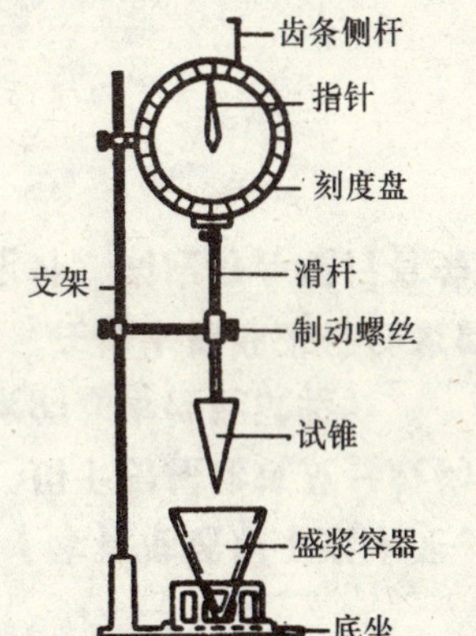


图 3.0.2　砂浆稠度测定仪

二、钢制捣棒　直径10mm、长350mm、端部磨圆；

三、秒表等

**第 3.0.3 条** 稠度试验应按下列步骤进行：

一、盛浆容器和试锥表面用湿布擦干净，并用少量润滑油轻擦滑杆，后将滑杆上多余的油用吸油纸擦净，使滑杆能自由滑动；

二、将砂浆拌合物一次装入容器，使砂浆表面低于容器口约10mm左右，用捣棒自容器中心向边缘插捣25次，然后轻轻地将容器摇动或敲击5～6下，使砂浆表面平整，随后将容器置于稠度测定仪的底座上；

三、拧开试锥滑杆的制动螺丝，向下移动滑杆，当试锥尖端与砂浆表面刚接触时，拧紧制动螺丝，使齿条侧杆下端刚接触滑杆上端，并将指针对准零点上；

四、拧开制动螺丝，同时计时间，待10s立即固定螺丝，将齿条测杆下端接触滑杆上端，从刻度盘上读出下沉深度（精确至1mm）即为砂浆的稠度值；

五、圆锥形容器内的砂浆，只允许测定一次稠度，重复测定时，应重新取样测定之。

**第 3.0.4 条** 稠度试验结果应按下列要求处理：

一、取两次试验结果的算术平均值，计算值精确至1mm；

二、两次试验值之差如大于20mm，则应另取砂浆搅拌后重新测定。

# 第四章 密度试验

**第 4.0.1 条** 本方法用于测定砂浆拌合物捣实后的质量密度，以确定每立方米砂浆拌合物中各组成材料的实际用量。

**第 4.0.2 条** 质量密度试验所用仪器应符合下列规定：

一、容量筒 金属制成，内径108mm，净高109mm，筒壁厚2mm，容积为1L；

二、托盘天平 称量5kg，感量5g；

三、钢制捣棒 直径10mm，长350mm，端部磨圆；

四、砂浆稠度仪；

五、水泥胶砂振动台 振幅0.85±0.05mm，频率50±3Hz；

六、秒表。

**第 4.0.3 条** 拌合物质量密度试验应按下列步骤进行：

一、首先将拌好的砂浆，按第三章稠度试验方法测定稠度，当砂浆稠度大于50mm时，应采用插捣法，当砂浆稠度不大于50mm时，宜采用振动法；

二、试验前称出容量筒重，精确至5g。然后将容量筒的漏斗套上，（见图4.0.3）将砂浆拌合物装满容量筒并略有富余。根据稠度选择试验方法。

采用插捣法时，将砂浆拌合物一次装满容量筒，使稍有富余，用捣棒均匀插捣25次，插捣过程中如砂浆沉落到低于筒口，则应随时添加砂浆，再敲击5～6下。

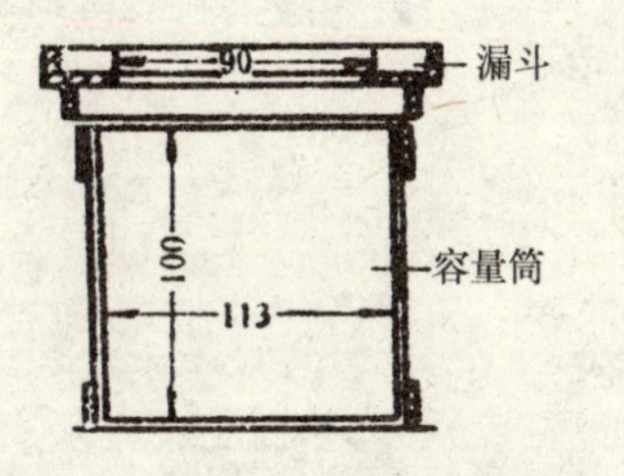


图 4.0.3 砂浆密度测定仪

采用振动法时，将砂浆拌合物一次装满容量筒连同漏斗在振动台上振10s，振动过程中如砂浆沉入到低于筒口，则应随时添加砂浆；

三、捣实或振动后将筒口多余的砂浆拌合物刮去，使表面平整，然后将容量筒外壁擦净，称出砂浆与容量筒总重，精确至5g。

**第 4.0.4 条** 砂浆拌合物的质量密度$\rho$（以kg/m³计）按下列公式计算：

$$\rho=\frac{m_2-m_1}{V}\times1000(\mathrm{kg/m^3}) \quad (4.0.4)$$

式中 $m_1$——容量筒质量（kg）；

$m_2$——容量筒及试样质量（kg）；

$V$——容量筒容积（L）。

**第 4.0.5 条** 质量密度由两次试验结果的算术平均值确定，计算精确至10kg/m³。

注：容量筒容积的校正，可采用一块能覆盖住容量筒顶面的玻璃板，先称出玻璃板和容量筒重，然后向容量筒中灌入温度为20±5℃的饮用水，灌到接近上口时，一边不断加水，一边把玻璃板沿筒口徐徐推人盖严。应注意使玻璃板下不带人任何气泡。然后擦净玻璃板面及筒壁外的水分，将容量筒和水连同玻璃板称重（精确至5g）。后者与前者称量之差（以kg计）即为容量筒的容积(L)。

# 第五章 分层度试验

**第 5.0.1 条** 本方法适用于测定砂浆拌合物在运输及停放时内部组分的稳定性。

**第 5.0.2 条** 分层度试验所用仪器应符合下列规定：

一、砂浆分层度筒（见图5.0.2）内径为150mm，上节高度为200mm、下节带底净高为100mm，用金属板制成，上、下层连接处需加宽到3～5mm，并设有橡胶垫圈；

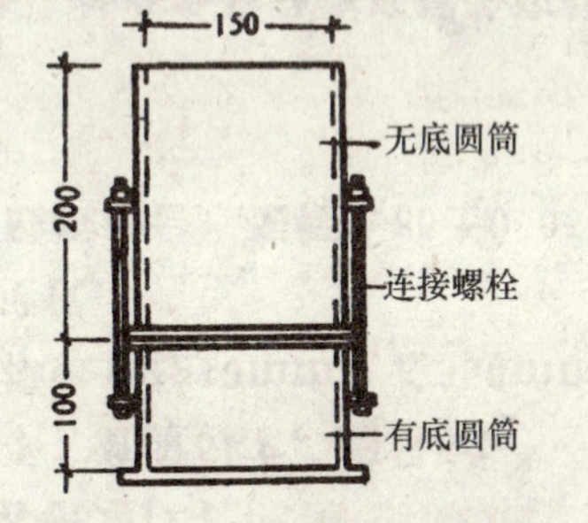


图 5.0.2 砂浆分层度测定仪

二、水泥胶砂振动台 振幅0.85±0.05mm，频率50±3Hz；

三、稠度仪、木锤等。

**第 5.0.3 条** 分层度试验应按下列步骤进行：

一、首先将砂浆拌合物按第三章稠度试验方法测定稠度；

二、将砂浆拌合物一次装入分层度筒内，待装满后，用木锤在容器周围距离大致相等的四个不同地方轻轻敲击1～2

下，如砂浆沉落到低于筒口，则应随时添加，然后刮去多余的砂浆并用抹刀抹平；

三、静置30min后，去掉上节200mm砂浆，剩余的100mm砂浆倒出放在拌合锅内拌 2min，再按第三章稠度试验方法测其稠度。前后测得的稠度之差即为该砂浆的分层度值（cm）。

注：也可采用快速法测定分层度，其步骤是：（一）按第三章稠度试验方法测定稠度；（二）将分层度筒预先固定在振动台上，砂浆一次装入分层度筒内，振动20s；（三）然后去掉上节200mm砂浆，剩余100mm砂浆倒出放在拌合锅内拌2min，再按第三章稠度试验方法测其稠度，前后测得的稠度之差即可认为是该砂浆的分层度值。但如有争议时，以标准法为准。

**第 5.0.4 条** 分层度试验结果应按下列要求处理：

一、取两次试验结果的算术平均值作为该砂浆的分层度值；

二、两次分层度试验值之差如大于 20mm，应重做试验。

# 第六章 凝结时间测定

**第 6.0.1 条** 本方法适用于测定砌筑砂浆和抹灰砂浆以贯入阻力表示的凝结时间。

**第 6.0.2 条** 凝结时间测定所用设备应符合下列规定：

一、砂浆凝结时间测定仪，由试针、容器、台秤和支座四部分组成（见图6.0.2）。试针由不锈钢制成，截面积为 $30mm^2$；盛砂浆容器由钢制成，内径为140mm，高为75mm；台秤的称量精度为0.5N；支座分底座、支架及操作杆三部分，由铸铁或钢制成；

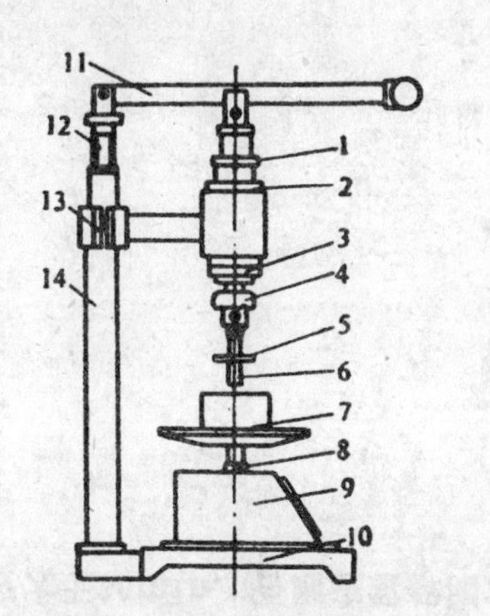


图 6.0.2 砂浆凝结时间测定仪示意图

1—调节套；2—调节螺母；3—调节螺母；4—夹头；5—垫片；6—试针；7—试模；8—调整螺母；9—压力表座；10—底座；11—操作杆；12—调节杆；13—立架；14—立柱

二、定时钟等。

**第 6.0.3 条** 凝结时间试验应按下列步骤进行：

一、制备好的砂浆（控制砂浆稠度为100±10mm）装入砂浆容器内，低于容器上口10mm，轻轻敲击容器，并予抹平，将装有砂浆的容器放在20±2℃的室温条件下保存；

二、砂浆表面泌水不清除，测定贯入阻力值，用截面为$30mm^2$的贯入试针与砂浆表面接触，在10s内缓慢而均匀地垂直压入砂浆内部25mm深，每次贯入时记录仪表读数$N_p$，贯入杆至少离开容器边缘或任何早先贯入部位12mm；

三、在20±2℃条件下，实际的贯入阻力值在成型后2h开始测定（从搅拌加水时起算），然后每隔半小时测定一次，至贯入阻力达到0.3MPa后，改为每15min测定一次，直至贯入阻力达到0.7MPa为止。

注：施工现场凝结时间测定，其砂浆稠度、养护和测定的温度与现场相同。

**第 6.0.4 条** 砂浆贯入阻力按式（6.0.4）计算

$$f_p=\frac{N_p}{A_p}\ (\text{MPa}) \qquad (6.0.4)$$

式中 $f_p$——贯入阻力值（MPa）；

$N_p$——贯入深度至25mm时的静压力（N）；

$A_p$——贯入度试针截面积，即$30mm^2$。

贯入阻力值计算精确至0.01MPa。

**第 6.0.5 条** 由测得的贯入阻力值，可按下列方法确定砂浆的凝结时间：

一、分别记录时间和相应的贯入阻力值，根据试验所得各阶段的贯入阻力与时间关系绘图，由图求出贯入阻力达到0.5MPa时所需的时间$t_s$（min），此$t_s$值即为砂浆的凝结时间测定值；

二、砂浆凝结时间测定，应在一盘内取两个试样，以两个试验结果的平均值作为该砂浆的凝结时间值，两次试验结果的误差不应大于30min，否则应重新测定。

## 第七章　立方体抗压强度试验

**第 7.0.1 条**　本方法适用于测定砂浆立方体的抗压强度。

**第 7.0.2 条**　抗压强度试验所用设备应符合下列规定：

一、试模为70.7mm×70.7mm×70.7mm立方体，由铸铁或钢制成，应具有足够的刚度并拆装方便。试模的内表面应机械加工，其不平度应为每100mm不超过0.05mm。组装后各相邻面的不垂直度不应超过±0.5°；

二、捣棒：直径10mm，长350mm的钢棒，端部应磨圆；

三、压力试验机：采用精度（示值的相对误差）不大于±2%的试验机，其量程应能使试件的预期破坏荷载值不小于全量程的20%，也不大于全量程的80%；

四、垫板：试验机上、下压板及试件之间可垫以钢垫板，垫板的尺寸应大于试件的承压面，其不平度应为每100mm不超过0.02mm。

**第 7.0.3 条**　立方体抗压强度试件的制作及养护应按下列步骤进行：

一、制作砌筑砂浆试件时，将无底试模放在预先铺有吸水性较好的纸的普通粘土砖上（砖的吸水率不小于10%，含水率不大于20%），试模内壁事先涂刷薄层机油或脱模剂；

二、放于砖上的湿纸，应为湿的新闻纸（或其它未粘过胶凝材料的纸），纸的大小要以能盖过砖的四边为准，砖的使用面要求平整，凡砖四个垂直面粘过水泥或其它胶结材料后，不允许再使用；

三、向试模内一次注满砂浆，用捣棒均匀由外向里按螺旋方向插捣25次，为了防止低稠度砂浆插捣后，可能留下孔洞，允许用油灰刀沿模壁插数次，使砂浆高出试模顶面6～8mm；

四、当砂浆表面开始出现麻斑状态时（约15～30min）将高出部分的砂浆沿试模顶面削去抹平；

五、试件制作后应在20±5℃温度环境下停置一昼夜（24±2h），当气温较低时，可适当延长时间，但不应超过两昼夜，然后对试件进行编号并拆模。试件拆模后，应在标准养护条件下，继续养护至28d，然后进行试压；

六、标准养护的条件是：（一）水泥混合砂浆应为温度20±3℃，相对湿度60～80%；（二）水泥砂浆和微沫砂浆应为温度20±3℃，相对湿度90%以上；（三）养护期间，试件彼此间隔不少于10mm。

注：当无标准养护条件时，可采用自然养护。（一）水泥混合砂浆应在正温度，相对湿度为60～80%的条件下（如养护箱中或不通风的室内）养护；（二）水泥砂浆和微沫砂浆应在正温度并保持试块表面湿润的状态下（如湿砂堆中）养护；（三）养护期间必须作好温度记录。在有争议时，以标准养护条件为准。

**第 7.0.4 条**　砂浆立方体抗压强度试验应按下列步骤进行：

一、试件从养护地点取出后，应尽快进行试验，以免试件内部的温湿度发生显著变化。试验前先将试件擦拭干净，测量尺寸，并检查其外观。试件尺寸测量精确至1mm，并据此计算试件的承压面积。如实测尺寸与公称尺寸之差不超过1mm，可按公称尺寸进行计算；

二、将试件安放在试验机的下压板上（或下垫板上），试件的承压面应与成型时的顶面垂直，试件中心应与试验机下压板（或下垫板）中心对准。开动试验机，当上压板与试件（或上垫板）接近时，调整球座，使接触面均衡受压。承压试验应连续而均匀地加荷，加荷速度应为每秒钟0.5～1.5kN（砂浆强度5MPa及5MPa以下时，取下限为宜，砂浆强度5MPa以上时，取上限为宜），当试件接近破坏而开始迅速变形时，停止调整试验机油门，直至试件破坏，然后记录破坏荷载。

**第 7.0.5 条** 砂浆立方体抗压强度应按下列公式计算：

$$f_{m,cu}=\frac{N_u}{A} \quad (7.0.5)$$

式中 $f_{m,cu}$——砂浆立方体抗压强度（MPa）；

$N_u$——立方体破坏压力（N）；

$A$——试件承压面积（$mm^2$）。

砂浆立方体抗压强度计算应精确至0.1MPa。

以六个试件测值的算术平均值作为该组试件的抗压强度值，平均值计算精确至0.1MPa。

当六个试件的最大值或最小值与平均值的差超过20%时，以中间四个试件的平均值作为该组试件的抗压强度值。

# 第八章 静力受压弹性模量试验

**第 8.0.1 条** 本方法适用于测定各类砌筑砂浆静力受压时的弹性模量（简称弹性模量）。

本方法测定的砂浆弹性模量是指应力为轴心抗压强度40%时的加荷割线模量。

**第 8.0.2 条** 砂浆弹性模量的标准试件为棱柱体。其截丙尺寸为70.7mm×70.7mm，高为210～230mm。每次试验应制备六个试件，其中三个用于测定轴心抗压强度。

**第 8.0.3 条** 砂浆静力受压弹性模量试验所用设备应符合下列规定：

一、试验机 示值的相对误差应不大于±2%，其量程应能使试件的预期破坏荷载值不小于全量程的20%，也不大于全量程的80%；

二、变形测量仪表 精度不应低于0.001mm。

注：使用镜式引伸仪时精度不应低于0.002mm。

**第 8.0.4 条** 试件制作及养护应按本标准第7.0.3条进行。试模的不平度应为每100mm不超过0.05mm，相邻面的不垂直度，不应超过±1°，底砖要求表面平整，色泽均匀。

**第 8.0.5 条** 砂浆弹性模量试验应按下列步骤进行：

一、试件从养护地点取出后，应及时进行试验。试验前先将试件擦拭干净，测量尺寸，并检查外观。

试件尺寸测量精确至1mm，并据所计算试件的承压面积，如实测尺寸与公称尺寸之差不超过1mm，可按公称尺寸计算。

二、取三个试件按以下步骤测定砂浆的轴心抗压强度：

1.将试件直立放置于试验机的下压板上，试件中心与压力机下压板中心对准，开动试验机，当上压板与试件接近时，调整球座，使接触均衡。

轴心抗压试验应连续而均匀地加荷，其加荷速度应每秒钟0.5～1.5kN，当试件破坏而开始迅速变形时，应停止调整试验机油门，直至试验破坏，然后记录破坏荷载；

2.按（8.0.5）式计算砂浆轴心抗压强度

$$f_{mc}=\frac{N_u'}{A} \tag{8.0.5}$$

式中 $f_{mc}$——砂浆轴心抗压强度（MPa）；

$N_u'$——棱柱体破坏压力（N）；

$A$——试件承压面积（$mm^2$）。

砂浆轴心抗压强度计算应精确至0.1MPa。

以上三个试件测值的算术平均值作为该组试件的轴心抗压强度值，三个试件测值中的最大值或最小值，如有一个与中间值的差值超过中间值的20%时，则把最大及最小值一并舍去，取中间值作为该组试件的轴心抗压强度值。如有两个测值与中间值的差值超过20%，则该组试件的试验结果无效。

三、将测量变形的仪表安装在供弹性模量测定的试件上，仪表应安装在试件成型时两侧面的中线上，并对称于试件两端。试件的测量标距采用100mm。

四、测量仪表安装完毕后，应仔细调整试件在试验机上的位置。砂浆弹性模量试验要求物理对中（对中的方法是将荷载加压至轴心抗压强度的35%，两侧仪表变形值之差，不得超过两侧变形平均值的±10%）。试件对中合格后，再按每秒钟0.5～1.5kN的加荷速度连续而均匀地加荷至轴心抗压强度的40%，即达到弹性模量试验的控制荷载值，然后以同样的速度卸荷至零，如此反复预压三次（见图8.0.5）。

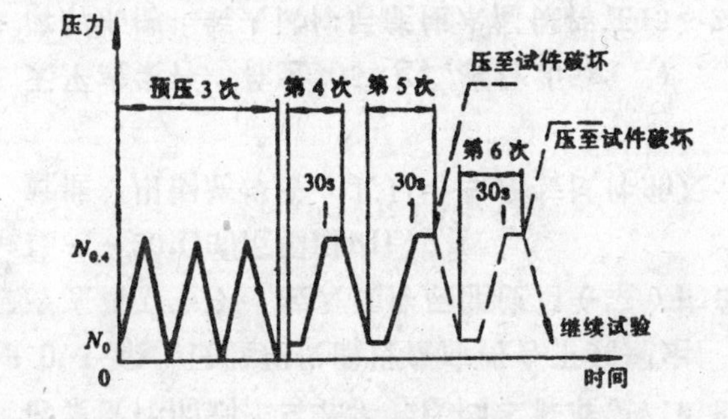


图 8.0.5 弹性模量试验加荷制度示意图

在预压过程中，应观察试验机及仪表运转是否正常，如不正常，应予以调整。

五、预压三次后，用上述同样速度进行第四次加荷。其方法是先加荷到应力为0.3MPa的初始荷载，恒荷30s后，读取并记录两侧仪表的测值，然后加荷到控制荷载（$0.4f_{mc}$），恒荷30s后，读取并记录两侧仪表的测值，两侧测值的平均值，即为该次试验的变形值。按上述速度卸荷至初始荷载，恒荷30s后，再读取并记录两侧仪表上的初始测值，再按上述方法进行第五次加荷、恒荷、读数，并计算出该次试验的变形值。当前后两次试验的变形值差，不大于0.0002测量标距时，试验即可结束，否则应重复上述过程，直到两次相邻加荷的变形值相差符合上述要求为止。然后卸除仪表，以同样速度加荷至破坏，测得试件的棱柱体抗压强度$f'_{mc}$。

**第 8.0.6 条** 砂浆的弹性模量值应按下式计算：

$$E_m = \frac{N_{0.4} - N_0}{A} \times \frac{l}{\Delta l} \quad (8.0.6)$$

式中 $E_m$——砂浆弹性模量（MPa）；

$N_{0.4}$——应力为$0.4f_{mc}$的压力（N）；

$N_0$——应力为0.3MPa的初始荷载（N）；

$A$——试件承压面积（$mm^2$）；

$\Delta l$——最后一次从$N_0$加荷至$N_{0.4}$时试件两侧变形差的平均值（mm）；

$l$——测量标距（mm）。

弹性模量的计算结果精确至10MPa。

弹性模量按三个试件测值的算术平均值计算。如果其中一个试件在测完弹性模量后，发现其棱柱体抗压强度值$f'_{mc}$与决定试验控制荷载的轴心抗压强度值$f_{mc}$的差值超过后者的25%时，则弹性模量值按另外两个试件的算术平均值计算。如两个试件超过上述规定，则试验结果无效。

# 第九章 抗冻性能试验

**第 9.0.1 条** 本试验方法适用于砂浆强度等级大于$M2.5$(2.5MPa)的试件在负温空气中冻结，正温水中溶解的方法进行抗冻性能检验。

**第 9.0.2 条** 砂浆抗冻试件的制作及养护应按下列要求进行：

一、砂浆抗冻试件采用70.7mm×70.7mm×70.7mm的立方体试件，其试件组数除鉴定砂浆标号的试件之外，再制备两组（每组六块），分别作为抗冻和与抗冻试件同龄期的对比抗压强度检验试件；

二、砂浆试件的制作与养护方法同本标准第7.0.3条。

**第 9.0.3 条** 试验用仪器设备应符合下列规定：

一、冷冻箱（室） 装入试件后能使箱（室）内的温度保持在－15～－20℃的范围以内；

二、篮框 用钢筋焊成，其尺寸与所装试件的尺寸相适应；

三、天平或案秤 称量为5kg，感量为5g；

四、溶解水槽 装入试件后能使水温保持在15～20℃的范围以内；

五、压力试验机 精度（示值的相对误差）不大于±2%，量程能使试件的预期破坏荷载值不小于全量程的20%，也不大于全量程的80%。

**第 9.0.4 条** 砂浆抗冻性能试验应按下列要求：

一、试件在28d龄期时进行冻融试验。试验前两天应把冻融试件和对比试件从养护室取出，进行外观检查并记录其原始状况；随后放入15～20℃的水中浸泡，浸泡的水面应至少高出试件顶面20mm，该两组试件浸泡两天后取出，并用拧干的湿毛巾轻轻擦去表面水分，然后编号，称其重量。冻融试件置入篮框进行冻融试验，对比试件则放入标准养护室中进行养护；

二、冻或融时，篮框与容器底面或地面须架高20mm，篮框内各试件之间应至少保持50mm的间距；

三、冷冻箱（室）内的温度均应以其中心温度为标准。试件冻结温度应控制在－15～－20℃。当冷冻箱（室）内温度低于－15℃时，试件方可放入。如试件放入之后，温度高于－15℃时，则应以温度重新降至－15℃时计算试件的冻结时间。由装完试件至温度重新降至－15℃的时间不应超过2h；

四、每次冻结时间为4h，冻后即可取出并应立即放入能使水温保持在15～20℃的水槽中进行溶化。此时，槽中水面应至少高出试件表面20mm，试件在水中溶化的时间不应小于4h。溶化完毕即为该次冻融循环结束。取出试件，送入冷冻箱（室）进行下一次循环试验，以此连续进行直至设计规定次数或试件破坏为止；

五、每五次循环，应进行一次外观检查，并记录试件的破坏情况；当该组试件六块中的四块出现明显破坏（分层、裂开、贯通缝）时，则该组试件的抗冻性能试验应终止；

六、冻融试件结束后，冻融试件与对比试件应同时在105±5℃的条件下烘干，然后进行称量、试压。如冻融试件表面破坏较为严重，应采用水泥净浆修补，找平后送入标准环境中养护2d后与对比试件同时进行试压。

**第 9.0.5 条** 砂浆冻融试验后应分别按下式计算其强度损失率和质量损失率。

一、砂浆试件冻融后的强度损失率：

$$\Delta f_m = \frac{f_{m1} - f_{m2}}{f_{m1}} \times 100 \qquad (9.0.5\text{-}1)$$

式中 $\Delta f_m$——$N$次冻融循环后的砂浆强度损失率（%）；

$f_{m1}$——对比试件的抗压强度平均值（MPa）

$f_{m2}$——经$N$次冻融循环后的6块试件抗压强度平均值（MPa）。

二、砂浆试件冻融后的质量损失率：

$$\Delta m_m = \frac{m_0 - m_n}{m_0} \times 100 \qquad (9.0.5\text{-}2)$$

式中 $\Delta m_m$——$N$次冻融循环后的质量损失率，以6块试件的平均值计算（%）；

$m_0$——冻融循环试验前的试件质量（kg）；

$m_n$——$N$次冻融循环后的试件质量（kg）。

当冻融试件的抗压强度损失率不大于25%，且质量损失率不大于5%时，说明该组试件两项指标同时满足上述规定，则该组砂浆在试验的循环次数下，抗冻性能可定为合格，否则为不合格。

## 第十章　收缩试验

**第 10.0.1 条**　本方法适用于测定建筑砂浆的自然干燥收缩值。

**第 10.0.2 条**　收缩试验所用设备应符合下列规定：

一、立式砂浆收缩仪　标准杆长度为176±1mm，测量精度为0.01mm（见图10.0.2-1）；

二、收缩头　黄铜或不锈钢加工而成（见图10.0.2-2）；

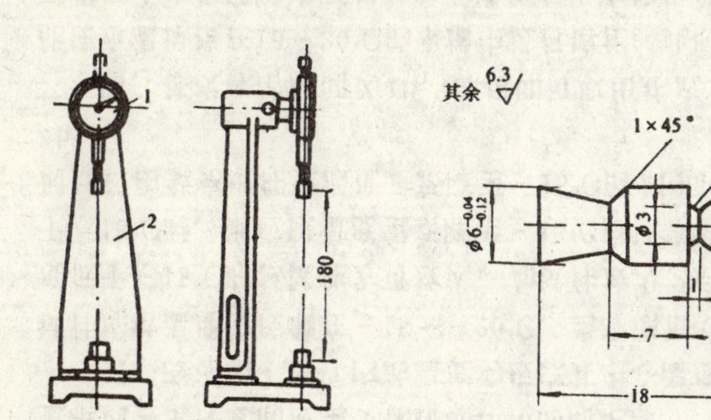


图 10.0.2-1　收缩仪（mm）

1—千分表；2—支架

图 10.0.2-2　收缩头（mm）

三、试模　尺寸为40mm×40mm×160mm棱柱体，且在试模的两个端面中心，各开一个ϕ6.5mm的孔洞。

**第 10.0.3 条**　收缩试验应按下列步骤进行：

一、将收缩头固定在试模两端面的孔洞中，使收缩头露出试件端面8±1mm；

二、将达到所需稠度的砂浆装入试模中，振动密实，置于20±5°C的预养室中，隔4h之后将砂浆表面抹平，砂浆带模在标准养护条件（温度为20±3°C，相对湿度为90%以上）下养护，7d后拆模，编号，标明测试方向；

三、将试件移入温度20±2°C，相对湿度60±5%的测试室中预置4h，测定试件的初始长度，测定前，用标准杆调整收缩仪的百分表的原点，然后按标明的测试方向立即测定试件的初始长度；

四、测定砂浆试件初始长度后，置于温度20±2°C，相对湿度为60±5%的室内，到第七天、十四天、二十一天、二十八天、四十二天、五十六天测定试件的长度，即为自然干燥后长度。

**第 10.0.4 条**　砂浆自然干燥收缩值应按下列公式计算：

$$\varepsilon_{st}=\frac{L_0-L_t}{L-L_d}$$

式中　$\varepsilon_{st}$——相应为 $t$（7、14、21、28、42、56d）时的自然干燥收缩值；

$L_0$——试件成型后7d的长度即初始长度（mm）；

$L$——试件的长度160mm；

$L_d$——两个收缩头埋入砂浆中长度之和，即20±2mm。

**第 10.0.5 条**　试验结果评定：

一、干燥收缩值按三个试件测值的算术平均值来确定，如个别值与平均值偏差大于20%，应剔除，但一组至少有两个数据计算平均值；

二、每块试件的干燥收缩值取二位有效数字，精确到 $10\times10^{-6}$。

## 附录　本标准用词说明

一、为便于在执行本标准条文时区别对待，对于要求严格程度不同的用词说明如下：

1.表示很严格，非这样作不可的：

正面词采用“必须”；

反面词“严禁”。

2.表示严格，在正常情况下均应这样作的：

正面词采用“应”；

反面词采用“不应”或“不得”。

3.表示允许稍有选择，在条件许可时，首先应这样作的：

正面词采用“宜”或“可”；

反面词采用“不宜”。

二、条文中指明必须按其它有关标准执行的写法为：“应按……执行”或“应符合……要求（或规定）”。非必须按所指定的标准执行的写法为，“可参照……的要求（或规定）”。

**附加说明：**

## 本标准主编单位、参加单位和主要起草人名单

**主编单位：** 陕西省建筑科学研究设计院

**参加单位：** 上海市建筑科学研究所
四川省建筑科学研究院
福建省建筑科学研究所
黑龙江省低温建筑科学研究所
解放军后勤工程学院

**主要起草人：** 张　招　吴菊珍　李素兰　何希铨
邹新民　陈普法　刘淑卿

中华人民共和国行业标准

# 砌筑砂浆配合比设计规程

Specification for mix proportion design of masonry mortar

**JGJ 98—2000**

主编单位：陕西省建筑科学研究设计院
批准部门：中华人民共和国建设部
施行日期：2001年4月1日

## 关于发布行业标准《砌筑砂浆配合比设计规程》的通知

建标［2000］303号

根据建设部《关于印发“1999年工程建设城建、建工行业标准制订、修订计划”的通知》（建标［1999］309号）的要求，由陕西省建筑科学研究设计院主编的《砌筑砂浆配合比设计规程》，经审查，批准为行业标准，编号JGJ98—2000，自2001年4月1日起施行。原行业标准《砌筑砂浆配合比设计规程》JGJ/T98—96同时废止。

本标准由建设部建筑工程标准技术归口单位中国建筑科学研究院负责管理，陕西省建筑科学研究设计院负责具体解释，建设部标准定额研究所组织中国建筑工业出版社出版。

**中华人民共和国建设部**
2000年12月28日

# 前　言

根据建设部建标［1999］309号文的要求，规程编制组通过广泛调查研究，认真总结实践经验，并在广泛征求意见的基础上，修订了本规程。

本规程主要技术内容是：1总则；2术语、符号；3材料要求；4技术条件；5砌筑砂浆配合比计算与确定。

修订的主要技术内容是：1.解决原规程中存在的水泥砂浆计算出的水泥用量偏少问题；2.增补外加剂在砌筑砂浆中的控制办法。

本规程由建设部建筑工程标准技术归口单位中国建筑科学研究院归口管理，授权由主编单位负责具体解释。

本规程主编单位是：陕西省建筑科学研究设计院（地址：西安市环城西路北段272号　邮政编码：710082）

本规程参加单位是：福建省建筑科学研究院
山东省建筑科学研究院
宝鸡市第一建筑工程公司
浙江嘉善县建筑工程质量监督站
济南四建集团有限公司

本规程主要起草人是：李荣、张招、何希铨、刘延宁、耿家义、黄熙春、金裕民、袁惠星、陆锦法

# 目　次

# 1 总　　则

**1.0.1** 为统一砌筑砂浆的技术条件和配合比设计方法，做到经济合理，确保砌筑砂浆质量，制定本规程。

**1.0.2** 本规程适用于工业与民用建筑及一般构筑物中所采用的砌筑砂浆的配合比设计。

**1.0.3** 砂浆配合比设计，应根据原材料的性能和砂浆的技术要求及施工水平进行计算并经试配后确定。

**1.0.4** 按本规程进行配合比设计时，除遵守本规程的规定外，尚应符合国家现行有关强制性标准的规定。

# 2 术语、符号

## 2.1 术　　语

**2.1.1** 砂浆　mortar

由胶结料、细集料、掺加料和水配制而成的建筑工程材料，在建筑工程中起粘结、衬垫和传递应力的作用。

**2.1.2** 砌筑砂浆　masonry mortar

将砖、石、砌块等粘结成为砌体的砂浆。

**2.1.3** 水泥砂浆　cement mortar

由水泥、细集料和水配制成的砂浆。

**2.1.4** 水泥混合砂浆　composite mortar

由水泥、细集料、掺加料和水配制成的砂浆。

**2.1.5** 掺加料　materials mixed in mortar

为改善砂浆和易性而加入的无机材料，例如：石灰膏、电石膏、粉煤灰、粘土膏等。

**2.1.6** 电石膏　calcium carbide sludge

电石消解后，经过滤后的产物。

**2.1.7** 外加剂　admixtures

在拌制砂浆过程中掺入，用以改善砂浆性能的物质。

## 2.2 符　　号

$f_2$——砂浆抗压强度平均值。

$f_{m,0}$——砂浆的试配强度。

$\sigma$——砂浆现场强度标准差。

$f_{ce,k}$——水泥强度等级对应的强度值。

$f_{ce}$——水泥的实测强度。

## 3 材料要求

**3.0.1** 砌筑砂浆用水泥的强度等级应根据设计要求进行选择。水泥砂浆采用的水泥，其强度等级不宜大于32.5级；水泥混合砂浆采用的水泥，其强度等级不宜大于42.5级。

**3.0.2** 砌筑砂浆用砂宜选用中砂，其中毛石砌体宜选用粗砂。砂的含泥量不应超过5%。强度等级为M2.5的水泥混合砂浆，砂的含泥量不应超过10%。

**3.0.3** 掺加料应符合下列规定：

1 生石灰熟化成石灰膏时，应用孔径不大于3mm×3mm的网过滤，熟化时间不得少于7d；磨细生石灰粉的熟化时间不得小于2d。沉淀池中贮存的石灰膏，应采取防止干燥、冻结和污染的措施。严禁使用脱水硬化的石灰膏。

2 采用粘土或亚粘土制备粘土膏时，宜用搅拌机加水搅拌，通过孔径不大于3mm×3mm的网过筛。用比色法鉴定粘土中的有机物含量时应浅于标准色。

3 制作电石膏的电石渣应用孔径不大于3mm×3mm的网过滤，检验时应加热至70℃并保持20min，没有乙炔气味后，方可使用。

4 消石灰粉不得直接用于砌筑砂浆中。

**3.0.4** 石灰膏、粘土膏和电石膏试配时的稠度，应为120±5mm。

**3.0.5** 粉煤灰的品质指标和磨细生石灰的品质指标应符合国家标准《用于水泥和混凝土中的粉煤灰》（GB1596—91）

及行业标准《建筑生石灰粉》(JC/T480—92)的要求。

**3.0.6** 配制砂浆用水应符合现行行业标准《混凝土拌合用水标准》JGJ63 的规定。

**3.0.7** 砌筑砂浆中掺入的砂浆外加剂，应具有法定检测机构出具的该产品砌体强度型式检验报告，并经砂浆性能试验合格后，方可使用。

# 4 技术条件

**4.0.1** 砌筑砂浆的强度等级宜采用 M20，M15，M10，M7.5，M5，M2.5。

**4.0.2** 水泥砂浆拌合物的密度不宜小于 $1900kg/m^3$；水泥混合砂浆拌合物的密度不宜小于 $1800kg/m^3$。

**4.0.3** 砌筑砂浆稠度、分层度、试配抗压强度必须同时符合要求。

**4.0.4** 砌筑砂浆的稠度应按表 4.0.4 的规定选用。

**表 4.0.4 砌筑砂浆的稠度**

| 砌体种类 | 砂浆稠度(mm) |
|---|---|
| 烧结普通砖砌体 | 70～90 |
| 轻骨料混凝土小型空心砌块砌体 | 60～90 |
| 烧结多孔砖，空心砖砌体 | 60～80 |
| 烧结普通砖平拱式过梁<br>空斗墙，筒拱<br>普通混凝土小型空心砌块砌体<br>加气混凝土砌块砌体 | 50～70 |
| 石砌体 | 30～50 |

**4.0.5** 砌筑砂浆的分层度不得大于 30mm。

**4.0.6** 水泥砂浆中水泥用量不应小于 $200kg/m^3$；水泥混合砂浆中水泥和掺加料总量宜为 $300～350kg/m^3$。

**4.0.7** 具有冻融循环次数要求的砌筑砂浆，经冻融试验后，质量损失率不得大于 5%，抗压强度损失率不得大于 25%。

**4.0.8** 砂浆试配时应采用机械搅拌。搅拌时间，应自投料结束算起，并应符合下列规定：

1 对水泥砂浆和水泥混合砂浆，不得小于120s；

2 对掺用粉煤灰和外加剂的砂浆，不得小于180s。

# 5 砌筑砂浆配合比计算与确定

## 5.1 水泥混合砂浆配合比计算

**5.1.1** 砂浆配合比的确定，应按下列步骤进行：

1 计算砂浆试配强度 $f_{m,0}$（MPa）；

2 按本规程公式(5.1.4-1)计算出每立方米砂浆中的水泥用量 $Q_c$(kg)；

3 按水泥用量 $Q_c$ 计算每立方米砂浆掺加料用量 $Q_D$(kg)；

4 确定每立方米砂浆砂用量 $Q_s$（kg）；

5 按砂浆稠度选用每立方米砂浆用水量 $Q_w$（kg）；

6 进行砂浆试配；

7 配合比确定。

**5.1.2** 砂浆的试配强度应按下式计算：

$$f_{m,0} = f_2 + 0.645\sigma \tag{5.1.2}$$

式中 $f_{m,0}$——砂浆的试配强度，精确至0.1MPa；

$f_2$——砂浆抗压强度平均值，精确至0.1MPa；

$\sigma$——砂浆现场强度标准差，精确至0.01MPa。

**5.1.3** 砌筑砂浆现场强度标准差的确定应符合下列规定：

1 当有统计资料时，应按下式计算：

$$\sigma = \sqrt{\frac{\sum_{i=1}^{n} f_{m,i}^2 - n\mu_{f_m}^2}{n-1}} \tag{5.1.3}$$

式中 $f_{m,i}$——统计周期内同一品种砂浆第$i$组试件的强度，MPa；

$\mu_{f_m}$——统计周期内同一品种砂浆 $n$ 组试件强度的平均值，MPa；

$n$——统计周期内同一品种砂浆试件的总组数，$n \geqslant 25$。

2 当不具有近期统计资料时，砂浆现场强度标准差 $\sigma$ 可按表 5.1.3 取用。

**表 5.1.3 砂浆强度标准差 $\sigma$ 选用值（MPa）**

| 施工水平 \ 砂浆强度等级 | M2.5 | M5 | M7.5 | M10 | M15 | M20 |
|---|---|---|---|---|---|---|
| 优 良 | 0.50 | 1.00 | 1.50 | 2.00 | 3.00 | 4.00 |
| 一 般 | 0.62 | 1.25 | 1.88 | 2.50 | 3.75 | 5.00 |
| 较 差 | 0.75 | 1.50 | 2.25 | 3.00 | 4.50 | 6.00 |

**5.1.4** 水泥用量的计算应符合下列规定：

1 每立方米砂浆中的水泥用量，应按下式计算：

$$Q_c = \frac{1000(f_{m,0} - \beta)}{\alpha \cdot f_{ce}} \qquad (5.1.4\text{-}1)$$

式中 $Q_c$——每立方米砂浆的水泥用量，精确至 1kg；

$f_{m,0}$——砂浆的试配强度，精确至 0.1MPa；

$f_{ce}$——水泥的实测强度，精确至 0.1MPa；

$\alpha$、$\beta$——砂浆的特征系数，其中 $\alpha = 3.03$，$\beta = -15.09$。

注：各地区也可用本地区试验资料确定 $\alpha$、$\beta$ 值，统计用的试验组数不得少于 30 组。

2 在无法取得水泥的实测强度值时，可按下式计算 $f_{ce}$：

$$f_{ce} = \gamma_c \cdot f_{ce,k} \qquad (5.1.4\text{-}2)$$

式中 $f_{ce,k}$——水泥强度等级对应的强度值；

$\gamma_c$——水泥强度等级值的富余系数，该值应按实际统计资料确定。无统计资料时 $\gamma_c$ 可取 1.0。

**5.1.5** 水泥混合砂浆的掺加料用量应按下式计算：

$$Q_D = Q_A - Q_c \qquad (5.1.5)$$

式中 $Q_D$——每立方米砂浆的掺加料用量，精确至1kg；石灰膏、粘土膏使用时的稠度为 120±5mm；

$Q_c$——每立方米砂浆的水泥用量，精确至 1kg；

$Q_A$——每立方米砂浆中水泥和掺加料的总量，精确至 1kg；宜在 300～350kg 之间。

**5.1.6** 每立方米砂浆中的砂子用量，应按干燥状态（含水率小于 0.5%）的堆积密度值作为计算值（kg）。

**5.1.7** 每立方米砂浆中的用水量，根据砂浆稠度等要求可选用 240～310kg。

注：1. 混合砂浆中的用水量，不包括石灰膏或粘土膏中的水；

2. 当采用细砂或粗砂时，用水量分别取上限或下限；

3. 稠度小于 70mm 时，用水量可小于下限；

4. 施工现场气候炎热或干燥季节，可酌量增加用水量。

## 5.2 水泥砂浆配合比选用

**5.2.1** 水泥砂浆材料用量可按表 5.2.1 选用

表 5.2.1 每立方米水泥砂浆材料用量

| 强度等级 | 每立方米砂浆水泥用量（kg） | 每立方米砂子用量（kg） | 每立方米砂浆用水量（kg） |
|---|---|---|---|
| M2.5～M5 | 200～230 | 1m³ 砂子的堆积密度值 | 270～330 |
| M7.5～M10 | 220～280 | | |
| M15 | 280～340 | | |
| M20 | 340～400 | | |

注：1. 此表水泥强度等级为 32.5 级，大于 32.5 级水泥用量宜取下限；
2. 根据施工水平合理选择水泥用量；
3. 当采用细砂或粗砂时，用水量分别取上限或下限；
4. 稠度小于 70mm 时，用水量可小于下限；
5. 施工现场气候炎热或干燥季节，可酌量增加用水量；
6. 试配强度应按本规程 5.1.2 条计算。

## 5.3 配合比试配、调整与确定

**5.3.1** 试配时应采用工程中实际使用的材料；搅拌要求应符合本规程 4.0.8 条的规定。

**5.3.2** 按计算或查表所得配合比进行试拌时，应测定其拌合物的稠度和分层度，当不能满足要求时，应调整材料用量，直到符合要求为止。然后确定为试配时的砂浆基准配合比。

**5.3.3** 试配时至少应采用三个不同的配合比，其中一个为按本规程 5.3.2 条的规定得出的基准配合比，其他配合比的水泥用量应按基准配合比分别增加及减少 10%。在保证稠度、分层度合格的条件下，可将用水量或掺加料用量作相应调整。

**5.3.4** 对三个不同的配合比进行调整后，应按现行行业标准《建筑砂浆基本性能试验方法》JGJ70 的规定成型试件，测定砂浆强度；并选定符合试配强度要求的且水泥用量最低的配合比作为砂浆配合比。

## 本规程用词说明

1 为便于在执行本规程条文时区别对待，对于要求严格程度不同的用词说明如下：

1）表示很严格，非这样做不可的：

正面词采用“必须”；

反面词采用“严禁”。

2）表示严格，在正常情况下均应这样做的：

正面词采用“应”；

反面词采用“不应”或“不得”。

3）表示允许稍有选择，在条件许可时首先应这样做的：

正面词采用“宜”；

反面词采用“不宜”。

表示有选择，在一定条件下可以这样做的，采用“可”。

2 条文中指明应按其他有关标准执行的写法为：“应按……执行”或“应符合……规定（或要求）”。

中华人民共和国行业标准

# 砌筑砂浆配合比设计规程

**JGJ 98—2000**

## 条 文 说 明

# 前　言

《砌筑砂浆配合比设计规程》(JGJ98—2000)，经建设部2000年12月28日以建标［2000］303号文批准，业已发布。

为便于广大设计、施工、科研、院校等单位的有关人员在使用本规程时能正确理解和执行条文规定，本规程修订组按章、节、条的顺序编制了条文说明，供国内使用者参考。

在使用中如发现本条文说明有欠妥之处，请将意见函寄陕西省建筑科学研究设计院《砌筑砂浆配合比设计规程》修订组。

# 目　次

# 1 总　则

**1.0.1** 本规程制订了砌筑砂浆的技术条件指标及配合比设计方法。编制本规程的目的是确保砌筑砂浆质量，使设计、施工和科研工作在确定砂浆配合比时，有一个统一的指标。

**1.0.2** 本规程属建筑砂浆范畴的专业标准，适用于工业与民用建筑及一般构筑物中的砌筑砂浆施工质量控制。

**1.0.3** 砂浆配合比设计，应根据原材料的性能和砂浆的技术要求为依据，经查表或计算并经试配达到配合比设计的目的。

**1.0.4** 在按本规程进行配合比设计时，会涉及到其他的一些标准、规范，特制订此条文。

# 3 材料要求

**3.0.1** 为合理利用资源、节约材料，在配制砂浆时要尽量选用低强度等级水泥和砌筑水泥。由于水泥混合砂浆中，石灰膏等掺加料，会降低砂浆强度，因此，规定水泥混合砂浆可用强度等级为42.5级的水泥。

**3.0.2** 采用中砂拌制砂浆，既能满足和易性要求，又能节约水泥，因此，建议优先选用。

砂中含泥量过大，不但会增加砂浆的水泥用量，还可能使砂浆的收缩值增大、耐水性降低，影响砌筑质量。M5及以上的水泥混合砂浆，如砂子含泥量过大，对强度影响较明显。因此，规定低于M5以下的水泥混合砂浆的砂子含泥量才允许放宽，但不应超过10%。

砂子含泥量与掺加粘土膏是不同的二种物理概念，砂子含泥量是包裹在砂子表面的泥，粘土膏是高度分散的土颗粒，并且土颗粒表面有一层水膜，可以改善砂浆和易性，填充孔隙。

由于一些地区人工砂、山砂及特细砂资源较多，为合理的利用这些资源，以及避免从外地调运而增加工程成本，因此，经试验能满足本规程技术指标后，可参照使用。

**3.0.3** 根据施工现场情况，增加了对于磨细生石灰粉，熟化时间的规定，不得小于2d。

为了保证砂浆质量，需将生石灰熟化成石灰膏后，方可使用。

1 为了保证石灰膏的质量，要求石灰膏应防止干燥、冻结、污染。脱水硬化的石灰膏不但起不到塑化作用，还会影响砂浆强度，故规定严禁使用。

2 为了使粘土或亚粘土制备的粘土膏达到所需细度，从而起到塑化作用，因此规定应用搅拌机搅拌，且过筛。而粘土中有机物含量过高会降低砂浆质量，因此，低于规定的含量才可使用。

4 消石灰粉是未充分熟化的石灰，颗粒太粗，起不到改善和易性的作用。

根据修订后条文规定，磨细生石灰粉必须熟化成石灰膏后使用。严寒地区，磨细生石灰粉直接加入砌筑砂浆中属冬季施工措施。

**3.0.4** 为了使膏类（石灰膏、粘土膏、电石膏等）物质的含水率有一个统一可比的标准，根据国内外常规，规定其稠度一般为 120±5mm。

**3.0.5** 凡使用的原材料，其品质指标，应符合国家现行的有关标准要求。高钙粉煤灰使用时，必须检验安定性指标是否合格。

**3.0.6** 考虑到目前水污染比较普遍，当水中含有有害物质时，将会影响水泥的正常凝结，并可能对钢筋产生锈蚀作用，故要求拌制砂浆的水，其水质应符合现行行业标准《混凝土拌合用水标准》JGJ63。

**3.0.7** 砌筑砂浆中掺入砂浆外加剂，是发展方向。根据以往的对比试验，加入有机塑化剂的水泥砂浆，其砌体破坏荷载低于水泥混合砂浆，但随着材料技术发展，这种状况得到很大程度的改善，故规范规定，使用外加剂应具有法定检测机构出具的该产品的砌体强度型式检验报告，并经砂浆性能试验合格后，方可使用。

# 4 技 术 条 件

**4.0.1** 参照原苏联 ГОСТ28013—89 标准，以及国内几十年来的应用情况，同时为了与现行国家标准《砌体结构设计规范》GBJ3 匹配，仍将砌筑砂浆强度等级划分为：M2.5，M5，M7.5，M10，M15，M20 共六个等级。砌筑砂浆强度等级 M10 及 M10 以下宜采用水泥混合砂浆。

**4.0.2** 根据我们的调查结果表明，水泥混合砂浆拌合物的密度，大于 1800kg/m³ 的占 90%以上，水泥砂浆拌合物的密度大于 1900kg/m³ 的占 93%以上，因此规定，水泥砂浆密度不应小于 1900kg/m³，水泥混合砂浆密度不应小于 1800kg/m³ 是合适的。

**4.0.3** 明确指出所谓合格砂浆，即是砌筑砂浆的稠度、分层度、强度必须都合格。这里仅指砂浆配合比设计时，必检项目是三项，现场验收砂浆按评定规范执行。

**4.0.4** 砌筑砂浆的稠度选用，是按国家标准《砌体工程施工及验收规范》（GB50203—98）表 3.3.2 的规定套用的。

**4.0.5** 砌筑砂浆的分层度指标，是评判砂浆施工时保水性能是否良好的主要指标。砂浆的粘结强度较抗压强度更为重要，根据试验结果，凡保水性能优良的砂浆，粘结强度一般较好，因此，分层度定为砌筑砂浆的必检项目。通过大量试验及验证，水泥砂浆分层度不应大于 30mm，水泥混合砂浆分层度一般不会超过 20mm。

**4.0.6** 为保证水泥砂浆的保水性能，满足分层度要求，经试验和验证后，提出水泥砂浆最小水泥用量不宜小于 200 $kg/m^3$的要求，如果水泥用量太少，不能填充砂子孔隙，稠度、分层度将无法保证。另外从调研的 400 多组数据看，水泥混合砂浆中胶结料和掺加料（石灰膏、粘土膏等）总量在 $300 \sim 350kg/m^3$ 之间，满足试配强度的占 98% 以上。因此，作出了 4.0.6 条规定。

**4.0.7** 受冻融影响较多的建筑部位，在设计中做出冻融循环要求时，必须进行冻融试验，测定其重量损失率和强度损失率两项指标，参照原苏联 ГОСТ5802—86 标准，确定以砂浆试件质量损失率不大于 5%，抗压强度损失率不大于 25% 的两项指标同时满足与否，来衡量该组砂浆试件抗冻性能是否合格，具体方法按现行行业标准《建筑砂浆基本性能试验方法》JGJ70 规定进行。

**4.0.8** 为了减少试验工作的劳动强度，克服人工拌合砂浆不易搅拌均匀的缺点，提高试验的精确性，减少误差，规定砂浆应采用机械搅拌。同时，为指导合理使用设备以及使物料充分拌合，保证砂浆拌合质量，对不同砂浆品种分别规定了最少拌合时间。

# 5 砌筑砂浆配合比计算与确定

## 5.1 水泥混合砂浆配合比计算

**5.1.1** 根据现行行业标准《建筑砂浆基本性能试验方法》JGJ70，规定砂浆强度试验底模为普通粘土砖，因此用水量的多少与砂浆强度关系不太密切，多余水分由砖吸去，故砂浆强度与水泥用量多少成为第一因素。经数理统计分析，水泥混合砂浆抗压强度与水泥用量呈线性关系，砂浆配合比计算步骤就是按此原则制订的。

**5.1.2** 根据现行国家标准《建筑结构设计统一标准》GBJ68，当保证率为 95% 时，砌筑砂浆的试配强度应为：

$$f_{m,0} = f_{m,k} + 1.645\sigma$$

式中 $f_{m,0}$——砂浆试配强度；

$f_{m,k}$——砂浆设计强度标准值。

由于砂浆在砌体设计规范中，没有提供参加计算的标准值。而只有砂浆设计强度（即砂浆抗压强度平均值）$f_2$，所以不能直接套用，要经过换算。

另外砂浆是为砌体服务的，砌体中砖是起主要作用的，在国家标准《砌体工程施工及验收规范》（GB50203—98）中第 4.2.2 条规定砌体水平灰缝的砂浆饱满度不得小于 80%，故砂浆材料保证率不必为 95%，只需 85% 即可。

砂浆强度计算标准值（保证率为 85%）：

$$f_{m,k} = f_2 - \sigma$$

试配强度计算式：

$$f_{m,0} = f_{m,k} + 1.645\sigma = f_2 - \sigma + 1.645\sigma = f_2 + 0.645\sigma$$

**5.1.3** 计算试配强度时，所需的标准差 $\sigma$ 是根据现场几年来的统计资料，汇总分析而得，凡施工水平优良的取 $C_v$ 值为0.20；施工水平一般的取 $C_v$ 值为0.25；施工水平较差的取 $C_v$ 值为0.30。通过计算制订表5.1.3。

**5.1.4** 对水泥用量的确定，我们是通过山东（二个地区）、陕西（二个地区）、福建、浙江共六个地区，323组试验验证数据，进行数理统计分析，发现水泥混合砂浆的相关系数为0.77，都是线性显著相关的。

其中 $\alpha$、$\beta$ 常数为 $\alpha = 3.03$，$\beta = -15.09$。

若水泥活性基本相同，用经修改后的常数计算，水泥用量大致要增加20%左右，砂浆强度低的，增加水泥量多，砂浆强度高的，增加水泥量少。这样所用水泥用量可以接近于各地的材料用量定额。

**5.1.5** 水泥混合砂浆掺加量的确定，仍是依据多年实践，基本上采用胶结料和掺加料的总量，为每立方米砂浆300~350kg，当计算出水泥用量已超过350kg，则不必再采用水泥混合砂浆，直接使用纯水泥砂浆即可，其砌体强度不会比水泥混合砂浆低10%。

**5.1.6** 砂浆中的水、胶结料和掺加料是用来填充砂子的空隙，因此，$1m^3$ 的砂子就构成了 $1m^3$ 的砂浆。$1m^3$ 干燥状态的砂子的堆积密度值，也就是 $1m^3$ 砂浆所用的干砂用量。砂子干燥状态体积属恒定，当砂子含水5%~7%时，体积最大可膨胀30%左右，当砂子含水处于饱和状态，体积比干燥状态要减少10%左右。故必须按干燥状态为基准计算。

**5.1.7** 砂浆中的水用量多少，应根据砂浆稠度要求来选用，由于用水量多少对其强度影响不大，因此一般可根据经验以满足施工所需稠度即可。通常情况水泥混合砂浆用水量要小于水泥砂浆用水量。

## 5.2 水泥砂浆配合比选用

水泥砂浆按原配合比规程计算，水泥用量普遍偏少，其原因主要是水泥强度太高，砂浆强度太低，造成通过计算出现不太合理的情况。为此参照美国ASTM和英国BS标准，直接查表确定，避免由于计算带来的不合理情况。

表5.2.1中每立方米砂浆用水量范围，仅供参考。不必加以限制，仍依达到稠度要求为根据。

## 5.3 配合比试配、调整与确定

**5.3.1** 强调试验室与现场的一致性。

**5.3.2** 基准配合比是计算配合比经试拌后，稠度、分层度已合格的配合比。

**5.3.3** 为了使砂浆强度能在计算范围内，所以使用三个水泥用量，除基准配合比外，另外增、减10%的水泥用量，制作试件，测定其强度。

**5.3.4** 选择符合强度要求的，并且水泥用量最低的砂浆配合比。

中华人民共和国行业标准

# 天然沸石粉在混凝土与砂浆中应用技术规程

Technical Specification for Application
Natural Zeolite Powder in Concrete and Mortar

**JGJ/T 112—97**

主编单位：清　华　大　学
批准部门：中华人民共和国建设部
施行日期：1 9 9 8 年 6 月 1 日

## 关于发布行业标准《天然沸石粉在混凝土和砂浆中应用技术规程》的通知

建标［1997］322 号

各省、自治区、直辖市建委（建设厅），计划单列市建委，国务院有关部门：

根据建设部建标［1993］285 号文的要求，由清华大学主编的《天然沸石粉在混凝土和砂浆中应用技术规程》，业经审查，现批准为推荐性行业标准，编号 JGJ/T112—97，自 1998 年 6 月 1 日起施行。

本规程由建设部建筑工程标准技术归口单位中国建筑科学研究院归口管理，由主编单位清华大学负责具体解释。

本规程由建设部标准定额研究所组织出版。

**中华人民共和国建设部**
1997 年 11 月 24 日

# 目　次

# 1 总　　则

**1.0.1**　为了正确、合理地在混凝土和砂浆中应用天然沸石粉，达到改善性能、提高质量、节约水泥、降低成本的目的，制定本规程。

**1.0.2**　本规程适用于斜发沸石粉和丝光沸石粉在混凝土和砂浆中的应用。

**1.0.3**　沸石粉在混凝土和砂浆中应用时，除符合本规程外，尚应符合国家现行的有关标准的规定。

# 2 沸石粉的验收和储运

## 2.1 验 收 要 求

**2.1.1**　对沸石粉应按批进行检验，其质量应符合国家现行标准《混凝土和砂浆用天然沸石粉》的规定。每批沸石粉应有供货单位的出厂合格证，合格证的内容应包括：厂名、合格证编号、沸石粉等级、批号及出厂日期、沸石粉数量及质量检验报告等。

**2.1.2**　沸石粉取样时应以每120t相同等级的沸石粉为一验收批，不足120t者应按一批计。

**2.1.3**　沸石粉的取样应符合下列规定：

**2.1.3.1**　散装沸石粉取样时，应从不同部位取10份试样，每份不应少于1.0kg，并应混合搅拌均匀，并用四分法缩取比试验所需量大一倍的试样（简称平均试样）。

**2.1.3.2**　袋装粉取样时，应从每批中任抽10袋，从每袋中各取样不得少于1.0kg，按上款规定的方法缩取平均试样。

**2.1.4**　当沸石粉的质量有一项指标达不到规定要求时，应重新从同一批中加倍取样进行复验。复验后仍达不到要求时，该批沸石粉应作为不合格产品或降级处理。

## 2.2 试 验 方 法

**2.2.1**　沸石含量应按本规程附录A的规定进行测定。

**2.2.2**　沸石粉的细度应按现行的国家标准《水泥细度检验方法（80μm水筛筛析法）》GB1345测定。

**2.2.3**　水泥胶砂需水量比应按本规程附录B的规定进行测定。

**2.2.4**　28d水泥胶砂抗压强度比应按本规程附录C的规定进行试验。

## 2.3 运输和储存

**2.3.1** 运输和储存沸石粉时，严禁与其他材料混杂，并应在通风干燥场所存放，不得受潮。

**2.3.2** 沸石粉在通风干燥场所存放期不得超过2年。超过存放期的沸石粉，应按本规程第2.2节的规定进行全面检验，当其结果符合产品标准的规定时方可使用。受潮结块的沸石粉，应经碾碎并检验其细度合格后方可使用。

# 3 一般规定

**3.0.1** Ⅰ级沸石粉宜用于强度等级不低于C60的混凝土。

**3.0.2** Ⅱ级沸石粉宜用于强度等级低于C60的混凝土。经专门试验后，也可用于C60以上的混凝土。

**3.0.3** Ⅲ级沸石粉宜用于砌筑砂浆和抹灰砂浆。经专门试验后，亦可用于强度等级低于C60的混凝土。

**3.0.4** 配制沸石粉混凝土和砂浆时，宜用标号为425号以上的硅酸盐水泥、普通硅酸盐水泥和矿渣硅酸盐水泥，不宜用火山灰质硅酸盐水泥、粉煤灰硅酸盐水泥和复合硅酸盐水泥。采用后三种水泥时，应经试验确定。

**3.0.5** 沸石粉可与各类外加剂同时使用，外加剂的适应性及合理掺量应由试验确定，并应符合现行国家标准《混凝土外加剂应用技术规范》GBJ119的有关规定。

**3.0.6** 沸石粉混凝土和沸石粉轻集料混凝土的强度等级不得低于基准混凝土和基准轻集料混凝土的强度等级。它们的强度标准值、强度设计值和弹性模量应与基准混凝土和基准轻集料混凝土相同。

# 4　沸石粉在混凝土中的应用

## 4.1　配 合 比 设 计

4.1.1　沸石粉在混凝土中的掺量，宜按等量置换法取代水泥，其取代率不宜超过表 4.1.1 的规定。超过限量时，应经试验确定。

沸石粉取代水泥的取代率（%）　　表 4.1.1

| 混凝土强度等级 | 硅酸盐水泥 | 普通硅酸盐水泥 | 矿渣硅酸盐水泥 |
|---|---|---|---|
| C15～C30 | 20 | 20 | 15 |
| C35～C45 | 15 | 15 | 10 |
| C45 以上 | 10 | 10 | 5 |

4.1.2　沸石粉混凝土的配合比设计应以基准混凝土的配合比设计为基础，按照等稠度、等强度等级原则，用等量置换法进行。

4.1.3　沸石粉混凝土的配合比设计步骤可按下列规定进行：

4.1.3.1　可按设计要求，根据现行行业标准《普通混凝土配合比设计规程》JGJ/T55 的规定进行基准混凝土配合比设计；

4.1.3.2　应按本规程第 4.1.1 条的规定选择沸石粉取代水泥的取代率；

4.1.3.3　沸石粉混凝土的用水量应按等稠度原则适当增加，也可掺减水剂调整其稠度。在掺减水剂时，减水剂的掺量应按胶结总量的百分率计算；

4.1.3.4　应根据计算的沸石粉混凝土配合比，并通过试配，在保证设计所需要的和易性和强度的基础上，进行混凝土配合比的调整；

4.1.3.5　应根据调整后的配合比，提出现场用的沸石粉混凝土配合比。当对沸石粉混凝土有特殊要求时，还应对配合比作相应调整。

## 4.2　搅　　拌

4.2.1　沸石粉计量（按重量计）的允许偏差为±2%。

4.2.2　沸石粉经计量后，可与其他组成材料一起投入到搅拌机内进行搅拌。

4.2.3　沸石粉混凝土拌合物宜用强制式搅拌机进行搅拌。

4.2.4　沸石粉混凝土拌合物应搅拌均匀，其搅拌时间比基准混凝土拌合物宜延长 30～60s。

4.2.5　出现粘罐现象时，可采用两次投料法，先投入石子和部分水，进行搅拌，使粘于罐壁的水泥砂浆脱落，再投入砂子、水泥、沸石粉和余下的水量，继续搅拌均匀。

## 4.3　浇筑、成型和养护

4.3.1　浇筑沸石粉混凝土时，不得漏振或过振。振捣后的沸石粉混凝土表面，不得出现明显的沸石粉浮浆层。沸石粉混凝土抹面时，应进行二次压光。

4.3.2　沸石粉混凝土自然养护条件应与基准混凝土相同。其养护时间不得少于基准混凝土。

4.3.3　沸石粉混凝土在冬季施工时，应按现行国家标准《混凝土结构工程施工与验收规范》GB50204 的规定执行。

4.3.4　蒸养沸石粉混凝土应符合下列规定：

4.3.4.1　成型后热预养温度不宜高于 45℃；预养（静停）时间不得少于 1h；

4.3.4.2　沸石粉混凝土宜用高温蒸汽养护，恒温温度宜为 95℃，其养护方法应符合现行国家标准《混凝土结构工程施工与验收规范》GB50204 的规定。

### 4.4 质量检验

**4.4.1** 沸石粉混凝土质量检验应符合现行国家标准《混凝土结构工程施工与验收规范》GB50204的有关规定。

**4.4.2** 现场施工时，沸石粉混凝土拌合物的稠度检验，每班应至少测定两次。

## 5 沸石粉在轻集料混凝土中的应用

### 5.1 配合比设计

**5.1.1** 沸石粉在轻集料混凝土中的掺量，宜按等量置换法取代水泥。沸石粉取代水泥率应按本规程表4.1.1的规定选用。

**5.1.2** 沸石粉轻集料混凝土的配合比设计应满足抗压强度、表观密度和稠度的要求，并应节约原材料。

**5.1.3** 沸石粉轻集料混凝土的配合比设计，当采用砂轻混凝土时，宜采用绝对体积法；当采用全轻混凝土时，宜采用松散体积法。

注：砂轻是指细集料用砂，粗集料采用轻集料；全轻指粗细集料均采用轻集料。

**5.1.3.1** 沸石粉砂轻混凝土宜采用绝对体积法；

**5.1.3.2** 沸石粉全轻混凝土宜采用松散体积法。

**5.1.4** 沸石粉在轻集料混凝土的配合比设计参数选择、配合比计算与调整等应与基准轻集料混凝土相同，并应按现行行业标准《轻集料混凝土技术规程》JGJ51的规定进行。

### 5.2 搅拌

**5.2.1** 为调整拌合物用水量和施工用配合比，在拌制拌合物前应对轻集料的含水率进行测定。

**5.2.2** 粗、细集料、沸石粉的重量计量允许偏差为±3%；水、水泥和外加剂的重量计量允许偏差为±2%。

**5.2.3** 沸石粉轻集料混凝土拌合物宜采用强制式搅拌机进行搅拌。

**5.2.4** 沸石粉轻集料混凝土拌合物应搅拌均匀，其投料顺序和搅拌时间应与基准轻集料混凝土相同，沸石粉可与粗、细集料同时加入。

**5.2.5** 对强度低而易破碎的轻集料，搅拌时应严格控制混凝土的搅拌时间。

**5.2.6** 外加剂宜在轻集料吸水后加入。当采用预湿轻集料时，液态外加剂可与用水量同时加入；当采用干集料时，液态外加剂应与用水量及轻集料半小时吸水量同时加入。粉状外加剂可与水泥同时加入，也可制成溶液并采用与上述液态外加剂相同的方法加入。

### 5.3 运输、浇筑、成型和养护

**5.3.1** 运输距离宜缩短，并防止拌合物离析。在停放或运输过程中，当产生拌合物稠度损失或离析较严重时，浇筑前应采用人工二次拌合。

**5.3.2** 拌合物从搅拌机卸料起到浇筑入模的延续时间不宜超过45min。

**5.3.3** 沸石粉轻集料混凝土的浇筑、成型和养护应与基准轻集料混凝土相同，其操作应符合现行行业标准《轻集料混凝土技术规程》JGJ51的规定。

### 5.4 质 量 检 验

**5.4.1** 沸石粉轻集料混凝土的质量检验内容和方法应与基准混凝土相同，并应符合现行行业标准《轻集料混凝土技术规程》JGJ51的规定。

## 6 沸石粉在砂浆中的应用

### 6.1 品种及其应用范围

**6.1.1** 沸石粉砂浆依其组成可分为沸石粉水泥砂浆、沸石粉水泥石灰砂浆（简称沸石粉混合砂浆）。

**6.1.2** 沸石粉水泥砂浆可等同于水泥砂浆应用；沸石粉混合砂浆可等同于混合砂浆应用。

### 6.2 沸石粉的掺量

**6.2.1** 沸石粉在砌筑用砂浆中的掺量，应符合下列规定：

**6.2.1.1** 沸石粉掺量应通过试配确定，不得在原有砂浆配合比中按比例等量取代水泥。沸石粉在水泥砂浆中的掺量宜控制为水泥用量的20%～30%；

**6.2.1.2** 沸石粉不宜取代混合砂浆中的水泥，但可取代混合砂浆中部分或全部石灰膏。沸石粉掺量宜为被取代石灰膏量的50%～60%。

**6.2.2** 沸石粉在抹灰用砂浆中可以等量取代水泥，其掺量应符合下列规定：

**6.2.2.1** 用于内墙抹灰时，沸石粉掺量不应大于水泥重量的30%；

**6.2.2.2** 用于外墙抹灰时，沸石粉掺量不应大于水泥重量的20%；

**6.2.2.3** 用于地面抹灰时，沸石粉掺量不应大于水泥重量的15%。

### 6.3 配合比设计

**6.3.1** 砌筑用沸石粉砂浆的配合比设计应与基准砂浆配合比设计相同，并可按下列步骤进行：

**6.3.1.1** 按砂浆强度等级及水泥标号计算每立方米砂浆的水泥用量；

**6.3.1.2** 按求出的水泥用量计算每立方米砂浆的灰膏量；

**6.3.1.3** 根据求得的水泥用量或灰膏量，通过试验确定沸石粉用量；

**6.3.1.4** 通过试验调整、确定施工配合比。

**6.3.2** 抹灰用沸石粉砂浆的配合比应根据本规程第 6.2.2 条的规定并结合工程实践经验确定。

### 6.4 搅 拌

**6.4.1** 沸石粉砂浆宜用机械搅拌。砂浆各组分计量（按重量计）的允许偏差，对水泥和沸石粉为±2%；对石灰膏和细骨料为±5%。

**6.4.2** 沸石粉砂浆的搅拌方法应与基准砂浆相同，总搅拌时间可比基准砂浆延长 1～2min。

### 6.5 施 工 及 验 收

**6.5.1** 沸石粉砂浆的施工与基准砂浆相同，应符合现行行业标准《建筑装饰工程施工及验收规范》JGJ73 的有关规定。

**6.5.2** 在沸石粉砂浆基层上作水性材料装修时，基层应浇水预湿。

**6.5.3** 沸石粉砂浆的质量检验，应符合国家现行标准《砖石工程施工及验收规范》GBJ203 和《建筑装饰工程施工及验收规范》JGJ73 的有关规定。

## 附录 A 吸铵值测定方法

**A.0.1** 吸铵值测定时应采用下列试剂：

| | |
|---|---|
| （1）氯化铵溶液 | lmol/L |
| （2）氯化钾溶液 | lmol/L |
| （3）硝酸铵溶液 | 0.005mol/L |
| （4）硝酸银溶液 | 5% |
| （5）NaOH 标准溶液 | 0.1mol/L |
| （6）甲醛溶液 | 38% |
| （7）酚酞酒精溶液 | 1% |

**A.0.2** 测试应按下列步骤进行：

（1）称取通过 80μm 筛的沸石粉风干样 1.0000g，置于 150mL 的烧杯中，加入 100mL 的 lmol/L 的氯化铵溶液；

（2）将烧杯放在电热板上或调温电炉上加热微沸 2h（经常搅拌，可补充水，保持杯中溶液约 30ml）；

（3）用中速滤纸过滤，取煮沸的水洗烧杯和滤纸沉淀，再用 0.005mol/L 的硝酸铵淋洗至无氯离子（用黑色比色板滴两滴淋洗液，加入一滴硝酸银溶液，无白色沉淀产生，表明无氯离子）；

（4）移去滤液瓶，将沉淀移到普通漏斗中，用煮沸的 lmol/L 氯化钾溶液每次约 30mL 冲洗沉淀物。用一干净烧杯承接，分四次洗至 100～120mL 为止；

（5）在洗液中加入 10mL 甲醛溶液，静置 20min；

（6）加入 2～8 滴酚酞指示剂，用氢氧化钠标准溶液滴定，直至微红色为终点（半分钟不褪色），记下消耗的氢氧化钠标准溶液体积。

**A.0.3** 沸石粉吸铵值应按下式计算：

$$吸铵值（mmol/100g）=M\times V\times 100/m \qquad (A.0.3)$$

式中 $M$——NaOH 标准溶液的摩尔浓度，mol/L；

$V$——消耗的 NaOH 标准溶液的体积，mL；

$m$——沸石粉风干样质量，g。

**A. 0. 4** 测试结果应符合下列要求：

**A. 0. 4. 1** 二次平行操作结果之差不应大于 8%；

**A. 0. 4. 2** 同一样品应同时分别进行两次测试，所得测试结果之差不得大于 8%，取其平均值为试验结果；当超过允许范围时，应查找原因，重新按上述试验方法进行测试；

**A. 0. 4. 3** 两个试验室采用本试验方法对同一试样各自进行测试时，两试验室的分析结果之差不应大于 8%。

# 附录B 沸石粉水泥胶砂需水量比测定方法

**B. 0. 1** 沸石粉水泥胶砂需水量比测定时，应采用下列样品：

（1）试验样品：90g 沸石粉，210gP1 型硅酸盐水泥和 750g 标准砂。

（2）对比试样：300gP1 型硅酸盐水泥和 750g 标准砂。

**B. 0. 2** 测试方法应依照现行国家标准《水泥胶砂流动度测定方法》GB2419 的规定进行。应分别测定试验样品的流动度达到 125～135mm 时的需水量 $W_1$（mL）和对比样品达到同一流动度时的 $W_2$（mL）。

**B. 0. 3** 沸石粉水泥胶砂需水量比应按下式计算，计算结果应精确至 1%。

$$需水量比=（W_1/W_2）\times 100\% \quad (B. 0. 3)$$

## 附录C 沸石粉水泥胶砂28d抗压强度比测定方法

**C.0.1** 制备样品所用材料应符合下列规定：

**C.0.1.1** 沸石粉含水率应小于1.0%，细度应为80μm方孔筛筛余不大于5%；

**C.0.1.2** P1型硅酸盐水泥安定性必须合格，28d抗压强度应大于42.5MPa，比表面积应为290～310$m^2$/kg，石膏掺入量（外掺）以$SO_3$计应为1.5%～2.5%。

**C.0.2** 样品计量和成型应符合下列要求：

**C.0.2.1** 试验样品应为162g沸石粉，378g水泥和1350g标准砂；

**C.0.2.2** 对比样品应为540g硅酸盐水泥和1350g标准砂；

**C.0.2.3** 成型时加水量，对对比样品应为238mL；对试验样品应按固定水胶比0.48计算确定。

**C.0.3** 试验步骤应按现行国家标准《水泥胶砂强度检验方法》GB177的规定进行，并应符合下列规定：

**C.0.3.1** 抗压强度应按下式计算，计算结果应精确至1.0MPa。

$$Rc=\frac{P}{S}=0.0004P \quad (C.0.3)$$

式中 $Rc$——抗压强度，MPa；

$P$——破坏荷重，N；

$S$——受压面积，即$4\times6.25cm^2$。

**C.0.3.2** 六个抗压强度结果中剔除最大、最小两个数值，以剩下四个平均作为抗压强度试验结果。如不足六个，则取平均值。

**C.0.3.3** 应分别测得试验样品的28d抗压强度$Rc_1$和对比样品28d抗压强度$Rc_2$。

**C.0.4** 沸石粉水泥胶砂28d抗压强度比（%）应按下式计算，计算结果应精确至1%。

$$沸石粉水泥胶砂28d抗压强度比=R_{c_1}/R_{c_2}\times100\% \quad (C.0.4)$$

## 附录D　本规程用词说明

**D.0.1**　为便于在执行本规程条文时区别对待，对要求严格程度不同的用词说明如下：

（1）表示很严格，非这样做不可的：

正面词采用“必须”；

反面词采用“严禁”。

（2）表示严格，在正常情况下均应这样做的：

正面词采用“应”；

反面词采用“不应”或“不得”。

（3）表示允许稍有选择，在条件许可时，首先应这样做的：

正面词采用“宜”或“可”；

反面词采用“不宜”。

**D.0.2**　条文中指定应按其他有关标准执行时的写法为：“应按……执行”或“应符合……要求（或规定）”。

## 附加说明

### 本规程主编单位、参加单位和主要起草人名单

**主 编 单 位：**清华大学

**参 加 单 位：**中国建筑科学研究院
北京中建建筑科学技术研究院
北京住宅开发建设集团总公司水泥公司
辽宁省建设科学研究院
吉林省第二建筑公司
东北电业管理局第三工程公司
黑龙江省交通科学研究所
山东省莱西市金利应用技术研究所
中国建筑工程总公司
广东省建筑构件工程公司

**主要起草人：**冯乃谦　李铭臻　沈丽娟　韩素芳
刘旭晨　马　骁　王　元　高　平
朋改非　李仁志　于明山

中华人民共和国行业标准

# 天然沸石粉在混凝土与砂浆中应用技术规程

**JGJ/T 112—97**

## 条文说明

## 目次

# 1 总　则

**1.0.1** 天然沸石粉指以天然沸石岩为原料，经破碎、磨细制成的粉状物料，简称沸石粉。沸石粉是一种矿产资源，与粉煤灰、矿渣、硅粉等掺合料不同。沸石是一种含多孔结构的微晶矿物，而粉煤灰、矿渣及硅粉等则是一种玻璃态的工业废渣。

天然沸石粉作为混凝土的一种矿物质掺合料，既能改善混凝土拌合物的均匀性与和易性、降低水化热，又能提高混凝土的强度、抗渗性与耐久性，还能抑制水泥混凝土中碱—骨料反应的发生。所以沸石粉适宜配制泵送混凝土、大体积混凝土、抗渗防水混凝土、抗硫酸盐和抗软水侵蚀混凝土，以及高强混凝土，也适用于蒸养混凝土、轻集料混凝土、地下和水下工程混凝土。

天然沸石粉掺入砂浆中，能达到改善和易性、提高强度和节约水泥的目的。

**1.0.2** 我国天然沸石岩分布面广、储量大、品位高，主要品种是斜发沸石岩和丝光沸石岩。这两种沸石岩在我国的水泥混凝土中已得到较广泛的应用。所以本规程适用于掺斜发沸石粉或丝光沸石粉配制的混凝土和砂浆。

**1.0.3** 沸石粉混凝土和砂浆的质量涉及原材料、配合比、生产工艺、生产设备、检验试验方法等各方面，与有关规程标准有密切关系，因此，除应遵守本规程外，还应符合有关标准的要求。这些标准（规范）主要有：

（1）水泥细度检验方法（80μm 水筛筛析法）GB1345

（2）《普通混凝土配合比设计规程》JGJ/T55

（3）《混凝土结构工程施工与验收规范》GB50204

（4）《混凝土外加剂应用技术规范》GBJ119

（5）《轻集料混凝土技术规程》JGJ51

（6）《砖石工程施工及验收规范》GBJ203

（7）《建筑装饰工程施工及验收规范》JGJ73

## 2 沸石粉的验收和储运

### 2.1 验收要求

**2.1.1** 产品标准《混凝土和砂浆用天然沸石粉》中，对沸石粉的技术要求，最主要的有两方面：一是沸石含量，即吸铵值；二是沸石粉的细度。

斜发沸石、丝光沸石中的碱和碱土金属很容易被铵离子所交换，所以吸铵值是沸石特有的理化性能。沸石含量大小以吸铵值表示。斜发沸石的吸铵值是218meq/100g，丝光沸石为223meq/100g。吸铵值的测试时间短，可在两小时内完成。本规程规定了各级沸石粉的吸铵值。Ⅰ级沸石粉的吸铵值为130meq/100g，相当于沸石含量约在60%左右；Ⅱ级沸石粉的吸铵值为100meq/100g，相当于沸石含量在48%左右；Ⅲ级沸石粉的吸铵值为90meq/100g，相当于沸石含量在45%左右。通过对采自全国不同地区的21个样品分析，我国天然沸石岩绝大多数样品的沸石含量均在50%以上，因此本规程中规定的吸铵值是适宜的。

细度对掺合料的活性和混凝土的物理力学性能影响很大。如果沸石粉的细度比水泥细很多，掺入少量的沸石粉，可以填充水泥粉体的空隙，达到最大密实的填充，在达到同样流动性的情况下，可以降低水灰比，提高密实度，提高混凝土各方面的性能。

产品标准《混凝土和砂浆用天然沸石粉》规定了三个等级的细度指标：Ⅰ级沸石粉的细度比水泥细；Ⅱ级沸石粉的细度与水泥相同；而三级沸石粉，则适当放宽了细度要求。

由于沸石粉内部为多孔结构，用负压筛分析法或透气法（比表面积法）都不能准确地反映沸石粉的细度，因而舍弃这两种方法，而采用简便易行的水筛法，并参照《水泥细度检验方法》（水筛法）GB1345进行，以80μm方孔筛筛余量控制细度。

需水量比反映沸石粉需水量的大小。由于沸石粉颗粒内表面积大，需水量偏高，以10%的沸石粉置换相应水泥的混凝土，坍落度比基准混凝土低20mm左右。为了达到相同的坍落度，含沸石粉的混凝土要多掺减水剂。而且细度越大需水量比越大。故在本规程中规定了三个等级沸石粉的需水量比的指标。

抗压强度比指标可反映沸石粉所具有的火山灰活性。本规程参照《用于水泥中的火山灰质混合材料》GB2847的内容，以掺30%沸石粉的硅酸盐水泥和不掺沸石粉的硅酸盐水泥28d胶砂抗压强度之比来确定的。GB2847标准规定的火山灰材料的抗压强度比指标应不小于62%，而沸石粉属于火山灰材料，故仍规定最低指标不小于62%。

为了促进沸石粉的利用，提高利用率，做到因材使用，产品标准《混凝土和砂浆用天然沸石粉》将沸石粉按主要技术指标进行分级，以满足使用单位的不同需要。根据不同强度要求，同时考虑吸铵值大小、细度、需水量比以及28d水泥胶砂抗压强度比，将沸石粉定为Ⅰ、Ⅱ、Ⅲ三个等级。Ⅰ级沸石粉主要为适应混凝土向高强、高流态方向发展；Ⅱ级沸石粉则适用于目前建筑市场的需求；Ⅲ级沸石粉是为了满足工程单位对低强度等级混凝土和砂浆的需要而设置的。

**2.1.2** 使用单位在验收沸石粉时，以120t为一验收批为宜，因为每一车皮可装载120t沸石粉。如不足120t，则按一批计。

**2.1.4** 由于产品标准《混凝土和砂浆用天然沸石粉》中规定的各项指标对沸石粉的品质起重要作用，所以当有一项不符合要求时，也要重取双倍的试样复验，直到各项指标均合格后，才可以认为沸石粉符合该级要求，否则需降级或为不合格品。

### 2.2 试验方法

**2.2.1** 吸铵值（亦称铵离子交换容量）按建材地质部门提出的甲醛法进行测定（见附录A）。

**2.2.4** 水泥胶砂28d抗压强度比试验方法是参照《用于水泥中的火山灰质混合材料》GB2847的试验方法，但其中水泥和混合材胶砂试件的水胶比由国际规定的跳桌流动度法，改为固定水胶比0.48。这是由于流动度不易测准确，反复找又费事，为了减少误差，简化操作，改用固定水胶比法。通过大量试验结果得知，水胶比为0.48时，不同吸铵值的流动度都在规定范围内（125～135mm）。

## 2.3 运输和储运

**2.3.1～2.3.2** 为控制生产混凝土和砂浆所用沸石粉的质量，规定严禁与其他材料混杂，应分别运输和堆放，如超过存放期或发生受潮、结块等品质改变现象，使用前应复验其质量指标，并按复验结果确定使用情况。

# 3 一般规定

**3.0.1～3.0.3** 由于不同等级沸石粉的沸石含量及细度不同，因而火山灰活性也不相同。Ⅰ级沸石粉质量较好，尤其适用于C60以上的高强混凝土，其他等级的混凝土也可用；Ⅱ级沸石粉，经专门试验，也可用于C60以上的混凝土。但根据使用经验，最高也只能配制强度等级C60的混凝土。

**3.0.4** 沸石粉对常用的硅酸盐水泥、普通硅酸盐水泥、矿渣硅酸盐水泥有很好的适应性。而对于火山灰质硅酸盐水泥、粉煤灰硅酸盐水泥和复合硅酸盐水泥来说，由于水泥在生产过程中已加入一部分火山灰混合材料，在工程实践中，沸石粉所能替代的水泥量要少些，应经试验确定。

**3.0.5** 沸石粉混凝土中掺用各种外加剂的要求与基准混凝土相同。

# 4 沸石粉在混凝土中的应用

## 4.1 配合比设计

**4.1.1** 本规程采用等量置换法取代部分水泥，取代率视所用的水泥品种、标号和混凝土强度等级而定，可参照表4.1.1选用。沸石粉对不同厂家生产的同一标号水泥的取代率不尽相同，应通过试验确定。

**4.1.2** 沸石粉混凝土配合比的设计原则和设计参数取值与基准混凝土（不掺沸石粉的混凝土）相同。沸石粉混凝土的各项常规性能指标（如抗渗、抗冻、碳化、收缩与徐变等）要求均与基准混凝土相同。

**4.1.3** 沸石粉混凝土配合比设计首先根据设计要求进行基准配合比设计，然后按表4.1.1规定以等量置换法用沸石粉取代水泥，最后通过调整用水量或适当掺入减水剂使沸石粉混凝土的流动性与基准混凝土相同。根据调整后的配合比，提出现场施工的沸石粉混凝土配合比。

## 4.2 搅拌

**4.2.1** 为保证沸石粉混凝土的质量，应按配合比设计的各材料准用量准确计量。

**4.2.3～4.2.4** 沸石粉混凝土拌合物由于粘度比基准混凝土大，为保证搅拌均匀，宜用强制式搅拌机，并适当延长搅拌时间。

**4.2.5** 当出现粘罐现象时，采用两次投料法，这实际上是一种裹石的搅拌方法，有利于混凝土的强度。

## 4.3 浇筑、成型和养护

**4.3.1** 对沸石粉混凝土的浇筑和成型的方法无特别要求，可参照基准混凝土的浇筑和成型方法。在振捣成型时，要防止漏振或过振，以保证混凝土的均匀性和密实性。一般来说，沸石粉混凝土易于成型，因其浆多，振动时容易液化而填满模型。

**4.3.2** 沸石粉混凝土干缩性较大，为防止出现干缩裂缝，所以在自然养护时，其养护时间不应比基准混凝土短，以利于强度发展。

**4.3.3** 沸石粉混凝土进行高温蒸汽养护，更有利于强度发展。

## 4.4 质量检验

**4.4.1～4.4.2** 沸石粉混凝土的质量检验与基准混凝土完全相同，应符合现行国家标准《混凝土质量控制标准》GB50164和《混凝土结构工程施工及验收规定》GB50204的规定。

# 5 沸石粉在轻集料混凝土中的应用

## 5.1 配合比设计

**5.1.1** 沸石粉在轻集料混凝土中的掺量与沸石粉混凝土相同，采用等量置换法取代水泥。

**5.1.2～5.1.4** 沸石粉轻集料混凝土配合比设计原则和方法与基准轻集料混凝土基本相同。先算出基准轻集料混凝土的各材料用量，然后用等量置换法，按表4.1.1的水泥取代率取代部分水泥。计算出的沸石粉轻集料混凝土配合比必须通过试配予以调整。

## 5.2 搅　拌

**5.2.1～5.2.3** 由于轻集料吸水率大、质轻，在配料和拌制时，应考虑轻集料所含水分，并最好使用强制式搅拌机。

**5.2.4** 沸石粉轻集料混凝土的搅拌工艺与基准轻集料混凝土相同，可按《轻集料混凝土技术规程》JGJ51 中的有关规定。为保证沸石粉能均匀地分到混凝土中，最好将沸石粉与粗、细集料拌匀后再加入水泥。

## 5.3 运输、浇筑、成型和养护

**5.3.1～5.3.2** 沸石粉轻集料混凝土拌合物的粘度大，结构均匀，振动成型时不会产生轻集料的上浮现象，但为确保拌合物质量，故作此规定。

# 6 沸石粉在砂浆中的应用

## 6.1 品种及其应用范围

**6.1.1～6.1.2** 砂浆中掺加沸石粉，能改善砂浆的和易性，提高保水性，砂浆的可操作性良好。沸石粉砂浆的品种及适用范围与相应的不掺沸石粉的基准砂浆相同，可等同使用。

## 6.2 沸石粉的掺量

**6.2.1** （1）在砌筑砂浆中，如以沸石粉等量取代水泥会降低砂浆强度；如在砂浆中保持水泥用量不变，另外加入沸石粉，当掺量在20%～30%时，砂浆强度略有提高。若掺量太高时，砂浆干缩大，粘结性能降低，强度下降。

（2）为了解在混合砂浆中，沸石粉能否取代部分水泥，中建一局科研所进行了系统的试验，在每一对比组中，保持石灰膏用量不变，用沸石粉等量取代水泥，试验配合比与强度关系见表1。

通过15个配合比的试验结果看出：混合砂浆中掺入沸石粉等量取代水泥后，砂浆强度下降，砂浆的分层度没有什么变化；同时由于每立方米砂浆中水泥用量本来就不多，能用沸石粉替代的量就更少，而且在操作上增加不少麻烦。所以，可以认为在混合砂浆中用沸石粉置换水泥，没有多大的经济效益。

混合砂浆在工程中占砌筑砂浆用量的70%以上，如能用沸石粉取代石灰膏，那么在冬季施工时，可以解决工地上因石灰膏结冻而带来的麻烦。在原配合比不变、水泥用量不变时，用沸石粉替代混合砂浆中的部分或全部石灰膏，沸石粉掺量以被取代石灰膏用量的50%～60%为宜。在低强度等级的砂浆中取上限，在高强度等级的砂浆中取下限。用细砂时取下限，用粗砂时取上限。当水泥用量相同时，沸石粉混合砂浆强度等级比基准混合砂浆强度等级提高20％～40％，相当于砂浆强度等级提高一级，并且砂浆的分层度和泌水率均有减少。

**6.2.2** 沸石粉可用于抹灰砂浆中，抹灰砂浆中水泥用量大，每立方砂浆中水泥用量为500～600kg，若掺入部分沸石粉替代出一定量的水泥，则有较大的经济效益。在抹灰砂浆中沸石粉等量取代水泥以15％～30％为宜，应根据使用部位不同来选用，见本规程6.2.2条。

## 6.3 配合比设计

**6.3.1** 进行砌筑用沸石粉砂浆配合比设计时，可先计算出基准砂浆的配合比，然后以3～5个不同比例的沸石粉掺量进行试配、找出最佳配合比。

**沸石粉掺量与砂浆强度的关系　　表1**

| 材料用量（kg/m³） | | | | 分层度（cm） | 抗压强度（MPa/100） | |
|---|---|---|---|---|---|---|
| 水泥 | 石灰膏 | 沸石粉 | | | R28 | R90 |
| | | % | 用量 | | | |
| 150 | 150 | 0 | 0 | 2.8 | 6.7/100 | 8.2/100 |
| 135 | 150 | 10 | 15 | 1.5 | 6.3/94 | 7.5/91 |
| 120 | 150 | 20 | 30 | 2.0 | 5.7/85 | 6.9/84 |
| 105 | 150 | 30 | 45 | 1.7 | 4.3/63 | 6.0/73 |
| 90 | 150 | 40 | 60 | 2.0 | 3.9/58 | 5.6/68 |
| 180 | 120 | 0 | 0 | 1.9 | 8.8/100 | 11.0/100 |
| 162 | 120 | 10 | 18 | 2.1 | 8.2/93 | 9.7/88 |
| 144 | 120 | 20 | 36 | 2.0 | 6.9/78 | 8.2/75 |
| 126 | 120 | 30 | 54 | 2.1 | 5.3/60 | 7.8/71 |
| 108 | 120 | 40 | 72 | 2.0 | 5.1/58 | 7.1/65 |
| 220 | 90 | 0 | 0 | 2.0 | 12.5/100 | 14.9/100 |
| 198 | 90 | 10 | 22 | 2.1 | 12.2/98 | 13.9/93 |
| 176 | 90 | 20 | 44 | 2.0 | 11.5/92 | 10.0/67 |
| 154 | 90 | 30 | 66 | 1.8 | 9.8/78 | — |
| 132 | 90 | 40 | 88 | 2.1 | 9.5/76 | — |

## 6.4 搅　拌

**6.4.1～6.4.2** 沸石粉砂浆的粘度较大，为保证搅拌均匀，宜采用机械搅拌，并适当延长时间。

## 6.5 施工及验收

**6.5.2** 在工程应用中发现掺沸石粉的抹灰砂浆较基准砂浆的吸水率大，并随着沸石粉掺量的增加，砂浆的吸水率也增大。所以在做饰面以前，对沸石粉砂浆的基层应作适当处理，如对于水溶性薄层面层装饰材料，在施工前应对基层先作湿润处理，以免因底层材料吸水影响面层材料的强度，从而保证面层的施工质量。

中华人民共和国行业标准

# 建筑玻璃应用技术规程

Technical specification for application of architectural glass

**JGJ 113—2003**

批准部门：中华人民共和国建设部

施行日期：2003年8月1日

# 中华人民共和国建设部
# 公　告

第136号

## 建设部关于发布行业标准《建筑玻璃应用技术规程》的公告

现批准《建筑玻璃应用技术规程》为行业标准，编号为JGJ 113—2003，自2003年8月1日起实施。其中，第6.3.1、6.3.2、8.2.2、8.2.3、8.2.4、8.2.6、8.2.8条为强制性条文，必须严格执行。原行业标准《建筑玻璃应用技术规程》JGJ 113—97同时废止。

本规程由建设部标准定额研究所组织中国建筑工业出版社出版发行。

中华人民共和国建设部

2003年3月28日

# 前　言

根据建设部建标［2002］84号文要求，标准编制组经广泛调查研究，认真总结实践经验，参考有关国际标准和国外先进标准，并在广泛征求意见基础上，修订了本规程。

修订的主要技术内容是：1. 术语、符号；2. 玻璃和安装材料；3. 玻璃抗风压设计；4. 建筑玻璃防热炸裂；5. 人体冲击安全规定；6. 安装；7. 百叶窗、屋面玻璃和斜屋面窗玻璃；8. 水下用玻璃；9. 室内空心玻璃砖隔断；10. 玻璃热工性能设计。

本规程由建设部负责管理和对强制性条文的解释，由主编单位负责具体技术内容的解释。

本规程主编单位：中国建筑材料科学研究院（地址：北京市朝阳区管庄东里一号；邮政编码：100024）。

本规程参编单位：北京市建筑设计研究院
北京嘉寓装饰工程有限公司
威卢克斯（中国）有限公司
广东金刚玻璃科技股份有限公司
上海耀华皮尔金顿玻璃股份有限公司
中国南玻科技控股股份有限公司

本规程主要起草人员：刘忠伟　马眷荣　徐　游　葛砚刚　田家玉　郭成林　文森叟　夏卫文　詹　锴　谢丽美　熊　伟　许武毅

# 目　次

# 1 总　　则

**1.0.1** 为使建筑玻璃的应用做到安全可靠、经济合理和实用美观，制定本规程。

**1.0.2** 本规程适用于建筑玻璃的应用设计及安装施工。

**1.0.3** 建筑玻璃及其安装材料的应用设计及安装，除应符合本规程的规定外，尚应符合国家现行有关强制性标准的规定。

## 2 术语、符号

### 2.1 术 语

**2.1.1** 外部安装 external installation

将玻璃的一面或两面暴露在建筑物外部的安装方式。

**2.1.2** 内部安装 internal installation

玻璃的两个表面都不暴露在建筑物外部的安装方式。

**2.1.3** 玻璃框架 glass frame

由木材、金属或其他耐久性材料或这些材料的组合所制成的用于安装玻璃的结构。

**2.1.4** 槽口 rabbet

是框架的一部分，其横截面呈 90°角，玻璃的边部置于其内。

**2.1.5** 凹槽 groove

是框架的一部分，其横截面呈一凹形，玻璃的边部置于其内。

**2.1.6** 衬垫 bedding

位于槽内的安装材料，在其内嵌入玻璃。

**2.1.7** 压条 beador installation bead

固定在槽口上夹固玻璃的木条、金属条或其他刚性材料条。

**2.1.8** 定位块 location blocks

位于玻璃边缘与槽之间，防止玻璃和槽产生相对运动的弹性材料块。

**2.1.9** 支承块 setting blocks

位于玻璃的底边与槽之间，起支承作用，并使玻璃位于槽内正中的弹性材料块。

**2.1.10** 弹性止动片 distance pieces

位于玻璃和槽竖直面之间，防止因荷载作用而引起玻璃运动的弹性材料片。

**2.1.11** 密封垫 gasket

用于嵌入或固定玻璃的专门成型材料。

**2.1.12** 前部挡边 fronting

在槽口的平台上，位于玻璃表面与槽前部边缘之间的三角形的安装材料条。

**2.1.13** 纵横比 aspect ratio

玻璃板的长边与短边之比。

**2.1.14** 跨度 span

两支撑部件之间的距离；对于四边支撑的玻璃，它对应于透光尺寸中的较小值。

**2.1.15** 可见线 sight line

玻璃在框架中装配完毕，玻璃的透光部分与被玻璃安装材料覆盖的不透光部分的分界线。

**2.1.16** 透光尺寸 sight size

玻璃装配之后，透光部分的尺寸。

**2.1.17** 固定门玻璃 side panels

安装在门洞口处固定门框内的玻璃。

**2.1.18** 安全玻璃 safe glass

指破坏时安全破坏，应用和破坏时给人的伤害达到最小的玻璃，包括符合国家标准 GB 9962 规定的夹层玻璃、符合国家标准 GB 9963 规定的钢化玻璃和符合国家标准

GB 15763.1规定的防火玻璃以及由它们构成的复合产品。

**2.1.19** 有框玻璃 framed panels

具有足够刚度的支承部件连续地包住玻璃的所有边。

**2.1.20** 无框玻璃 unframed panels

支承部件不符合有框玻璃的规定时，该块玻璃为无框玻璃。

**2.1.21** 普通退火玻璃 general annealed glass

由浮法、平拉法、有槽垂直引上法、无槽法等熔制成的，经热处理消除或减小其内部应力至允许值的玻璃。

**2.1.22** 暴露边 exposed edges

无支承部件的玻璃边缘为暴露边，但两块玻璃相邻并通过密封胶对接的情况除外。

**2.1.23** 前部余隙 front clearance

玻璃外侧表面与压条或凹槽前端竖直面之间的距离。

**2.1.24** 后部余隙 back clearance

玻璃内侧表面与凹槽后端竖直面之间的距离。

**2.1.25** 边缘余隙 edge clearancl

玻璃边缘与凹槽底面之间距离。

**2.1.26** 嵌入深度 edge cover

玻璃边缘到可见线之间的距离。

**2.1.27** 屋面玻璃 roof glass

位于建筑物顶端并与水平面夹角小于75度的玻璃。

**2.1.28** 斜屋面窗 roof window

位于斜屋面上且与斜屋面平行的窗。

**2.1.29** 传热系数 heat transfer coefficient

表示热量通过玻璃中心部位而不考虑边缘效应，稳态条件下，玻璃两面单位环境温度差，通过单位面积的热量。传热系数 $U$ 值的单位是 W/（$m^2 \cdot K$）。

## 2.2 符 号

$w_k$——风荷载标准值；

$\beta_{gz}$——阵风系数；

$\mu_s$——风荷载体型系数；

$\mu_z$——风压高度变化系数；

$w_0$——基本风压；

$A_{max}$——玻璃板面最大许用面积；

$\alpha$——玻璃抗风压调整系数；

$\sigma_h$——玻璃的热应力；

$\mu_1$——阴影系数；

$\mu_2$——窗帘系数；

$\mu_3$——玻璃面积系数；

$T_c$——玻璃中心温度；

$T_s$——窗框温度；

$T_e$——玻璃边缘温度；

$\mu_4$——边缘温度系数；

$u$——挠度；

$\rho$——液体密度；

$\Delta u$——框架允许水平变形量；

$U$——传热系数。

# 3 玻璃和安装材料

## 3.1 玻　　璃

**3.1.1** 建筑物可根据功能要求选用普通平板玻璃、浮法玻璃、中空玻璃、钢化玻璃、夹层玻璃、镀膜玻璃、夹丝玻璃、吸热玻璃、防弹玻璃、单片防火玻璃等。

**3.1.2** 建筑玻璃的外观质量和性能应符合下列国家现行标准的规定：

《普通平板玻璃》GB 4871

《浮法玻璃》GB 11614

《夹层玻璃》GB 9962

《钢化玻璃》GB/T 9963

《中空玻璃》GB 11944

《吸热玻璃》JC/T 536

《夹丝玻璃》JC 433

《防弹玻璃》GB 17840

《建筑用安全玻璃　防火玻璃》GB 15763.1

## 3.2 玻璃安装材料

**3.2.1** 玻璃安装材料应符合下列国家现行标准的规定：

《建筑门窗用油灰》GB 7109

《聚氨酯建筑密封膏》JC 482

《聚硫建筑密封膏》JC 483

《丙烯酸酯建筑密封膏》JC 484

《建筑窗用弹性密封剂》JC 485

《硅酮建筑密封膏》GB/T 14683

《塑料门窗用密封条》GB 12002

《建筑橡胶密封垫预成型实心硫化的结构密封垫用材料规范》GB 10711

《建筑橡胶密封垫密封玻璃窗和镶板的预成型实心硫化橡胶材料规范》HB/T 3099

《建筑用硅酮结构密封胶》GB 16776

**3.2.2** 幕墙玻璃安装材料应符合现行行业标准《玻璃幕墙工程技术规范》JGJ 102 的规定。

**3.2.3** 支承块宜采用挤压成型的未增塑 PVC、增塑 PVC 或邵氏 A 硬度为 80～90 的氯丁橡胶等材料制成。

**3.2.4** 定位块和间距片宜采用有弹性的非吸附性材料制成。

# 4 玻璃抗风压设计

## 4.1 风荷载的确定

**4.1.1** 作用在建筑玻璃上的风荷载标准值应按下式计算：

$$w_k = \beta_{gz}\mu_s\mu_z w_0 \quad (4.1.1)$$

式中 $w_k$——作用在建筑玻璃上的风荷载标准值，kPa；

$\beta_{gz}$——阵风系数，应按现行国家标准《建筑结构荷载规范》GB 50009 的有关规定采用；

$\mu_s$——风荷载体型系数，应按现行国家标准《建筑结构荷载规范》GB 50009 采用；

$\mu_z$——风压高度变化系数，应按现行国家标准《建筑结构荷载规范》GB 50009 采用；

$w_0$——基本风压（kPa），应按现行国家标准《建筑结构荷载规范》GB 50009 采用。

**4.1.2** 按本规程式（4.1.1）计算的风荷载标准值小于 0.75kPa 时，应按 0.75kPa 采用，高层建筑玻璃风荷载标准值宜按计算值加大 10%采用。

## 4.2 抗 风 压 设 计

**4.2.1** 幕墙玻璃抗风压设计应按现行行业标准《玻璃幕墙工程技术规范》JGJ 102 执行。

**4.2.2** 四边支承玻璃的最大许用面积可按本规程附录 A 选用，也可按下列公式计算：

当玻璃厚度 $t \leqslant 6$mm 时，$A_{max} = \frac{0.2\alpha t^{1.8}}{w_k}$ （4.2.2-1）

当玻璃厚度 $t > 6$mm 时，$A_{max} = \frac{\alpha\left(0.2t^{1.6}+0.8\right)}{w_k}$ （4.2.2-2）

式中 $w_k$——风荷载标准值，kPa；

$A_{max}$——玻璃的最大许用面积，$m^2$；

$t$——玻璃的厚度，mm；钢化、半钢化、夹丝、压花玻璃按单片玻璃厚度进行计算；夹层玻璃按总厚度进行计算；中空玻璃按两单片玻璃中薄片厚度进行计算；

$\alpha$——抗风压调整系数，应按表 4.2.2 采用。若夹层玻璃工作温度超过 70℃，调整系数应为 0.6；钢化玻璃和单片防火玻璃的抗风压调整系数应经试验确定；组合玻璃的抗风压调整系数应采用不同类型玻璃抗风压调整系数的乘积。

**表 4.2.2 玻璃的抗风压调整系数 $\alpha$**

| 玻璃种类 | 普通退火玻璃 | 半钢化玻璃 | 钢化玻璃 | 夹层玻璃 | 中空玻璃 | 夹丝玻璃 | 压花玻璃 | 单片防火玻璃 |
|---|---|---|---|---|---|---|---|---|
| 调整系数 $\alpha$ | 1.0 | 1.6 | 2.0～3.0 | 0.8 | 1.5 | 0.5 | 0.6 | 3.0～4.5 |

**4.2.3** 两对边支承玻璃的许用跨度应按下式计算：

$$L = \frac{0.142\alpha^{\frac{1}{2}}t}{w_k^{\frac{1}{2}}} \quad (4.2.3)$$

式中 $w_k$——风荷载标准值，kPa；

$L$——玻璃的许用跨度，m；

$t$——玻璃的厚度，mm；

$\alpha$——抗风压调整系数，应按本规程中表 4.2.2 的规定采用。

# 5 建筑玻璃防热炸裂

## 5.1 设　计

**5.1.1** 在使用过程中，应使玻璃承受的最大应力值不超过边缘强度设计值。玻璃边缘强度设计值应按表 5.1.1 采用。

**表 5.1.1 玻璃边缘强度设计值**

| 品　种 | 厚度（mm） | 许用应力设计值（MPa） |
|---|---|---|
| 浮法玻璃<br>吸热玻璃<br>镀膜玻璃 | 3～12 | 19.5 |
| | 15～19 | 17 |
| 夹丝玻璃 | 6，8，10 | 10 |

注：夹层玻璃或中空玻璃的边缘强度设计值应取相应单片玻璃的强度设计值。钢化和半钢化玻璃不必进行热应力计算。

**5.1.2** 建筑玻璃在日光照射下，其热应力应按下式计算：

$$\sigma_h = 0.74E\alpha\mu_1\mu_2\mu_3\mu_4(T_c - T_s) \quad (5.1.2)$$

式中 $\sigma_h$——玻璃的热应力，MPa；

$E$——玻璃的弹性模量，MPa；

$\alpha$——玻璃的线膨胀系数，/K；

$\mu_1$——阴影系数；

$\mu_2$——窗帘系数；

$\mu_3$——面积系数；

$\mu_4$——边缘温度系数；

$T_c$——玻璃中心温度，其计算方法应符合本规程附录B的规定；

$T_s$——窗框温度，其计算方法应符合本规程附录B的规定。

**5.1.3** 阴影系数 $\mu_1$ 应按表5.1.3采用。

**5.1.4** 窗帘系数 $\mu_2$ 应按表5.1.4采用。

**5.1.5** 面积系数 $\mu_3$ 应按表5.1.5采用。

**5.1.6** 边缘温度系数 $\mu_4$ 应按表5.1.6采用。

**表 5.1.3 阴 影 系 数**

| 阴影形状 |  |  |  |  |
|---|---|---|---|---|
| 系数 | 1.3 | 1.6 | 1.7 | 1.7 |
| | 适用于阴影宽度大于100mm情况，如门边立柱、门窗横档或其他 | | | 树木、广告牌等在玻璃上形成三角阴影 |

**表 5.1.4 窗 帘 系 数**

| 窗帘形式 | 薄的丝织品 | | 厚丝织品 | 百叶窗 |
|---|---|---|---|---|
| 窗帘与玻璃的距离（mm） | <100 | ≥100 | <100 | ≥100 |
| 系数 | 1.3 | 1.1 | 1.5 | 1.3 |

**表 5.1.5 面 积 系 数**

| 面积（$m^2$） | 0.5 | 1.0 | 1.5 | 2.0 | 2.5 | 3.0 | 4.0 | 5.0 | 6.0 |
|---|---|---|---|---|---|---|---|---|---|
| 系数 | 0.95 | 1.00 | 1.04 | 1.07 | 1.09 | 1.10 | 1.12 | 1.14 | 1.16 |

**表 5.1.6 边 缘 温 度 系 数**

| 施工形式 | 窗或悬挂结构 | |
|---|---|---|
| | 固定窗 | 悬挂结构、开启窗 |
| 油灰、非结构密封垫 | 0.95 | 0.75 |
| 实心条+弹性密封 | 0.80 | 0.65 |
| 泡沫条+弹性密封 | 0.65 | 0.50 |
| 结构密封垫 | 0.55 | 0.48 |

## 5.2 防玻璃热炸裂措施

**5.2.1** 安装时不得在玻璃周边造成缺陷。对于易发生热炸裂的玻璃，应对玻璃进行边部加工。

**5.2.2** 安装时应使用密封性良好的弹性密封材料和隔热性良好的衬垫材料。

**5.2.3** 玻璃内侧的窗帘、百叶窗及其他遮蔽物与玻璃之间的距离不应小于50mm。

**5.2.4** 不得使玻璃局部升温。

# 6 人体冲击安全规定

## 6.1 一般规定

**6.1.1** 非安全玻璃不得替代安全玻璃。

**6.1.2** 安全玻璃的最大许用面积应符合表 6.1.2-1 的规定；有框架的普通退火玻璃或夹丝玻璃的最大许用面积应符合表 6.1.2-2 的规定。

**表 6.1.2-1 安全玻璃最大许用面积**

| 玻璃种类 | 公称厚度（mm） | 最大许用面积（$m^2$） |
|---|---|---|
| 钢化玻璃<br>单片防火玻璃 | 4 | 2.0 |
| | 5 | 3.0 |
| | 6 | 4.0 |
| | 8 | 6.0 |
| | 10 | 8.0 |
| | 12 | 9.0 |
| 夹层玻璃 | 6.52 | 2.0 |
| | 6.38　6.76　7.52 | 3.0 |
| | 8.38　8.76　9.52 | 5.0 |
| | 10.38　10.76　11.52 | 7.0 |
| | 12.38　12.76　13.52 | 8.0 |

**表 6.1.2-2 有框架的普通退火玻璃和夹丝玻璃的最大许用面积**

| 玻璃种类 | 公称厚度（mm） | 最大许用面积（$m^2$） |
|---|---|---|
| 普通退火玻璃 | 3 | 0.1 |
| | 4 | 0.3 |
| | 5 | 0.5 |
| | 6 | 0.9 |
| | 8 | 1.8 |
| | 10 | 2.7 |
| | 12 | 4.5 |
| 夹丝玻璃 | 6 | 0.9 |
| | 7 | 1.8 |
| | 10 | 2.4 |

**6.1.3** 安全玻璃的暴露边不得存在锋利的边缘和尖锐的角部。

## 6.2 玻璃的选择

**6.2.1** 门玻璃和固定门玻璃的选用应符合下列规定：

1 有框玻璃应使用符合本规程表 6.1.2-1 规定的安全玻璃；当玻璃面积不大于 0.5$m^2$ 时，也可使用厚度不小于 6mm 的普通退火玻璃和夹丝玻璃。

2 无框玻璃应使用符合本规程表 6.1.2-1 的规定，且公称厚度不小于 10mm 的钢化玻璃。

**6.2.2** 室内隔断应采用安全玻璃。

**6.2.3** 人群集中的公共场所和运动场所中装配的玻璃应符合下列规定：

1 有框玻璃应使用符合本规程表 6.1.2-1 的规定，且公称厚度不小于 5mm 的钢化玻璃或公称厚度不小于 6.38mm 的夹层玻璃。

2 无框玻璃应使用符合本规程表 6.1.2-1 的规定，且公称厚度不小于 10mm 的钢化玻璃。

**6.2.4** 浴室用玻璃应符合下列规定：

1 下列位置的有框玻璃，应使用符合本规程表 6.1.2-1 规定的安全玻璃。

1）用于淋浴隔断、浴缸隔断的玻璃；

2）玻璃内侧可见线与浴缸或淋浴基座边部的距离不大于 500mm，并且玻璃底边可见线与浴缸底部或最高邻近地板的距离小于 1500mm。

2 浴室内除门以外的所有无框玻璃应使用符合本规程表 6.1.2-1 的规定，且公称厚度不小于 5mm 的钢化玻璃。

3　浴室的无框玻璃门应使用公称厚度不小于 10mm 的钢化玻璃。

**6.2.5**　栏杆用玻璃应符合下列规定：

1　不承受水平荷载的栏杆玻璃应使用符合本规程表 6.1.2-1 的规定，且公称厚度不小于 5mm 的钢化玻璃，或公称厚度不小于 6.38mm 的夹层玻璃。

2　承受水平荷载的栏杆玻璃应使用公称厚度不小于 12mm 的钢化玻璃或钢化夹层玻璃，当玻璃位于建筑高度为 5m 及以上时，应使用钢化夹层玻璃。

## 6.3　防 护 措 施

**6.3.1　安装在易于受到人体或物体碰撞部位的建筑玻璃，如落地窗、玻璃门、玻璃隔断等，应采取保护措施。**

**6.3.2　保护措施应视易发生碰撞的建筑玻璃所处的具体部位不同，分别采取警示（在视线高度设醒目标志）或防碰撞设施（设置护栏）等。对于碰撞后可能发生高处人体或玻璃坠落的情况，必须采用可靠的护栏。**

# 7　安　　装

## 7.1　安装尺寸要求

**7.1.1**　单片玻璃、夹层玻璃的最小安装尺寸应符合表 7.1.1-1 的规定。中空玻璃的最小安装尺寸应符合表 7.1.1-2 的规定（图 7.1.1）。

**表 7.1.1-1　单片玻璃、夹层玻璃的最小安装尺寸（mm）**

| 玻璃公称厚度 | 前部余隙或后部余隙 $a$ | | | 嵌入深度 $b$ | 边缘余隙 $c$ |
|---|---|---|---|---|---|
| | ① | ② | ③ | | |
| 3 | 2.0 | 2.5 | 2.5 | 8 | 3 |
| 4 | 2.0 | 2.5 | 2.5 | 8 | 3 |
| 5 | 2.0 | 2.5 | 2.5 | 8 | 4 |
| 6 | 2.0 | 2.5 | 2.5 | 8 | 4 |
| 8 | — | 3.0 | 3.0 | 10 | 5 |
| 10 | — | 3.0 | 3.0 | 10 | 5 |
| 12 | — | 3.0 | 3.0 | 12 | 5 |
| 15 | — | 5.0 | 4.0 | 12 | 8 |
| 19 | — | 5.0 | 4.0 | 15 | 10 |
| 25 | — | 5.0 | 4.0 | 18 | 10 |

注：1　表中①适用于建筑钢、木门窗油灰的安装，但不适用于安装夹层玻璃。

2　表中②适用于塑性填料、密封剂或嵌缝条材料的安装。

3　表中③适用于预成型的弹性材料（如聚氯乙烯或氯丁橡胶制成的密封垫）的安装。油灰适用于公称厚度不大于 6mm、面积不大于 $2m^2$ 的玻璃。

4　夹层玻璃最小安装尺寸，应按原片玻璃公称厚度的总和，在表中选取。

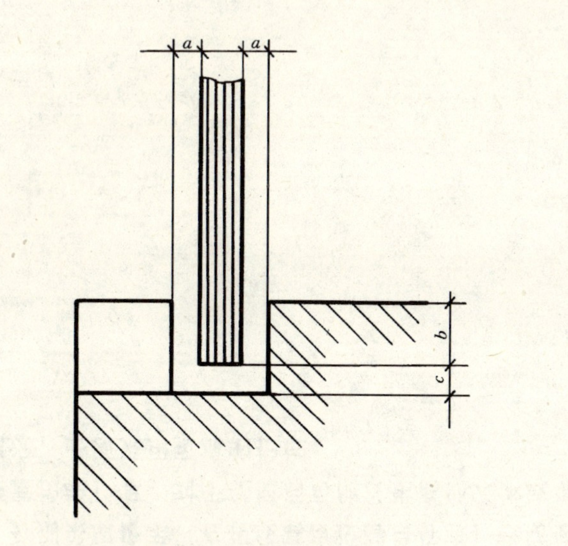


图 7.1.1　玻璃安装尺寸

表 7.1.1-2　中空玻璃的最小安装尺寸（mm）

| 中空玻璃 | 固定部分 | | | | |
|---|---|---|---|---|---|
| | 前部余隙或后部余隙 $a$ | 嵌入深度 $b$ | 边缘余隙 $c$ | | |
| | | | 下边 | 上边 | 两侧 |
| 3+A+3 | 5 | 12 | 7 | 6 | 5 |
| 4+A+4 | | 13 | | | |
| 5+A+5 | | 14 | | | |
| 6+A+6 | | 15 | | | |

注：A＝6、9、12mm，为空气层的厚度。

**7.1.2**　槽口和凹槽宽度的确定应符合下列规定：

1　无压条槽口宽度应为以下各项之和：

1）后部余隙 $a$；

2）玻璃公称厚度；

3）前部油灰宽度或单面非结构密封垫的宽度。

无压条玻璃安装前部油灰宽度：对于不大于 $1m^2$ 的玻璃，前部油灰的宽度不应小于 10mm；对于大于 $1m^2$ 小于 $2m^2$ 的玻璃，前部油灰的宽度不应小于 12mm。前部油灰应有 45°斜角。

2　有压条槽口宽度应为以下各项之和：

1）前部余隙与后部余隙之和；

2）玻璃公称厚度；

3）安装压条所需槽口的宽度。

3　凹槽宽度应为以下各项之和：

1）前部余隙与后部余隙之和；

2）玻璃公称厚度。

**7.1.3**　槽口和凹槽的深度，应等于边缘余隙 $c$ 和嵌入深度 $b$ 之和。

**7.1.4**　幕墙玻璃的安装尺寸应按现行行业标准《玻璃幕墙工程技术规范》JGJ 102 的规定执行。

## 7.2　玻璃安装材料的使用

**7.2.1**　玻璃安装材料应与接触材料相容（包括框架及不同种类的玻璃等）。安装材料的选用，应通过相容性试验确定。

**7.2.2**　支承块的尺寸应符合下列规定：

1　每块最小长度不得小于 50mm；

2　宽度应等于玻璃的厚度加上前部余隙和后部余隙；

3　厚度应等于边缘余隙 $c$。

**7.2.3**　定位块的尺寸应符合下列规定：

1　长度不应小于 25mm；

2　宽度应等于玻璃的厚度加上前部余隙和后部余隙；

3　厚度应等于边缘余隙 $c$。

**7.2.4**　支承块与定位块的位置应符合下列规定（图 7.2.4）：

1　采用固定安装方式时，支承块和定位块的安装位置应距离槽角为 1/4 边长位置处；

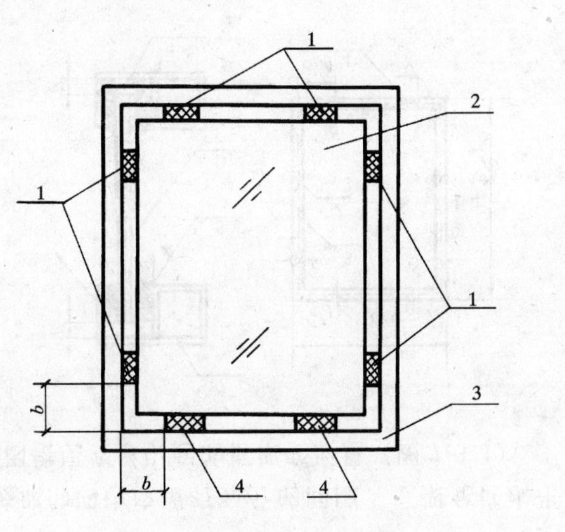


图 7.2.4　支承块和定位块安装位置

1—定位块；2—玻璃；3—框架；4—支承块

2　采用可开启安装方式时，支承块和定位块的安装位置距槽角不应小于 30mm。当安装在窗框架上的铰链位于槽角部 30mm 和距槽角 1/4 边长点之间时，支承块和定位块的安置应与铰链安装的位置一致；

3　支承块、定位块不得堵塞泄水孔。

**7.2.5**　弹性止动片的尺寸应符合下列规定：

1　长度不应小于 25mm；

2　高度应比槽口或凹槽深度小 3mm；

3　厚度应等于 $a$。

**7.2.6**　弹性止动片位置应符合下列规定：

1　除玻璃用油灰安装外，弹性止动片应安装在玻璃相对的两侧，弹性止动片之间的间距不应大于 300mm；

3　用螺栓或螺钉安装的压条，弹性止动片的安装位置应与压条的固定点位置一致；

3　压条连续镶入槽内时，第一个弹性止动片应距槽角 50mm，弹性止动片之间的间距不应大于 300mm；

4　弹性止动片安装的位置不应与支承块和定位块的位置相同。

**7.2.7**　油灰宜用于钢、木门窗玻璃的安装。用油灰安装前，应用玻璃卡子将玻璃定位。油灰安装后表面应平整光滑，油灰固化后不应出现龟裂，并应在其表面及时涂保护油漆，油漆应涂至可见线以上 2mm。

**7.2.8**　塑性填料的应用应符合下列规定：

1　用塑性填料安装时，应使用支承块、定位块、弹性止动片或定位卡子。

2　安装时应连续填满槽口，表面平整，使其形成没有空隙的固体衬垫。

**7.2.9**　密封剂的应用应符合下列规定：

1　对于多孔表面的基材应对表面涂底漆。当密封剂用于塑料门窗安装时，应确定其适用性和相容性；

2　用密封剂安装时，应使用支承块、定位块、弹性止动片或定位卡子；

3　密封剂上表面不应低于槽口，并应做成斜面；下表面应低于槽口 3mm。

**7.2.10** 嵌缝条材料的应用应符合下列规定：

1 对于多孔表面的基材应对表面涂底漆。嵌缝条材料用于塑料门窗时，应确定其适用性和相容性；

2 嵌缝条材料用于玻璃两侧与槽口内壁之间时，应使用支承块和定位块。

**7.2.11** 木制压条应用螺钉或嵌钉固定。大板面玻璃或重量大的玻璃必须用螺钉。金属和塑料压条应用螺钉或螺栓固定。

### 7.3 玻璃抗侧移的安装要求

**7.3.1** 玻璃的四边应留有充分的间隙，框架允许水平变形量应大于因楼层变形引起的框架变形量（图 7.3.1）。

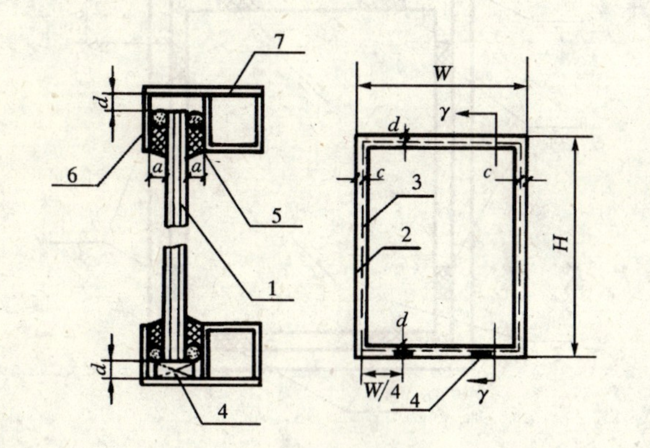


图 7.3.1 安装示意

1—玻璃；2—框架槽底；3—玻璃边缘；4—支承块；5—弹性密封材料；6—衬垫材料；7—框架

**7.3.2** 框架允许水平变形量应按下式计算：

$$\Delta u = 2c\left(1 + \frac{Hd}{Wc}\right) + S \quad (7.3.2)$$

式中 $\Delta u$——框架允许水平变形量，mm；

$d$——玻璃与框架纵向间隙，mm；

$c$——玻璃与框架横向间隙，mm；

$H$——框架槽内高度，mm；

$W$——框架槽内宽度，mm；

$S$——一般为 2～3mm。

**7.3.3** 玻璃安装用的密封材料应采用弹性密封材料。

# 8 百叶窗、屋面玻璃和斜屋面窗玻璃

## 8.1 百 叶 窗 玻 璃

8.1.1 当风荷载标准值不大于0.9kPa时，百叶窗使用的普通退火玻璃的最大跨度应符合表8.1.1的规定。

表8.1.1 百叶窗使用的普通退火玻璃的最大跨度（mm）

| 公称厚度 | 玻璃宽度 $b$ | | |
|---|---|---|---|
| | $b \leqslant 100$ | $100 < b \leqslant 150$ | $150 < b \leqslant 225$ |
| 3 | 400 | 500 | 不允许使用 |
| 4 | 500 | 600 | 不允许使用 |
| 5 | 600 | 750 | 750 |
| 6 | 750 | 900 | 900 |

8.1.2 当风荷载标准值大于0.9kPa时，使用的普通退火玻璃和其他种类的玻璃，其跨度应按本规程第4章中抗风压调整系数和两对边支承抗风压设计公式确定。

8.1.3 安装在易受人体冲击位置时，百叶窗玻璃除应符合本规程第8.1.1条或第8.1.2条的规定外，还应符合本规程第6章的规定。

## 8.2 屋 面 玻 璃

8.2.1 本节适用于与水平面夹角小于75°的屋面玻璃。

**8.2.2 两边支承的屋面玻璃，应支撑在玻璃的长边**

**8.2.3 屋面玻璃必须使用安全玻璃。**

**8.2.4 当屋面玻璃最高点离地面大于5m时，必须使用夹层玻璃。**

8.2.5 玻璃的最大应力设计值应按弹性力学计算，不得超过强度设计值。

**8.2.6 对承受活荷载的屋面玻璃，活荷载的设计应符合下列规定：**

**1 对上人的屋面玻璃，应按下列最不利情况，分别计算：**

**1）玻璃板中心点直径为150mm的区域内，应能承受垂直于玻璃为1.8kN的活荷载。**

**2）居住建筑，应能承受1.5kPa的均布活荷载；对非居住建筑，应能承受3kPa的均布活荷载。**

**2 对不上人的屋面玻璃，设计应符合下列规定：**

**1）与水平面夹角小于30°的屋面玻璃，在玻璃板中心点直径为150mm的区域内，应能承受垂直于玻璃为1.1kN的活荷载。**

**2）与水平面夹角不小于30°的屋面玻璃，在玻璃板中心直径为150mm的区域内，应能承受垂直于玻璃为0.5kN的活荷载。**

8.2.7 屋面玻璃的强度设计值应符合下列规定：

1 夹层玻璃的强度设计值应为14MPa；

2 钢化玻璃的强度设计值应为42MPa；

3 半钢化夹层玻璃的强度设计值应为24MPa；

4 单片防火玻璃的强度设计值应为63MPa。

**8.2.8 用于屋面的夹层玻璃，夹层胶片厚度不应小于0.76mm。**

### 8.3 斜屋面窗玻璃

**8.3.1** 斜屋面窗玻璃宜使用中空玻璃。

**8.3.2** 当屋面与水平面间的夹角大于75°时，斜屋面窗对玻璃性能的要求与竖直窗相同。

**8.3.3** 当屋面与水平面间的夹角小于或等于75°,且达到下列条件之一时,必须使用安全玻璃。安全玻璃应置于中空玻璃内侧。

1 玻璃面积大于$1.5m^2$;

2 对于住宅建筑，窗户中部距室内地面大于3.5m;

3 对于公共建筑，窗户中部距室内地面大于3m。

## 9 水下用玻璃

### 9.1 水下用玻璃的性能要求

**9.1.1** 水下用玻璃应选用夹层玻璃，宜用钢化夹层玻璃。

**9.1.2** 水下用玻璃设计应满足下式的要求：

$$\sigma \leqslant f_g \tag{9.1.2}$$

式中 $\sigma$——水压作用产生的玻璃截面最大弯曲应力设计值；

$f_g$——水下用玻璃的强度设计值，应按表9.1.2取值。

**表9.1.2 水下用玻璃的强度设计值（MPa）**

| 品　种 | 中　部 | 边　部 |
|---|---|---|
| 浮法玻璃 | 8 | 6 |
| 钢化玻璃 | 50 | 35 |

**9.1.3** 承受水压时，玻璃板面最大挠度不得大于跨度的1/200;安装框架（主要受力杆件）的变形不得超过跨度的1/500。

### 9.2 水下用玻璃的设计计算

**9.2.1** 侧面玻璃的设计计算应符合下列规定：

1 四边支承矩形玻璃的最大弯曲应力设计值及最大挠度应按下列公式计算（图9.2.1-1)：

$$\sigma = \beta_1 \frac{\rho H L^2}{n t^2} \tag{9.2.1-1}$$

$$u = \alpha_1 \frac{\rho H L^4}{n t^3} \tag{9.2.1-2}$$

式中 $\sigma$——玻璃表面中部最大弯曲应力设计值，MPa；

$u$——玻璃表面中部最大挠度，mm；

$\rho$——液体密度（水：$1.00 \times 10^3$，海水：$1.01 \sim 1.05 \times 10^3$），$kg/m^3$；

$H$——水深，m；

$L$——跨度，m；

$t$——单片玻璃厚度，mm；

$n$——构成夹层玻璃的单片玻璃数；

$\beta_1$、$\alpha_1$——玻璃边长比相关系数，应按表 9.2.1-1 及表 9.2.1-2 选用。

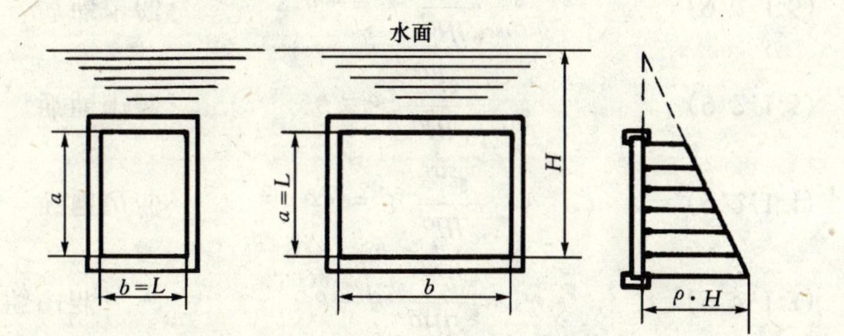


图 9.2.1-1 四边支承矩形侧面玻璃

表 9.2.1-1 系数 $\beta_1$ 值

| k \ H/a | 1.0 | 1.2 | 1.4 | 1.6 | 1.8 | 2.0 | 2.5 | 3.0 | 4.0 | 6.0 | 10.0 | ∞ |
|---|---|---|---|---|---|---|---|---|---|---|---|---|
| 1.0 | 1.57 | 1.70 | 1.87 | 1.97 | 2.05 | 2.11 | 2.24 | 2.32 | 2.43 | 2.54 | 2.63 | 2.76 |
| 1.2 | 2.00 | 2.24 | 2.43 | 2.57 | 2.68 | 2.78 | 2.95 | 3.07 | 3.20 | 3.35 | 3.48 | 3.66 |
| 1.4 | 2.37 | 2.69 | 2.92 | 3.10 | 3.25 | 3.37 | 3.57 | 3.71 | 3.89 | 4.07 | 4.22 | 4.44 |

续表

| k \ H/a | 1.0 | 1.2 | 1.4 | 1.6 | 1.8 | 2.0 | 2.5 | 3.0 | 4.0 | 6.0 | 10.0 | ∞ |
|---|---|---|---|---|---|---|---|---|---|---|---|---|
| 1.6 | 2.69 | 3.06 | 3.34 | 3.55 | 3.71 | 3.85 | 4.09 | 4.25 | 4.46 | 4.67 | 4.84 | 5.10 |
| 1.8 | 2.95 | 3.36 | 3.67 | 3.91 | 4.10 | 4.24 | 4.51 | 4.69 | 4.93 | 5.16 | 5.35 | 5.63 |
| 2.0 | 3.15 | 3.60 | 3.94 | 4.20 | 4.40 | 4.56 | 4.84 | 5.05 | 5.30 | 5.55 | 5.75 | 6.05 |
| 2.5 | 3.49 | 4.00 | 4.39 | 4.67 | 4.90 | 5.08 | 5.40 | 5.62 | 5.90 | 6.19 | 6.41 | 6.74 |
| 3.0 | 3.66 | 4.22 | 4.62 | 4.93 | 5.16 | 5.35 | 5.69 | 5.93 | 6.23 | 6.52 | 6.76 | 7.11 |
| 4.0 | 3.80 | 4.38 | 4.80 | 5.12 | 5.36 | 5.56 | 5.93 | 6.17 | 6.48 | 6.79 | 7.03 | 7.40 |
| 5.0 | 3.83 | 4.42 | 4.85 | 5.17 | 5.42 | 5.62 | 5.98 | 6.23 | 6.54 | 6.85 | 7.10 | 7.48 |

注：$k$—长边与短边之比。

表 9.2.1-2 系数 $\alpha_1$ 值

| k \ H/a | 1.0 | 1.2 | 1.4 | 1.6 | 1.8 | 2.0 | 2.5 | 3.0 | 4.0 | 6.0 | 10.0 | ∞ |
|---|---|---|---|---|---|---|---|---|---|---|---|---|
| 1.0 | 3.09 | 3.59 | 3.93 | 4.20 | 4.41 | 4.58 | 4.88 | 5.09 | 5.34 | 5.60 | 5.79 | 6.09 |
| 1.2 | 4.28 | 4.96 | 5.46 | 5.84 | 6.14 | 6.36 | 6.78 | 7.07 | 7.34 | 7.77 | 8.06 | 8.48 |
| 1.4 | 5.34 | 6.41 | 6.84 | 7.32 | 7.68 | 7.98 | 8.51 | 8.87 | 9.33 | 9.75 | 10.11 | 10.64 |
| 1.6 | 6.26 | 7.26 | 8.03 | 8.58 | 9.00 | 9.36 | 9.98 | 10.40 | 10.91 | 11.43 | 11.85 | 12.47 |
| 1.8 | 7.01 | 8.16 | 8.99 | 9.62 | 10.10 | 10.49 | 11.19 | 11.66 | 12.24 | 12.81 | 13.28 | 13.98 |
| 2.0 | 7.61 | 8.87 | 9.78 | 10.46 | 10.98 | 11.40 | 12.17 | 12.68 | 13.31 | 13.94 | 14.45 | 15.20 |
| 2.5 | 8.63 | 10.07 | 11.09 | 11.87 | 12.47 | 12.95 | 13.80 | 14.37 | 15.09 | 15.81 | 16.38 | 17.25 |
| 3.0 | 9.18 | 10.71 | 11.81 | 12.62 | 13.26 | 13.77 | 14.69 | 15.29 | 16.05 | 16.82 | 17.43 | 18.35 |
| 4.0 | 9.62 | 11.22 | 12.38 | 13.23 | 13.89 | 14.43 | 15.38 | 16.02 | 16.83 | 17.63 | 18.27 | 19.23 |
| 5.0 | 9.74 | 11.36 | 12.51 | 13.38 | 14.06 | 14.60 | 15.57 | 16.22 | 17.03 | 17.84 | 18.48 | 19.46 |

2 三边支承矩形玻璃的最大弯曲应力设计值及最大挠度应按下列公式计算（图 9.2.1-2）：

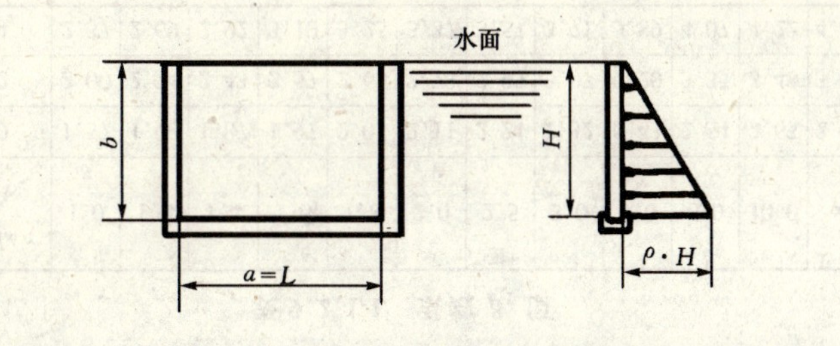


图 9.2.1-2　三边支承矩形侧面玻璃

玻璃中部：　$\sigma = \beta_2 \dfrac{\rho H L^2}{n t^2}$　(9.2.1-3)

玻璃边部：　$\sigma_{边} = \beta_3 \dfrac{\rho H L^2}{n t^2}$　(9.2.1-4)

玻璃中部：　$u = \alpha_2 \dfrac{\rho H L^4}{n t^3}$　(9.2.1-5)

玻璃边部：　$u_{边} = \alpha_3 \dfrac{\rho H L^4}{n t^3}$　(9.2.1-6)

式中　$\sigma_{边}$——玻璃边缘中心处最大弯曲应力设计值，MPa；

$u_{边}$——玻璃边缘中心处最大挠度，mm；

$\beta_2$、$\beta_3$、$\alpha_2$、$\alpha_3$——与玻璃边长比有关的系数，应按表 9.2.1-3 选用。

**表 9.2.1-3　系数 $\beta_2$、$\beta_3$、$\alpha_2$、$\alpha_3$ 值**

| 部位 | 系数 \ b/a | 0.5 | 0.67 | 1.0 | 1.5 | 2.0 |
|---|---|---|---|---|---|---|
| 中部 | $\beta_2$ | 0.87 | 1.32 | 1.99 | 2.72 | 3.17 |
| | $\alpha_2$ | 2.03 | 3.11 | 4.70 | 6.68 | 8.00 |

续表

| 部位 | 系数 \ b/a | 0.5 | 0.67 | 1.0 | 1.5 | 2.0 |
|---|---|---|---|---|---|---|
| 边部 | $\beta_3$ | 1.18 | 1.59 | 1.95 | 1.85 | 1.55 |
| | $\alpha_3$ | 3.45 | 4.56 | 5.52 | 5.21 | 4.37 |

3　周边连续支承圆形玻璃板的最大弯曲应力设计值及

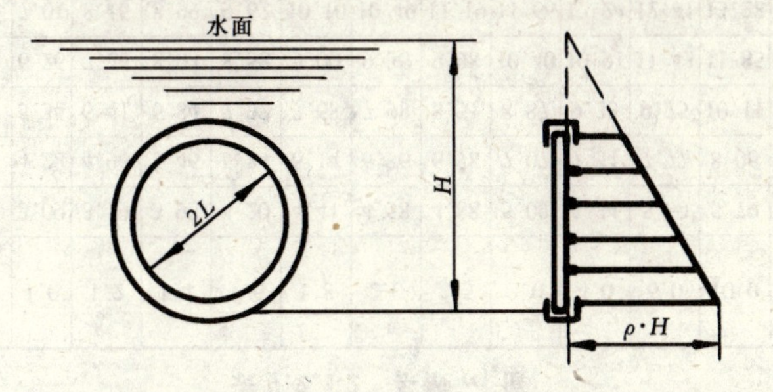


图 9.2.1-3　周边连续支承圆形侧面玻璃

最大挠度应按下列公式计算（图 9.2.1-3）。

$$\sigma = \beta_4 \frac{\rho H L^2}{n t^2} \qquad (9.2.1\text{-}7)$$

$$u = \alpha_4 \frac{\rho H L^4}{n t^3} \qquad (9.2.1\text{-}8)$$

式中　$L$——圆形水槽玻璃的半径，m；

$\beta_4$、$\alpha_4$——与玻璃半径有关的系数，应按表 9.2.1-4 选用。

**表 9.2.1-4　$\beta_4$、$\alpha_4$ 系数值**

| $H/L$ | 1.0 | 1.2 | 1.4 | 1.6 | 1.8 | 2.0 | 2.5 | 3.0 | 4.0 | 6.0 | ∞ |
|---|---|---|---|---|---|---|---|---|---|---|---|
| $\beta_4$ | 6.48 | 7.38 | 7.98 | 8.52 | 8.88 | 9.24 | 9.78 | 10.2 | 10.68 | 11.16 | 12.20 |
| $\alpha_4$ | 49.50 | 57.60 | 63.45 | 67.80 | 71.10 | 73.80 | 78.75 | 82.05 | 86.10 | 90.30 | 98.40 |

**9.2.2** 水底用玻璃的设计计算应符合下列规定：

1 四边支承矩形玻璃的最大弯曲应力设计值及最大挠度应按下列公式计算（图 9.2.2-1）：

$$\sigma = \beta_5 \frac{\rho H L^2}{n t^2} \quad (9.2.2\text{-}1)$$

$$u = \alpha_5 \frac{\rho H L^4}{n t^3} \quad (9.2.2\text{-}2)$$

式中 $\beta_5$、$\alpha_5$——与玻璃边长比相关的系数，应按本规程表 9.2.2-1 选用。

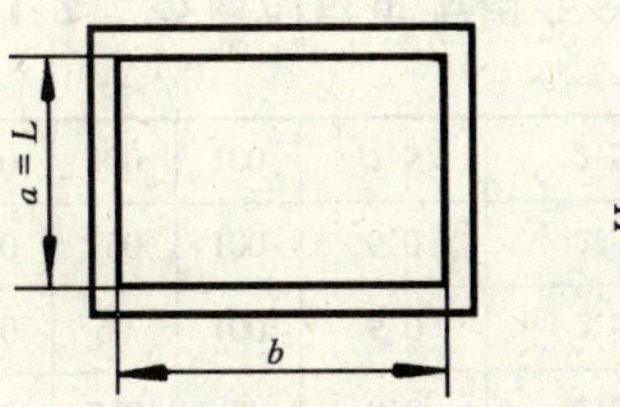


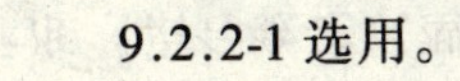

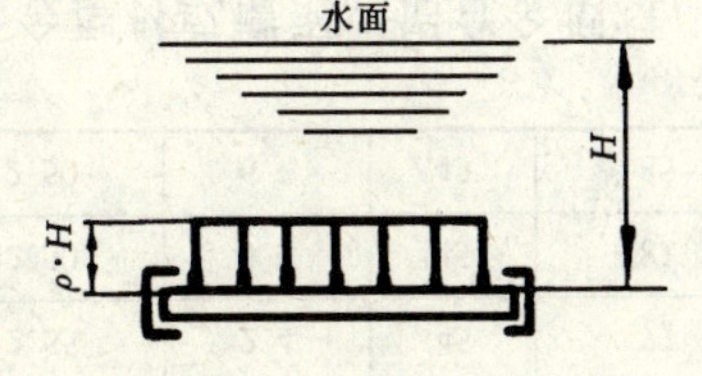


图 9.2.2-1 四边支承水底矩形玻璃

**表 9.2.2-1 $\beta_5$、$\alpha_5$ 系数值**

| $b/a$ | 1.0 | 1.2 | 1.4 | 1.6 | 1.8 | 2.0 | 3.0 | 4.0 | 5.0 | ∞ |
|---|---|---|---|---|---|---|---|---|---|---|
| $\beta_5$ | 2.72 | 3.62 | 4.41 | 5.07 | 5.60 | 6.03 | 7.11 | 7.40 | 7.48 | 7.50 |
| $\alpha_5$ | 6.30 | 8.76 | 11.10 | 12.87 | 14.52 | 15.75 | 19.04 | 20.00 | 20.13 | 20.27 |

2 周边连续支承圆形玻璃的最大弯曲应力设计值及最大挠度应按下列公式计算（图 9.2.2-2）。

$$\sigma = 12.2 \frac{\rho H L^2}{n t^2} \quad (9.2.2\text{-}3)$$

$$u = 98.4 \frac{\rho H L^4}{n t^3} \quad (9.2.2\text{-}4)$$

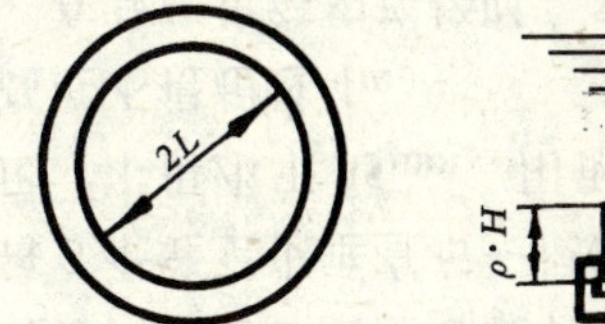


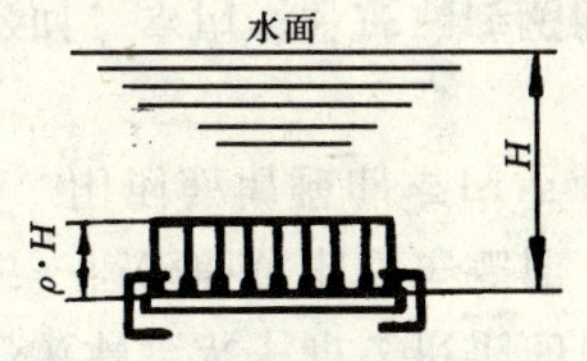


图 9.2.2-2 周边支承圆形水底玻璃

# 10 室内空心玻璃砖隔断

## 10.1 材料性能要求

**10.1.1** 空心玻璃砖的规格和性能应符合表 10.1.1 的规定。

**表 10.1.1 空心玻璃砖的规格和性能**

| 规格（mm） | | | 抗压强度 | 导热系数 | 单块重量 | 隔声量 | 透光率 |
|---|---|---|---|---|---|---|---|
| 长 | 宽 | 高 | （MPa） | [W/（$m^2$·K）] | （kg） | （dB） | （%） |
| 190 | 190 | 80 | 6.0 | 2.35 | 2.4 | 40 | 81 |
| 240 | 115 | 80 | 4.8 | 2.50 | 2.1 | 45 | 77 |
| 240 | 240 | 80 | 6.0 | 2.30 | 4.0 | 40 | 85 |
| 300 | 90 | 100 | 6.0 | 2.55 | 2.4 | 45 | 77 |
| 300 | 190 | 100 | 6.0 | 2.50 | 4.5 | 45 | 81 |
| 300 | 300 | 100 | 7.5 | 2.50 | 6.7 | 45 | 85 |

**10.1.2** 金属型材可为铝合金型材或槽钢。铝合金型材应符合现行国家标准《铝合金建筑型材》GB/T 5237 的规定，槽钢应符合现行国家标准《热轧普通槽钢品种》GB 707 的规定。金属型材的规格应符合下列规定：

1 用于 80mm 厚的空心玻璃砖的金属型材框，最小截面应为 90mm×50mm×3.0mm；

2 用于 100mm 厚的空心玻璃砖的金属型材框，最小截面应为 108mm×50mm×3.0mm。

**10.1.3** 所用钢筋应符合现行行业标准《有机薄膜抗张强度、伸长率试验方法》JB1499 中规定的Ⅰ级钢筋的要求。

## 10.2 设计与施工要求

**10.2.1** 室内空心玻璃砖隔断基础的承载力应满足荷载的要求。

**10.2.2** 室内空心玻璃砖隔断应建在用 2 根直径为 6mm 或 8mm 的钢筋增强的基础之上，基础高度不得大于 150mm。用 80mm 厚的空心玻璃砖砌的隔断，基础宽度不得小于 100mm；用 100mm 厚的空心玻璃砖砌的隔断，基础宽度不得小于 120mm。

**10.2.3** 非增强的室内空心玻璃砖隔断尺寸应符合表 10.2.3 的规定。

**表 10.2.3 非增强的室内空心玻璃砖隔断尺寸表**

| 砖缝的布置 | 隔断尺寸（m） | |
|---|---|---|
| | 高 度 | 长 度 |
| 贯通的 | ≤1.5 | ≤1.5 |
| 错开的 | ≤1.5 | ≤6.0 |

**10.2.4** 当室内空心玻璃砖隔断的尺寸超过表 10.2.3 的规定时，应采用直径为 6mm 或 8mm 的钢筋增强。当只有隔断的高度超过规定时，应在垂直方向上每 2 层空心玻璃砖水平布一根钢筋；当只有隔断的长度超过规定时，应在水平方向上每 3 个缝垂直布一根钢筋。当高度和长度都超过规定时，应在垂直方向上每 2 层空心玻璃砖水平布 2 根钢筋，在水平方向上每 3 个缝至少垂直布一根钢筋。钢筋每端伸入金属型材框的尺寸不得小于 35mm。用钢筋增强的室内空心玻璃砖隔断的高度不得超过 4m。

**10.2.5** 在与建筑结构连接时，室内空心玻璃砖隔断与金属型材框两翼接触的部位应留有滑缝，且不得小于4mm。与金属型材框腹面接触的部位应留有胀缝，且不得小于10mm。滑缝应用符合现行国家标准《石油沥青油毡、油纸》GB 326规定的沥青毡填充，胀缝应用符合现行国家标准《建筑物隔热用硬质聚氨酯泡沫塑料》GB 10800规定的硬质泡沫塑料填充。滑缝和胀缝的位置见图10.2.5。

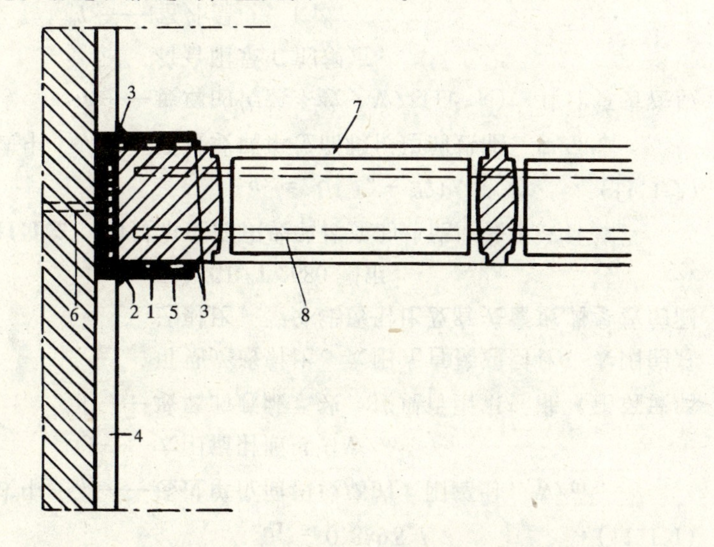


图10.2.5　室内空心玻璃砖隔断与建筑物墙壁的连接剖面
1—沥青毡（滑缝）；2—硬质泡沫塑料（胀缝）；3—弹性密封剂；4—泥灰；5—金属型材框；6—膨胀螺栓；7—空心玻璃砖；8—钢筋

**10.2.6**　最上层的空心玻璃砖应深入顶部的金属型材框中，深入尺寸不得小于10mm，且不得大于25mm。空心玻璃砖与顶部金属型材框的腹面之间应用木楔固定。

**10.2.7**　空心玻璃砖之间的接缝不得小于10mm,且不得大于30mm。

**10.2.8**　固定金属型材框用的镀锌钢膨胀螺栓直径不得小于8mm，间距不得大于500mm。

**10.2.9**　砌筑砂浆与勾缝砂浆应符合下列规定：

1　配制砌筑砂浆用的河沙粒径不得大于3mm；

2　配制勾缝砂浆用的河沙粒径不得大于1mm；

3　配制砂浆应采用与空心玻璃砖颜色相匹配的符合现行国家标准《白色硅酸盐水泥》GB 20215规定的325号白色硅酸盐水泥或符合现行国家标准《硅酸盐水泥、普通硅酸盐水泥》GB 175规定的P 32.5级硅酸盐水泥；

4　砌筑砂浆的等级应为M5，勾缝砂浆的水泥与河沙之比应为1:1。

**10.2.10**　金属型材框与建筑墙体和屋顶的结合部，以及空心玻璃砖砌体与金属型材框翼端的接合部应用弹性密封剂密封。

# 11 玻璃热工性能设计

## 11.1 玻 璃 的 传 热

**11.1.1** 透过玻璃单位面积入射室内的太阳辐射能应按下式计算：

$$q_1 = 0.889 S_e I \tag{11.1.1}$$

式中 $q_1$——透过单位面积玻璃的太阳辐射，$W/m^2$；

$I$——太阳辐射照度，$W/m^2$；

$S_e$——玻璃的遮蔽系数，按现行国家标准《建筑玻璃可见光透射比、太阳光直接透射比、太阳能总透射比、紫外线透射比及有关窗玻璃参数的测定》GB/T 2680 测定。

**11.1.2** 通过单位面积玻璃传递的热能应按下式计算：

$$q_2 = U(T_o - T_i) \tag{11.1.2}$$

式中 $q_2$——通过玻璃单位面积传递的热能，$W/m^2$；

$U$——玻璃的传热系数，$W/(m^2 \cdot K)$，其计算方法应符合附录 C 的规定；

$T_o$——室外温度，K；

$T_i$——室内温度，K。

**11.1.3** 通过玻璃单位面积的总热能应按下式计算：

$$q = q_1 + q_2 \tag{11.1.3}$$

式中 $q$——通过单位面积玻璃的总热能，$W/m^2$。

## 11.2 玻璃热工设计准则

**11.2.1** 对于夏热冬暖地区，应选择遮蔽系数小的玻璃。

**11.2.2** 对于严寒和寒冷地区，应选择传热系数小的玻璃。

# 附录A　常用玻璃品种的最大许用面积

**A.0.1**　四边支承普通浮法玻璃的最大许用面积应符合表A.0.1的规定。

**表 A.0.1　四边支承普通浮法玻璃的最大许用面积（$m^2$）**

| 风荷载标准值（kPa） | 普通浮法玻璃厚度 | | | | | | |
|---|---|---|---|---|---|---|---|
| | 3mm | 4mm | 5mm | 6mm | 8mm | 10mm | 12mm |
| 0.75 | 1.92 | 3.23 | 4.82 | 6.70 | 8.49 | 11.68* | 15.27* |
| 1.00 | 1.44 | 2.42 | 3.62 | 5.03 | 6.37 | 8.76 | 11.45* |
| 1.25 | 1.15 | 1.94 | 2.89 | 4.02 | 5.09 | 7.00 | 9.16 |
| 1.50 | 0.95 | 1.61 | 2.41 | 3.35 | 4.24 | 5.84 | 7.63 |
| 1.75 | 0.82 | 1.38 | 2.07 | 2.87 | 3.64 | 5.00 | 6.54 |
| 2.00 | 0.72 | 1.21 | 1.81 | 2.51 | 3.18 | 4.38 | 5.72 |
| 2.25 | 0.64 | 1.07 | 1.61 | 2.23 | 2.83 | 3.89 | 5.09 |
| 2.50 | 0.57 | 0.97 | 1.44 | 2.01 | 2.54 | 3.50 | 4.58 |
| 2.75 | 0.52 | 0.88 | 1.31 | 1.82 | 2.31 | 3.18 | 4.16 |
| 3.00 | 0.48 | 0.80 | 1.20 | 1.67 | 2.12 | 2.92 | 3.81 |
| 3.25 | 0.44 | 0.74 | 1.11 | 1.54 | 1.96 | 2.69 | 3.52 |
| 3.50 | 0.41 | 0.69 | 1.03 | 1.43 | 1.82 | 2.50 | 3.27 |
| 3.75 | 0.38 | 0.64 | 0.96 | 1.34 | 1.69 | 2.33 | 3.05 |
| 4.00 | 0.36 | 0.60 | 0.90 | 1.25 | 1.59 | 2.19 | 2.86 |
| 4.25 | 0.33 | 0.57 | 0.85 | 1.18 | 1.49 | 2.06 | 2.69 |
| 4.50 | 0.32 | 0.53 | 0.80 | 1.11 | 1.41 | 1.94 | 2.54 |
| 4.75 | 0.30 | 0.51 | 0.76 | 1.05 | 1.34 | 1.84 | 2.41 |
| 5.00 | 0.28 | 0.48 | 0.72 | 1.00 | 1.27 | 1.75 | 2.29 |

注：* 表示国内非常规大板面的玻璃尺寸。

**A.0.2**　四边支承半钢化玻璃最大许用面积应符合表A.0.2的规定。

**表 A.0.2　四边支承半钢化玻璃最大许用面积（$m^2$）**

| 风荷载标准值（kPa） | 半钢化玻璃厚度 | | | | | |
|---|---|---|---|---|---|---|
| | 3mm | 4mm | 5mm | 6mm | 8mm | 10mm |
| 0.75 | 3.08* | 5.17* | 7.73* | 10.73* | 13.59* | 18.69* |
| 1.00 | 2.31 | 3.88 | 5.79* | 8.05* | 10.19* | 14.01* |
| 1.25 | 1.84 | 3.10 | 4.63 | 6.44* | 8.15* | 11.21* |
| 1.50 | 1.54 | 2.58 | 3.86 | 5.36 | 6.79* | 9.34* |
| 1.75 | 1.32 | 2.21 | 3.31 | 4.60 | 5.82 | 8.01* |
| 2.00 | 1.15 | 1.94 | 2.89 | 4.02 | 5.09 | 7.00 |
| 2.25 | 1.02 | 1.72 | 2.57 | 3.57 | 4.53 | 6.23 |
| 2.50 | 0.92 | 1.55 | 2.31 | 3.22 | 4.07 | 5.60 |
| 2.75 | 0.84 | 1.41 | 2.10 | 2.92 | 3.70 | 5.09 |
| 3.00 | 0.77 | 1.29 | 1.93 | 2.68 | 3.39 | 4.67 |
| 3.25 | 0.71 | 1.19 | 1.78 | 2.47 | 3.13 | 4.31 |
| 3.50 | 0.66 | 1.10 | 1.65 | 2.30 | 2.91 | 4.00 |
| 3.75 | 0.61 | 1.03 | 1.54 | 2.14 | 2.71 | 3.73 |
| 4.00 | 0.57 | 0.97 | 1.44 | 2.01 | 2.54 | 3.50 |
| 4.25 | 0.54 | 0.91 | 1.36 | 1.89 | 2.39 | 3.29 |
| 4.50 | 0.51 | 0.86 | 1.28 | 1.78 | 2.26 | 3.11 |
| 4.75 | 0.48 | 0.81 | 1.22 | 1.69 | 2.14 | 2.95 |
| 5.00 | 0.46 | 0.77 | 1.15 | 1.61 | 2.03 | 2.80 |

**A.0.3**　四边支承中空玻璃最大许用面积应符合表A.0.3的规定。

**表 A.0.3 四边支承中空玻璃最大许用面积（$m^2$）**

| 风荷载标准值 | 中空玻璃厚度（mm） | | | | |
|---|---|---|---|---|---|
| （kPa） | 3+3 | 4+4 | 5+5 | 6+6 | 8+8 |
| 0.75 | 2.88* | 4.85* | 7.24* | 10.06* | 12.74* |
| 1.00 | 2.16 | 3.63* | 5.43* | 7.54* | 9.55* |
| 1.25 | 1.73 | 2.91 | 4.34 | 6.03 | 7.64* |
| 1.50 | 1.44 | 2.42 | 3.62 | 5.03 | 6.37 |
| 1.75 | 1.23 | 2.07 | 3.10 | 4.31 | 5.46 |
| 2.00 | 1.08 | 1.81 | 2.71 | 3.77 | 4.77 |
| 2.25 | 0.96 | 1.61 | 2.41 | 3.35 | 4.24 |
| 2.50 | 0.86 | 1.45 | 2.17 | 3.01 | 3.82 |
| 2.75 | 0.78 | 1.32 | 1.97 | 2.74 | 3.47 |
| 3.00 | 0.72 | 1.21 | 1.81 | 2.51 | 3.18 |
| 3.25 | 0.66 | 1.11 | 1.67 | 2.32 | 2.94 |
| 3.50 | 0.61 | 1.03 | 1.55 | 2.15 | 2.73 |
| 3.75 | 0.57 | 0.97 | 1.44 | 2.01 | 2.54 |
| 4.00 | 0.54 | 0.90 | 1.35 | 1.88 | 2.38 |
| 4.25 | 0.50 | 0.85 | 1.27 | 1.77 | 2.24 |
| 4.50 | 0.48 | 0.80 | 1.20 | 1.67 | 2.12 |
| 4.75 | 0.45 | 0.76 | 1.14 | 1.58 | 2.01 |
| 5.00 | 0.43 | 0.72 | 1.08 | 1.50 | 1.91 |

**A.0.4** 四边支承夹层玻璃最大许用面积应分别符合表 A.0.4-1、表 A.0.4-2 和表 A.0.4-3 的规定。

**表 A.0.4-1 四边支承夹层玻璃最大许用面积**

（胶片厚度 0.38mm）（$m^2$）

| 风荷载标准值 | 夹层玻璃总厚度 | | | | |
|---|---|---|---|---|---|
| （kPa） | 6.38mm | 8.38mm | 10.38mm | 12.38mm | 16.38mm |
| 0.75 | 4.99* | 7.25* | 9.86* | 12.80* | 19.55* |
| 1.00 | 3.74 | 5.44 | 7.40 | 9.60* | 14.66* |
| 1.25 | 2.99 | 4.35 | 5.92 | 7.68 | 11.73* |
| 1.50 | 2.49 | 3.62 | 4.93 | 6.40 | 9.77 |
| 1.75 | 2.13 | 3.10 | 4.22 | 5.48 | 8.38 |
| 2.00 | 1.87 | 2.72 | 3.70 | 4.80 | 7.33 |
| 2.25 | 1.66 | 2.41 | 3.28 | 4.26 | 6.51 |
| 2.50 | 1.49 | 2.17 | 2.96 | 3.84 | 5.86 |
| 2.75 | 1.36 | 1.97 | 2.69 | 3.49 | 5.33 |
| 3.00 | 1.24 | 1.81 | 2.46 | 3.20 | 4.88 |
| 3.25 | 1.15 | 1.67 | 2.27 | 2.95 | 4.51 |
| 3.50 | 1.06 | 1.55 | 2.11 | 2.74 | 4.19 |
| 3.75 | 0.99 | 1.45 | 1.97 | 2.56 | 3.91 |
| 4.00 | 0.93 | 1.36 | 1.85 | 2.40 | 3.66 |
| 4.25 | 0.88 | 1.28 | 1.74 | 2.25 | 3.45 |
| 4.50 | 0.83 | 1.20 | 1.64 | 2.13 | 3.25 |
| 4.75 | 0.78 | 1.14 | 1.55 | 2.02 | 3.08 |
| 5.00 | 0.74 | 1.08 | 1.48 | 1.92 | 2.93 |

**表 A.0.4-2 四边支承夹层玻璃最大许用面积**

（胶片厚度 0.76mm）（$m^2$）

| 风荷载标准值 | 夹层玻璃总厚度 | | | | |
|---|---|---|---|---|---|
| （kPa） | 6.76mm | 8.76mm | 10.76mm | 12.76mm | 16.76mm |
| 0.75 | 5.39* | 7.72* | 10.40* | 13.39* | 20.25* |
| 1.00 | 4.04 | 5.79 | 7.80 | 10.04* | 15.19* |
| 1.25 | 3.23 | 4.63 | 6.24 | 8.03 | 12.15* |

续表

| 风荷载标准值(kPa) | 夹层玻璃总厚度 | | | | |
|---|---|---|---|---|---|
| | 6.76mm | 8.76mm | 10.76mm | 12.76mm | 16.76mm |
| 1.50 | 2.69 | 3.86 | 5.20 | 6.69 | 10.12 |
| 1.75 | 2.31 | 3.31 | 4.45 | 5.74 | 8.68 |
| 2.00 | 2.02 | 2.89 | 3.90 | 5.02 | 7.59 |
| 2.25 | 1.79 | 2.57 | 3.46 | 4.46 | 6.75 |
| 2.50 | 1.61 | 2.31 | 3.12 | 4.01 | 6.07 |
| 2.75 | 1.47 | 2.10 | 2.83 | 3.65 | 5.52 |
| 3.00 | 1.34 | 1.93 | 2.60 | 3.34 | 5.06 |
| 3.25 | 1.24 | 1.78 | 2.40 | 3.09 | 4.67 |
| 3.50 | 1.15 | 1.65 | 2.22 | 2.87 | 4.34 |
| 3.75 | 1.07 | 1.54 | 2.08 | 2.67 | 4.05 |
| 4.00 | 1.01 | 1.44 | 1.95 | 2.51 | 3.79 |
| 4.25 | 0.95 | 1.36 | 1.83 | 2.36 | 3.57 |
| 4.50 | 0.89 | 1.28 | 1.73 | 2.23 | 3.37 |
| 4.75 | 0.85 | 1.21 | 1.64 | 2.11 | 3.19 |
| 5.00 | 0.80 | 1.15 | 1.56 | 2.00 | 3.03 |

**表 A.0.4-3 四边支承夹层玻璃最大许用面积**

(胶片厚度 1.52mm)($m^2$)

| 风荷载标准值(kPa) | 夹层玻璃总厚度 | | | | |
|---|---|---|---|---|---|
| | 7.52mm | 9.52mm | 11.52mm | 13.52mm | 17.52mm |
| 0.75 | 6.23* | 8.70* | 11.50* | 14.61* | 21.68* |
| 1.00 | 4.67 | 6.52 | 8.62* | 10.96* | 16.26* |
| 1.25 | 3.74 | 5.22 | 6.90 | 8.76* | 13.01* |
| 1.50 | 3.11 | 4.35 | 5.75 | 7.30 | 10.84* |

续表

| 风荷载标准值(kPa) | 夹层玻璃总厚度 | | | | |
|---|---|---|---|---|---|
| | 7.52mm | 9.52mm | 11.52mm | 13.52mm | 17.52mm |
| 1.75 | 2.67 | 3.73 | 4.93 | 6.26 | 9.29 |
| 2.00 | 2.33 | 3.26 | 4.31 | 5.48 | 8.13 |
| 2.25 | 2.07 | 2.90 | 3.38 | 4.87 | 7.22 |
| 2.50 | 1.87 | 2.61 | 3.45 | 4.38 | 6.50 |
| 2.75 | 1.70 | 2.37 | 3.13 | 3.98 | 5.91 |
| 3.00 | 1.55 | 2.17 | 2.87 | 3.65 | 5.42 |
| 3.25 | 1.43 | 2.00 | 2.65 | 3.37 | 5.00 |
| 3.50 | 1.33 | 1.86 | 2.46 | 3.13 | 4.64 |
| 3.75 | 1.24 | 1.74 | 2.30 | 2.92 | 4.33 |
| 4.00 | 1.16 | 1.63 | 2.15 | 2.74 | 4.06 |
| 4.25 | 1.10 | 1.53 | 2.03 | 2.57 | 3.82 |
| 4.50 | 1.03 | 1.45 | 1.91 | 2.43 | 3.61 |
| 4.75 | 0.98 | 1.37 | 1.81 | 2.30 | 3.42 |
| 5.00 | 0.93 | 1.30 | 1.72 | 2.19 | 3.25 |

**A.0.5** 四边支承夹丝、压花玻璃的最大许用面积应符合表A.0.5的规定。

**表 A.0.5 四边支承中空玻璃最大许用面积($m^2$)**

| 风荷载标准值(kPa) | 夹丝玻璃厚度 | | 压花玻璃厚度 | |
|---|---|---|---|---|
| | 6mm | 10mm | 3mm | 5mm |
| 0.75 | 3.35 | 5.84* | 1.15* | 2.89* |
| 1.00 | 2.51 | 4.38 | 0.86* | 2.17* |
| 1.25 | 2.01 | 3.50 | 0.69 | 1.73 |

续表

| 风荷载标准值 (kPa) | 夹丝玻璃厚度 | | 压花玻璃厚度 | |
|---|---|---|---|---|
| | 6mm | 10mm | 3mm | 5mm |
| 1.50 | 1.67 | 2.92 | 0.57 | 1.44 |
| 1.75 | 1.43 | 2.50 | 0.49 | 1.24 |
| 2.00 | 1.25 | 2.19 | 0.43 | 1.08 |
| 2.25 | 1.11 | 1.94 | 0.38 | 0.96 |
| 2.50 | 1.00 | 1.75 | 0.34 | 0.86 |
| 2.75 | 0.91 | 1.59 | 0.31 | 0.79 |
| 3.00 | 0.83 | 1.46 | 0.28 | 0.72 |
| 3.25 | 0.77 | 1.34 | 0.26 | 0.66 |
| 3.50 | 0.71 | 1.25 | 0.24 | 0.62 |
| 3.75 | 0.67 | 1.16 | 0.23 | 0.57 |
| 4.00 | 0.62 | 1.09 | 0.21 | 0.54 |
| 4.25 | 0.59 | 1.03 | 0.20 | 0.51 |
| 4.50 | 0.55 | 0.97 | 0.19 | 0.48 |
| 4.75 | 0.52 | 0.92 | 0.18 | 0.45 |
| 5.00 | 0.50 | 0.87 | 0.17 | 0.43 |

# 附录B 玻璃板中心温度 $T_c$ 和边框温度 $T_s$ 的计算

**B.0.1** 单片玻璃板中心温度 $T_c$ 应按下式计算：

$$T_c = 0.012 I_0 \cdot \alpha + 0.65 t_o + 0.35 t_i \quad (B.0.1)$$

式中 $I_0$——太阳辐射强度，$W/m^2$；

$t_o$——室外温度，℃；

$t_i$——室内温度，℃；

$\alpha$——玻璃的太阳辐射吸收率。

**B.0.2** 夹层玻璃中心温度 $T_c$ 应按下列公式计算：

（1）当中间膜厚为0.38mm时

$$T_{co} = I_0\ (0.0120 A_o + 0.0118 A_i)\ + 0.654 t_o + 0.346 t_i \quad (B.0.2\text{-}1)$$

$$T_{ci} = I_0\ (0.0118 A_o + 0.0122 A_i)\ + 0.642 t_o + 0.357 t_i \quad (B.0.2\text{-}2)$$

（2）当中间膜厚为0.76mm时

$$T_{co} = I_0\ (0.0121 A_o + 0.0117 A_i)\ + 0.658 t_o + 0.342 t_i \quad (B.0.2\text{-}3)$$

$$T_{ci} = I_0\ (0.0117 A_o + 0.0124 A_i)\ + 0.636 t_o + 0.364 t_i \quad (B.0.2\text{-}4)$$

（3）当中间膜厚为1.52mm时

$$T_{co} = I_0\ (0.0122 A_o + 0.0114 A_i)\ + 0.665 t_o + 0.335 t_i \quad (B.0.2\text{-}5)$$

$$T_{ci}=I_0\ (0.0114A_o+0.0129A_i)\ +0.622t_o+0.378t_i \quad (B.0.2-6)$$

（4）以上公式中 $A_o$、$A_i$ 应分别按下式计算：

$$A_o=\alpha_o \quad (B.0.2-7)$$

$$A_i=\tau_o\cdot\alpha_i \quad (B.0.2-8)$$

（B.0.2-1）~（B.0.2-8）式中

$T_{co}$——室外侧玻璃中部温度，℃；

$T_{ci}$——室内侧玻璃中部温度，℃；

$A_o$——室外侧玻璃总吸收率；

$A_i$——室内侧玻璃总吸收率；

$\alpha_o$——室外侧玻璃的吸收率；

$\alpha_i$——室内侧玻璃的吸收率；

$\tau_o$——室外侧玻璃的透过率。

**B.0.3** 中空玻璃中心温度 $T_c$ 应按下列公式计算：

（1）当空气层厚为 6mm 时

$$T_{co}=I_0\ (0.0148A_o+0.00724A_i)\ +0.788t_o+0.212t_i \quad (B.0.3-1)$$

$$T_{ci}=I_0\ (0.00724A_o+0.0207A_i)\ +0.394t_o+0.606t_i \quad (B.0.3-2)$$

（2）当空气层厚为 9mm 时

$$T_{co}=I_0\ (0.0147A_o+0.00679A_i)\ +0.801t_o+0.199t_i \quad (B.0.3-3)$$

$$T_{ci}=I_0\ (0.00679A_o+0.0215A_i)\ +0.370t_o+0.630t_i \quad (B.0.3-4)$$

（3）当空气层厚为 12mm 时

$$T_{co}=I_0\ (0.0150A_o+0.00625A_i)\ +0.817t_o+0.183t_i \quad (B.0.3-5)$$

$$T_{ci}=I_0\ (0.00625A_o+0.0225A_i)\ +0.340t_o+0.660t_i \quad (B.0.3-6)$$

（4）以上公式中 $A_o$、$A_i$ 应分别按下式计算：

$$A_o=\alpha_o\ [1+\tau_o\cdot r_i/\ (1-r_o\cdot r_i)] \quad (B.0.3-7)$$

$$A_i=\alpha_i\cdot\tau_o/\ (1-r_o\cdot r_i) \quad (B.0.3-8)$$

式中 $r_o$——室外侧玻璃反射率；

$r_i$——室内侧玻璃反射率。

**B.0.4** 装配玻璃板边框温度 $T_s$ 应按下式计算：

$$T_s=0.65t_o+0.35t_i \quad (B.0.4)$$

式中 $t_o$——室外温度，℃；

$t_i$——室内温度，℃。

**B.0.5** 计算玻璃中部温度 $T_c$ 和边框温度 $T_s$ 时，应选用所需的气象参数和玻璃参数。

**B.0.6** 应对东面、东南面、南面、西南面、西面进行热炸裂计算。

**B.0.7** 室外温度 $t_o$ 夏季时应取十年内最高温度值，冬季时应取十年内最低温度值，室内温度 $t_i$ 应取室内设定的温度值，可取冬季为 20℃，夏季为 25℃。

**B.0.8** 在进行设计计算前，应向当地气象部门索取所需气象资料。

**B.0.9** 玻璃的热工性能应根据厂家产品说明确定。

# 附录C 玻璃传热系数 $U$ 值的计算方法

**C.0.1** $U$ 值是表征玻璃传热的参数。表示热量通过玻璃中心部位而不考虑边缘效应，稳态条件下，玻璃两表面在单位环境温度差条件时，通过单位面积的热量。$U$ 值的单位是 W/（$m^2 \cdot K$）。

**C.0.2** 基本公式

1 一般原理

本方法是以下列公式为计算基础的：

$$\frac{1}{U} = \frac{1}{h_e} + \frac{1}{h_t} + \frac{1}{h_i} \tag{C.0.2-1}$$

式中 $h_e$——玻璃的室外表面换热系数；

$h_i$——玻璃的室内表面换热系数；

$h_t$——多层玻璃系统内部热传导系数；

多层玻璃系统内部传热系数按下式计算：

$$\frac{1}{h_t} = \sum_{s=1}^{N} \frac{1}{h_s} + \sum_{m=1}^{M} d_m r_m \tag{C.0.2-2}$$

式中 $h_s$——气体空隙的导热率；

$N$——气体层的数量；

$M$——材料层的数量；

$d_m$——每一个材料层的厚度；

$r_m$——每一层材料的热阻（玻璃的热阻为 1m·K/W）。

气体空隙的导热率按下式计算：

$$h_s = h_g + h_r: \tag{C.0.2-3}$$

式中 $h_r$——气体空隙的辐射导热系数；

$h_g$——气体空隙的导热系数（包括传导和对流）。

2 辐射导热系数 $h_r$

辐射导热系数 $h_r$ 由下式给出：

$$h_r = 4\sigma\left(\frac{1}{\varepsilon_1} + \frac{1}{\varepsilon_2} - 1\right)^{-1} \times T_m^3 \tag{C.0.2-4}$$

式中 $\sigma$——斯蒂芬-波尔兹曼常数；

$\varepsilon_1$ 和 $\varepsilon_2$——间隙层中两表面在平均绝对温度 $T_m$ 下的校正发射率。

3 气体导热系数 $h_g$

气体导热系数 $h_g$ 由下式给出：

$$h_g = Nu\frac{\lambda}{s} \tag{C.0.2-5}$$

式中 $s$——气体层的厚度，m；

$\lambda$——气体导热率，W/（m·K）；

$Nu$ 是努塞尔准数，由下式给出：

$$Nu = A(Gr \cdot Pr)^n \tag{C.0.2-6}$$

式中 $A$——常数；

$Gr$——格拉晓夫准数；

$Pr$——普朗特准数；

$n$——幂指数。

如果 $Nu < 1$，则将 $Nu$ 取为 1。

格拉晓夫准数由下式计算：

$$Gr = \frac{9.81 s^3 \Delta T^2 \rho}{T_m \mu^2} \tag{C.0.2-7}$$

普朗特准数按下式计算：

$$Pr = \frac{\mu c}{\lambda} \tag{C.0.2-8}$$

式中 $\Delta T$——气体间隙前后玻璃表面的温度差，K；

$\rho$——气体密度，$kg/m^3$；

$\mu$——气体的动态黏度，kg/（ms）；

$c$——气体的比热，J/（kg·K）；

$T_m$——气体平均温度，K。

对于垂直空间，其中 $A = 0.035$，$n = 0.38$；水平情况；$A = 0.16$，$n = 0.28$；倾斜45°：$A = 0.10$，$n = 0.31$。

**C.0.3** 基本材料特性

1 发射率

在计算辐射导热系数 $h_r$ 时，必须用到作为密闭空间的界面的表面校正发射率 $\varepsilon$。对于普通玻璃表面，校正发射率值选用0.837。对镀膜玻璃表面，常规发射率 $\varepsilon_n$ 由红外谱仪测定（参见附录D中的D.0.1）。校正发射率由附录D中的表D.0.2获得。

2 气体特性

需要用到下列气体特性：

a）导热率 $\lambda$ [W/（m·K）]；

b）密度 $\rho$（$kg/m^3$）；

c）动态黏度 $\mu$ [kg/（m·s）]；

d）比热 $c$ [J/（kg·K）]。

对于混合气体，气体特性与各种气体的体积百分比成正比。如果使用的混合气体中：

——气体1所占体积百分比为 $R_1$，

——气体2所占体积百分比为 $R_2$，等等，

那么：

$$F = F_1R_1 + F_2R_2 + \cdots\cdots \tag{C.0.3}$$

这里 $F$ 代表相关的特性，如：导热率、密度、动态黏度或比热。

**C.0.4** 外部和内部热交换系数

1 室外表面换热系数

室外表面换热系数 $h_e$ 是玻璃附近风速的函数，可用下式近似表达：

$$h_e = 10.0 + 4.1v \tag{C.0.4-1}$$

式中 $v$——风速，m/s。

在比较 $U$ 值时，可选用 $h_e$ 等于23W/（$m^2$·K）。

如果选用其他的 $h_e$ 值以满足特殊的实验条件，则必须在检测报告中予以说明。

2 室内表面换热系数

室内表面换热系数 $h_i$ 可用下式表达：

$$h_i = h_r + h_c \tag{C.0.4-2}$$

式中 $h_r$ 是辐射导热，$h_c$ 是对流导热。

普通玻璃表面的辐射导热率是4.4W/（$m^2$·K）。如果内表面校正发射率比较低，则辐射导热率由下式给出：

$$h_r = 4.4\varepsilon/0.837 \tag{C.0.4-3}$$

这里 $\varepsilon$ 是镀膜表面的校正发射率（0.837是清洁的、未镀膜玻璃的校正发射率）。

对于自由对流而言，$h_c$ 的值是3.6W/（$m^2$·K）。

对于通常情况下的普通垂直玻璃表面和自由对流，

$$h_i = 4.4 + 3.6 = 8.0\text{W/（m}^2\text{·K）} \tag{C.0.4-4}$$

用来比较窗玻璃 $U$ 值时，这个值是标准的。

如果选用其他的 $h_i$ 值以满足特殊的实验条件，则必须

在检测报告中予以说明。

**C.0.5** 参考值

基本的参考值列示如下：

玻璃的热阻率 $r = 1m \cdot K/W$；

普通玻璃表面的校正发射率 $\varepsilon = 0.837$；

外玻璃表面温度差 $\Delta T = 15K$；

窗玻璃平均温度 $T_m = 283K$；

斯蒂芬-波尔兹曼常数 $\sigma = 5.67 \times 10^{-8} W/(m^2 \cdot K)$；

室外表面换热系数 $h_e = 23W/(m^2 \cdot K)$；

室内表面换热系数 $h_i = 8W/(m^2 \cdot K)$；

$U$ 值应按 W/（m²·K）表示，精确到小数点后一位即可。对于气体层多于一个的多层玻璃窗而言，每一单元的平均温度和平均温度差均应通过轮流执行计算步骤而得出。

# 附录 D 发射率与气体特性的确定

**D.0.1** 标准发射率 $\varepsilon_n$ 的确定

镀膜玻璃表面的标准发射率 $\varepsilon_n$ 是在接近正常入射状况下，利用红外谱仪测出其谱线的反射曲线，按照下列步骤计算出来。

按照表 D.0.1 给出的 30 个波长值，测定相应的反射系数 $R_n(\lambda_i)$ 曲线，取其数学平均值，得到 283K 温度下的常规反射系数。

$$R_n = \frac{1}{30}\sum_{i=1}^{30} R_n(\lambda_i) \quad (D.0.1)$$

283K 的标准发射率由下式给出：

$$\varepsilon_n = 1 - R_n \quad (D.0.2)$$

**表 D.0.1 用于测定 283K 下标准反射率 $R_n$ 的波长**（单位：μm）

| 序号 | 波长 | 序号 | 波长 |
|---|---|---|---|
| 1 | 5.5 | 13 | 12.9 |
| 2 | 6.7 | 14 | 13.5 |
| 3 | 7.4 | 15 | 14.2 |
| 4 | 8.1 | 16 | 14.8 |
| 5 | 8.6 | 17 | 15.6 |
| 6 | 9.2 | 18 | 16.3 |
| 7 | 9.7 | 19 | 17.2 |
| 8 | 10.2 | 20 | 18.1 |
| 9 | 10.7 | 21 | 19.2 |
| 10 | 11.3 | 22 | 20.3 |
| 11 | 11.8 | 23 | 21.7 |
| 12 | 12.4 | 24 | 23.3 |

续表 D.0.1

| 序　　号 | 波　　长 | 序　　号 | 波　　长 |
|---|---|---|---|
| 25 | 25.2 | 28 | 35.7 |
| 26 | 27.7 | 29 | 43.9 |
| 27 | 30.9 | 30 | 50.0①② |

① 选择 50μm 是因为这是普通商品化红外谱仪的极限波长，这样的近似值给计算精度带来的影响是可以忽略不计的。

② 如果 25μm 以上波长的反射谱数据无法得到，可以用更高的波长点代替。只有反射率响应曲线达到理想稳定状态时，这样做才有效。采用这种做法时应在检测报告中注明。

**D.0.2** 校正发射率 $\varepsilon$ 的确定

用表 D.0.2 给出的系数乘以标准发射率 $\varepsilon_n$ 即得出校正发射率 $\varepsilon$。

**D.0.3** 气体特性

中空多层玻璃的有关气体参数列示于表 D.0.3

**表 D.0.2 校正发射率与标准发射率之间的关系**

| 标准发射率 | 系　数① | 标准发射率 | 系　数① |
|---|---|---|---|
| 0.03 | 1.22 | 0.5 | 1.00 |
| 0.05 | 1.18 | 0.6 | 0.98 |
| 0.1 | 1.14 | 0.7 | 0.96 |
| 0.2 | 1.10 | 0.8 | 0.95 |
| 0.3 | 1.06 | 0.89 | 0.94 |
| 0.4 | 1.03 | | |

①其他值可以通过线性插值或外推获得

**表 D.0.3 气 体 特 性**

| 气体 | 温度 $T$ (℃) | 密度 $\rho$ ($kg/m^3$) | 动态黏度 $\mu$ [$10^{-5}kg/(m\cdot s)$] | 热导率 $\lambda$ [$10^{-2}W/(m\cdot K)$] | 比热 $c$ [$10^3J/(kg\cdot K)$] |
|---|---|---|---|---|---|
| 空气 | −10 | 1.326 | 1.661 | 2.336 | 1.008 |
| | 0 | 1.277 | 1.711 | 2.416 | |
| | +10 | 1.232 | 1.761 | 2.496 | |
| | +20 | 1.189 | 1.811 | 2.576 | |
| 氩气 | −10 | 1.829 | 2.038 | 1.584 | 0.519 |
| | 0 | 1.762 | 2.101 | 1.634 | |
| | +10 | 1.699 | 2.164 | 1.684 | |
| | +20 | 1.640 | 2.228 | 1.734 | |
| 氟化硫 | −10 | 6.844 | 1.383 | 1.119 | 0.614 |
| | 0 | 6.602 | 1.421 | 1.197 | |
| | +10 | 6.360 | 1.459 | 1.275 | |
| | +20 | 6.118 | 1.497 | 1.354 | |
| 氪气 | −10 | 3.832 | 2.260 | 0.842 | 0.245 |
| | 0 | 3.690 | 2.330 | 0.870 | |
| | +10 | 3.560 | 2.400 | 0.900 | |
| | +20 | 3.430 | 2.470 | 0.926 | |

## 本规程用词说明

1 为便于在执行本规程条文时区别对待，对要求严格程度不同的用词说明如下：

1）表示很严格，非这样做不可的：
正面词采用“必须”；
反面词采用“严禁”。

2）表示严格，在正常情况下均应这样做的：
正面词采用“应”；
反面词采用“不应”或“不得”。

3）表示允许稍有选择，在条件许可时首先应这样做的；
正面词采用“宜”；反面词采用“不宜”。
表示有选择，在一定条件下可以这样做的，采用“可”。

2 条文中指明应按其他有关标准执行的写法为“应符合……的规定（要求）”或“应按……执行”。

中华人民共和国行业标准

# 建筑玻璃应用技术规程

**JGJ 113—2003**

## 条 文 说 明

# 前　言

《建筑玻璃应用技术规程》（JGJ 113—2003），经建设部2003年3月28日以第136号公告发布。

本规程第一版的主编单位是中国建筑材料科学研究院，参编单位是北京市建筑设计研究院、北京建筑工程学院、中国南玻集团股份有限公司、秦皇岛耀华玻璃集团公司、洛阳玻璃集团公司、上海耀华皮尔金顿玻璃公司、珠海兴业安全玻璃公司、德州振华装饰玻璃公司、秦皇岛玻璃工业设计院。

为便于广大设计、施工、科研、学校等单位的有关人员在使用本规程时能正确理解和执行条文规定，《建筑玻璃应用技术规程》编制组按章、节、条顺序编制了本规程的条文说明，供使用者参考。在使用中如发现本条文说明有不妥之处，请将意见函寄中国建筑材料科学研究院科研部。

# 目　次

# 1 总 则

**1.0.1** 为了使建筑玻璃的设计、材料选用、性能要求和安装施工等有章可循，使建筑玻璃的应用做到安全可靠、经济合理和实用美观，制定建筑玻璃应用技术规程。

本规程主要参照英国、澳大利亚、美国和日本等国家标准，并在抗风压方面做了大量实验，在得到大量可靠数据的基础上，就建筑玻璃的应用对有关建筑设计部门及施工单位进行调研，并查阅大量相关产品的国家及行业标准的基础上，制定适合我国国情的建筑玻璃应用规程。

由于我国建筑玻璃生产水平已达到国际先进水平，因此本标准的主要技术指标具有国际先进水平。

**1.0.2** 本条款规定了本规程的适用范围，本规程适用于建筑物内外部玻璃的设计、制作及安装施工。

**1.0.3** 建筑玻璃从生产到安装施工，只要某一环节出了问题，势必影响其应用，因此提出了质量控制要求，尤其要求生产厂家把好产品质量关。

**1.0.4** 由于建筑玻璃的应用要满足抗风压、热炸裂及有关人体冲击的安全性要求，因而对材料的性能、设计、制作及施工都有严格的要求，除应执行本规程外，尚应符合现行国家和行业有关标准和规范的要求。

建筑玻璃装配所用的大多数材料均有国家和行业标准，必须选用符合国家和行业标准的合格产品。

在建筑玻璃的设计、制作和施工中，密切相关的规范还有下列国家和行业标准：《木结构设计规范》、《钢结构设计规范》、《混凝土结构设计规范》、《建筑设计防火规范》、《高层民用建筑设计防火规范》、《木结构工程施工质量验收规范》和《建筑装饰装修工程质量验收规范》等。

## 2 术语、符号

本规程的术语“公称厚度”和“最小厚度”采用美国标准 ASTME1300—89《承受特定荷载所需退火玻璃最小厚度的确定》中的定义，其余术语则参照英国标准 BS6262《建筑玻璃装配应用规范》编制。

符号符合《工程建设技术标准编写要求》第三章第十五条有关符号的规定。

# 3 玻璃和安装材料

## 3.1 玻　璃

**3.1.1** 为便于设计人员的选用，本条列出了市场上现有的大多数建筑玻璃的品种。其中镀膜玻璃包括热反射玻璃和低辐射玻璃。热反射玻璃是采用在线热喷涂镀膜法、气相沉积镀膜法、电浮法工艺或采用离线热喷涂镀膜法、真空磁控溅射法、凝胶镀膜法等，在玻璃表面镀上一层或几层金、银、铜、镍、铬、铁、钛及上述金属的合金或金属氧化物薄膜而制得的。热反射玻璃能将60%左右的太阳热能挡住，可见光透过率一般在20%~60%范围内，遮蔽系数一般为0.23~0.56。低辐射玻璃有在线和离线两种生产方式，辐射率一般在0.10~0.25。

**3.1.2** 常用建筑玻璃大都有相应的国家或行业标准，应按现行标准规定执行。

## 3.2 玻璃安装材料

**3.2.1** 常用玻璃安装材料大都有相应的国家或行业标准，故应按现行的标准规定执行。

**3.2.2** 玻璃幕墙有其自身的特点，故其安装材料应符合《玻璃幕墙工程技术规范》的规定。

**3.2.3~3.2.4** 参照英国标准BS6262。

支承块起支承玻璃的作用；定位块用于玻璃边缘，避免玻璃周边与框直接接触，并使玻璃在门窗框中正确定位；间距片通常与不凝固混合物或硫化型混合物一同使用，防止其受载时移动。所以，支承块、定位块和间距片的性能对玻璃的施工和密封材料的耐久性有一定的影响，故对其性能应有要求。

# 4 玻璃抗风压设计

## 4.1 风荷载的确定

**4.1.1** 引自《建筑结构荷载规范》GB 50009 与《玻璃幕墙工程技术规范》JGJ 102 中关于风荷载的计算部分。

关于建筑玻璃的最小风荷载标准值，澳大利亚标准 AS1288 规定为 0.5kPa；英国标准 BS 6262 中规定为 0.6kPa；日本标准 JASS17 中规定为 1.0kPa。考虑我国具体实情，确定最小风荷载标准值取 0.75kPa。它表明，当建筑玻璃受到小于 0.75kPa 的风荷载作用时，为了安全起见应按 0.75kPa 进行设计。

## 4.2 抗风压设计

**4.2.1** 目前国外玻璃抗风压设计多采用一种半经验公式，如澳大利亚标准、日本标准中均有相应公式，现将它们叙述如下：

日本公式：

$$w_k \cdot A = \frac{K}{F}\left(t + \frac{t^2}{4}\right) \tag{1}$$

式中 $w_k$—— 风荷载标准值；

$A$—— 玻璃面积；

$t$—— 玻璃的厚度；

$K$—— 玻璃的品种系数(与抗风压调整系数有关)；

$F$—— 安全因子，一般取 2.50，此时对应的失效概率为 1‰。

此公式的具体形式为：

$$w_k \cdot A = 0.3\alpha\left(t + \frac{t^2}{4}\right) \tag{2}$$

式中 $\alpha$—— 抗风压调整系数。

澳大利亚公式：

玻璃厚度 $t \leqslant 6mm$ $w_k \cdot A = 0.2\alpha t^{1.8}$ (3)

玻璃厚度 $t > 6mm$ $w_k \cdot A = 0.2\alpha t^{1.6} + 1.9\alpha$ (4)

式中 $w_k$——风荷标准值，kPa。

上述风压公式都满足 $w_k \cdot A = f(t)$ 的形式，其中 $f(t)$ 是玻璃厚度 $t$ 的函数，确定风压公式的关键在于 $f(t)$ 的函数形式及其参数系数。

对此，我们选用国内具有代表性的玻璃生产厂家提供的新鲜玻璃，进行了抗风压试验验证工作，并通过分析比较，确定采用澳大利亚风压公式为主线。

实验中又以固定板面、变动厚度为主来进行，具体是对板面 1800mm×1500mm，厚度 5mm、8mm、10mm 的普通浮法玻璃进行大批量风压破坏实验，现将三厂家的实验数据列于表 1 中。

**表 1 普通浮法玻璃破坏风压平均值**（kPa）

（板面尺寸 1800mm×1500mm）

| 厂家 \ 板厚 | 5mm | 8mm | 10mm |
|---|---|---|---|
| A | 3.35（30 片） | 5.68（10 片） | 7.46（10 片） |
| B | 3.68（30 片） | 5.24（10 片） | 7.21（10 片） |

续表

| 厂家 \ 板厚 | 5mm | 8mm | 10mm |
|---|---|---|---|
| C | 4.23（40片） | 5.88（10片） | 6.08（10片） |
| 注：括号中的数值代表试验玻璃片数。 | | | |

现将国外规范中对应此玻璃尺寸的风荷载破坏值列于表2中。它们分别是从澳大利亚标准AS1288，日本标准JASS17，美国标准ASTME—1300，英国标准BS6262中查得。平均破坏风荷载与风荷载标准值间相差一个系数，即安全因子，国外建筑规范中普通退火玻璃的安全因子都取2.50。

**表2　不同国家的破坏风荷载平均值**（kPa）

（板面1800mm×1500mm的普通浮法玻璃）

| 国家 \ 板厚 | 5mm | 8mm | 10mm |
|---|---|---|---|
| 澳大利亚 | 3.35（1.34） | 6.92（2.77） | 9.13（3.67） |
| 日本 | 3.13（1.25） | 5.34（2.67） | 7.78（3.11） |
| 美国 | 3.00（1.2） | 6.20（2.48） | 8.75（3.5） |
| 英国 | 3.00（1.2） | | 8.50（3.4） |

注：1　括号内数据代表风荷载标准值，单位kPa；
　　2　英国建筑标准BS6262中无8mm厚度系列的普通浮法玻璃。

从实验数据可看出，我国5mm玻璃的风荷载破坏值与澳大利亚相近，而8mm、10mm玻璃的风荷载破坏值较澳大利亚偏低，根据具体实验数据并参照中国建筑材料科学研究院玻璃所多年积累的有关资料，对澳大利亚公式作适当调整，最后得到：

玻璃厚度　$t \leqslant 6mm$　$w_k \cdot A = 0.2\alpha t^{1.8}$　(5)

玻璃厚度　$t > 6mm$　$w_k \cdot A = 0.2\alpha t^{1.6} + 0.8\alpha$　(6)

式中　$w_k$——风荷载标准值，kPa。

$A$——玻璃面积，$m^2$；

$t$——玻璃的厚度，mm。

由公式（5）、（6）可直接得到普通退火玻璃的最大许用面积计算公式：

$$t \leqslant 6mm时：A_{max} = \frac{0.2t^{1.8}}{w_k} \quad (7)$$

$$t > 6mm时：A_{max} = \frac{0.2t^{1.6} + 0.8}{w_k} \quad (8)$$

上面是针对普通退火玻璃的计算公式，而不同类型玻璃的抗风压强度，可根据相同尺寸下普通退火玻璃的抗风压强度乘以相应调整系数来计算。

不同类型玻璃都是以普通退火玻璃为基础来确定抗风压调整系数，即将普通玻璃调整系数定为1.0，在普通浮法玻璃风压破坏实验的基础上，我们分别对钢化、半钢化、夹层、中空玻璃进行了对比性实验，实验数据列于表3中。

**表3　不同类型玻璃的平均破坏风荷载**（kPa）

| 板面1800mm×1500mm | 厚　度 | 平均破坏风荷载 |
|---|---|---|
| 普通浮法玻璃 | 5mm | 3.52（60片） |
| | 8mm | 5.46（20片） |
| | 10mm | 7.34（30片） |
| 半钢化玻璃 | 5mm | 6.14（25片） |
| | 8mm | 8.36（5片） |
| 钢化玻璃 | 5mm | 5.32（50片） |

续表

| 板面 1800mm×1500mm | 厚　度 | 平均破坏风荷载 |
|---|---|---|
| 中空玻璃 | 5mm+5mm | 8.08（3片） |
| 夹层玻璃 | 5mm+5mm | 6.86（7片） |

注：1　括号中的数值代表试验玻璃片数；
2　普通浮法玻璃取其中 A、B 二厂同尺寸玻璃破坏风荷载数据的平均值；
3　钢化玻璃取 A、B、C 三厂数据。

其中 5mm 钢化玻璃相应调整系数为 5.32/3.52 = 1.51，此数据较国外标准偏低，考虑到国内各钢化玻璃生产厂家的质量参差不齐，以及向先进工业国家标准靠拢的原则，定为 2.0～3.0 间，具体取值应经抗风压实验确定，5mm 半钢化玻璃相应的调整系数为 6.14/3.52 = 1.74，8mm 为 8.36/5.46 = 1.53，与澳大利亚规范基本一致，因此 $\alpha$ 取 1.60；而 5mm+5mm厚度的夹层玻璃相应的调整系数为 6.86/7.34 = 0.93，5mm+5mm 厚度的中空玻璃相应的调整系数为 8.08/3.52 = 2.30，两者都较国外标准偏高，综合考虑将其分别定为 0.8 和 1.5。对于夹丝、压花玻璃则参照国外标准，将其定为 0.5 和 0.6。

现将国外建筑规范中玻璃抗风压调整系数列于表 4 中。

这样将抗风压调整系数 $\alpha$ 代入公式（5）、（6）中得到玻璃的最大许用面积计算公式：

$$t \leqslant 6\text{mm 时：} A_{max} = \frac{0.2\alpha t^{1.8}}{w_k} \quad (9)$$

$$t > 6\text{mm 时：} A_{max} = \frac{0.2\alpha t^{1.6} + 0.8\alpha}{w_k} \quad (10)$$

**表 4　不同类型玻璃的抗风压调整系数**

<table>
<tr><th>玻璃类型<br>国家</th><th colspan="2">普通</th><th>半钢化</th><th>钢化</th><th colspan="2">夹层</th><th colspan="3">中空</th><th>夹丝</th><th>压花</th></tr>
<tr><td>澳大利亚</td><td colspan="2">1.0</td><td>1.6</td><td>2.5</td><td colspan="2">0.8</td><td colspan="3">1.5</td><td>0.5</td><td>1.0</td></tr>
<tr><td rowspan="2">日本</td><td>6mm以下</td><td>8mm以上</td><td rowspan="2">2.0</td><td rowspan="2">3.0</td><td colspan="2" rowspan="2">1.6</td><td colspan="3" rowspan="2">1.5</td><td rowspan="2">0.5</td><td rowspan="2">0.6</td></tr>
<tr><td>1.0</td><td>0.8</td></tr>
<tr><td rowspan="2">美国（ASTM）</td><td colspan="2" rowspan="2">1.0</td><td rowspan="2">2.0</td><td rowspan="2">4.0</td><td>普通</td><td>半钢化</td><td>普通</td><td>半钢化</td><td>钢化</td><td rowspan="2">0.5</td><td rowspan="2">0.6</td></tr>
<tr><td>0.75</td><td>1.5</td><td>2.0</td><td>4.0</td><td>5.0</td></tr>
<tr><td>美国（SBC）</td><td colspan="2">1.0</td><td>2.0</td><td>4.0</td><td colspan="2">0.6</td><td colspan="3">1.5</td><td>0.5</td><td>—</td></tr>
<tr><td>中国</td><td colspan="2">1.0</td><td>1.6</td><td>2.0～3.0</td><td colspan="2">0.8</td><td colspan="3">1.5</td><td>0.5</td><td>0.6</td></tr>
</table>

注：1　日本标准中夹层玻璃是按单片普通玻璃的厚度计算，而其他各国按玻璃总厚度进行计算；
2　中空玻璃各国都按两单片中薄片厚度进行计算。

**4.2.2**　两对边支承玻璃的抗风压设计

两对边支承普通玻璃的跨度计算公式引自澳大利亚标准 AS1288。

$$w_k \cdot L^2 = \frac{f \cdot t^2}{750} \quad (11)$$

式中　$w_k$——风荷载标准值，kPa；

$t$——玻璃的厚度，mm；

$L$——跨度，m；

$f$——玻璃的设计应力，MPa。

AS1288 规定：厚度不大于 6mm 的普通玻璃，其设计应力为 16.7MPa，而厚度大于 6mm 的普通玻璃设计应力为 15.2MPa。将 16.7MPa 与 15.2MPa 代入上述公式经计算，系数间数值仅相差 5%，可忽略不计，因此以小应力代入计算。对于不同类型玻璃的设计应力值，应在普通玻璃设计应力值的基础上乘以相应的抗风压调整系数 $\alpha$。

$$w_{k} \cdot L^{2} = \frac{15.2 \cdot \alpha \cdot t^{2}}{750} \Rightarrow L = \frac{0.142 \cdot \alpha^{\frac{1}{2}} \cdot t}{w_{k}^{\frac{1}{2}}} \quad (12)$$

# 5 建筑玻璃防热炸裂

## 5.1 设 计

**5.1.1** 玻璃的边缘是其脆弱部位，它所允许承受的最大应力值称边缘强度设计值。边缘强度设计值的定义已考虑到了一定的安全系数，可以直接用表 5.1.1 的值。

**5.1.2** 玻璃内部热应力的大小，不仅与玻璃的吸热系数、弹性模量、线膨胀系数有关，而且还与玻璃的安装情况及使用情况有关，本条的公式就是综合考虑各种条件而定出的实用公式。

**5.1.3** 玻璃表面的阴影使玻璃板温度分布发生变化，与无阴影的玻璃相比，热应力增加，两者之间的比值用阴影系数 $\mu_1$ 表示。

**5.1.4** 在相同的日照量的情况下，房屋玻璃内侧装窗帘或百叶窗与未装的场合相比，玻璃的热应力增加，其比值用窗帘系数 $\mu_2$ 表示。

**5.1.5** 在相同的温度下，不同板面玻璃的热应力值与 $1m^2$ 面积的玻璃的热应力的比值用面积系数 $\mu_3$ 表示。

**5.1.6** 边缘温度系数由下式定义：

$$\mu_4 = \frac{T_c - T_e}{T_c - T_s} \quad (13)$$

式中 $\mu_4$——边缘温度系数；

$T_c$——玻璃中心温度，℃；

$T_e$——玻璃边缘温度,℃;

$T_s$——窗框温度,℃。

表 5.1.6 所对应的一些参考图见图 1。

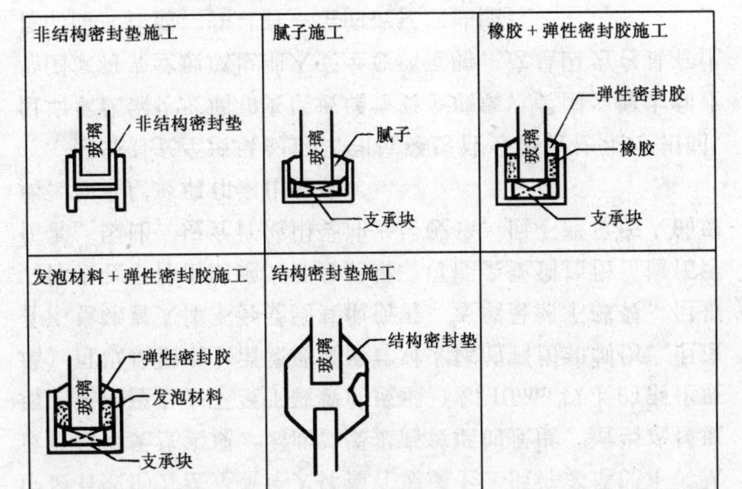


图 1　表 5.1.6 所对应的参考图

## 5.2　防玻璃热炸裂措施

由于玻璃的热应力大小直接受安装和使用情况的影响，所以应注意以下事项。

**5.2.1**　玻璃在裁切、运输、搬运过程中都容易在边部造成缺陷，这将极大地影响玻璃的整体强度，所以在安装时应注意玻璃周边无损伤。

**5.2.2**　良好的安装材料是保证优质安装的条件，所以在选择材料时一定要选用符合国家和行业标准的材料。

**5.2.3**　玻璃的使用和维护情况也直接影响到玻璃内部的热应力，本条是为了防止玻璃的温度升得太高或局部温差过大。

**5.2.4**　窗帘等遮蔽物如果紧挨在玻璃上，将影响玻璃热量的散发，从而使玻璃温度升高，热应力加大。某些热源（如热风、暖气片）如离玻璃太近，也会使玻璃温度升高，热应力加大。

# 6 人体冲击安全规定

## 6.1 一 般 规 定

作用在玻璃上的外力超过允许限度，玻璃就会破碎。这些外力包括风压、地震力，人体的冲击或飞来的物体等。本章仅考虑玻璃受人体冲击的情况，所以进行玻璃选择不能仅根据本章的内容。在考虑其他外力的作用时，对玻璃的要求可能会更严格，这种情况下，应遵循更为严格的规定。

减小人体冲击在玻璃上可能造成的伤害有多种方法，其中最有效的方法是避免人体撞在玻璃上，但许多情况下，从设计角度无法实现，因此，要提高玻璃的强度，适当选择玻璃。采用撞上去不至于破裂的玻璃（如10mm以上的钢化玻璃）可以从根本上消除玻璃碎片对人体的割伤和刺伤，但这并不意味着人体不会受到其他伤害。玻璃虽然不破裂，但是人体吸收了冲击的绝大部分能量，可能会受到挫伤、撞伤等伤害。因此，应允许使用受冲击后破碎，但不严重伤人的玻璃，如夹层玻璃和钢化玻璃。

国外对安全玻璃的定义和抗穿透性分级方法不尽相同。但均承认钢化玻璃和夹层玻璃为安全玻璃，美国、澳大利亚等国家将夹丝玻璃也纳入安全玻璃范畴，这是因为它具有优良的防火性能，并且有一定的抗穿透性能。

目前，我国尚无各种玻璃材料统一的抗穿透性分级方法，同时夹丝玻璃的产品标准JC433中也没有抗穿透性的要求。

将我国的夹层玻璃和钢化玻璃的国家标准与国外的同类标准或抗穿透性分级标准比较，国内的夹层玻璃标准GB9962中规定的玻璃抗穿透性要求与BS6206，AS2208，ANSI Z97.1和JISR3205的有关要求相近，钢化玻璃标准GB9963中规定的玻璃抗穿透性要求比以上国家标准（规范）略为严格。

所以，本章规定符合GB9962，GB9963的夹层玻璃和钢化玻璃为安全玻璃。

夹丝玻璃不作为安全玻璃使用，在本章中应用时，应符合表6.1.2-2的规定。

如果按表6.1.2-2那样限制了普通退火玻璃的最大许用面积，那么它破碎时对人体的伤害就会大大减小。因此，在建筑物某些特定的位置，可以使用普通退火玻璃和夹丝玻璃。

表6.1.2-1，表6.1.2-2的数据引自澳大利亚标准AS1288《建筑玻璃的选择》和国家标准GB9963《钢化玻璃》以及建材行业标准JC433《夹丝玻璃》。澳大利亚标准AS1288中抗人体冲击部分的内容是以AS2208为基础的。我国钢化玻璃和夹层玻璃国家标准的技术内容与AS2208相近。例如，AS2208规定A级安全玻璃（抗穿透性能级别最高）的最低抗穿透性能为100ft·b（约为13.7m·kg），我国规定的夹层玻璃的最低抗穿透性能为13.5m·kg。所以符合我国产品标准的夹层玻璃和钢化玻璃几乎完全符合AS2208中A级安全玻璃的要求。在国内尚无统一的玻璃抗穿透性能分级标准的情况下，根据国内技术内容与AS2208相近的产品标准，引用AS1288的技术数据是适当的。

未经处理的玻璃边缘非常锋利。一般情况下，玻璃边缘均被包裹在框架槽中，人体接触不到。而暴露边是人体容易接触和划碰的，锋利的边缘会造成割伤，因此，暴露边应进行如倒角、磨边等边部加工，以消除割伤人体的危险。

## 6.2 玻璃的选择

**6.2.1** 门和固定门是易受人体冲击的主要危险区域，因此对有框架支承时，使用普通退火玻璃，必须限制其使用板面。无框架玻璃门和固定门如果使用夹层、夹丝或普通退火玻璃，一旦受冲击破裂，由于没有框架支承大块的碎片，碎片会脱落、飞散，造成人体的严重伤害。所以应采用一种撞上去不易破裂，即使破裂，碎片也不易伤人的玻璃，10mm以上厚度的钢化玻璃恰好合乎要求。

**6.2.2** 本条仅适用于人体冲击玻璃的情况，不适用于抵抗球类（如壁球）冲击的玻璃，此类玻璃应进行专门的强度核算，不属于本章的范围。同时，本条也不适用于运动建筑中的天窗或屋顶斜面玻璃的装配。

**6.2.3** 浴室内的地板、墙壁经常沾水，当人走动或用手扶墙时，易出现打滑现象。当人不慎滑倒后，可能会撞击与浴室有关系的玻璃窗，或淋浴屏。这种危险在整个淋浴过程中均存在，因此应使用符合表6.1.2-1的安全玻璃，以防冲撞玻璃后，人体受到严重伤害。

本条数据引自AS1288有关内容。

**6.2.4** 本条中指出的水平荷载，是人体的背靠、俯靠和手的推、拉。本条中的数据引自AS1288的有关内容。

## 6.3 保护措施

**6.3.1** 保护设施能够使人警觉有玻璃存在，又能阻挡人体对玻璃猛烈的冲击，同时又起到了装饰作用。本条参照BS6262的有关内容。

**6.3.2** 防止由于人体冲击玻璃而造成的伤害，最根本最有效的方法就是避免人体对玻璃的冲击。在玻璃上作出醒目的标志以表明它的存在，或者使人不易靠近玻璃，就可以从一定程度上达到这种目的。

# 7 安 装

## 7.1 安装尺寸要求

**7.1.1** 玻璃门窗虽不承受主体荷载，但要承受自身荷载、风荷载、地震荷载、雨荷载、雪荷载、温度效应荷载和人为的外力荷载等，上述荷载对玻璃的正常使用破坏性非常大，为了减小使用的破坏性，安装结构尺寸和安装方法必须有严格的要求。

本条内容和数据引自澳大利亚标准 AS1288。表 7.1.1-1 中，对 3～6mm 厚的玻璃 $a$ 值，一部分按国内有关标准作了调整，即由 2mm 调整到 2.5mm，调整后的 $a$ 值使用更安全。表 7.1.1-2 采用国内有关标准。

**7.1.2** 本条内容引自英国标准 BS6262 和澳大利亚标准 AS1288。槽口和凹槽是框架的基本组成部分，在确定其深度时，应满足以下几个条件：

（1）能遮盖玻璃的暴露边，对玻璃的边部起到保护作用；

（2）框架作为最终的承载材料，应能承受玻璃传递的风荷载和其他荷载，当玻璃承受有效的荷载而弯曲时，玻璃的任何一边都不能脱落框架。

（3）能起到良好的密封作用。

用油灰安装的玻璃，由下述两种情况对玻璃的使用厚度和面积产生了限制：

（1）因为油灰固化以后是一种硬质材料，无弹性，无伸缩性，当玻璃受到风荷载或某种有效荷载后，玻璃受到压力的作用，使玻璃的板面产生弯曲变形，对油灰安装固结的玻璃边部产生拉力，当超过一定荷载限制后，这种作用力就会使油灰粘着力失效，油灰脱落，使玻璃破损。

（2）玻璃受到了日照的作用，将产生膨胀，固化后的油灰阻碍了膨胀延伸，使热膨胀无法消除，使玻璃承受过大的温度效应荷载而破损。

**7.1.3** 本条内容引自澳大利亚标准 AS1288，槽口或凹槽的深度分为两部分，即 $c$ 和 $b$。本条给出 $c$ 和 $b$ 的最小值，适当增大它们深度，使玻璃与框架接触面积增大，可增加玻璃承载能力。

## 7.2 玻璃安装材料的使用

**7.2.1** 玻璃安装材料的种类很多，适用的场合各有不同，在条文中不可能一一列举。玻璃安装材料的制造者对其产品性能和在不同场合的适用性，有全面的了解，因此，在选择安装材料时，应根据以下几个条件向制造者咨询，以保证安装的可靠性和耐久性。

**7.2.2** 本条数据引自英国标准 BS6262 的有关内容，支承块不承受风荷载，只承受玻璃的重量，但应能为玻璃因承受风荷载而产生的移动提供余量，所以支承块的最小宽度应等于玻璃的厚度加上 2 倍 $a$。

为了取得良好支承情况，支承块的长度可根据玻璃板面的大小和厚度，增加它的使用长度，增加长度可减小玻璃边部支承点的边部应力，增加支承块的承载能力。

**7.2.3** 本条数据内容引自英国标准 BS6262 和澳大利亚标准 AS1288，定位块用于玻璃的边缘与框架之间，防止窗子开启时，玻璃在框架内的滑动，定位块在窗子静止不动时不承受玻璃或其他外力的荷载，所以其长度要求没有支承块大，一般不得小于25mm，但其厚度和宽度要求均与支承块相同。

**7.2.4** 本条数据内容引自英国标准 BS6262 和澳大利亚标准 AS1288。支承块不一定只位于玻璃的一边缘，应根据具体情况，确定使用支承块的位置（见图 2），例如，水平旋转窗，可开启角度在 90°至 180°之间的情况，玻璃的上、下两边应布置支承块。

**7.2.5** 间距片的使用是为了承受风荷载，它的这种承载作用可以是长期的，也可以是临时的，这取决于玻璃的安装方法。间距片应布置在框架中最适合承受风荷载的位置上，这样，框架中的部件受力后变形最小。本条数据引自英国标准 BS6262。

**7.2.6** 本条数据引自英国标准 BS6262。

**7.2.7** 本条数据引自英国标准 BS6262 有关内容，本条规定是为了取得良好的安装效果，能够在长期使用情况下，不失去粘着力，不开裂，不过早失效。

**7.2.8** 本条引自英国标准 BS6262 有关内容。此种安装材料固化时间短，固化后有一定的塑性，能承受热运动，适用于允许框架变形和扭曲的场合，也适用于热吸收和热反射玻璃装配。

**7.2.9** 本条数据和有关内容引自英国标准 BS6262。使用密封剂安装时应使用支承块、定位块和间距片，是为了防止密封剂在固化期间玻璃在框架内发生移动。

**7.2.10** 本条内容和数据引自英国标准 BS6262。嵌缝条材料目前有三种类型，胶粘带、挤压实心条和泡沫条，常被用于室内和室外安装，也常被用于大板面玻璃的装配，它们比一

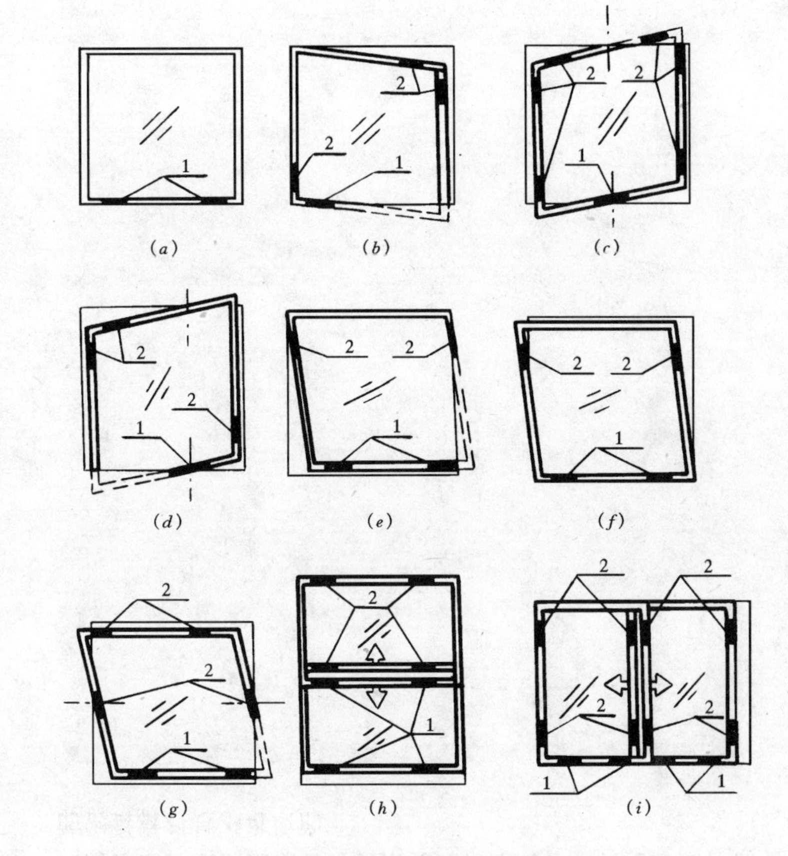


图 2 窗框的变形与玻璃的关系

1—支承块；2—定位块

(a) 固定窗；(b) 平开窗；(c) 立转窗；(d) 偏立转窗；(e) 上悬窗；(f) 下悬窗；(g) 中悬窗；(h) 竖直推拉窗；(i) 水平推拉窗

般的玻璃安装材料有更多的优点，易于安装、无害，一般不需要维修。使用时要求应保持弹性和坚固，使用的材料较软

时应加间距片。用于室外安装时应使用密封剂密封。

**7.2.11～7.2.12** 本条内容引自澳大利亚标准 AS1288。

### 7.3 玻璃抗侧移的安装要求

**7.3.1** 此条参照日本标准 JASS17《玻璃工事》。

玻璃的抗剪切变形性能较差，不能承受大的风荷载或地震等强烈震动施加到玻璃上的巨大负荷和剪切变形量。在玻璃破坏之前，其本身的平面内变形是非常小的，由于楼层之间的变形而使框架变形时，框架和玻璃在间隙内的活动可以“吸收”变形，如果一点间隙都没有，即使楼层变形很小，也会使玻璃破坏。因此，必须使玻璃在框架中有自由移动和旋转的余地。

**7.3.2** 此条参照日本标准 JASS17《玻璃工事》。

图 3 表明了规程中公式（7.3.2）的意义。当楼层产生位移时，假定窗扇自身不能转动，窗扇内的可动部分变形为平行四边形，当它的平行四边形的对角线中短的一方的长度和玻璃的对角线长度相等时，玻璃会承受荷载直至破坏。因此，边缘间隙越大，框架的允许变形量就越大，在抗震上就越有效。

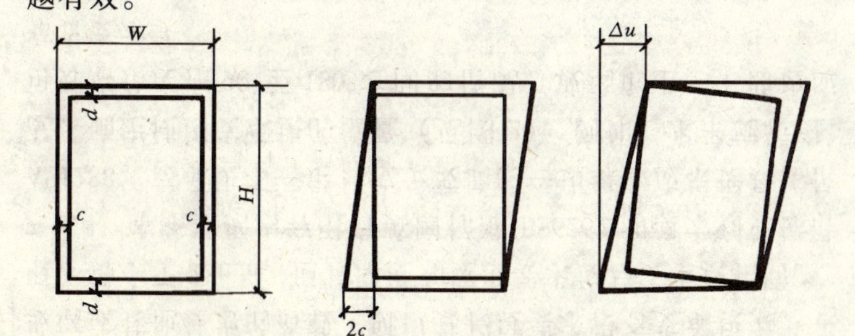


图 3 窗框的变形与玻璃的关系

**7.3.3** 此条参照日本标准 JASS17《玻璃工事》

地震引起的楼层变形所造成的框架变形，会将外力传递到玻璃上，所以应选用弹性密封材料以吸收这种外力。

使用的密封材料在玻璃安装使用后应有一定的硬化性，起辅助固定玻璃的作用。但密封材料硬化后，应永远保持适当的弹性，以抵抗冲击力、振动力和伸缩等。硬化后无弹性的密封材料是不可取的。

# 8 百叶窗、屋顶玻璃和斜屋面窗玻璃

## 8.1 百 叶 窗 玻 璃

**8.1.1** 对于设计风压不大于0.9kPa的情况，百叶窗使用的普通退火玻璃尺寸在条文中表8.1.1给出，表8.1.1数据引自澳大利亚标准AS1288《建筑玻璃的选择》。

**8.1.2** 玻璃的最大跨度值应根据本标准第4章提供的不同种类玻璃的抗风压调整系数和两对边支承的强度计算公式求得，计算方法详见第4章条文。

**8.1.3** 百叶窗玻璃除进行风荷载设计外，安装在可能遭受人体冲击的位置时，应满足第6章人体冲击安全规定。

## 8.2 屋 面 玻 璃

**8.2.1** 本条的适用范围引自澳大利亚标准AS1288。

**8.2.2** 本条内容引自澳大利亚标准AS1288。

**8.2.3** 本条内容引自澳大利亚标准AS1288。安全玻璃在一定的条件下，具有安全可靠的使用性能。不同种类安全玻璃的性能和破碎特性如下。

（1）钢化玻璃

钢化玻璃破碎时，整块玻璃全部破碎成钝角小颗粒，不易伤人。尽管如此，一旦碎裂，此种玻璃并不能阻止撞击物（或人）的穿透，从而撞击物（或人）会跌到下面的地面上，如果碎片不是从很高的地方落下，由于玻璃碎片很小且无伤害性，玻璃的碎片对下方的人和财物的损害将被减少到很小限度。

（2）夹层玻璃

在碎裂的情况下，夹层玻璃碎片将牢固地粘附在透明的粘结材料上而不飞溅或落下。倘若此种玻璃是全框架而导致破裂的冲击又不是特别强的话，碎片会留在框架内不外溅，可短时挡风防雨，使建筑物内部的人和物不受损害。

（3）半钢化夹层玻璃

两片半钢化玻璃通过夹层形成的半钢化夹层玻璃，此种玻璃在碎裂的情况下，玻璃将碎成同退火玻璃一样的大块碎片。但尽管如此，玻璃破裂后，玻璃的碎片将牢固的粘附在透明的粘结材料上而不飞溅或落下。倘若玻璃是全框架的且导致碎裂的冲击不是很强的话，大块碎片落下的可能性很小。

（4）钢化夹层玻璃

两片钢化安全玻璃通过夹层形成的钢化夹层安全玻璃。此种玻璃在碎裂的情况下，玻璃将碎成钝角小颗粒。玻璃破裂时，玻璃的碎片将牢固的粘附在透明的粘结材料上，不易伤人。但在两片玻璃同样碎裂的情况下，可能出现整块夹层玻璃垂落出框架。

**8.2.4～8.2.7** 本条内容引自澳大利亚标准AS1288。

## 8.3 斜屋面窗玻璃

**8.3.1** 中空玻璃在隔声、保温，特别是在抗冲击荷载方面比普通单片玻璃优越。

**8.3.2** 当玻璃破碎时，其效果与竖直窗类似。

**8.3.3** 参考德国和丹麦国家标准。

# 9 水下用玻璃

本节适用水族馆的展示窗，游泳池观测摄影窗以及海底公园、船侧用舷窗等处连续承受水压的玻璃设计应用。

## 9.1 水下用玻璃的性能要求

**9.1.2** 玻璃所承受的水压是长期荷载，因此应考虑玻璃的疲劳效应。疲劳效应会造成玻璃强度明显降低。

水下用玻璃强度安全系数，应考虑玻璃强度离散安全系数 $F_1$ 与疲劳安全系数 $F_2$，其综合安全系数 $F = F_1 \times F_2$。

在国内缺乏足够试验数据的情况下，目前只能参考日本标准 JASS17 中水下用玻璃强度的取值作为基本数据。

日本在水下用玻璃强度安全系数选取上规定，强度离散安全系数 $F_1$ 通常取 2.0。而疲劳引起强度的降低，对于浮法玻璃而言为原来强度的 1/2～1/3，对钢化玻璃为原来的 2/3，因此浮法玻璃和钢化玻璃的疲劳安全系数分别取 3 与 1.5。

将综合安全系数列于表 5 中。

**表 5 水下用玻璃的安全系数**

| 品种 | 强度离散安全系数 $F_1$ | 疲劳安全系数 $F_2$ | 综合安全系数 $F$ |
| --- | --- | --- | --- |
| 浮法玻璃 | 2.0 | 3.0 | 6.0 |
| 钢化玻璃 | 2.0 | 1.5 | 3.0 |

一般浮法玻璃面内平均弯曲应力取 50MPa，按其强度设计计算公式 $[\sigma] = \frac{\sigma}{F}$，则 $[\sigma] = 50/6 \doteq 8$MPa；而浮法玻璃边缘弯曲应力取 36MPa，按边缘许用应力计算公式：$[\sigma] = \frac{\sigma_{边}}{F}$，则 $[\sigma] = 36/6 = 6$MPa。

对于钢化玻璃，面内平均弯曲应力取 150MPa，边缘弯曲应力取 105MPa，而安全系数 $F = 3.0$，则其强度设计值分别为 50MPa 和 35MPa。

**9.1.3** 由于变形过大不仅会对玻璃周边约束产生一系列问题，如造成密封剂失效、漏水等，而且会产生观视图像变形，不能满足观看者的视觉要求。因此对于水下用玻璃，不仅强度应满足要求，其挠曲变形也应满足限定。

具体挠度限定数据引自日本标准。

## 9.2 水下用玻璃的设计计算

关于水下用玻璃的最大应力、最大挠度的计算公式，直接引用日本标准。

# 10 室内空心玻璃砖隔断

本章内容是参照德国工业标准 DIN4242 编制的。空心玻璃砖的应用范围很广，但鉴于我国空心玻璃砖在外墙等领域的应用技术尚不成熟，故本章只规定室内空心玻璃砖隔断的砌筑技术。

## 10.1 材料性能要求

**10.1.1** 我国目前尚无空心玻璃砖的产品标准。本条所列的空心玻璃砖性能是国内有关企业产品的测试结果，该结果符合德国工业标准 DIN18175 的规定。

## 10.2 设计与施工要求

**10.2.1** 基础是指室内空心玻璃砖隔断的下部结构，若基础无足够的承载力，就不能进行空心玻璃砖隔断的施工，否则就有造成建筑物损坏的危险。

**10.2.3** 此条引自德国标准 DIN4242。

**10.2.4** 如果增强的室内空心玻璃砖隔断高度超过 4m，将缺乏足够的稳定性，所以应采取加肋等安全措施。

**10.2.5** 室内空心玻璃砖砌体与金属型材框间设置滑缝和胀缝的目的，是为了适应该砌体的热胀冷缩。

**10.2.6** 空心玻璃砖属脆性材料，最上层空心玻璃砖与金属型材框腹面之间采用木楔固定可使玻璃砖避免因受刚性挤压而破碎。

**10.2.7** 此条参考德国标准 DIN4242 制订。接缝过小，将影响空心玻璃砖隔断的整体强度；接缝过大，将影响隔断的美学效果。

**10.2.8** 采用镀锌钢膨胀螺栓是为了避免生锈，保障金属型材框与建筑结构的连接强度。

**10.2.9** 此条参照德国标准 DIN4242 制订。

# 11 玻璃热工性能设计

## 11.1 玻 璃 的 传 热

**11.1.1** 玻璃是透明材料，太阳辐射会通过玻璃传到室内，参考《建筑玻璃——光透过率、日光直接透过率、总太阳能透过率和紫外线透过率的测定法以及窗玻璃的有关参数》ISO9050 有关部分，$q_1$ 永远是正值。

**11.1.2** 室内外有温差，热量将透过玻璃传递。热量由室外传入室内定义为正值，反之为负值。

## 11.2 玻璃热工设计准则

建筑节能应是玻璃对热达到屏蔽状态，夏季勿使外界热量传入室内，冬季勿使室内热量传出室外。一年内 $q$ 值绝对值的和越小，建筑物节能效果越好。

中国工程建设标准化协会标准

# 进口木材在工程上应用的规定

**CECS 12：89**

主编单位：四川省建筑科学研究院
批准单位：中国工程建设标准化协会
批准日期：1989 年12月20日

## 前　言

为了保护我国有限的森林资源，缓解木材供应的紧张状况，近几年来，我国从世界各地进口了大批木材，其中相当数量用于工程建设。为了合理使用进口木材，指导工程实践，特制订本规定。本规定在收集和检索有关国内外资料的基础上，结合国外及国内一些单位的抽检、验证和使用经验，反复征求了有关专家和单位的意见，经全国木材及复合材料结构标准技术委员会审查定稿。

现批准《进口木材在工程上应用的规定》CECS 12：89，并推荐给各工程建设设计、施工单位使用。在使用过程中，请将意见及有关资料寄交四川省成都市梁家巷四川省建筑科学研究院（邮政编码：610081）。

**中国工程建设标准化协会**
1989 年 12 月 20 日

# 目　次

# 第一章　总　　则

**第 1.0.1 条**　为了在工程中合理使用进口木材，确保工程质量，特制订本规定。

**第 1.0.2 条**　本规定适用于进口木材在工程中应用时的选材检验与设计指标的确定。

**第 1.0.3 条**　在工程中使用进口木材，应遵守下列规定：

一、选择天然缺陷和干燥缺陷少，耐腐性较好的树种木材。南方地区使用热带木材时，还应注意选择不易受虫害的树种木材。

二、使用单位应对所需进口的木材，提出具体质量要求（如：树种、等级、材性等），作为外贸部门向外商订货的依据。

三、进口木材应附有等级证书及技术资料。热带地区进口的木材，还应要求附有无活虫虫孔的证书。接收单位对进口木材应按合同规定的标准和检验规则进行验收。

四、物资供应部门将进口木材交付使用单位时，应随货发给等级证书及相应的技术资料。

五、对进口木材应按国别、等级、规格分批堆放，不得混淆。贮存期间应防止木材霉变、腐朽和虫蛀。

六、对树种不明的木材，应严格遵守先试验、后使用的原则，严禁未经试验就盲目使用。

**第 1.0.4 条**　在工程中使用进口木材，除应符合本规定的要求外，尚应遵守国家现行《木结构设计规范》和《木结构工程施工及验收规范》的规定。

# 第二章　木材材质标准及其检测要求

**第 2.0.1 条**　工程中使用的进口木材，其材质应按本规定附录一《承重结构木材的材质标准》进行外观检测并分级。

**第 2.0.2 条**　对于下列情况的进口木材，除应按第 2.0.1 条的要求进行检测外，尚应按国家现行《木结构设计规范》的规定，抽样检验其抗弯强度。

一、外观检测结果，对该批木材质量有怀疑时；

二、针叶树材，当其生长轮（年轮）的平均宽度大于 6mm 时；

三、根据工程合同的规定，需要检验木材的强度时。

强度检验结果判为不合格的木材，不得用于承重结构。

**第 2.0.3 条**　对于本规定未列出树种名称的木材，若无国内试验资料可供借鉴，则在使用前，应按国家现行《木材物理力学试验方法》进行下列试验：

一、物理性能方面：木材的密度和干缩率；

二、力学性能方面：木材的抗弯、顺纹抗压和顺纹抗剪强度，以及木材的抗弯弹性模量。

为完成上列试验抽取的试材数量，可根据实际情况确定。一般情况下，宜随机抽取 5 根，每根试材在其髓心以外部分，切取每个试验项目的试件 6 个。

根据试验结果，比照性能相近树种的国产木材确定其强度等级和应用范围。

## 第三章　木材应用的规定

**第 3.0.1 条**　符合第 2.0.1 条检测与分级要求的进口针叶树材，可代替同强度等级的国产木材使用。

**第 3.0.2 条**　进口阔叶树材的应用，除应符合第 2.0.1 条的检测与分级的要求外，尚应遵守下列规定：

一、凡属栎木、椆木、青冈、水曲柳、栲木和桦木类的进口木材，或材性与之相近的进口木材，均可代替同强度等级的国产阔叶树材使用。

二、无使用经验的阔叶树材，应视为新利用树种木材，按国家现行《木结构设计规范》规定的应用范围使用。

**第 3.0.3 条**　下列情况的进口木材不应在承重结构的主要构件和重要部位上使用：

一、不分树种的杂木；

二、生长轮平均宽度大于 6mm，且强度检验不合格的针叶树材；

三、在虫害严重地区使用未经防虫处理的易虫蛀的树种木材。

**第 3.0.4 条**　在承重结构中使用进口木材时，应根据构件的受力性质，按国家现行《木结构设计规范》的要求，选用适当等级的木材，但其选材应符合本规定附录一材质标准的规定，不得用一般商品材的等级标准代替。

当使用较高等级的木材时，宜按第 4.0.3 条的规定，提高其设计强度。

## 第四章　木材的设计指标

**第 4.0.1 条**　符合本规定要求的常见树种进口木材，其强度等级可按表 4.0.1-1 和表 4.0.1-2 确定，设计指标可按国家现行《木结构设计规范》规定值采用。

表 4.0.1-1 和表 4.0.1-2 中未列出树种名称的木材，其强度等级应按第 2.0.3 条的检验结果确定。

**进口针叶树材的强度等级**　　**表 4.0.1-1**

| 强度等级 | 组别 | 产地 | | |
|---|---|---|---|---|
| | | 北美 | 苏联及欧洲地区 | 其他国家或地区 |
| TC17 | A | 海湾油松、长叶松 | — | — |
| | B | 美国西部落叶松 | 欧洲赤松、落叶松 | — |
| TC15 | A | 短叶松、火炬松、北部花旗松（含海岸型） | — | — |
| | B | 南部花旗松 | — | 南亚松 |
| TC13 | A | 北美落叶松、西部铁杉、太平洋银冷杉 | 海岸松 | — |
| | B | — | 苏联红松、欧洲云杉 | 新西兰贝壳杉 |
| TC11 | A | 东部云杉、东部铁杉、白冷杉、西加云杉、北美黄松、巨冷杉 | 西伯利亚松 | — |
| | B | 小干松 | — | — |

注：①表中树种名称的说明见本规定附录二。

②海湾油松、长叶松、短叶松和火炬松在一般商品材中多统称为南方松。当使用单位无法识别时，其设计指标应按 TC15A 级采用。

**进口阔叶树材的强度等级　　表 4.0.1-2**

| 强度等级 | 产地 | | |
|---|---|---|---|
| | 东南亚 | 苏联及欧洲地区 | 其他国家或地区 |
| TB20 | 门格里斯木、卡普木、沉水梢、克隆 | — | 绿心木、紫心木、李叶豆、塔特布木 |
| TB17 | — | 栎木 | 达荷玛木、萨佩莱木、萿油树、毛罗藤黄 |
| TB15 | 黄梅兰蒂、梅萨瓦木 | 水曲柳 | 红劳罗木 |
| TB13 | 深红梅兰蒂、浅红梅兰蒂、白梅兰蒂 | — | 巴西红厚壳木 |
| TB11 | — | 大叶椴、叶椴 | — |

注：表中树种木材的说明见本规定附录二。

**第 4.0.2 条**　当设计指标按国家现行《木结构设计规范》规定值采用时，该规范根据不同的使用条件对设计指标所作的调整，对进口木材同样适用。

**第 4.0.3 条**　若因实际情况所限，需以高等级木材代替规定等级木材使用时，其设计强度可按国家现行《木结构设计规范》的规定值作如下提高：

一、当以特级材代替Ⅰ、Ⅱ级木材时，可提高 10%；

二、当以Ⅰ级材代替Ⅱ级材时，可提高 10%；

三、当以Ⅰ级材代替Ⅲ级材时，可提高 15%。

# 附录一　承重结构木材的材质标准

一、方木。

**方木材质标准**(适用于进口木材)　　附表 1.1

| 项次 | 缺陷名称 | 材质等级 | | | |
|---|---|---|---|---|---|
| | | 特级 | Ⅰ级 | Ⅱ级 | Ⅲ级 |
| 1 | 腐朽 | 不容许 | 不容许 | 不容许 | 不容许 |
| 2 | 木节<br>在构件任一面任何 150mm 长度上所有木节尺寸的总和不得大于所在面宽的 | 1/5（连接部位为 1/6） | 1/3（连接部位为 1/4） | 2/5 | 1/2 |
| 3 | 斜纹<br>任何 1m 材长上平均倾斜高度不得大于 | 50mm | 50mm | 80mm | 120mm |
| 4 | 髓心 | 应避开受剪面 | 应避开受剪面 | 不限 | 不限 |
| 5 | 裂缝<br>(1)在连接的受剪面上 | 不容许 | 不容许 | 不容许 | 不容许 |
| | (2)在连接部位的受剪面附近，其裂缝深度（有对面裂缝时用两者之和）不得大于材宽的 | 1/5 | 1/4 | 1/3 | 不限 |
| 6 | 生长轮（年轮）<br>其平均宽度不得大于 | 3mm | 4.5mm | 5mm | 6mm |
| 7 | 虫蛀 | 容许有表面虫沟，不得有虫眼 | | | |

注：①对于死节(包括松软节和腐朽节)，除按一般木节测量外，必要时尚应按缺孔验算。若死节有腐朽迹象，则应经局部防腐处理后使用。

②木节尺寸按垂直于构件长度方向测量。木节表现为条状时，在条状的面不量(附图 1.1)，直径小于 10mm 的活节不量。

③生长轮(年轮)宽度量法见 GB 1930—80。

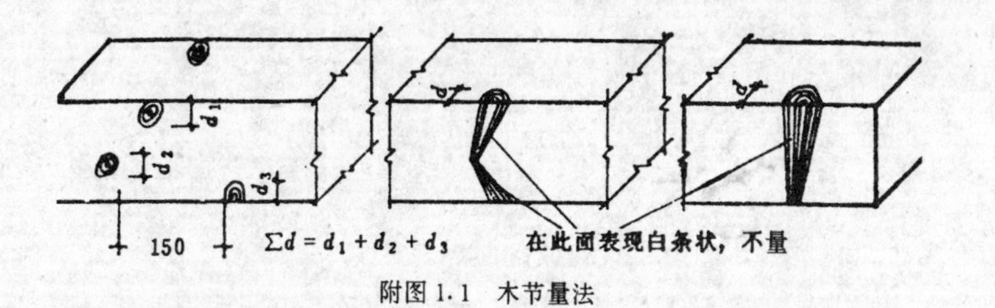


附图 1.1　木节量法

二、板材。

**板材材质标准**(适用于进口木材)　　附表 1.2

| 项次 | 缺陷名称 | 材质等级 | | | |
|---|---|---|---|---|---|
| | | 特　级 | Ⅰ　级 | Ⅱ　级 | Ⅲ　级 |
| 1 | 腐　朽 | 不容许 | 不容许 | 不容许 | 不容许 |
| 2 | 木　节 | | | | |
| | (1)在构件任一面任何150mm长度上所有木节尺寸总和不得大于所在面宽的 | 1/5（连接部位为1/6） | 1/4（连接部位为1/5） | 1/3 | 2/5 |
| | (2)最大木节尺寸不得大于 | 30mm | 不限 | 不限 | 不限 |
| 3 | 斜　纹<br>任何1m材长上平均倾斜高度不得大于 | 50mm | 50mm | 80mm | 120mm |
| 4 | 髓　心 | 不容许 | 不容许 | 不容许 | 不容许 |
| 5 | 裂　缝<br>在连接部位的受剪面及其附近 | 不容许 | 不容许 | 不容许 | 不容许 |
| 6 | 生长轮(年轮)<br>其平均宽度不得大于 | 3mm | 4.5mm | 5mm | 6mm |
| 7 | 虫　蛀 | 容许有表面虫沟，不得有虫眼 | | | |

注：同附表 1.1 注

三、原木。

**直接使用的原木材质标准**（适用于进口木材）　附表 1.3

| 项次 | 缺陷名称 | 材质等级 | | | |
|---|---|---|---|---|---|
| | | 特　级 | Ⅰ　级 | Ⅱ　级 | Ⅲ　级 |
| 1 | 腐　朽 | 不容许 | 不容许 | 不容许 | 不容许 |
| 2 | 木　节 | | | | |
| | （1）在构件任何150mm长度上沿周长所有木节尺寸的总和不得大于所测部位原木周长的 | 1/6 | 1/4 | 1/3 | 不限 |
| | （2）每个木节的最大尺寸不得大于所测部位原木周长的 | 1/16（连接部位尚不得大于35mm） | 1/10（连接部位为1/12） | 1/6 | 1/6 |
| 3 | 扭　纹<br>小头1m材长上倾斜高度不得大于 | 80mm | 80mm | 120mm | 150mm |
| 4 | 髓　心 | 应避开受剪面 | 应避开受剪面 | 不限 | 不限 |
| 5 | 生长轮（年轮）<br>其平均宽度不得大于 | 3mm | 4.5mm | 5mm | 6mm |
| 6 | 虫　蛀 | 容许有表面虫沟，不得有虫眼 | | | |

注：①同附表 1.1 注①。
②木节尺寸接垂直于构件长度方向测量，直径小于 10mm 的活节不量。
③对于原木的裂缝，使用时可通过调整其方位。使裂缝尽量垂直于构件的受剪面。

四、胶合材。

**胶合木结构板材材质标准** 附表 1.4

| 项次 | 缺陷名称 | 材质等级 | | |
|---|---|---|---|---|
| | | $I_g$ | $II_g$ | $III_g$ |
| 1 | 腐朽 | 不容许 | 不容许 | 不容许 |
| 2 | 木节<br>(1)在木板任一面任何150mm长度上所有木节尺寸的总和,不得大于所在面宽的 | 1/3 | 2/5 | 1/2 |
| | (2)在木板指接及其两端各100mm范围内 | 不容许 | 不容许 | 不容许 |
| 3 | 斜纹<br>任何1m材长上平均倾斜高度,不得大于 | 50mm | 80mm | 150mm |
| 4 | 髓心 | 不容许 | 不容许 | 不容许 |
| 5 | 裂缝<br>(1)木板窄面上的裂缝,其深度(有对面裂缝用两者之和)不得大于板宽的 | 1/4 | 1/3 | 1/2 |
| | (2)木板宽面上的裂缝,其深度(有对面裂缝用两者之和)不得大于板厚的 | 不限 | 不限 | 对侧立腹板工字梁的腹板:1/3 对其他板材不限 |
| 6 | 涡纹<br>在木板指接及其两端各100mm范围内 | 不容许 | 不容许 | 不容许 |
| 7 | 生长轮(年轮)<br>其平均宽度不得大于 | 4.5mm | 5mm | 6mm |
| 8 | 虫蛀 | 容许有表面虫沟,不得有虫眼 | | |

注:①同附表1.1注。

②按本标准选材配料时,尚应注意避免在制成的胶合构件的连接受剪面上有裂缝。

③对于有过大缺陷的木材,可截去缺陷部分,经重新接长后按所定级别使用。

# 附录二　进口木材现场识别要点及其主要材性

一、针叶树材:

1. 南方松 (Southern pine)。

学名:Pinus spp

包括海湾油松(Piuns elicttii)、长叶松(Pinus palustris)、短叶松(Pinus echinata)、火炬松(Piuns taeda)等。

木材特征:边材近白至淡黄、橙白色,心材明显,呈淡红褐或浅褐色。含树脂多,生长轮清晰。海湾油松早材带较宽,短叶松较窄,早晚材过渡急变。薄壁组织及木射线不可见,有纵、横向树脂道及明显的树脂气味。木材纹理直但不均匀。

主要材性:海湾油松及长叶松强度较高,其他两种稍低。耐腐性中等,但防腐处理不易。干燥慢,干缩略大,加工较难,握钉力及胶粘性能好。

2. 美国西部落叶松(Western larch)。

学名:Larix accidentalis

木材特征:边材带白或淡红褐色,带宽很少超过25mm,心材赤褐或淡红褐色。生长轮清晰而均匀,早材带占轮宽2/3以上,晚材带狭窄,早晚材过渡急变。薄壁组织不可见,木射线细,仅在径切面上可见不明显的斑纹。有纵横向树脂道,木材无异味,具有油性表面,手感油滑。木材纹理直。

主要材性:强度高,耐腐性中,但干缩较大,易劈裂和轮裂。

3. 欧洲赤松(Scotch pine,Cocна обыкновенная)。

学名:Pinus sylvestris

木材特征：边材淡黄色，心材浅红褐色，在生材状态下心边材区别不大，随着木材的干燥，心材颜色逐渐变深，与边材显著不同。生长轮清晰，早晚材界限分明，过渡急变。木射线不可见，有纵横向树脂道，且主要集中在生长轮的晚材部分。木材纹理直。

主要材性：强度中，耐腐性小，易受小蠹虫和天牛的危害。易干燥，干燥性质良好，胶粘性能良好。

4. 苏联落叶松(Лиственница)。

学名：Larix

包括西伯利亚落叶松（Larix sibirica）和兴安落叶松（Larix dahurica）。

木材特征：边材白色，稍带黄褐色，心材红褐色，边材带窄，心边材界限分明。生长轮清晰，早材淡褐色，晚材深褐色，早晚材过渡急变。薄壁组织及木射线不可见。有纵横向树脂道，但细小且数目不多。

主要材性：强度高，耐腐性强，但防腐处理难。干缩较大，干燥较慢，在干燥过程中易轮裂。加工难，钉钉易劈。

5. 花旗松 (Douglas fir)。

学名：Pseudotsuga menziesii

美国花旗松分为北部（含海岸型）与南部两类，北部产的木材强度较高；南部产的木材强度较低，使用时应加注意。

木材特征：边材灰白至淡黄褐色，心材桔黄至浅桔红色，心边材界限分明。在原木截面上可见边材有一白色树脂圈，生长轮清晰，但不均匀，早晚材过渡急变。薄壁组织及木射线不可见。木材纹理直，有松脂香味。

主要材性：强度较高，但变化幅度较大，使用时除应注意区分其产地外，尚应限制其生长轮的平均宽度不应过大。耐腐性中，干燥性较好，干后不易开裂翘曲。易加工，握钉力良好，胶粘性能好。

6. 南亚松(Merkus pine)。

学名：Pinus tonkinensis

木材特征：边材黄褐至浅红褐色，心材红褐带紫色。生长轮清晰但不均匀，早晚材区别明显，过渡急变。木射线略可见，有纵横向树脂道。木材光泽好，松脂气味浓，手感油滑。木材纹理直或斜。

主要材性：强度中，干缩中，干燥较难，且易裂，边材易烂变。加工较难，胶粘性能差。

7. 北美落叶松(Tamarack)。

学名：Larix laricina

木材特征：边材带白色，狭窄，心材黄褐色（速生材淡红褐色）。生长轮宽而清晰，早材带占轮宽 3/4 以上，早晚材过渡急变。薄壁组织不可见，木射线仅在径面可见细而密不明显的斑纹。有纵横向树脂道。木材略含油质，手感稍润滑，但无气味。木材纹理呈螺旋纹。

主要材性：强度中，耐腐中，易加工。

8. 西部铁杉(Western hemlock)。

学名：Tsuga heterophylla

木材特征：边材灰白至浅黄褐色，心材色略深，心边材界限不分明。生长轮清晰，且呈波浪状，早材带占轮宽 2/3 以上，晚材呈玫瑰、淡紫或淡红色，且带黑色条纹（也称鸟喙纹），偶有白色斑点，原木近树皮的几个生长软为白色，早晚材过渡渐变。薄壁组织不可见，木射线仅在径切面见不显著的细密斑纹，无树脂道。新伐材有酸性气味，木材纹理直而匀。

主要材性：强度中，不耐腐，且防腐处理难，干缩略，干燥较慢。易加工、钉钉，胶粘性能良好。

9. 太平洋银冷杉(Pacific silver fir)。

学名：Abies amabilis

木材特征：较一般冷杉色深，心边材区别不明显。生长轮清晰，早晚材过渡渐变。薄壁组织不可见，木射线在径切面有细而密的不显著斑纹，无树脂道，木材纹理直而匀。

主要材性：强度中，不耐腐，干缩略大，易干燥、加工、钉钉，胶粘性能良好。

10. 欧洲云杉 (European spruce，Ељь обыкновенная)。

学名：Picea excelsa

木材特征：木材呈均匀白色，有时呈淡黄或淡红色，稍有光泽，心边材区别不明显。生长轮清晰，晚材较早材色深。有纵横向树脂道。木材纹理直，有松脂气味。

主要材性：强度中，不耐腐，防腐处理难。易干燥、加工、钉钉，胶粘性能好。

11. 海岸松(Maritime pine)。

学名：Pinus pinastr

木材特征：类似欧洲赤松，但树脂较多。

主要材性：与欧洲赤松略同。

12. 苏联红松(Korean pine，Келр кореискин)。

学名：Pinus koraiensis

木材特征：边材浅红白色，心材淡褐微带红色，心边材区别明显，但无清晰的界限。生长轮清晰，早晚材过渡渐变。木射线不可见，有纵横向树脂道，多均匀分布在晚材带。木材纹理直而匀。

主要材性：强度较欧洲赤松低，不耐腐。干缩小，干燥快，且干后性质好。易加工，切面光滑，易钉钉，胶粘性能好。

13. 新西兰贝壳杉(New Zealand kauri)。

学名：Agathis australis

木材特征：木材为浅灰褐色，当含有大量树脂时，可呈深红或淡黄褐色。木材表面光泽，弦切面具有美丽的斑纹。木材纹理直，细而匀。

主要材性：强度中，耐腐中。干燥不快，但干后性质好。易加工，切面光滑，易钉钉，胶粘性能良好。

14. 东部云杉(Eastern spruce)。

学名：Picea spp

包括白云杉(Picea glauca)、红云杉(Picea rubcns)、黑云杉(Picea mariana)。

木材特征：心边材无明显区别，色呈白至淡黄褐色，有光泽。生长轮清晰，早材较晚材宽数倍。薄壁组织不可见，有纵横向树脂道。木材纹理直而匀。

主要材性：强度低，不耐腐，且防腐处理难。干缩较小，干燥快且少裂，易加工、钉钉，胶粘性能良好。

15. 东部铁杉(Eastern hemlock)。

学名：Tsuga canadensis

木材特征：心材淡褐略带淡红色，边材色较浅，心边材无明显区别。生长轮清晰，早材占轮宽的 2/3 以上，早晚材过渡渐变至急变。薄壁组织不可见，木射线仅在径切面上呈细而密不显著的斑纹，无树脂道。木材纹理不匀且常具螺旋纹。

主要材性：强度低于西部铁杉，不耐腐。干燥稍难，加工性能同西部铁杉。

16．白冷杉(White fir)。

学名：Abies concolor

木材特征：木材白至黄褐色，其余特征与太平洋银冷杉略同。

主要材性：强度低于太平洋银冷杉，不耐腐，于缩小，易加工。

17．西加云杉(Sitka spruce)。

学名：Picea sitchensis

木材特征：边材乳白至淡黄色，心材淡红黄至淡紫褐色，心边材区别不明显。生长轮清晰，早材占生长轮的1/2至2/3，早晚材过渡渐变。薄壁组织及木射线不可见，有纵横向树脂道，木材稍有光泽，纹理直而匀，在弦面上常呈凹纹(dimpled)。

主要材性：强度低，不耐腐，干缩较小；易干燥、加工、钉钉，胶粘性能良好。

18．北美黄松(Ponderosa pine)。

学名：Pinus ponderosa

木材特征：边材近白至淡黄色，带宽(常含80个以上的生长轮)，心材微黄至淡红或橙褐色。生长轮不清晰至清晰，早晚材过渡急变。薄壁组织及木射线不可见，有纵横向树脂道，木材纹理直，匀至不匀。

主要材性：强度较低，不耐腐，防腐处理略难，干缩略小，易干燥、加工、钉钉，胶粘性能良好。

19．巨冷杉(Grand fir)。

学名：Abies grandis

木材特征：与白冷杉近似。

主要材性：强度较白冷杉略低，其余性质略同。

20．西伯利亚松(Келр сибирский)。

学名：Pinus sibirica

木材特征：与苏联红松同。

主要材性：与苏联红松同。

21．小干松(Lodgepoel pine)。

学名：Piuns contorta

木材特征：边材近白至淡黄色，心材淡黄至淡黄褐色，心边材颜色相近，难清晰区别。生长轮尚清晰，早晚材过渡急变。薄壁组织不可见，木射线细，有纵横向树脂道。生材有明显的树脂气味，木材纹理直而不匀。

主要材性：强度低，不耐腐，防腐处理难，常受小蠹虫和天牛的危害。干缩略大，干燥快且性质良好，易加工、钉钉，胶粘性能良好。

二、阔叶树材；

1．门格里斯木(Mengris)。

学名：Koompassia spp

木材特征：边材白或浅黄色，心材新切面呈浅红至砖红色，久变深桔红色。生长轮不清晰，管孔散生，分布较匀，有侵填体。轴向薄壁组织呈环管束状、似翼状或连续成段的窄带状，木射线可见，在径面呈斑纹，弦面呈波浪。无胞间道，木材有光泽，且有黄褐色条纹，纹理交错间有波状纹。

主要材性：强度高，耐腐，干缩小，干燥性质良好，加工难，钉钉易劈裂。

2．卡普木(山樟，Kapur)。

学名：Dryobalanops spp

木材特征：边材浅黄褐或略带粉红色，新切面心材为粉红至深红色，久变为红褐、深褐或紫红褐色，心边材区别明显。生长轮不清晰，管孔呈单独体，分布匀，有侵填体。轴向薄壁组织呈傍管状或翼状。木射线少，有径面上的斑纹，弦面上的波痕。有轴向胞间道，呈白色点状、单独或断续的长弦列。木材有光泽，新切面有类似樟木气味，纹理略交错至明显交错。

主要材性：强度高，耐腐，但防腐处理难，干缩大，干燥缓慢，易劈裂。加工难，但钉钉不难，胶粘性能好。

3. 沉水梢(重娑罗双、塞兰甘巴都，Selaugau batu)。

学名：Shorea spp 或 Hopeas spp

木材特征：材色浅褐至黄褐色，久变深褐色，边材色浅，心边材易区别。生长轮不清晰，管孔散生，分布均匀。轴向薄壁组织呈环管束状、翼状或聚翼状，木射线可见，有轴向胞间道，在横截面呈点状或长弦列。木材纹理交错。

主要材性：强度高，耐腐，但防腐处理难，干缩较大，干燥较慢，易裂，加工较难，但加工后可得光滑的表面。

4. 克隆(克鲁因，Keruing)。

学名：Dipterocarpus spp

木材特征：边材灰褐至灰黄或紫灰色，心材新切面为紫色色，久变深紫红褐或浅红褐色，心边材区别明显。生长轮不清晰，管孔散生，分布不匀，无侵填体，含褐色树胶。轴向薄壁组织呈傍管型、离管型，周边薄壁组织存在于胞间道周围呈翼状，木射线可见，有轴向胞间道，在横截面呈白点状、单独或短弦列(2～8 个)，偶见长弦列。木材有光泽，在横截间有树胶渗出，纹理直或略交错。

主要材性：强度高但次于沉水梢，心材略耐腐，而边材不耐腐，防腐处理较易。干缩大且不匀，干燥较慢，易翘裂。加工难，易钉钉，胶粘性能良好。

5. 绿心木(Greenheart)。

学名：Ocotea rodiai

木材特征：边材浅黄白色，心材浅黄绿色，有光泽，心边材区别不明显。生长轮不清晰，管孔分布匀，呈单独或 2～3 个径列，含树胶。轴向薄壁组织呈环管束状、环管状或星散状。木射线细色浅，放大镜下见径面斑纹，弦面无波痕，无胞间道。木材纹理直或交错。

主要材性：强度高，耐腐。干燥难，端面易劈裂。但翘曲小，加工难，钉钉易劈，胶粘性能好。

6. 紫心木(Purpleheart)。

学名：Peltogyne spp

木材特征：边材白色且有紫色条纹，心材为紫色，心边材区别明显。生长轮略清晰，管孔分布均匀，呈单独间或 2～3 个径列，偶见树胶。轴向薄壁组织呈翼状、聚翼状，间有断续带状。木射线色浅可见，径面有斑纹，弦面无波痕，无胞间道。木材有光泽，纹理直，间有波纹及交错纹。

主要材性：强度高，耐腐，心材极难浸注。干燥快，加工难，钉钉易劈裂。

7. 李叶豆(贾托巴木，Jatoba)。

学名：Hymeneae courbaril

木材特征：边材白或浅灰色，略带浅红褐色，心材黄褐至红褐色，有条纹，心边材区别明显。生长轮清晰，管孔分布不均，呈单独状，含树胶。轴向薄壁组织呈轮界状、翼状或聚翼状，木射线多，径面有显著银光斑纹，弦面无波痕，有胞间道。木材有光泽，纹理直或交错。

主要材性：强度高，耐腐。干燥快，易加工。

8. 塔特布木(Tatabu)。

学名：Diplotropis purpurea

木材特征：边材灰白略带黄色，心材浅褐至深褐色，心边材区别明显。生长轮略清晰，管孔分布均匀，呈单独状。轴向薄壁组织呈环管束状、聚翼状连接成断续窄带。木射线略细，径面有斑纹，弦面无波痕，无胞间道。木材光泽弱，手触有蜡质感，纹理直或不规则。

主要材性：强度高，耐腐，加工难。

9. 达荷玛木(Dahoma)。

学名：Piptadeniastrum afrianum

木材特征：边材灰白色，心材浅黄灰褐至黄褐色，心边材区别明显。生长轮清晰，管孔呈单独或 2～4 个径列，有树胶。轴向薄壁组织呈不连续的轮界状、环管束状、翼状和聚翼状；木射线细但可见。木材新切面有难闻的气味，纹理较直或交错。

主要材性：强度中，耐腐。干燥缓慢，变形大，易加工、钉钉，胶粘性能良好。

10. 萨佩莱木(Sapele)。

学名：Entandrophragma cylindricum

木材特征：边材浅黄或灰白色，心材为深红或深紫色，心边材区别明显。生长轮清晰，管孔呈单独、短径列、径列或斜径列。薄壁组织呈轮界状、环管状或宽带状；木射线细不明显，径面有规则的条状花纹或断续短条纹。木材具有香椿似的气味，纹理交错。

主要材性：强度中，耐腐中，易干燥、加工、钉钉、胶粘性能良好。

11. 苦油树(安迪罗巴，Andiroba)。

学名：Carapa quianensls

木材特征：木材深褐至黑褐色，心材较边材略深，心边材区别不明显。生长轮清晰，管孔分布较匀，呈单独或 2～3 个径列，含深色侵填体。轴向薄壁组织呈环管状或轮界状，木射线略多，径面有斑纹，弦面无波痕，无胞间道。木材径面有光泽，纹理直或略交错。

主要材性：强度中，耐腐中，干缩中。易加工，钉钉易裂，胶粘性能良好。

12. 毛罗藤黄(曼尼巴利，Manniballi)。

学名：Morouebea coccinea

木材特征：边材浅黄色，心材深黄或黄褐色，心边材区别略明显。生长轮略清晰，管孔分布不甚均匀，呈单独、间或二至数个径列，含树胶。轴向薄壁组织呈同心带状或环管状，木射线略细，径面有斑纹，弦面无波痕，无胞间道，木材有光泽，加工时有微弱香气，纹理直。

主要材性：强度中，耐腐，易气干、加工。

13. 黄梅兰蒂(黄柳桉，Yellow meranti)。

学名：Shorea spp

木材特征：心材浅黄褐或浅褐色带黄，边材新伐时亮黄至浅黄褐色，心边材区别明显。生长轮不清晰，管孔散生，分布颇匀，有侵填体。轴向薄壁组织多，木射线细，有胞间道，在横截面呈白点状长弦列。木材纹理交错。

主要材性：强度中，耐腐中。易干燥、加工、钉钉，胶粘性能好。

14. 梅萨瓦木(Mersawa)。

学名，Anisopteia spp

木材特征：边材浅黄色，心材浅黄褐或淡红色，生材心边材区别不明显，久之心材色变深。生长轮不清晰，管孔呈

# 1 总 则

1.0.1 目的

快速测定砂、石的碱活性，为防止混凝土工程发生碱骨料反应提供依据。

1.0.2 适用范围

本方法适用于鉴定含碱—硅酸反应类骨料（指砂、石，下同）的碱活性。

1.0.3 引用标准

行业标准《普通混凝土用砂质量标准及试验方法》JGJ52—92。

行业标准《普通混凝土用碎石或卵石质量标准及试验方法》JGJ53—92。

# 2 术 语

2.0.1 碱活性

指混凝土骨料与水泥中的碱起膨胀反应的特性。

2.0.2 碱—硅酸反应

指水泥及其它来源的碱与骨料中活性二氧化硅的膨胀性反应。

2.0.2 碱含量

以等当量 $Na_2O$ 表示，即 $Na_2O=0.658K_2O$。

# 3 仪 器 设 备

3.0.1 试验筛

0.150mm 和 0.630mm 方孔筛。

3.0.2 小型砂浆搅拌机

构造和尺寸见图 3.0.2—1 和图 3.0.2—2。

3.0.3 台式天平

最大称量 50g、200g，感量分别为 0.05g 和 0.2g。

3.0.4 量筒、跳桌、刮平刀和捣棒

捣棒直径为 5mm、两头扁平，其它为通用工具。

3.0.5 试模及测头

金属试模，规格为 10×10×40mm，两端正中有小孔，测头在此固定埋入砂浆。

测头用不锈钢制作，每个试模制六条砂浆试件，构造和尺寸见图 3.0.5－1 和图 3.0.3－2。

3.0.6 潮湿养护箱

室温，湿度在 85%以上。

3.0.7 快速碱活性测定仪

或使用 3.0.8～3.0.11 设备按试验步骤进行，并达到本方法的精度要求。

3.0.8 不锈钢蒸养箱或蒸养锅与调温电炉

3.0.9 鼓风干燥箱

可控制在 150±2℃。

3.0.10 反应器

必须为密封和能经受 150℃高温高压（5 个大气压）的不锈钢容器，容积为 500～1000ml，内有试件架，分别将试件垂直插入。

3.0.11 测长仪

测量范围为 40 至 50mm，精度为 0.01mm，与砂浆试件测头接触处应有与测头直径相同的半圆形小孔。

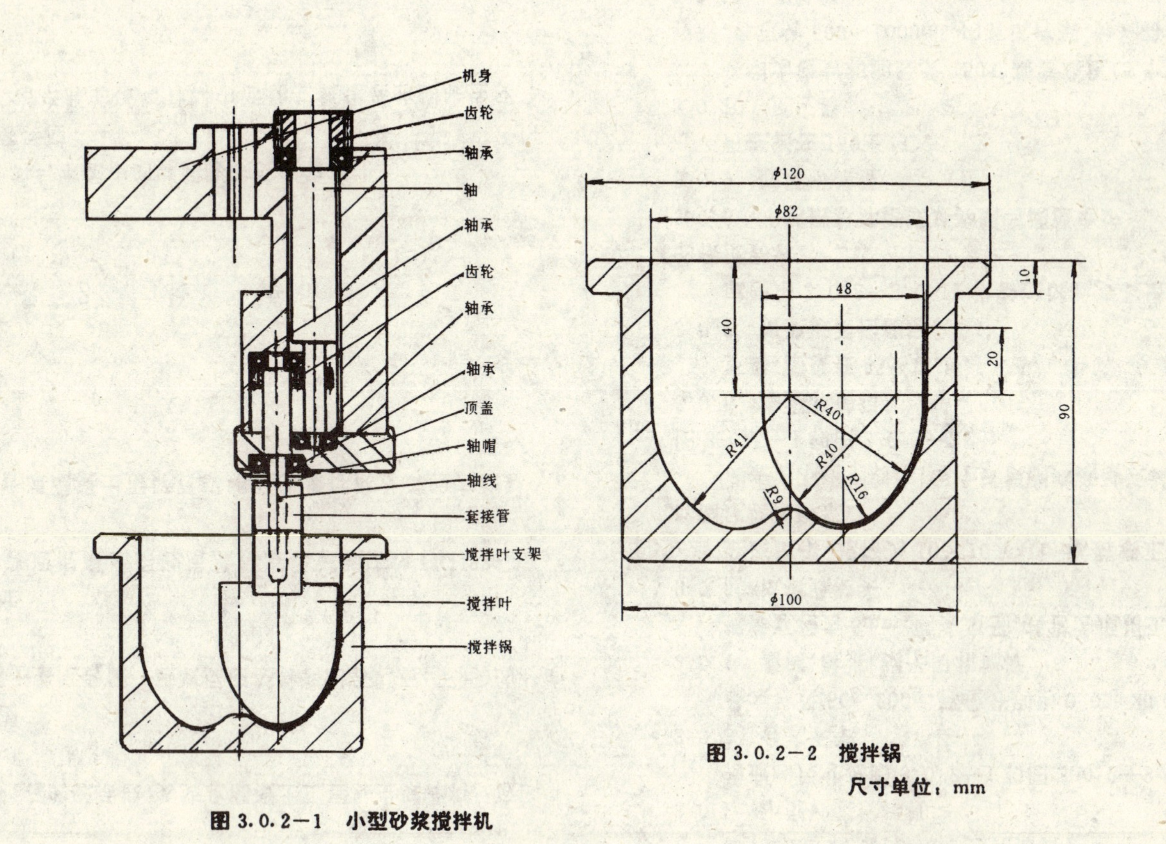


图 3.0.2—1 小型砂浆搅拌机

图 3.0.2—2 搅拌锅

尺寸单位：mm

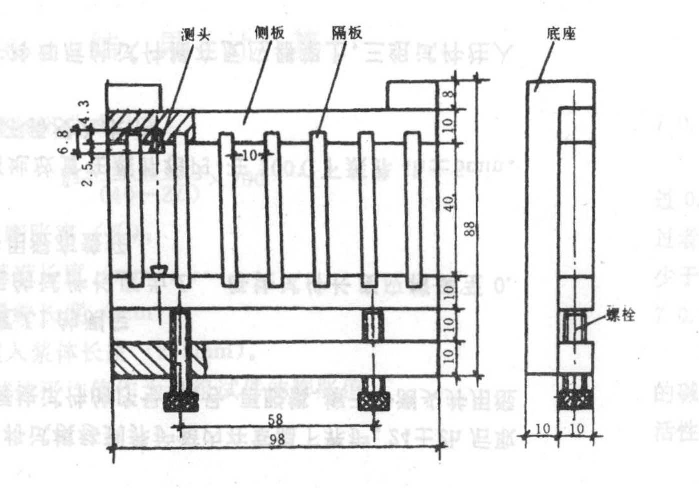


图 3.0.5－1　金属试模　尺寸单位：mm

# 4　材　料

**4.0.1　水泥**

不掺任何混合材的硅酸盐水泥，水泥碱含量在 0.4%至 0.8%之间(以等当量 $Na_2O$ 计)。

按本试验方法净浆膨胀值不超过 0.02%。

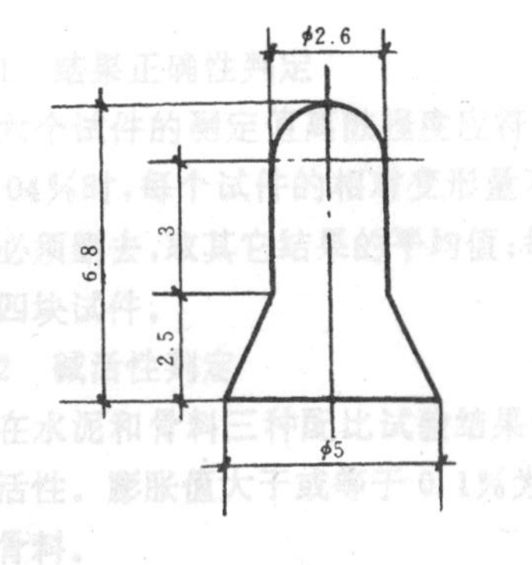

图 3.0.5－2　不锈钢测头

尺寸单位：mm

**4.02　KOH 溶液**

用化学纯 KOH 试剂，蒸馏水或饮用水配制，聚乙烯容器贮存。

砂浆搅拌液：100ml 水中加 KOH 克数＝(1.5－R)/0.166N

试件搅拌液：100ml 水中加 KOH 克数＝10/N

式中　R——水泥中碱含量(以等当量 $Na_2O$ 计)。

N——KOH 试剂中 KOH 百分含量。

# 附 加 说 明

编制单位：南京化工学院无机非金属材料研究所
起草人： 韩苏芬 许仲梓 唐明述

# 砂、石碱活性快速试验方法

CECS 48：93

## 条文说明

本试验方法于1983年由南京化工学院无机非金属材料研究所研究成功，并在国际上有关杂志上发表。多年来被国内外专家重视，并得到许多国家的试验和证实。法国在大量试验、验证的基础上已定为国家标准(NF P18－588)，与其它砂、石标准并列使用。十多年来，编制单位用本试验方法鉴定了大量国内骨料，结果可靠。

1.0.2 本试验方法适合于检验骨料中的活性二氧化硅，碳酸盐岩中的活性二氧化硅也可采用。对碱活性白云石检验无效。

3.0.7 碱活性测定仪指用于本试验方法的专用仪器，能自动进行蒸养、压蒸反应和测长，并有完全超出本方法试验精度要求的性能。

3.0.10 反应器的5个大气压为试验压力，设计时应加安全系数。

4.0.1 因混合材对碱—骨料反应具有抑制作用，必须采用纯硅酸盐水泥。为避免由于水泥中其它因素（如游离CaO、MgO含量过高）引起膨胀而导致误判，因此规定使用本试验方法时净浆试件的膨胀值不得超过0.02%。该工作应在检测骨料前用本方法完成。

4.0.2 系数0.166由0.30(水灰比)×0.658($K_2O$)×94/112(2KOH)得出。

5.0.2 在搅拌约2min时砂浆流动度达最佳。砂浆流动度差对试验结果有较大影响。

5.0.3 为防止试件上的编号在试验过程中由于碱溶解作用而消失，使试验失败，特规定不得用其它笔书写。

5.0.6 因鼓风干燥箱升温速度经常变化，未对升温速度作规定。在现有的砂、石碱活性快速测定仪中规定升温30min。

7.0.1 一般变异系数小于12%。如果6块试件的膨胀值离散大，主要原因是干拌时骨料与水泥未拌均匀。

# 混凝土碱含量限值标准

**CECS 53：93**

主编单位：南京化工学院
批准部门：中国工程建设标准化协会
批准日期：1993年12月12日

# 目　次

# 1 总 则

1.0.1 本标准规定了防止混凝土发生碱—骨料反应破坏的混凝土最大碱含量。

1.0.2 本标准适用于使用活性骨料的各种工程结构的素混凝土、钢筋混凝土和预应力混凝土。

1.0.3 引用标准

《普通混凝土用砂质量标准及检验方法》 JGJ52

《普通混凝土用碎石或卵石质量标准及检验方法》 JGJ53

《水工混凝土试验规程》 SD105

《砂、石碱活性快速鉴定方法》 CECS48

《硅酸盐水泥、普通硅酸盐水泥》 GB175

《水泥取样方法》 GB12573

《水泥化学分析方法》 GB176

《混凝土外加剂匀质性试验方法》 GB8077

《混凝土外加剂》 GB8076

《用于水泥中的粒化高炉矿渣》 GB203

《用于水泥和混凝土中的粉煤灰》 GB1596

《混凝土拌和用水标准》 JGJ63

# 2 术 语

2.0.2 碱—硅酸反应

碱—硅酸反应是指水泥中或其他来源的碱与骨料中活性$SiO_2$发生化学反应并导致砂浆或混凝土产生异常膨胀，代号为ASR。

2.0.2 碱—碳酸盐反应

碱—碳酸盐反应是指水泥中或其他来源的碱与活性白云质骨料中白云石晶体发生化学反应并导致砂浆或混凝土产生异常膨胀，代号为ACR。

2.0.3 碱含量

混凝土碱含量是指混凝土中等当量氧化钠的含量，以$kg/m^3$计；混凝土原材料的碱含量是指原材料中等当量氧化钠的含量，以重量百分率计。等当量氧化钠含量是指氧化钠与0.658倍的氧化钾之和。

2.0.4 混合材

混合材是指水泥制备过程中掺入水泥熟料并与熟料共同粉磨的活性混合材料。

2.0.5 掺合料

掺合料是指在混凝土搅拌过程中掺入混凝土的粉状活性混合材料。

# 3 分 类

## 3.1 环 境

3.1.1 干燥环境，如干燥通风环境、室内正常环境。

3.1.2 潮湿环境，如高度潮湿、水下、水位变动区、潮湿土壤、干湿交替环境。

3.1.3 含碱环境，如海水、盐碱地、含碱工业废水、使用化冰盐的环境。干燥和含碱交替时按含碱环境处理；潮湿和含碱交替时按含碱环境处理。

## 3.2 工 程 结 构

3.2.1 一般工程结构，如一般建筑结构。

3.2.2 重要工程结构，如桥梁、大中型水利水电工程结构、高等级公路、机场跑道、港口与航道工程结构、重要建筑结构。

3.2.3 特殊工程结构，如核工程结构关键部位、采油平台、不允许发生开裂破坏的工程结构。

# 4 技 术 要 求

4.1.1 混凝土碱含量按附录A所列方法计算。

4.1.2 在骨料具有碱—硅酸反应活性时，依据混凝土所处的环境条件对不同的工程结构分别采取表4.1.2中碱含量的限值或措施。

4.1.3 在骨料具有碱—碳酸盐反应活性时，干燥环境中的一般工程结构和重要工程结构的混凝土可不限制碱含量；特殊工程结构和潮湿环境及含碱环境中的一般工程结构和重要工程结构应换用不具碱—碳酸盐反应活性的骨料。

**防止碱—硅酸反应破坏的混凝土碱含量限值或措施**

表4.1.2

| 环境条件 | 混凝土最大碱含量($kg/m^3$) | | |
|---|---|---|---|
| | 一般工程结构 | 重要工程结构 | 特殊工程结构 |
| 干燥环境 | 不限制 | 不限制 | 3.0 |
| 潮湿环境 | 3.5 | 3.0 | 2.1 |
| 含碱环境 | 3.0 | 用非活性骨料 | |

注：①处于含碱环境中的一般工程结构在限制混凝土碱含量的同时，应对混凝土作表面防碱涂层，否则应换用非活性骨料；

②大体积混凝土结构（如大坝等）的水泥碱含量尚应符合有关行业标准的规定。

# 5 试验方法

## 5.1 骨料碱活性

5.1.1 骨料的 ASR 活性

按有关行业标准或 CECS48：93 进行。

5.1.2 骨料的 ACR 活性

按有关行业标准进行。

## 5.2 水泥碱含量

按 GB176 进行。

## 5.3 化学外加剂中碱金属盐含量

5.3.1 硫酸盐($Na_2SO_4$,$K_2SO_4$)含量

按 GB8077 进行。

5.3.2 碳酸盐($Na_2CO_3$,$K_2CO_3$)含量

按 GB8077 进行。

5.3.3 硝酸盐、亚硝酸盐($NaNO_3$,$KaNO_2$,$KNO_3$)含量

按 GB8077 进行。

## 5.4 掺合料的碱含量

按 GB176 进行。

## 5.5 骨料和拌合水中氯离子含量

按 GB8077 进行。

## 5.6 含混合材的水泥和掺合料对 ASR 的抑制作用

按 SD105 进行。

# 6 检验规则

## 6.1 组批和取样规则

6.1.1 骨料

按有关行业标准中验收组批和取样规则进行。

6.1.2 水泥

按 GB175 和 GB12573 进行。

6.1.3 化学外加剂

按 GB8077 进行。

6.1.4 掺合料

按 GB1596 或 GB203 进行。

6.1.5 拌合水

按 JGJ63 进行。

## 6.2 检验内容

骨料应进行碱活性(ASR 和 ACR)鉴定，对海砂或海石，尚应测定氯离子含量

水泥和掺合料应测定碱含量。

化学外加剂应测量钠或钾盐含量。

拌合水若为海水，应测定氯离子含量。

## 6.3 判定规则

6.3.1 混凝土碱含量按附录 A 计算确定，当混凝土碱含量不大于表 4.1.2 的限值时，可判定为合格。

6.3.2 当混凝土碱含量大于表 4.1.2 的限值时，可采取下列措施：

6.3.2.1 换用非活性骨料。

6.3.2.2 采用下列一种或几种措施，此时混凝土碱含量仍按附录 A 计算，并应满足表 4.1.2 的限值要求：

(1)使用碱含量低的水泥；

(2)降低水泥用量；

(3)不用含 NaCl 和 KCl 的海沙、海石或海水；

(4)不用或少用含碱外加剂；

(5)使用掺合料，如矿渣、粉煤灰和硅灰。

6.3.2.3 选用能有效地抑制 ASR 的矿渣水泥、粉煤灰水泥、水山灰水泥或掺合料，并经试验论证，此时混凝土碱含量可不受表 4.1.2 碱含量限值的限制。

# 附录 A 混凝土碱含量的计算方法

A.0.1 水泥

水泥的碱含量以实测平均碱含量计，每立方米混凝土水泥用量以实际用量计，水泥提供的碱可按下式计算：

$$Ac=WcKc \quad (kg/m^3) \qquad (A.0.1)$$

式中 $Wc$——水泥用量 $(kg/m^3)$；

$Kc$——水泥平均碱含量 (%)

A.0.2 化学外加剂

在化学外加剂的掺量以水泥重量的百分数表示时，外加剂引入混凝土的碱可按下式计算：

$$Aca=\alpha WcWaK\,ca \quad (kg/m^3) \qquad (A.0.2)$$

式中 $\alpha$——将钠或钾盐的重量折算成等当量 $Na_2O$ 重量的系数；

$Wa$——外加剂掺量 (%)；

$Kca$——外加剂中钠(钾)盐含量 (%)。

常用钾或钠盐的折算系数按附表 A.0.2 取用：

钠或钾盐的重量折算成等当量 $Na_2O$ 重量的系数　表 A.0.2

| 钠、钾盐 | $NaNO_2$ | NaCl | $Na_2SO_4$ | $Na_2CO_3$ | $NaNO_3$ | $K_2SO_4$ | $K_2CO_3$ | KCl |
|---|---|---|---|---|---|---|---|---|
| $\alpha$ | 0.45 | 0.53 | 0.44 | 0.58 | 0.36 | 0.36 | 0.45 | 0.42 |

A.0.3 掺合料

掺合料提供的碱可按下式计算：

$$Ama=\beta \Upsilon WcKma(kg/m^3) \qquad (A.0.3)$$

式中 $\beta$——掺合料有效碱含量占掺合料碱含量的百分率 (%)；

$\Upsilon$——掺合料对水泥的重量置换率 (%)；

$Kma$——掺合料碱含量 (%)。

对于矿渣、粉煤灰和硅灰，$\beta$ 值分别为 50%、15%和 50%。

A.0.4 骨料和拌合水

如果骨料为受到海水作用的砂石和拌合水为海水，则由骨料和拌合水引入混凝土的碱可按下式计算：

$$Aaw=0.76(WaPac+WwPwc) \quad (kg/m^3) \quad (A.0.4)$$

式中 $Pac$——骨料的氯离子含量 （%）；

$Pwc$——拌合水的氯离子含量 （%）；

$Wa$——骨料用量 （$kg/m^3$）；

$Ww$——拌合水用量 （$kg/m^3$）。

A.0.5 混凝土

混凝土的碱含量 A 可按下式计算：

$$A=Ac+Aca+Ama+Aaw \quad (kg/m3) \quad (A.0.5)$$

## 附 加 说 明

本规程主编单位和主要起草人名单

编制单位：南京化工学院

起 草 人：邓 敏 唐明述

# 混凝土碱含量限值标准

**CECS 53：93**

## 条 文 说 明

### 3.1 环　　境

当环境干燥时，ASR 或 ACR 一般不产生破坏性膨胀；混凝土处于潮湿环境时有可能遭受 ASR 或 ACR 破坏；如果有大量碱从环境中渗入混凝土，则含活性骨料的混凝土不可避免地会因 ASR 或 ACR 而开裂破坏，这种情况下，应不使用活性骨料。

### 3.2 工 程 结 构

不同的工程结构破坏后造成的损失及危害不同，在目前，因条件限制可对工程结构区别对待，对于造价较低的一般工程结构，可考虑适当放宽碱含量限值。对于不允许发生膨胀、开裂的的特殊工程结构，混凝土碱含量的限值应更严，以防万一发生 ASR 或 ACR 破坏。

A.0.2　化学外加剂中的碱

化学外加剂中的钠、钾盐在混凝土中会引起 ASR 和 ACR。钠、钾盐重量与等当量 $Na_2O$ 重量之间的换算系数 $\alpha$ 按下面的公式计算：

钠盐：$\alpha$＝($Na_2O$ 的分子量/2/(钠盐的分子量/钠盐中钠的摩尔数)

钾盐：$\alpha$＝0.658×($K_2O$ 分子量/2)/(钾盐的分子量/钾盐中钾的摩尔数)

例如，$K_2CO_3$ 的分子量为 138.207，$K_2O$ 的分子量为 96.196，$K_2CO_3$ 中钾的摩尔数为 2，其换算系数 $\alpha$ 为 0.658×(96.196/2)/(138.207/2)＝0.45。

A.0.3　混合材和掺合料中的碱

在混凝土中，混合材和掺合料只有部分碱能溶出并参与 ASR 或 ACR，溶出的那部分碱称为有效碱，英国和加拿大的经验表明：矿渣、粉煤灰和硅灰中碱的溶出率大约为 50%、15% 和 50%。对于矿渣水泥、粉煤灰水泥或火山灰水泥中的混合材，因水泥厂目前提供的碱含量数据为水泥的碱含量，且施工时所能测定的数据也为水泥的碱含量，其碱含量暂时只能按总碱量计算；掺合料可按其有效碱含量计算。

A.0.4 骨料和拌合水

海水以及受到海水作用的砂石都含有 NaCl 和 KCl，这些盐在混凝土中也会引起 ASR 和 ACR。英国水泥协会认为由海水、海砂或海石引入的碱为其引入混凝土的氯离子重量的 0.76 倍。0.76 倍的氯离子重量实际上相当于海水中 NaCL 和 KCl 折算成等当量 $Na_2O$ 的重量。

A.0.5 碱含量的限值

A.0.5.1 我国碱—骨料反应（ASR、ACR）研究方面存在两大不足。一是缺乏对现有工程的调查、分析和研究；二是骨料的碱活性及活性骨料在全国范围内的分布不详。这种情况下，只能根据现已掌握的一些资料，参照国外现行的规范与标准来确定我国的混凝土碱含量限值。随着工作的逐步深入，再进一步完善混凝土碱含量的限值标准。

A.0.5.2 骨料具有 ASR 活性时，特殊工程结构因不允许任何开裂破坏，必须采用最安全的措施，干燥条件下的混凝限制碱含量为 3.0kg/m³，如混凝土处于潮湿环境，根据南非的经验，混凝土碱含量应不超过 2.1kg/m³，若混凝土处在含碱环境中，则应换用非活性骨料，当混凝土常年处于干燥环境时，一般不会发生 ASR 破坏，此时一般工程结构和重要工程结构可不限制混凝土碱含量。潮湿环境中 ASR 有可能产生破坏，重要工程结构应限制混凝土碱含量，以避免重大损失；对于一般工程结构，ASR 破坏造成的损失和危害较小，但一般工程结构的数量相当大，其累计造价很高，因此也应限制混凝土碱含量，目前阶段因条件限制，可适当放宽碱含量限值，日本和英国的研究表明，混凝土中日本和英国的活性骨料产生异常膨胀的碱含量一般在 3.5～4.0kg/m³。当处于含碱环境中时，因混凝土碱含量难以有效地加以控制，重要工程结构应换用非活性骨料，一般工程结构的混凝土可作有效的表面涂层以阻止碱的渗入，根据日本建设省的经验，此时混凝土仍应限制碱含量，否则应换用非活性骨料。根据我国已发现的活性骨料的特点和工程结构遭受 ASR 破坏的情况，参照国外预防 ASR 破坏的有效措施，将混凝土碱含量限定为 3.0kg/m³ 是合适的。

骨料具有 ACR 活性时，处于干燥环境中的混凝土一般不会发生 ACR 破坏，此时除特殊工程结构外，可不限制混凝土碱含量。美国和加拿大的经验表明，预防 ACR 破坏最经济和最有效的措施是另选骨料。